LIMNOCULTURA

Blucher

Marcelo Sá

LIMNOCULTURA

Limnologia para aquicultura

2ª edição

Revista e ampliada

Limnocultura: limnologia para aquicultura

1ª edição - Editora da Universidade Federal do Ceará (UFC)
2ª edição - Editora Blucher, 2023
Editora Edgard Blücher Ltda.

Publisher Edgard Blücher
Editores Eduardo Blücher e Jonatas Eliakim
Coordenação editorial Andressa Lira
Produção editorial Kedma Marques
Preparação de texto Gabriela Castro
Diagramação Roberta Pereira de Paula
Revisão de texto Lidiane Pedroso Gonçalves
Capa Laércio Flenic
Imagem da capa Darryl Jory, Ph.D., Seafood Value Chain Consultant

Blucher

Rua Pedroso Alvarenga, 1245, 4º andar
04531-934 - São Paulo - SP - Brasil
Tel.: 55 11 3078-5366
contato@blucher.com.br
www.blucher.com.br

Segundo o Novo Acordo Ortográfico, conforme 6. ed. do *Vocabulário Ortográfico da Língua Portuguesa*, Academia Brasileira de Letras, julho de 2021.

Dados Internacionais de Catalogação na Publicação (CIP)
Angélica Ilacqua CRB-8/7057

Sá, Marcelo
Limnocultura : limnologia para aquicultura / Marcelo Sá. - 2. ed. rev. e ampl. - São Paulo : Blucher, 2023.
346 p.

Bibliografia
ISBN 978-65-5506-601-2

1. Limnologia 2. Aquicultura I. Título

23-3484 CDD 577.6

Índices para catálogo sistemático:
1. Limnologia

*Dedico a 2ª edição deste trabalho à minha esposa,
Ana Paula, por ter me acompanhado de boa vontade nos deslocamentos
que fizemos para a realização do mestrado, doutorado, DCR-CNPq
e pós-doutorado, em Florianópolis (SC), Botucatu (SP),
Mossoró (RN) e Auburn (EUA), respectivamente.*

PREFÁCIO

É com grande satisfação que disponibilizo a todos que atuam na área da aquicultura no Brasil a 2ª edição do livro *Limnocultura: limnologia para aquicultura*. Desde o lançamento da edição anterior, tenho como propósito a atualização e revisão periódica do *Limnocultura*, de modo a fornecer a todos um trabalho de qualidade ainda melhor. Sei que, no final, acabei trocando erros antigos por novos, mas espero ter mantido, nesta edição, o mesmo padrão de qualidade da versão anterior, isto é, um trabalho com poucos erros, no geral.

Nesta 2ª edição, o *Limnocultura* traz quatro capítulos inteiramente novos, a saber: Nitrato na água, gás sulfídrico na água, relação C:N e qualidade de água na aquicultura e balanceamento iônico da água de criação do camarão marinho. Além disso, todos os capítulos anteriores foram exaustivamente revisados e, em muitos casos, significativamente ampliados. Desse modo, o *Limnocultura* ganhou mais volume e, espero, mais qualidade.

Durante a elaboração da presente edição, tive o cuidado de não perder o caráter didático da edição anterior. De maneira quase unânime, essa foi considerada a característica mais positiva do livro, qual seja, possibilitar a compreensão simples dos conteúdos abordados. Procurei reescrever o *Limnocultura* não como Engenheiro de Pesca, doutor em Zootecnia ou pós-doutor em Qualidade de Água, mas sim como professor universitário. É um livro de professor! Torço para que a essência didática da 1ª edição do *Limnocultura* tenha sido preservada nesta nova edição, em especial nos capítulos novos.

Se Deus me der saúde e disposição, planejo oferecer, daqui a 10 anos, uma nova edição do *Limnocultura*, que será, provavelmente, a última antes da minha aposentadoria na universidade. Mais do que os artigos científicos que conseguimos publicar ao longo da jornada, desejaria que o *Limnocultura* fosse a minha principal contribuição para o desenvolvimento da aquicultura brasileira.

Boa leitura a todos!

Marcelo Sá

Fortaleza, junho 2023

CONTEÚDO

CAPÍTULO 1
Introdução à limnocultura: limnologia para aquicultura

1.1 AQUICULTURA NO MUNDO

Aquicultura é o cultivo ou criação de organismos aquáticos de interesse para o ser humano, como peixes, camarões, ostras, mexilhões, algas etc. Um dos principais objetivos da aquicultura é a produção de pescado – ou melhor, "despescado" –, de alto valor nutritivo e com biossegurança para o consumo humano. Portanto, além de importante atividade econômica, que gera emprego e renda para milhões de pessoas, a aquicultura tem ainda destacado papel social por contribuir, significativamente, com a segurança alimentar da população, sobretudo nas regiões mais carentes. Destaca-se também o importante papel econômico desempenhado pela aquicultura ornamental.

A aquicultura emprega muitas pessoas com baixo grau de escolaridade, a maioria proveniente de áreas rurais. Com isso, a aquicultura insere no mercado de trabalho, uma fatia considerável da população que se encontrava anteriormente marginalizada. A FAO (2022) estima que 20 milhões de pessoas no mundo trabalham na aquicultura. Destes, 21% são mulheres; quando se considera apenas o setor de processamento do pescado, a participação das mulheres salta para 50%.

As práticas aquícolas, quando realizadas de acordo com as melhores orientações técnicas, são ambientalmente corretas, ou seja, têm um impacto mínimo no meio no qual se inserem. A aquicultura responsável é, portanto, sustentável do prisma econômico, social e ambiental. Nos países desenvolvidos, os consumidores de pescado exigem que o produto comercializado tenha não apenas alta qualidade nutricional e biossegurança, mas também que tenha sido obtido em sistemas sustentáveis de produção, tanto do ponto de vista ambiental como do social.

Enquanto a produção pesqueira mundial cresceu apenas 1,6% entre 1990 e 2020, a aquicultura cresceu mais de 300%. Nesse mesmo período, o consumo de pescado se elevou mais de 40%. Quase metade de todo o pescado produzido no mundo, em 2020, foi proveniente da aquicultura e, muito em breve, a produção aquícola ultrapassará a produção pesqueira (FAO, 2022). A pesca mundial já atingiu seu patamar máximo no quesito sustentabilidade, que está próximo de 100 milhões de toneladas/ano. Portanto, incrementos significativos na produção de pescado somente serão possíveis a partir da aquicultura. Apesar de a produção aquícola mundial já ser considerável, existe ainda grande espaço para seu crescimento, tendo em vista a enorme demanda reprimida por pescado de alta qualidade.

Em 2020, a aquicultura produziu 87,5 milhões de toneladas de animais aquáticos, distribuídos da seguinte forma: 56% pela piscicultura continental; 21% pela malacocultura; 3,5% pela piscicultura marinha; 7% pela carcinicultura marinha; e 5% pela carcinicultura interior (FAO, 2022). O destaque fica para a força da malacocultura e o surpreendente crescimento da carcinicultura interior, que encostou na carcinicultura marinha.

De longe, a China é o maior produtor mundial em aquicultura, tendo produzido 50 milhões de toneladas de animais aquáticos em 2020. Além dela, compõem o *top five* da aquicultura mundial a Índia (9 milhões t), a Indonésia (5 milhões t), o Vietnã (4,6 milhões t) e Bangladesh (2,6 milhões t). Apesar de seu grande potencial, o Brasil é apenas o 13º na lista, tendo produzido 630mil toneladas de peixes e camarões.[1] A FAO (2020) projeta que a produção aquícola brasileira será de 750 mil toneladas em 2030.

Mais de 60% da produção aquícola mundial é proveniente do cultivo em águas interiores. Em 2020, foram produzidas 49 milhões de toneladas de peixes de água doce (carpas e tilápias) e diádromos (salmões, *milkfish*, trutas e enguias); 17,5 milhões de toneladas de moluscos (ostras, mexilhões e vieiras), 11,2 milhões de toneladas de crustáceos (camarões e pitus) e apenas 8,3 milhões de toneladas de peixes marinhos (linguados e bacalhau).

As cinco espécies de peixes mais produzidas pela aquicultura mundial naquele ano foram as seguintes:

1) Carpa-capim (*Ctenopharyngodon idellus*): 5,7 milhões de toneladas;
2) Carpa-prateada (*Hypophthalmichthys molitrix*): 4,8 milhões de toneladas;
3) Tilápia-do-Nilo (*Oreochromis niloticus*): 4,4 milhões de toneladas;
4) Carpa-comum (*Cyprinus carpio*): 4,2 milhões de toneladas;
5) Catla (*Catla catla*): 3,5 milhões de toneladas.

[1] Em 2010, o Brasil havia produzido 480 mil t de pescado e ocupava a 17ª posição no *ranking*. Fonte: <https://www.icmbio.gov.br/cepsul/images/stories/biblioteca/download/estatistica/est_2011_bol__bra.pdf>

As cinco espécies de crustáceos mais produzidas pela aquicultura mundial foram as seguintes:

1) Camarão-branco-do-Pacífico (*Litopenaeus vannamei*): 5,8 milhões de toneladas;
2) Lagostim-vermelho-da-Louisiana (*Procambarus clarkii*): 2,5 milhões de toneladas;
3) Caranguejo-de-Shanghai (*Eriocheir sinensis*): 775 mil toneladas;
4) Camarão-tigre, (*Penaeus monodon*): 717 mil toneladas;
5) Camarão-gigante-da-Malásia (*Macrobrachium rosenbergii*): 294 mil toneladas.

O principal sistema de cultivo empregado na aquicultura é a criação semi-intensiva de peixes e camarões em viveiros escavados no solo. Em seguida, destaca-se a piscicultura realizada em reservatórios artificiais, isto é, represas e açudes, e em baías com a utilização de tanques-redes. Os cultivos em tanques *raceways*, em sistemas de recirculação de água, são utilizados na criação intensiva de camarões e peixes marinhos.

Na Ásia, a milenar rizipiscicultura, isto é, a integração da piscicultura com o cultivo do arroz irrigado, continua forte e com participação expressiva na produção. Outras formas de integração da aquicultura com a agricultura também têm se expandido, com o desenvolvimento de sistemas de aquaponia, que associam a aquicultura à hidroponia. Finalmente, existe grande interesse nos sistemas BFT (*biofloc technology*) para aquicultura, que permitem a obtenção de elevadas produtividades com sustentabilidade ambiental.

1.2 AQUICULTURA NO BRASIL

Em 2020, a aquicultura brasileira produziu quase 552 mil toneladas de peixes e camarões,[2] um aumento de 4,3% em relação ao ano anterior (IBGE, 2021). As 10 principais espécies de peixe de água doce cultivadas comercialmente no Brasil em 2020, em ordem decrescente, foram as seguintes:

1) Tilápia-do-nilo (*Oreochromis niloticus*), criada em todas as regiões do Brasil, exceto na região Norte, com 343.595 toneladas (62,3% da produção aquícola total);
2) Tambaqui (*Colossoma macropomum*) e seus híbridos (tambacu, tambatinga), criados nas regiões Norte e Centro-Oeste, com 143.959 toneladas (26,1%);

[2] Existe uma pequena diferença entre a estatística da FAO (2022) e do IBGE (2021) para produção da aquicultura brasileira em 2020. Enquanto a FAO estimou uma produção de 630 mil toneladas naquele ano, o IBGE apontou 552 mil toneladas.

3) Carpas chinesas (*Cyprinus carpio*, *Ctenopharyngodon idella*, *Hypophthalmichthys molitrix*, *H. nobilis*), criadas na região Sul, com 17.011 toneladas (3,1%);
4) Pintados (*Pseudoplatystoma corruscans*, cachara, *Pseudoplastystoma fasciatum*) e seus híbridos (cachapira, pintachara), criados nas regiões Norte e Centro-Oeste, com 11.621 toneladas (2,1%);
5) Pacu (*Piaractus mesopotamicus*) e seu híbrido patinga, criados nas regiões Centro-Oeste e Sudeste, com 11.089 toneladas (2%);
6) Matrinxã (*Brycon cephalus*), criada nas regiões Norte e Centro-Oeste, com 3.590 toneladas (0,65%);
7) Outros *Brycon*, como a piabanha (*Brycon insignis*) e a piracanjuba (*Brycon orbignyanus*), criadas nas regiões Centro-Oeste, Sudeste e Sul, com 3.531 toneladas (0,64%);
8) Curimatã e curimbatá (*Prochilodus* spp.), criadas em todas as regiões do Brasil, com 3.215 toneladas (0,58%);
9) Piau (*Leporinus piau*), piapara (*L. elongatus*) piauçu (*L. macrocephalus*) e piava (*L. obtusidens*), criados em todas as regiões do Brasil, com 2.939 toneladas (0,53%);
10) Truta-arco-íris (*Onchorynchus mykiss*), criada no Sul do Brasil, com 2.109 toneladas (0,38%).

Em 2020, os estados brasileiros com maior produção de peixe em cativeiro foram Paraná (25,4%), São Paulo (10%) e Rondônia (8,7%). O estado do Paraná se destacou no cenário nacional como o maior produtor de tilápia, responsável por quase 40% da produção nacional, e próximo de 140 mil toneladas. Na produção do tambaqui, o destaque ficou para o estado de Rondônia, que despescou quase 40 mil toneladas, uma participação de 39% no mercado nacional do *Colossoma*.

A carcinicultura comercial brasileira está baseada na criação do camarão marinho *Litopenaeus vannamei*. Quase a totalidade da produção (99,6%) é realizada na região Nordeste, sendo os estados do Rio Grande do Norte (34,8%) e Ceará (33,2%) os maiores produtores nacionais. Em 2020, foram despescados dos viveiros nacionais 63,2 mil toneladas de camarão, um crescimento de 14,1% em relação ao ano anterior. O município de Aracati, no Ceará, se destacou naquele ano como o maior produtor de camarão em cativeiro no Brasil, tendo despescado 3,9 mil toneladas desse crustáceo (IBGE, 2021). Logo em seguida, aparece o município de Pendências, no Rio Grande do Norte, com 3,7 mil toneladas.

Em 2016, o setor da carcinicultura brasileira foi fortemente impactado pela doença da mancha branca, virose que leva à morte do animal e que provocou a queda de quase 60% na produção de camarão. Após o susto inicial, os produtores adotaram as medidas necessárias para a convivência pacífica com o vírus, o que trouxe a carcinicultura nacional de volta ao crescimento. Entre as medidas tomadas, destaca-se a cobertura dos viveiros de produção com estufa agrícola. Estudos realizados no Equador mostraram que os camarões são mais resistentes ao vírus da mancha branca quando mantidos em águas mais quentes, acima de 31 °C, pois isso aumenta significativamente o número de hemócitos na hemolinfa do animal, que são as células de defesa do organismo.

De importância econômica, podemos citar ainda o cultivo de ostras, vieiras e mexilhões no estado de Santa Catarina. Em 2020, foram despescadas 14.297 t de moluscos das águas catarinenses, o que representou uma queda de 35% em relação ao produzido em 2014, por razões climatológicas e oceanográficas. A principal espécie cultivada é o mexilhão *Perna perna* que, em Santa Catarina, é produzido majoritariamente no município de Penha (IBGE, 2021).

1.3 LIMNOCULTURA: LIMNOLOGIA PARA AQUICULTURA

Limnologia é a ciência que estuda os ecossistemas aquáticos continentais, isto é, lagos, lagoas, alagados, brejos, rios, riachos, represas, açudes, águas subterrâneas, tanques e viveiros de aquicultura, nos seus aspectos físicos, químicos e biológicos, de forma integrada, visando preservá-los e utilizá-los racionalmente. A limnologia, portanto, é a ecologia das águas interiores. Os estudos limnológicos têm por objetivo assegurar que os ecossistemas aquáticos continentais tenham múltiplos usos, como fonte de água para consumo humano, consumo animal e agricultura, lazer, aquicultura e pesca etc. Logo, a limnologia fornece os subsídios teóricos e práticos necessários para utilização racional dos ecossistemas aquáticos continentais pela humanidade. Dessa forma, a limnologia pode contribuir significativamente para a melhoria da qualidade de vida da população. Embora grande parte das águas interiores tenha salinidade baixa, a limnologia não estuda somente águas doces, como se poderia pensar, mas sim qualquer corpo de água que esteja localizado dentro do continente, independentemente de sua dimensão, origem e salinidade.

Atualmente, os resultados dos estudos limnológicos se revestem de grande importância, porque há crescente preocupação quanto à qualidade de nossas águas continentais. A Agência Nacional de Águas (ANA, 2010), órgão do Ministério do Meio Ambiente responsável pelo uso sustentável da água no Brasil, estima que a demanda de água tratada, necessária para atender apenas ao abastecimento urbano, será de 630 m^3/s em 2025. Para se ter a dimensão disso, as estações de tratamento de água da Sabesp, Companhia de Água e Esgoto do Estado de São Paulo, fornecem 111 m^3/s de água tratada. Portanto, o Brasil deveria possuir, em 2025, quase seis Sabesps, trabalhando intensamente para atender à demanda por água apenas para consumo humano.

Há bastante tempo as atividades humanas, tanto as urbanas como as rurais, vêm impactando fortemente os ecossistemas aquáticos continentais, causando problemas crônicos, como a eutrofização e acidificação desses mananciais. O lançamento de efluentes domésticos, agropecuários e industriais não tratados, causa sérios problemas ambientais nos corpos de água receptores. Em alguns casos, lagos e rios já se encontram em fase avançada de degradação ambiental, fazendo com que sua utilidade para as populações humanas seja mínima ou mesmo nula. Na Universidade Federal do Ceará (UFC), há um triste exemplo de um ecossistema aquático continental em estágio avançado de degradação: o açude Santo Anastácio, ou açude da Agronomia, cartão-postal do campus universitário do Pici, em Fortaleza. A degradação das fontes de água doce é uma questão bastante delicada porque as previsões sobre a relação de oferta e demanda de água tratada são alarmantes e toda atenção deve ser dada a esse tema.

Entre os ecossistemas aquáticos continentais, encontram-se aqueles utilizados pela aquicultura, como viveiros e tanques de peixe e camarão, além de açudes e represas utilizados para criação de peixes em tanques-redes. Os conhecimentos obtidos nas pesquisas limnológicas possibilitam o correto manejo desses ecossistemas, isto é, a produção de organismos aquáticos de forma sustentável, econômica, social e ambientalmente. Enquanto a limnologia estuda os ecossistemas aquáticos continentais, a aquicultura aplica as melhores tecnologias disponíveis no cultivo racional de peixes, camarões, moluscos e algas. Assim, a área do conhecimento humano que estuda os ecossistemas aquáticos continentais utilizados para aquicultura, com vistas à produção sustentável de pescado, é a *limnocultura*.

A qualidade da água e do solo têm grande influência na sobrevivência e crescimento dos organismos aquáticos cultivados. A concentração de oxigênio (O_2) dissolvido, o pH, a salinidade, a concentração de compostos nitrogenados (amônia e nitrito) e de nutrientes (fósforo) afetam, positiva ou negativamente, o crescimento e a sanidade de peixes e camarões. Essas variáveis limnológicas influenciam fortemente a produtividade primária aquática, alterando, de modo expressivo, a densidade e a composição planctônica da água. O fitoplâncton, por sua vez, sobretudo quando em elevadas concentrações, é capaz de alterar importantes indicadores de qualidade de água, como O_2 dissolvido e pH, que interferem decisivamente na vida dos animais aquáticos.

Somente com o monitoramento sistemático dos indicadores de qualidade de água e solo consegue-se manejar, de forma eficiente e racional, os corpos de água utilizados pela aquicultura. Portanto, as alterações físico-químicas e microbiológicas do ambiente aquático utilizado na criação de peixes, camarões e moluscos devem ser monitoradas e compreendidas, para que se possa produzir pescado de forma sustentável. Somente assim será possível prevenir e corrigir os desajustes limnológicos do meio de cultivo e criar melhores condições de água e de solo para obtenção de sucesso produtivo, sem que ocorra degradação ambiental.

CAPÍTULO 2
Oxigênio dissolvido na água

2.1 IMPORTÂNCIA DA CONCENTRAÇÃO DE OXIGÊNIO DISSOLVIDO NA ÁGUA PARA AQUICULTURA

O oxigênio (O_2) é a principal molécula utilizada pelos seres vivos para extrair energia química dos nutrientes. Esta energia será armazenada, por curto período, nas moléculas de adenosina trifosfato (ATP). Esse processo é denominado "respiração celular". Logo, sem oxigênio, não há produção de energia e, consequentemente, não há vida aeróbia, que compreende a quase totalidade dos seres vivos.

Como a velocidade do metabolismo animal depende da disponibilidade de energia nas células, quanto mais oxigênio estiver disponível no meio intracelular, mais rápido será o crescimento e a realização das demais atividades celulares. Entretanto, não basta atender à concentração mínima de O_2 dissolvido na água para a manutenção da vida; as concentrações devem permitir a obtenção de elevadas taxas de crescimento corporal e a preservação da saúde animal, ou seja, elevada imunocompetência.

Quando a concentração de O_2 dissolvido na água é baixa, os peixes e camarões são submetidos a estresse respiratório. Nessa condição, o apetite animal cai de modo significativo: eles não se alimentam bem ou simplesmente não se alimentam de modo nenhum. A ração ofertada em meio desoxigenado é, em grande parte, desperdiçada para o meio e estimula a atividade decompositora, que reduz ainda mais as concentrações de O_2 na água. Além disso, a taxa respiratória dos animais aquáticos aumenta logo após a ingestão do alimento. Portanto, a entrada de ração na água eleva tanto a respiração animal quanto a bacteriana, ambas consumidoras ativas de O_2, principalmente a última.

Assim, a diminuição ou até mesmo a suspensão no fornecimento da alimentação aos animais deve ser a primeira providência tomada pelo produtor quando as concentrações de O_2 dissolvido na água forem baixas. O fornecimento de ração deve ocorrer somente quando a concentração de O_2 na água for igual ou maior que 4 mg/L; para isso, é importante fazer a leitura do O_2 na água antes de cada refeição. Caso se insista em fazer o arraçoamento do tanque, a concentração de O_2 na água, que já estava reduzida, cairá para níveis ainda menores, subletais ou até mesmo letais.

Para evitar a desoxigenação da água, deve-se dispor de um sistema de aeração mecânica capaz de manter as concentrações de O_2 sempre acima de 4 mg/L, durante e após o arraçoamento dos animais. Caso os aeradores já não estejam ligados, é importante acioná-los um pouco antes, durante e um pouco depois de cada refeição.

Peixes submetidos à hipóxia se tornam suscetíveis às doenças porque o sistema imunológico, assim como os demais sistemas biológicos, trabalha à custa da combustão de ATP, ou seja, com gasto energético. Logo, se as reservas celulares de ATP estiverem baixas e não forem repostas na velocidade necessária por conta do estresse respiratório, as defesas biológicas do peixe deixarão de atuar dentro da sua normalidade. Por isso, mesmo que a concentração de O_2 na água não seja baixa o suficiente para matar o animal por asfixia, o peixe e o camarão poderão morrer pelos danos causados por infecções oportunistas, advindas da sua maior susceptibilidade aos patógenos que se encontram naturalmente no meio.

A Tabela 2.1, a seguir, apresenta os efeitos esperados de diferentes concentrações de O_2 dissolvido na água no crescimento e na saúde de peixes e camarões tropicais.

Tabela 2.1 – Efeitos de diferentes concentrações de oxigênio dissolvido na água no crescimento e saúde de peixes e camarões tropicais criados em cativeiro

O_2 (mg/L)	Efeito
> 15	Trauma da bolha de gás
4 – 15	Nível desejável; bom crescimento e integridade imunológica
1,5 – 4	Faixa estressante, mas não letal; retardo no crescimento e maior susceptibilidade às doenças
< 1,5	Tolerado por curtos períodos; exposição prolongada pode levar o animal à morte

Fonte: Boyd e Tucker (1998).

2.2 SOLUBILIDADE DO O_2 NA ÁGUA

A quantidade máxima de O_2 que pode se difundir do ar para a água depende, principalmente, da pressão atmosférica, da temperatura e da salinidade da água. Águas mais quentes e com maiores concentrações de sais dissolvidos têm menor capacidade para solubilizar a molécula de O_2 (Tabela 2.2). Além disso, a solubilidade do O_2 na água cai com a redução da pressão atmosférica, ou seja, as águas ao nível do mar contêm mais O_2 dissolvido que as águas das montanhas, mantidas as demais condições constantes, isto é, temperatura e salinidade.

Tabela 2.2 – Solubilidade do O_2 na água, em mg/L, em função da temperatura e da salinidade, ao nível do mar (760 mm Hg)

Temperatura (°C)	Salinidade (g/L)								
	0	5	10	15	20	25	30	35	40
20	9,1	8,8	8,6	8,3	8,1	7,8	7,6	7,4	7,2
21	8,9	8,6	8,4	8,2	7,9	7,7	7,5	7,3	7,0
22	8,7	8,5	8,2	8,0	7,8	7,5	7,3	7,1	6,9
23	8,6	8,3	8,1	7,8	7,6	7,4	7,2	7,0	6,8
24	8,4	8,2	7,9	7,7	7,5	7,3	7,0	6,9	6,7
25	8,3	8,0	7,8	7,6	7,4	7,2	6,9	6,7	6,6
26	8,1	7,9	7,7	7,4	7,2	7,0	6,8	6,6	6,5
27	7,9	7,7	7,5	7,3	7,1	6,9	6,7	6,5	6,4
28	7,8	7,6	7,4	7,2	7,0	6,8	6,6	6,4	6,2
29	7,7	7,5	7,2	7,0	6,9	6,7	6,5	6,3	6,1
30	7,5	7,3	7,1	6,9	6,7	6,6	6,4	6,2	6,0
31	7,4	7,2	7,0	6,8	6,7	6,5	6,3	6,1	5,9
32	7,3	7,1	6,9	6,7	6,5	6,4	6,2	6,0	5,8

Fonte: Moretti et al. (2005).

Quando a concentração de O_2 dissolvido na água, em dada temperatura e salinidade, for a mesma da Tabela 2.2, a água estará saturada de O_2, isto é, seu nível de saturação será de 100%. Mas, caso a concentração de O_2 dissolvido na água esteja abaixo ou acima desses valores, a água estará subsaturada ou supersaturada de O_2, respectivamente. Se, por exemplo, a água contiver 7,8 mg/L de O_2, for doce e sua temperatura

28°C, ela estará saturada com O_2, ao nível do mar. Nesse caso, as concentrações de O_2 da água superficial e do ar atmosférico estarão em equilíbrio entre si, não ocorrendo transferência de O_2 do ar para água e vice-versa. Logo, a concentração de O_2 dissolvido na água não se alterará devido à difusão atmosférica. No nosso exemplo, a água estará subsaturada se sua concentração de O_2 for menor que 7,8 mg/L e supersaturada se maior que 7,8 mg/L.

Nos tanques e viveiros de peixes e camarões são muito comuns a supersaturação da água com O_2 durante o dia, sobretudo no período da tarde, e sua subsaturação durante a madrugada. Durante a fase luminosa do dia, o fitoplâncton faz fotossíntese e libera O_2 para água; no período da tarde, a intensa taxa fotossintética supersatura a água com O_2. No exemplo anterior, se a concentração de O_2 da água fosse 9,5 mg/L, a água estaria supersaturada com O_2 em 121,8% (= 9,5/7,8) x 100. Nessa situação, haveria transferência de O_2 da água para a atmosfera, ou seja, a água perderia O_2 para o ar. Durante a noite, a fotossíntese deixa de ocorrer, havendo apenas o consumo de O_2 dissolvido na água, realizado pelos peixes, camarões e microrganismos. Em algum momento, o valor da concentração de O_2 na água se torna inferior ao da Tabela 2.2, ficando subsaturada para O_2. Nesse caso, há transferência de O_2 da atmosfera para a água, ou seja, a água superficial ganha O_2 do ar. Em nosso exemplo, se a concentração de O_2 da água cair para 4 mg/L, às 2 h da madrugada, seu nível de subsaturação será de 51,3% (= 4,0/7,8) x 100.

Supersaturação da água com O_2 até 200% do nível de saturação não causa danos aos peixes cultivados, desde que a elevação no O_2 ocorra de modo gradual. Acima desse nível, entretanto, pequenas bolhas de ar podem se formar no sangue do animal, levando-o à morte pela obstrução dos vasos sanguíneos, patologia conhecida por embolia gasosa. Já quanto à subsaturação da água com O_2, é importante manter o percentual de saturação da água com O_2 sempre acima de 65%.

2.3 VARIAÇÃO NICTIMERAL DA CONCENTRAÇÃO DE OXIGÊNIO DISSOLVIDO NA ÁGUA

Uma vez que a principal fonte de O_2 para água é a fotossíntese, a concentração de O_2 no ciclo nictimeral, ou seja, no ciclo de 24 h, varia, principalmente, em função da taxa fotossintética. Logo, o O_2 na água se eleva do início da manhã até o meio da tarde, quando atinge seu clímax e, a partir daí, cai até o amanhecer do dia seguinte, quando se reinicia o ciclo. Assim, as menores concentrações de O_2 na água são observadas pouco antes do amanhecer, por volta das 6 h da manhã, a depender da estação do ano e da localização do criadouro. Esse é o momento do dia de maior estresse respiratório para os animais aquáticos. É comum observar, bem cedo de manhã, peixes com a boca aberta na superfície da água, respirando a fina alíquota de água mais oxigenada – nestes casos, os animais já estão sob estresse respiratório.

A depender da rusticidade da espécie, os episódios de hipóxia podem não levar os animais a óbito. Contudo, eventos frequentes de hipóxia estressam os animais, retardando seu crescimento e tornando-os mais suscetíveis a doenças. Por isso, é importante determinar as concentrações de O_2 na água nas primeiras horas da noite, para prever os níveis ao amanhecer. Se a previsão indicar valores abaixo de 3 mg/L, deve-se acionar os aeradores durante a madrugada, para prevenir o estresse respiratório dos animais.

O método das duas leituras noturnas utilizado para prever a concentração de O_2 ao amanhecer é bastante simples. No início da noite, faz-se duas leituras com um intervalo de 1 a 2 h entre elas. Em seguida, subtrai-se o valor da segunda leitura do valor da primeira e divide-se o resultado pelo número de horas. Com isso, obtêm-se uma estimativa da taxa de redução do O_2 na água por hora. Basta multiplicar essa estimativa pelo número de horas entre a segunda leitura de O_2 e o amanhecer. Finalmente, subtrai-se esse resultado da segunda leitura noturna para prever a concentração de O_2 ao amanhecer. Para ilustrar esses cálculos, considere a seguinte questão:

- Horário da primeira leitura de O_2: 19 h;
- Concentração de O_2 na primeira leitura = 5,0 mg/L;
- Horário da segunda leitura de O_2: 21 h;
- Concentração de O_2 na segunda leitura = 4,2 mg/L.

A partir dos dados anteriores, qual será a provável a concentração de O_2 dissolvido na água às 5 h da manhã?

Solução

1) Calcular a variação na concentração de O_2, no intervalo de tempo entre as duas observações: 5,0 mg/L – 4,2 mg/L = 0,8 mg/L;
2) Calcular a variação na concentração de O_2 por hora: 0,8 mg/L , 2 h = 0,4 mg/L/h;
3) Fazer a previsão da queda na concentração de O_2 no intervalo de tempo considerado (21 h até 5 h): 0,4 mg/L/h x 8 h = 3,2 mg/L;
4) Estimar a concentração de O_2 dissolvido na água ao amanhecer: 4,2 mg/L – 3,2 mg/L = 1,0 mg/L.

2.4 VARIAÇÃO DA CONCENTRAÇÃO DE OXIGÊNIO DISSOLVIDO NA ÁGUA EM FUNÇÃO DA PROFUNDIDADE

A camada superior da coluna d'água é mais oxigenada que as camadas inferiores, pois apenas a água superficial recebe o O_2 atmosférico que se difundiu livremente do ar para a água, principalmente no período noturno e nas primeiras horas da manhã. Como a atmosfera contém quase 21% de oxigênio na sua composição, o O_2 se difunde do meio de maior concentração, que é o ar, para o meio de menor concentração, que é a água superficial. Essa transferência, contudo, somente é capaz de enriquecer com oxigênio os primeiros centímetros da coluna d'água. A difusão molecular[1] do O_2 da camada superficial para as mais profundas é um processo muito lento, insignificante. Nesse caso, a força física mais relevante, rápida e eficiente no transporte de O_2 da superfície para o fundo é a ação dos ventos. Outra possibilidade é a mistura vertical da coluna d'água a partir do trabalho mecânico dos aeradores de pás. Portanto, se não houver ventos fortes, nem aeração suficiente, o O_2 que se difunde da atmosfera para a água permanecerá concentrado apenas na fina camada superficial da coluna d'água.

Além da atmosfera, a fotossíntese é outra importante fonte de O_2. A incorporação de O_2 fotossintético na água beneficia, de início, apenas o estrato superficial porque o fitoplâncton se concentra na zona eufótica da coluna d'água. Posteriormente, o O_2 gerado pela fotossíntese pode ou não atingir a água de fundo, a depender da entrada de ventos fortes ou do trabalho de equipamentos que promovam a circulação da água. A fotossíntese, portanto, é a principal fonte de O_2 para a água.

A decomposição da matéria orgânica, que ocorre em maior parte nos sedimentos do viveiro, pode levar a grandes diferenças nas concentrações de O_2 entre a superfície e o fundo. Bactérias aeróbias decompõem a matéria orgânica depositada no fundo do viveiro e, desse modo, reduzem a concentração de O_2. Com isso, a concentração de O_2 no fundo cai progressivamente até zerar, caso não haja a entrada de O_2 superficial. Portanto, como as camadas mais profundas não têm acesso ao O_2 atmosférico, tampouco ao fotossintético, aliado ao fato de a maior parte da decomposição da matéria orgânica acontecer nos sedimentos, a água de fundo tem, por consequência, menor concentração de O_2 do que as águas superficiais.

Somente a mistura das diferentes camadas verticais de água pode levar o O_2 superficial até o fundo. Como a profundidade dos tanques de aquicultura não ultrapassa 2 m, a mistura total de massas d'água pode ser realizada com sucesso pelo trabalho dos ventos e aeradores mecânicos. Entretanto, nos dias muito quentes e de poucos ventos, diferentes estratos verticais podem se formar na coluna d'água, em especial quando a transparência da água é baixa. Esses estratos não se misturam, mesmo havendo a entrada de ventos moderados. Quando isso acontece, o viveiro está termicamente estratificado, e sua água de fundo permanece estagnada. Como o O_2 da superfície não atinge o fundo, a concentração de O_2 no hipolímnio vai diminuindo até zerar. Nesse caso, a matéria orgânica, depositada no fundo, entra em decomposição anaeróbia, que libera gases tóxicos para o meio, como o gás sulfídrico (H_2S) e o metano (CH_4).

O acionamento dos aeradores, também no período da tarde, é uma importante medida de prevenção contra o acúmulo de gases tóxicos no fundo do viveiro, uma vez

[1] Difusão molecular é a movimentação das moléculas de O_2 dentro da água, devida unicamente a sua concentração e padrão vibratório, ou seja, sem o auxílio de nenhuma outra força física.

que promove a desestratificação da coluna d'água. Com a circulação da água, o oxigênio da água superficial é levado rapidamente até o fundo, fazendo com que a decomposição da matéria orgânica ocorra de modo aeróbio. Portanto, a estratificação térmica da coluna d'água de tanques de aquicultura, com a formação de diferentes camadas verticais de água que não se misturam, é prejudicial ao cultivo e deve ser, por isso, combatida pelo produtor.

A aeração vespertina da água é especialmente importante em viveiros de camarão. Como ele é um animal bentônico, torna-se crucial fazer a mistura da água do epilímnio, rica em O_2, com a água do hipolímnio, pobre em O_2. Viveiros de camarão, que se encontram estratificados termicamente, apresentam baixo O_2 no fundo. O acionamento dos aeradores de pás, no período da tarde, é capaz de realizar a mistura total da coluna d'água de ecossistemas aquáticos rasos, tais como viveiros de carcinicultura.

A estratificação térmica da coluna d'água é facilitada pela grande atenuação luminosa causada pela turbidez do fitoplâncton. Quando a densidade algal é elevada, indicada pelas baixas leituras do disco de Secchi, há uma forte queda na luminosidade aquática logo abaixo da camada superficial. Com isso, a camada de água localizada abaixo do fitoplâncton se torna mais fria e, consequentemente, mais densa. Ao se tornar mais pesada, a água de fundo resiste à ação dos ventos, que podem não conseguir fazer a mistura total das camadas verticais de água. Logo, deve-se monitorar e manejar a transparência da água do tanque, de modo a evitar águas muito verdes e turvas, que facilitem a ocorrência de estratificação térmica.

Uma dica prática para prevenir a falta de O_2 no fundo é não deixar a transparência da água ser menor que a divisão da profundidade do viveiro pelo fator 2,7. Nesse caso, toda a coluna d'água do tanque estaria dentro da zona eufótica, isto é, haveria pelo menos 1% da radiação incidente na interface sedimento-água. Com isso, o balanço de O_2 dissolvido é positivo e não há acúmulo de gases tóxicos no fundo. Se a profundidade média do viveiro for 1,50 m, por exemplo, a transparência mínima aceitável seria 0,55 m (1,50 , 2,7). Portanto, leituras de Secchi iguais ou superiores a 0,55 m indicam que não existe zona afótica no fundo. Já se a transparência da água for menor que 0,55 m, a água de fundo está afótica e, por consequência, desoxigenada.

2.5 MONITORAMENTO DAS CONCENTRAÇÕES DE OXIGÊNIO DISSOLVIDO EM TANQUES DE AQUICULTURA

É importante que as concentrações de O_2 na água de tanques de aquicultura sejam obtidas diariamente e, sempre que possível, em quatro horários diferentes, a saber: uma vez ao amanhecer, uma vez no meio da tarde e duas vezes à noite. É comum fazer o monitoramento simultâneo do O_2 e pH da água.

O monitoramento do O_2 ao amanhecer e no meio da tarde permite conhecer a menor e a maior concentração diária, respectivamente. As duas leituras noturnas podem ser utilizadas para prever a concentração de O_2 ao amanhecer. Desses quatro horários, destaca-se, inegavelmente, o monitoramento do O_2 ao amanhecer.

A concentração de O_2 na água no início da manhã é uma informação útil para o correto manejo do tanque e a prevenção de estresse respiratório dos animais cultivados. Se a concentração de O_2 ao amanhecer for baixa, isto é, menor que 4 mg/L, algumas medidas corretivas devem ser tomadas pelo produtor. Nesse caso, os manejos mais indicados são: a troca de água superficial, caso a transparência esteja baixa, ou de fundo, caso o hipolímnio esteja hipóxico; fazer uma restrição maior na quantidade de ração ofertada aos animais; e acionar os aeradores no período noturno, por mais tempo e em intensidade maior. A concentração de O_2 ao amanhecer, portanto, é uma diretriz crucial para a definição do regime de troca de água, do manejo alimentar e do regime de aeração mecânica (Tabela 2.3).

Tabela 2.3 – Sugestões de manejos para tanques de aquicultura, em função da concentração de O_2 dissolvido na água ao amanhecer

O_2 ao amanhecer (mg/L)	Troca de água (% volume total)	Restrição alimentar (%)	Aeração noturna (nº de horas)	Horário de acionamento dos aeradores
≥ 4	–	–	–	–
3 – 4	5	6	5	1 h
2 – 3	10	9	6	Meia-noite
1 – 2	15	12	8	22 h
0 – 1	20	15	10	20 h

2.6 PREVENÇÃO DE NÍVEIS CRÍTICOS DE OXIGÊNIO DISSOLVIDO EM TANQUES DE AQUICULTURA

Algumas medidas podem ser tomadas pelo produtor para prevenir baixas concentrações de O_2 dissolvido na água. Como recomendação geral, aconselha-se a aquisição de um bom medidor portátil, conhecido como *oxímetro*. De posse do equipamento, deve-se fazer o monitoramento diário das concentrações de O_2 nos tanques. Somente é possível manejar corretamente os tanques se o monitoramento das concentrações de O_2 for feito de forma sistemática, isto é, frequente e regular. O início da noite e o amanhecer são os momentos do dia mais importantes para se determinar o O_2 na água. Além desses horários, pode-se ainda fazer o monitoramento vespertino para verificar o nível de supersaturação da água com O_2.

A seguir, são relacionadas as principais práticas que contribuem com a prevenção e correção de baixos níveis de oxigênio dissolvido na água:

i. Manutenção da transparência da água do viveiro entre 30 e 50 cm

Viveiros de aquicultura com águas muito transparentes, isto é, com densidade de Secchi maior que 60 cm, são deficientes em fitoplâncton, com menos de 80 mil células de microalgas/mL. Como a fotossíntese é a principal fonte natural de O_2 para os tanques, a alta transparência pode levar à escassez de O_2 na água. Já águas de cultivo muito verdes, com densidade de Secchi menor que 20 cm, possuem excesso de biomassa fitoplanctônica, com mais de 400 mil células de microalgas/mL. Essas águas, apesar de produzirem muito O_2 durante o dia, removem intensamente o O_2 durante a noite. Muito fitoplâncton na água implica em muita matéria orgânica no viveiro que, ao ser decomposta pelas bactérias, retira grande quantidade de O_2 da água. Deve-se buscar regimes de fertilização, de alimentação e de troca de água que previnam o estabelecimento de densas populações fitoplanctônica nos tanques. Quando a transparência da água está abaixo de 20 cm, recomenda-se drenar a água superficial do tanque até que a transparência entre na faixa ideal.

ii. Respeito à capacidade de suporte do ecossistema

Todo e qualquer ecossistema aquático, seja um tanque, viveiro ou açude, tem uma limitação físico-química para abrigar, convenientemente, a vida aquática. Os componentes abióticos do ecossistema, representados principalmente pela concentração de O_2 dissolvido na água, são capazes de sustentar a vida apenas até certo ponto. Quando a densidade populacional fica acima da capacidade de suporte do ecossistema, falta O_2 para a manutenção de todos os seres vivos presentes na água. Nesse caso, é esperado que ocorram mortandades em massa de organismos aquáticos. A biomassa máxima sustentável é aquela que respeita a capacidade de suporte ou de carga do ecossistema aquático. Por isso, recomenda-se, do ponto de vista ecológico, que as densidades de estocagem em tanques aquicultura sejam moderadas.

Os sistemas semi-intensivos de cultivo são aqueles que melhor conciliam sustentabilidade econômica com ambiental. Neles, existe uma menor biomassa viva consumidora de O_2 através da respiração e, ainda mais importante, menor oferta de rações nos tanques. Como uma parte significativa da ração é perdida para o meio na forma de fezes, uma menor oferta de ração implica em queda na concentração de matéria orgânica em decomposição na água. Densidades moderadas de estocagem reduzem a demanda bioquímica por oxigênio (DBO) nas unidades de cultivo, isto é, reduzem a carga de matéria orgânica em decomposição na água, quando comparado aos sistemas intensivos de criação.

Uma vez que se tenha definido a densidade de estocagem considerada ideal para o ambiente de cultivo, deve-se tomar outro cuidado: não fornecer ração em excesso. A ração que é ofertada aos peixes e camarões acima das suas necessidades é perdida para o meio, causando queda no O_2 e a formação de gases tóxicos na água.

A fertilização excessiva e desnecessária da água também deve ser evitada, porque promove o crescimento explosivo de populações fitoplanctônicas, muitas vezes indesejáveis, como de cianobactérias filamentosas. Essa grande biomassa algal põe em risco o cultivo pelos motivos expostos no item *i* desta seção.

iii. Uso de rações balanceadas de qualidade

O produtor que adquire rações que se destacam das demais oferecidas no mercado, pelo preço consideravelmente menor, pode amargar sérios problemas com as baixas concentrações de O_2 na água dos tanques. As rações mais baratas são fabricadas com ingredientes de qualidade inferior e possuem níveis insuficientes de matérias-primas de maior valor nutricional que, em regra, são mais caras. As rações de custo muito baixo apresentam, geralmente, digestibilidade também muito baixa, dificultando a digestão pelos peixes e camarões. Como consequência, os animais eliminam maior quantidade de fezes na água. O efeito da decomposição das fezes sobre a concentração de O_2 dissolvido na água já foi discutido no item anterior.

iv. Aeração mecânica à noite

Como não há liberação de O_2 para água pela fotossíntese durante a noite, as concentrações de O_2 dissolvido caem progressivamente com o passar das horas, atingindo níveis mínimos, ou até mesmo nulos, ao amanhecer. Quando a biomassa no viveiro é muito elevada, isto é, em sistemas intensivos de criação, há a necessidade de acionar os aeradores mecânicos durante a noite. Com essa aeração suplementar, garante-se o suprimento de O_2 aos animais até o reinício da fotossíntese na manhã seguinte.

v. Troca de água de superfície e de fundo

Além de controlar o volume de água que entra e sai do tanque, também é importante que o aquicultor possa definir a camada vertical de água que deseja drenar. Para isso, deve dispor de um sistema de drenagem que lhe permita escolher a camada da coluna d'água a ser escoada – se a de superfície ou de fundo. Uma boa opção para isso é o monge.[2]

Para evitar que a densidade fitoplanctônica se torne muito elevada, com risco de faltar O_2 no período noturno, é recomendado a troca superficial de água do tanque. O volume a ser efetivamente trocado depende da transparência inicial da água, isto é, a operação deve elevar a leitura de Secchi para mais de 30 cm.

Já quando as leituras de O_2 da água de fundo estão baixas, menores que 3 mg/L, é recomendado a troca dessa camada de água, com objetivo de diminuir a concentração de matéria orgânica. O excesso de detritos orgânicos em decomposição no fundo forma condições anaeróbias que levam ao acúmulo de gases tóxicos no meio.

[2] Monge é uma pequena construção, geralmente de alvenaria ou concreto, usada para fazer a drenagem da água de tanques de aquicultura. Possui canaletas que recebem tábuas e telas que podem ser facilmente manipuladas para escoar a água de superfície ou de fundo.

vi. Secagem completa do viveiro após a despesca

Com o decorrer do ciclo de produção, as fezes dos animais, os detritos planctônicos e os restos de ração se sedimentam no fundo do viveiro. Inicialmente, enquanto houver O_2 suficiente, a decomposição da matéria orgânica no fundo é rápida. Logo, os sedimentos orgânicos são importantes sítios consumidores de O_2 da água. Em seguida, quando os sedimentos superficiais se tornam anaeróbios, a decomposição da matéria orgânica passa a ser mais lenta, tanto pela falta de O_2 como pelo fato de a matéria orgânica residual ser refratária, ou seja, ser de baixa biodegradabilidade. Como consequência, os sedimentos começam a ganhar espessura e a acumular matéria orgânica.

Uma forma eficiente para realizar a decomposição da matéria orgânica depositada no fundo é, após a despesca dos animais, secar completamente o viveiro e expor o solo ao ar e ao sol. Os raios ultravioletas fazem a foto-oxidação da matéria orgânica e a limpeza do solo, sem custo ao produtor. Com isso, a qualidade inicial do solo estará bem melhor no ciclo de produção seguinte. Recomenda-se deixar o viveiro exposto ao sol até que seu solo rache completamente. Em seguida, aguarda-se de 2 a 3 dias, para que ocorra a aeração entre os blocos, aplica-se calcário ou cal hidratada agrícola para correção do pH e recuperação da reserva alcalina, realizando-se ou não a aragem do solo.

Como os efluentes dos tanques de criação podem causar um impacto negativo no meio ambiente, recomenda-se que essas águas não sejam liberadas diretamente nos corpos receptores. Além de problemas ambientais, como salinização, acidificação e eutrofização, que levam à perda de biodiversidade, os efluentes de tanques aquícolas também podem disseminar doenças. Por esse motivo, os efluentes aquícolas devem ser, inicialmente, transferidos para uma bacia de tratamento a fim de que recuperem, após certo tempo, suas qualidades limnológicas e sanitárias. Em seguida, a água poderá ser reutilizada em ciclos posteriores ou lançada no meio ambiente com segurança.

2.7 SUPERSATURAÇÃO DA ÁGUA COM O_2

No período vespertino do dia, a taxa fotossintética pode se elevar muito pela alta densidade algal, intensa luminosidade e elevada temperatura da água. Quando isso acontece, é comum que a concentração de O_2 na água ultrapasse o valor que corresponde a 100% de saturação (Tabela 2.2). Nessa situação, a água está supersaturada com oxigênio e passa a perder O_2 para a atmosfera. Embora possa parecer descabido, o melhor a fazer, nesse caso, é acionar os aeradores mecânicos. Se a água permanecer estagnada, a concentração de O_2 continua a se elevar e pode atingir níveis perigosos para a vida aquática. Quando as concentrações de O_2 superam 300% de saturação, os peixes podem sofrer embolia gasosa, que é letal especialmente para os estágios mais jovens, como larvas e pós-larvas. Na literatura especializada, esse incidente é denominado de "trauma da bolha de gás". Peixes submetidos à hiperóxia, isto é, excesso de oxigênio na água, nadam até o fundo em busca de águas menos oxigenadas.

Além do trauma da bolha de gás, outra patologia que pode acometer peixes mantidos em águas supersaturadas com O_2 é a hipercapnia, ou seja, o aumento nas concentrações de dióxido de carbono (CO_2) no sangue do peixe, fator de estresse respiratório aos animais. A hipercapnia será melhor discutida no Capítulo 4 desta obra. A respiração branquial não se faz apenas pela obtenção de O_2, mas também pela liberação de CO_2, uma vez que a mesma hemoglobina que se liga ao O_2 libera CO_2 para água. Assim, concentrações excessivas de O_2 na água dificultam a excreção de CO_2 para o meio, fazendo com que as concentrações sanguíneas de CO_2 subam para níveis perigosos para a fisiologia animal.

2.8 CONCENTRAÇÃO DE O_2 EM EFLUENTES DE AQUICULTURA

Em geral, a qualidade dos efluentes de tanques de aquicultura é inferior à qualidade dos afluentes, isto é, da água de abastecimento. Além de elevadas concentrações de nutrientes (N, P), turbidez e acidez, os efluentes aquícolas possuem baixas concentrações de O_2 dissolvido. Assim, entre os impactos negativos do lançamento de efluentes aquícolas não tratados na natureza, está a redução no O_2 dos corpos receptores. A queda no O_2 acontece tanto de forma direta, pela mistura da água desoxigenada que sai do viveiro com as águas naturais, como de forma indireta, pelo maior consumo de O_2 decorrente da decomposição da matéria orgânica nova, que foi lançada no corpo receptor. Por isso, os efluentes de tanques de aquicultura não devem ser liberados diretamente na natureza, mas sim em bacias de tratamento para recuperação de suas características limnológicas originais.

Os efluentes dos tanques podem ser drenados inicialmente para uma bacia de sedimentação, que deve possuir uma profundidade maior para a remoção do material particulado em suspensão na água. Em seguida, a água superficial é drenada para uma segunda bacia de tratamento, mais rasa, que permite a oxigenação natural da água. Quando a concentração de O_2 dissolvido na água atingir 3 mg/L ou mais, já é possível fazer seu descarte seguro na natureza. Uma possibilidade ainda melhor é a reutilização da água tratada no reabastecimento das unidades produtivas da fazenda.

RESUMO

O O_2 é a molécula mais utilizada pelos seres vivos para extrair energia química dos nutrientes. Como a velocidade do metabolismo animal depende da disponibilidade de energia nas células, quanto mais O_2 disponível no meio intracelular (até certo limite), mais rápidos serão o crescimento e as atividades celulares. A diminuição ou mesmo a suspensão na oferta de ração aos animais deve ser a primeira providência a ser tomada quando se observa baixas concentrações de O_2 dissolvido na água. Mesmo quando a concentração de O_2 na água não é baixa o suficiente para matar o animal por asfixia, o peixe pode morrer pelos danos causados pelas infecções oportunistas, advindas da maior susceptibilidade aos patógenos.

A quantidade máxima de O_2 que pode se difundir do ar para água depende da pressão atmosférica, temperatura e salinidade da água. As águas tropicais e salgadas têm menor capacidade para solubilizar a molécula de O_2 que as águas frias e doces. Em aquicultura, deseja-se que o nível de saturação da água com O_2 esteja sempre acima de 65%. Pelo fato de a principal fonte natural de O_2 para água de tanques de aquicultura ser a fotossíntese, a concentração de oxigênio dissolvido varia, ao longo do dia, em função da taxa fotossintética. A determinação das concentrações de oxigênio dissolvido na água em dois horários noturnos permite prever os níveis de O_2 ao amanhecer.

As águas superficiais são mais oxigenadas do que as águas de fundo. Para que o O_2 superficial chegue ao fundo do tanque, deve ocorrer a mistura total das camadas verticais de água. Em ecossistemas aquáticos rasos, tais como viveiros de aquicultura, esse trabalho pode ser realizado pelos aeradores mecânicos. É importante controlar a transparência da água de cultivo, de modo a evitar águas muito verdes que facilitem a estratificação térmica nesses ambientes. Algumas medidas podem prevenir baixas concentrações de O_2 dissolvido na água de cultivo, como:

1) Manutenção da transparência da água do viveiro acima de 30 cm;
2) Respeito à capacidade de suporte do sistema;
3) Uso de rações balanceadas de boa qualidade;
4) Acionamento da aeração mecânica à noite;
5) Troca de água de superfície e de fundo;
6) Secagem completa do viveiro após a despesca.

Para prevenir o trauma da bolha de gás em aquicultura, pode-se acionar os aeradores mecânicos no período da tarde. Os efluentes de tanques aquícolas, por serem desoxigenados, não devem ser lançados diretamente na natureza, mas sim em bacia de tratamento, para que recuperem suas características limnológicas originais.

CAPÍTULO 3
pH da água

3.1 CONCEITO DE PH DA ÁGUA

A acidez da água se deve à presença e à concentração de íons H^+ dissolvidos no meio. Quanto mais íons H^+ existirem no meio, menor será a concentração de íons OH^- e mais ácida será a água (pH < 7). Já uma baixa quantidade de íons H^+ implica em maior concentração de íons OH^- no meio e uma maior basicidade da água (pH > 7). Finalmente, a água será neutra quando as concentrações de íons H^+ e OH^- forem iguais entre si, isto é, não houver nem acidez, nem basicidade na água (pH = 7). Logo, as concentrações de íons H^+ e OH^- da água estão inversamente relacionadas entre si.

Os íons H^+ da água podem ser provenientes de diferentes fontes, sendo o CO_2 um dos principais compostos responsáveis pela acidez das águas naturais. Entretanto, os íons H^+ também podem ser encontrados nas águas puras. Um exemplo é a água destilada protegida da atmosfera, cuja molécula libera íons H^+ para o meio, como pode ser visto no equilíbrio a seguir:

$$H_2O \rightleftarrows H^+ + OH^-$$

Portanto, H_2O, H^+ e OH^- coexistem no meio, sendo que a proporção de moléculas de H_2O é bem maior quando comparada às de H^+ e OH^-. Como os íons H^+ e OH^- se dissociam da molécula de água nas mesmas proporções, o pH da água pura é igual a 7,0, já que, nesse caso, as concentrações de íons H^+ e OH^- são iguais entre si. O pH da água destilada é, todavia, levemente ácido devido à presença de CO_2 que se difundiu da atmosfera para a água. Como o CO_2 aumenta a concentração de íons H^+, o pH da água cai abaixo de 7,0.

As concentrações de íons H^+ nas águas naturais, quando expressas em mol/L, são muito reduzidas. Nessas águas, uma concentração típica de íons H^+ é de 0,000001 mols/L. Por isso, os trabalhos que versavam sobre a acidez da água eram muito laboriosos, pois os cientistas manipulavam valores muito pequenos. Para resolver essa questão, o bioquímico dinamarquês Sorensen criou o conceito de pH da água em 1909, que é utilizado até hoje: uma fórmula matemática que transformava números muito pequenos (H^+; mol/L) em outros bem maiores (pH), mais fáceis de lidar. Surgia a definição atual de pH: o logaritmo negativo da concentração de íons H^+ da água. Assim, o pH de uma água com concentração de íons H^+ igual a 0,000001 mols/L será igual a:

$$- \log (0{,}000001) = - \log (10^{-6}) = 6{,}0$$

Fica fácil aceitar que 6,0 é um número bem melhor de trabalhar que 0,000001, não é verdade?

É importante não perder de vista que pH = 6 expressa, na verdade, uma concentração de íons H^+ = 0,000001 mol/L. Para checar isso, basta fazer a operação matemática inversa, ou seja, calcular:

$- \log x = 6$, em que x é a concentração molar de íons H^+ na água

Resolvendo essa expressão, temos como segue:

$$\text{Log } H^+ = - 6$$

$$\therefore\ H^+ = 10^{-6} = 0{,}000001 \text{ mol } H^+/L$$

O uso da função logarítmica no conceito de pH da água tem uma importante implicação prática: a variação de apenas uma unidade de pH, seja para baixo, seja para cima, faz aumentar ou diminuir, respectivamente, a concentração de íons H^+ na água *em 10 vezes*. Com isso, a redução no pH da água de 7 para 5, por exemplo, aumentaria as concentrações de íons H^+ na água, ou seja, sua acidez, em 100 vezes!

A escala de pH mais utilizada em ecologia e aquicultura vai de 0 a 14. As águas com pH igual a 0 apresentam extrema acidez, tendo concentrações de íons H^+ = 1 mol/L. As águas com pH igual a 14 são extremamente básicas, com concentrações de íons H^+ = 10^{-14} mol/L. Já as águas com pH = 7 são neutras, porque possuem concentrações iguais de íons H^+ e OH^-, isto é, 10^{-7} mol/L. O pH de determinadas soluções industriais, contudo, pode assumir valores negativos ou superiores a 14. Para isso, basta que a concentração de íons H^+ seja maior que 1 mol/L ou menor que 10^{-14} mol/L, respectivamente. Se a concentração de íons H^+ da solução for de 10 mols/L, por exemplo, seu pH será igual a – 1; já se a concentração de íons H^+ for de 10^{-15} mols/L, seu pH será 15. Entretanto, como a ocorrência de soluções extremamente ácidas ou básicas é raríssima na natureza, ao menos na crosta terrestre, a escala de pH de 0 a 14 atende à maioria das situações.

3.2 PH DA ÁGUA E VIDA AQUÁTICA

A faixa de pH da água compatível com a vida aquática vai de 4 a 11. Em outras palavras, há risco iminente de morte da fauna e flora aquáticas se o pH do meio estiver abaixo de 4 ou acima de 11. Mas não basta o animal estar ou permanecer vivo para o aquicultor. Os organismos cultivados também devem realizar suas atividades biológicas de forma plena e expressar, satisfatoriamente, seu potencial genético para crescimento e reprodução. Para isso, o pH da água deve estar compreendido entre 6 e 9 para organismos de água doce e 7,5 e 8,5 para organismos marinhos. Nessas faixas relativamente estreitas de pH da água, os animais e vegetais aquáticos encontram as condições ideais para o seu desenvolvimento. Logo, os produtores de peixes de água doce e camarões marinhos devem manter o pH da água de cultivo entre 6 e 9 e 7,5 e 8,5, respectivamente, *24 h por dia, ao longo de todo o ciclo de produção.* Nessas condições, o pH da água é propício para a obtenção de boas taxas de crescimento, de conversão alimentar e, consequentemente, boa lucratividade no negócio.

A Figura 3.1, a seguir, resume os efeitos do pH da água na vida aquática:

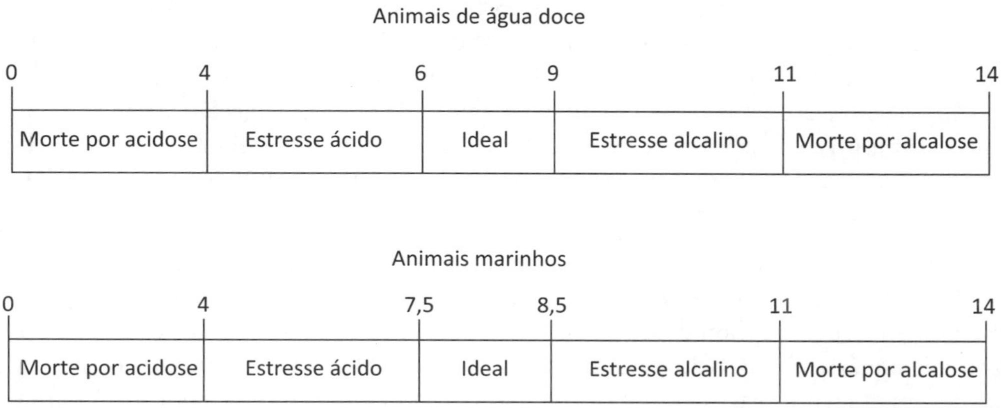

Figura 3.1 – Efeitos do pH da água sobre a vida animal dulcícola e marinha.

Fonte: modificado de Boyd (1979).

Existem espécies aquáticas, entretanto, que toleram bem e até preferem águas mais ácidas ou mais alcalinas, com valores de pH fora dessas faixas consideradas ideais. O tambaqui (*Colossoma macropomum*), por exemplo, é uma espécie de peixe que vive bem em águas com pH abaixo de 6. Ele é nativo das águas escuras da Bacia Amazônica, cujo pH varia de 3,8 a 4,9. Logo, o tambaqui possui mecanismos fisiológicos e comportamentais que lhe permitem crescer e até se reproduzir em águas ácidas.

Mas qual seria a explicação para o fato de a faixa de adequação de pH da água para cultivo de organismos marinhos (7,5 a 8,5) ser menor que a faixa para organismos dulcícolas (6,0 a 9,0)? Por que os camarões marinhos são menos tolerantes às variações de pH da água do que os peixes de água doce? Quais seriam os malefícios para a vida aquática animal se o pH da água se afastasse da faixa ideal para a espécie?

Nessas questões, é importante destacar que existem diferenças consideráveis entre a alcalinidade da água dos ecossistemas aquáticos marinhos e dulcícolas. As águas oceânicas apresentam alcalinidade total elevada, sempre acima de 100 mg/L $CaCO_3$ eq. Já a alcalinidade total das águas continentais, em especial das superficiais, é baixa, podendo alcançar até 5 mg/L. Como as águas de maior alcalinidade sofrem menos variações temporais de pH, os organismos marinhos, como os camarões peneídeos, estão menos adaptados às variações de pH da água do que os organismos dulcícolas, como as tilápias.

Existem razões biológicas e ambientais que explicam por que a faixa ótima de pH para a vida aquática dulcícola e marinha vai de 6 a 9 e 7,5 a 8,5, respectivamente, como pode ser visto a seguir.

1. Razão biológica

A atividade das enzimas biológicas depende, grandemente, do pH do meio celular. Se o pH intracelular coincidir com o ótimo enzimático e as demais condições, como temperatura e quantidade de substrato, também estiverem nos níveis ideais, as reações enzimáticas ocorrem em velocidade máxima. Ação enzimática ótima se traduz por rápida contração muscular (atividade natatória ideal), boa digestão dos alimentos, rápida multiplicação celular e crescimento. O pH do meio intracelular para a atividade enzimática ótima é de 7,4 e esse, não por acaso, é o pH normal do sangue e da hemolinfa de peixes e camarões saudáveis.

Entretanto, a eficiência da ação enzimática é reduzida à medida que o pH celular se afasta do valor ótimo. As consequências disso são crescimento lento, má digestão dos alimentos e susceptibilidade às doenças. Ocorre que o pH dos fluidos corporais dos animais aquáticos é afetado pelo pH da água em que vivem. No sangue dos peixes, existe um eficiente sistema tampão que mantém o pH próximo ao valor ideal para o metabolismo, independentemente do pH da água. Algo semelhante também existe na hemolinfa do camarão; entretanto, é um sistema menos eficiente, quando comparado ao dos vertebrados.

Por outro lado, esses sistemas tampões não são capazes de manter o pH do sangue ou da hemolinfa equilibrado quando o pH da água se distancia da faixa ideal para a espécie animal. Nessas situações, o pH do sangue e da hemolinfa pode se alterar perigosamente e perturbar a permeabilidade das membranas celulares, fazendo com que ocorra a perda de íons biologicamente importantes, assim como a entrada de íons indesejáveis ou até desejáveis, mas em excesso nas células. Com isso, o pH celular se afasta do valor ótimo, diminuindo a eficiência dos processos enzimáticos.

2. Razão ambiental

Existem compostos nocivos aos animais aquáticos que têm suas concentrações aumentadas quando o pH da água se afasta de 6, para baixo, ou de 9, para cima. Quando o pH da água começa a subir muito e ultrapassa 9, há maior formação de amônia tóxica, isto é, amônia não ionizada (NH_3), em detrimento da forma não tóxica (amônia ionizada; NH_4^+). Esse fenômeno pode ser compreendido pela observação do seguinte equilíbrio químico:

$$NH_3 + H_2O \leftrightarrows NH_4^+ + OH^-$$

Quando o pH da água se eleva, aumentam as concentrações de íons OH^- na água. Os íons OH^- em crescimento deslocam para a esquerda o equilíbrio entre as duas formas da amônia, ou seja, no sentido da formação de mais NH_3, que é a forma tóxica da amônia total. Isso se deve ao princípio químico de Le Chatelier, que afirma o seguinte: "Quando um fator externo age sobre um sistema em equilíbrio, este se desloca sempre no sentido de minimizar a ação do fator aplicado". Em nosso caso, o fator externo é a elevação do pH, isto é, o incremento nas concentrações de íons OH^- na água. O deslocamento do equilíbrio para esquerda, ao consumir íons OH^-, faz com que o pH da água não suba livremente. Logo, o equilíbrio $NH_3 \leftrightarrows NH_4^+$ funciona como um sistema tampão de pH da água. O risco de estresse e mortalidades de peixes e camarões por amônia é maior durante a tarde, pois é nesse período que o pH da água está mais alto. Por outro lado, se o pH da água não ultrapassar 9, a proporção de amônia tóxica: amônia total será baixa, sendo tolerada pelos animais aquáticos. Portanto, um dos manejos mais eficientes para se controlar a toxicidade da amônia em tanques de aquicultura é a calagem *preventiva* da água, que reforce o poder tampão do ecossistema aquático.

Já quando o pH da água fica abaixo de 6, intensifica-se a formação de gás sulfídrico no meio, um composto extremamente tóxico aos animais aquáticos. Nesse caso, o gás sulfídrico é formado a partir do sulfeto de hidrogênio ionizado que, por não ter livre passagem branquial, é atóxico. O equilíbrio existente entre essas duas formas de enxofre pode ser visto a seguir:

$$H_2S \leftrightarrows HS^- + H^+$$

Durante a acidificação da água, as concentrações de íons H^+ se elevam. Os íons H^+ em crescimento deslocam o equilíbrio da reação para esquerda, ou seja, no sentido da formação de mais gás sulfídrico (H_2S) no meio. Assim, há maiores riscos de estresse e mortandades de animais aquáticos pelo gás sulfídrico quando a água for ácida, com pH menor que 6. Por outro lado, a proporção de H_2S, no equilíbrio $H_2S \leftrightarrows HS^-$, é mínima para valores de pH acima de 6.

Além da maior concentração de amônia tóxica, águas com pH elevado também favorecem o crescimento e a dominância de cianobactérias, anteriormente chamadas algas cianofíceas. Cianobactérias são organismos que aproveitam o bicarbonato da água melhor do que os demais grupos do fitoplâncton, como clorofíceas e diatomáceas.

As cianobactérias, como *Oscillatoria*, *Microcystis* e *Aphanizomenon,* são indesejáveis porque podem liberar toxinas na água. As cianobactérias dos gêneros *Oscillatoria* e *Anabaena* liberam compostos que deterioram o sabor da carne do peixe (*off-flavor*). Essa é, portanto, mais uma razão ambiental para evitar valores de pH acima de 9.

3.3 ACIDEZ DAS ÁGUAS NATURAIS E DE CULTIVO

A acidez das águas naturais se deve à interação da água com elementos ácidos dos sedimentos e ao CO_2 que reage com a molécula de água, como pode ser visto a seguir:

$$CO_2 + H_2O \rightarrow H_2CO_3 \rightarrow HCO_3^- + H^+$$

Desse modo, forma-se o ácido carbônico (H_2CO_3). A acidez das águas com pH entre 5 e 7 é devida, em grande parte, ao CO_2. Caso a água apresente pH menor que 5, outros compostos ácidos, além do CO_2, estão atuando no meio, sendo o ácido sulfúrico (H_2SO_4) um dos mais comuns.

A acidificação da água pelo CO_2 tem importantes implicações práticas. Como as algas absorvem CO_2 da água durante a fotossíntese, há elevação do pH na fase luminosa do dia. Durante a noite, como ocorre apenas liberação de CO_2 para água, o pH cai. Além disso, a decomposição da matéria orgânica pelas bactérias pode liberar grandes quantidades de CO_2 para água. Logo, quanto maior a concentração de matéria orgânica em decomposição no tanque, menor será o pH da água. Existe, portanto, um ciclo diário de variação do pH da água que pode ser visto na Figura 3.2.

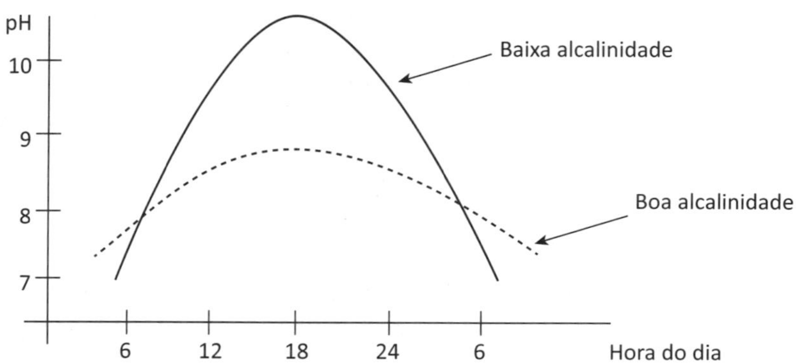

Figura 3.2 – Ciclo diário de variação do pH da água em função da alcalinidade da água.

Fonte: Wurts e Durborow (1992).

A Figura 3.2 nos mostra que ocorre elevação no pH da água durante a fase luminosa do dia (6 h às 17 h), por ação da fotossíntese, e redução no pH durante a fase escura (17 h às 6 h), pela ausência da fotossíntese e consequente acúmulo de CO_2 na água. A variação nictimeral do pH, isto é, no ciclo de 24 h, depende da alcalinidade da água, que é o variável que expressa a riqueza da água em íons bicarbonatos e carbonatos. Se a alcalinidade for baixa, as variações de pH são maiores no ciclo de 24 h; já se a alcalinidade for elevada, as variações de pH são menores (Figura 3.2). Grandes alterações no pH da água estressam os animais e fazem cair a taxa de crescimento corporal e a eficiência alimentar.

Parte da alcalinidade da água se transforma em CO_2 livre quando o pH diminui. Com isso, a concentração de CO_2 na água se eleva rapidamente, fazendo com que os peixes tenham dificuldade para excretar CO_2 pelas brânquias. A retenção de CO_2 aumenta a concentração de ácido carbônico e reduz o pH sanguíneo, fazendo com que a hemoglobina perca afinidade pelo O_2 e deixe de transportá-lo para os tecidos. Sem o suprimento regular de O_2, as células reduzem seu metabolismo e podem morrer por asfixia.

O solo é uma importante fonte de acidez para a água. No solo, íons Al^{+3} reagem com a água e liberam acidez, como pode ser visto na reação a seguir:

$$Al^{+3} + 3H_2O \rightarrow Al(OH)_3 + 3H^+$$

Para combater a acidez dos solos e neutralizar a ação do alumínio, realiza-se a calagem do solo e da água.

3.4 CALAGEM EM AQUICULTURA

Quando o pH do solo ou da água estão baixos, pode-se corrigi-los por meio da calagem, uma prática secular de aplicação de calcário ou cal nos solos agrícolas para elevar o pH e enriquecer com minerais (Ca, Mg). Solos com pH próximo ao neutro são mais produtivos e geram maiores lucros. Uma maior produtividade primária aquática pode ser igualmente observada quando o pH do solo e da água estiverem entre 7 e 8.

Existem diferentes produtos que podem ser empregados para neutralizar a acidez do solo e da água, sendo o calcário agrícola um dos mais utilizados pelos produtores. O princípio ativo do calcário agrícola é o carbonato de cálcio ($CaCO_3$), que eleva o pH da água ao consumir CO_2, como pode ser visto na reação a seguir:

$$CaCO_3 + CO_2 + H_2O \rightarrow Ca^{2+} + 2HCO_3^-$$

Ao reagir com o gás carbônico, o $CaCO_3$ libera cálcio e bicarbonato solúveis para água. Ao consumir CO_2, o $CaCO_3$ evita que o CO_2 livre reaja com a água, forme ácido carbônico e acidifique o meio.

A quantidade de calcário agrícola a ser aplicada no solo ou na água depende do pH do solo e da alcalinidade da água, como pode ser visto na Tabela 3.4. Na preparação do viveiro, a quantidade de calcário, a aplicar diretamente no solo, deve ser função do pH;

durante o ciclo de produção, isto é, com os já viveiros povoados, as calagens de manutença devem obedecer ao monitoramento da alcalinidade da água.

Tabela 3.4 – Quantidade de calcário agrícola a ser aplicada no solo ou na água de cultivo, em função do pH do solo e da alcalinidade da água

Alcalinidade da água (mg/L $CaCO_3$)	pH do solo	Aplicação de calcário agrícola (kg/ha)
< 5	< 5,0	3000
5 – 10	5,0 – 5,4	2500
10 – 20	5,5 – 5,9	2000
20 – 30	6,0 – 6,4	1500
30 – 50	6,5 – 7,0	1000

Fonte: Boyd, Wood e Thunjai (2002).

Além da correção do pH do solo e da água, a calagem traz ainda os seguintes benefícios aos tanques de aquicultura:

i. Aumento da alcalinidade da água

A adição de carbonatos, via $CaCO_3$, eleva a alcalinidade e, com isso, o poder-tampão da água. A aplicação de CaO (cal virgem) e $Ca(OH)_2$ (cal hidratada) também eleva a alcalinidade da água: na água, o CaO se transforma em $Ca(OH)_2$ que, por sua vez, é convertido em $CaCO_3$ ao reagir com o CO_2, como pode ser visto a seguir:

$$Ca(OH)_2 + CO_2 \rightarrow CaCO_3 + H_2O$$

Águas de boa alcalinidade sofrem menores alterações de pH durante o ciclo de 24 h, o que é benéfico ao crescimento dos animais cultivados. Entretanto, não basta elevar a alcalinidade para minimizar as variações do pH da água; deve-se também evitar concentrações excessivas de fitoplâncton na água.

ii. Renovação da reserva alcalina do solo

O carbonato de cálcio ($CaCO_3$) que foi aplicado ao viveiro, mas não reagiu com a acidez do solo e da água, permanece depositado no fundo. Esse carbonato de cálcio constituirá a reserva alcalina do solo, que poderá ser mobilizada, posteriormente, em processos de acidificação, como ocorre durante o período chuvoso. A reserva alcalina do viveiro é, portanto, uma fonte autóctone de $CaCO_3$, capaz de fazer a "calagem interna" do ecossistema aquático. Desse modo, a quantidade de calcário agrícola que excede a demanda imediata da água e do solo por $CaCO_3$ não é desperdiçada, sendo útil para renovação da reserva alcalina do viveiro.

iii. Fonte de carbono inorgânico para fotossíntese

Além do CO_2, o bicarbonato (HCO_3^-) também pode ser utilizado como fonte de carbono (C) inorgânico dissolvido para produção de glicose pelas microalgas. A calagem, ao adicionar carbonatos à água, que são transformados, parcialmente, em bicarbonatos, fornece C inorgânico ao fitoplâncton, contribuindo, dessa forma, para a obtenção de uma boa produtividade primária. Na água, parte do bicarbonato será convertida em CO_2 que, por sua vez, poderá ser aproveitado pelas espécies de fitoplâncton incapazes de utilizar o bicarbonato na fotossíntese.

iv. Manutenção de elementos metálicos presos aos sedimentos

Quando o solo do viveiro está ácido, elementos metálicos, como ferro e alumínio, estão na forma solúvel. Nessa condição, os íons ferro e alumínio estão livres para sair do solo e atingir as camadas mais superficiais da coluna d'água. Ao alcançar a zona eufótica e reagir com o O_2 da água, cujas concentrações são mais elevadas nessa camada, os metais perdem solubilidade. Nesse momento, ocorre a precipitação de compostos de ferro e alumínio até o fundo. Quando os hidróxidos de ferro e alumínio precipitam, entretanto, atraem e prendem a si ânions com os quais têm afinidade química, sobretudo os fosfatos ($H_2PO_4^-$, HPO_4^{-2}). Com isso, a taxa de produtividade primária aquática cai pela remoção de fósforo solúvel da zona eufótica, que é o nutriente geralmente mais limitante ao crescimento algal.

Quando se faz a calagem e se ajusta o pH do solo para neutro a levemente alcalino, os compostos de ferro e alumínio permanecem insolúveis, incapazes, portanto, de coprecipitar e indisponibilizar fosfatos.

v. Maior atividade decompositora no solo

Assim como os animais aquáticos têm uma faixa ideal de pH da água, as bactérias do solo também apresentam uma faixa ótima de pH para seu desenvolvimento, entre 7 e 8. Nessa condição favorável, havendo O_2 suficiente, a decomposição da matéria orgânica é rápida e deixa poucos resíduos no meio. Com isso, a matéria orgânica é mineralizada em pouco tempo, disponibilizando uma maior quantidade de sais nutrientes aos produtores primários. Ao final, o solo dos viveiros se torna mais limpo e suas águas mais produtivas.

vi. Fonte de cálcio e magnésio para formação do esqueleto, exoesqueleto, fisiologia nervosa e outras importantes funções biológicas

O calcário agrícola é constituído por $CaCO_3$ e $MgCO_3$. Assim, a aplicação de calcário aumenta as concentrações de cálcio e magnésio da água, favorecendo todos os processos biológicos que utilizam esses minerais, como formação do esqueleto, dentes e escamas, contração muscular, transmissão nervosa, coagulação sanguínea, respiração celular e osmorregulação. Os animais aquáticos podem obter o cálcio e o magnésio necessários ao metabolismo diretamente da água, absorvendo-os através das brânquias. Assim, a calagem auxilia na manutenção da saúde animal por fornecer íons (Ca^{+2}, Mg^{+2}) biologicamente importantes aos peixes e camarões.

vii. Desinfecção da água e do solo

Além do calcário agrícola, a cal também pode ser utilizada na correção do pH da água e do solo de viveiros de aquicultura. A cal virgem é obtida pela incineração do calcário em fornos. Durante a queima, CO_2 é liberado para atmosfera. Com isso, $CaCO_3$ e $MgCO_3$ se transformam em óxido de cálcio e de magnésio (CaO e MgO, respectivamente). A cal hidratada é obtida quando a cal virgem é tratada com água. Nesse caso, o CaO e o MgO da cal virgem são transformados em hidróxido de cálcio e de magnésio ($Ca(OH)_2$ e $Mg(OH)_2$, respectivamente). Como a cal virgem e a cal hidratada são produtos mais elaborados que o calcário agrícola, seus preços no mercado são mais elevados.

Após a aplicação da cal, o pH da água e do solo se elevam bruscamente. Por isso, não se recomenda a aplicação da cal em viveiros já povoados – nestes, a melhor opção é o calcário agrícola. Por ser um produto cáustico, a cal deve ser manipulada com cuidado por pessoas que utilizem equipamentos de proteção individual (EPIs). Lamentavelmente, o uso da cal já causou graves acidentes, como a perda da visão do aplicador.

A cal virgem e a cal hidratada possuem propriedades desinfetantes que o calcário não apresenta. Por isso, a cal é aplicada no solo e na água de abastecimento para desinfecção e preparação do viveiro para o próximo ciclo. Os produtores de camarão aplicam, além da cal, o hiploclorito de cálcio, visando uma desinfecção mais efetiva da água de abastecimento. Ao final do ciclo de produção, após a despesca e o esvaziamento total do viveiro, recomenda-se a aplicação de 4 t de cal hidratada/ha, a fim de eliminar parasitas e patógenos presentes no solo, especialmente nas poças de água. Para que os patógenos sejam completamente eliminados, a aplicação da cal deveria elevar o pH do solo acima de 11, por mais de 12 h. Por razões financeiras, entretanto, os aquicultores geralmente não aplicam mais de 1 t de cal/ha. Essa taxa de aplicação, contudo, pode ser insuficiente para eliminar os patógenos do viveiro.

Além da calagem da água de cultivo e do solo dos viveiros, recomenda-se ainda a calagem da bacia de sedimentação para evitar o descarte de efluentes ácidos no meio ambiente. A liberação de efluentes de pH baixo prejudica a fauna e a flora dos corpos receptores.

3.5 ÁGUAS DE CULTIVO COM PH MUITO ALTO

Geralmente, o problema mais comum de pH da água em aquicultura é a acidez, tendo-se a calagem como a solução mais clara. Entretanto, não é raro observar águas de cultivo com pH muito alto, acima de 9. Como o estresse alcalino é tão nocivo aos animais quanto o ácido, deve-se dar a devida atenção a essa questão.

Em tanques de aquicultura, o pH elevado da água pode ocorrer devido ao excesso de fitoplâncton no meio de cultivo. Como a fotossíntese eleva o pH no período luminoso do dia, uma intensa produtividade primária pode levar o pH vespertino da água acima de 9. Essa situação geralmente ocorre em dois casos:

1) Em viveiros novos e em velhos cujos solos tenham sido submetidos a rigorosa secagem, por conta do descompasso existente entre a taxa fotossintética e a taxa de decomposição da matéria orgânica;
2) Em águas doces e moles, nos quais a relação dureza cálcica: alcalinidade total da água seja muito reduzida, menor que 0,5 (este último assunto é abordado no Capítulo 6 deste livro).

Quando a remoção de CO_2 da água pela fotossíntese supera muito a liberação de CO_2 pela decomposição da matéria orgânica, o pH da água pode passar de 9. Para evitar que isso aconteça, recomenda-se que a concentração inicial de matéria orgânica do solo do viveiro seja igual ou maior que 1%. Caso isso não se verifique, é possível aplicar estercos de boa qualidade ao solo na fase de preparação do viveiro.

Se o excesso de fitoplâncton for o fator responsável pelo alto pH da água, a troca de água superficial deve resolver o problema. Ao final, a transparência da água deve ser maior que 40 cm. Além disso, caberia reduzir a oferta de ração aos animais, assim como suspender a aplicação de fertilizantes na água. A substituição da ração em uso por outra de maior digestibilidade pode trazer efeitos igualmente positivos. Manter a alcalinidade total da água acima de 60 mg/L, em cultivos dulcícolas, e acima de 100 mg/L, em criações de espécies marinhas, também ajuda na estabilização do pH da água.

Quando a alcalinidade é elevada, o poder-tampão da água é maior, sendo capaz de prevenir variações estressantes de pH. O ajuste da relação dureza cálcica: alcalinidade total de águas doces e oligohalinas para 1 ou mais, pela aplicação de sulfato de cálcio, contribui para o controle do pH. Relações dureza: alcalinidades mais elevadas previnem que os carbonatos livres levem, perigosamente, o pH da água para 10 ou mais. De forma emergencial, pode-se aplicar o sulfato de alumínio na água como acidificante, que forma ácido sulfúrico (H_2SO_4) ao reagir com a água.

3.6 MONITORAMENTO E DETERMINAÇÃO DO PH DA ÁGUA

Por sua importância para a vida aquática, tanto para o plâncton como para os organismos cultivados, o pH da água deve ser monitorado diariamente, em dois horários, com o auxílio de um pHmetro calibrado (medidor eletrônico de pH). O pH da água deve ser registrado no início da manhã, para se conhecer o menor valor diário, e no final da tarde, para se conhecer o maior valor. Com isso, é possível determinar a amplitude da variação diária do pH da água do tanque. Recomenda-se anotar os valores obtidos para ter um histórico das alterações de pH em cada tanque. O produtor deve aproveitar o trabalho de monitoramento das concentrações de O_2 na água para fazer as leituras de pH.

Embora existam outros métodos para determinar o pH da água e de soluções aquosas, como o uso de fitas indicadoras, o pHmetro é o equipamento mais utilizado por técnicos e pesquisadores. Ele é capaz de medir a diferença de potencial (ddp) que se forma entre a água e a solução eletrolítica existente no interior do eletrodo de vidro. Essa tensão elétrica se deve à movimentação de íons H^+ na solução eletrolítica, causada pelos íons H^+ da água. Quanto maior a ddp, maior será a concentração de íons H^+ na água e, portanto, menor será o seu pH.

Alguns cuidados básicos devem ser tomados para a obtenção de leituras corretas de pH da água com o uso de pHmetros. O ponto principal é a calibração frequente do equipamento, indispensável para a realização de leituras corretas. Essas calibrações são feitas com soluções-tampões que têm pH conhecido, geralmente 7, 4 e, opcionalmente, 10. Outros cuidados com o pHmetro são os seguintes:

- Manipular o eletrodo de vidro com bastante cuidado para evitar quebrá-lo ou mesmo trincá-lo. Basta que o eletrodo esteja rachado para que não seja mais possível calibrar o aparelho. Atualmente, existem fabricantes que fornecem pHmetros com uma proteção plástica para o eletrodo;
- Observar, periodicamente, o nível da solução interna do eletrodo. Quando o nível dessa solução estiver baixo, completar com solução de cloreto de potássio (KCl) 3M, saturada com cloreto de prata (AgCl). Para isso, dissolver 2,24 g KCl p.a.[1] em 10 mL de água destilada. Em seguida, adicionar e misturar pequenas quantidades de AgCl p.a. até que não haja mais dissolução.

Na falta de um pHmetro, pode-se utilizar as soluções indicadoras de alaranjado de metila, fenolftaleína e azul de bromotimol para conhecer o pH da água (Figura 3.3). As recomendações a seguir somente são válidas se, e somente se, a coleta da amostra de água tiver sido feita no início da manhã e os indicadores de pH foram utilizados logo em seguida:

- Alaranjado de metila vira vermelho: água muito ácida ($pH < 4$); presença de ácidos fortes no meio. Investigar a fonte da acidez extrema. Recomenda-se suspender a utilização do viveiro para tratamento do solo;
- Azul de bromotimol vira amarelo: pH da água entre 4 e 6; inadequado tanto para piscicultura como carcinicultura. Há necessidade da realização de forte calagem da água;

---

1 Para análise, isto é, de alto grau de pureza.

- Azul de bromotimol vira verde: água com pH entre 6 e 7,6. Água adequada para piscicultura (tilápia), mas inadequada para carcinicultura (*L. vannamei*), que deve receber calagem moderada;
- Azul de bromotimol permanece azul: água com pH entre 7,6 e 8,3. Adequada tanto para piscicultura como carcinicultura. Nenhum manejo de pH é indicado nesse caso;
- Fenolftaleína vira rosa: pH da água maior que 8,3. Água provavelmente com excesso de fitoplâncton. Deve-se trocar parte da água superficial para obter maior transparência.

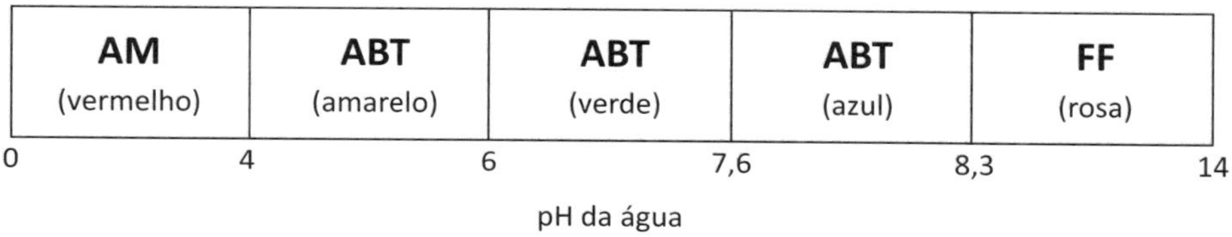

Figura 3.3 – pH da água obtido por meio de soluções indicadoras. AM: alaranjado de metila; ABT: azul de bromotimol; FF: fenolftaleína. Entre parênteses, as cores que as soluções indicadoras assumem dentro de cada faixa de pH da água.

A seguir, o protocolo para uso prático das soluções indicadoras de pH:

1) Dividir a amostra de água em 3 subamostras de 50 mL;
2) Iniciar com o uso do indicador alaranjado de metila (AM);
3) Adicione algumas gotas de AM em 50 mL de uma das subamostras de água. Se o AM virar vermelho, o pH da subamostra é menor que 4. Se o AM permanecer amarelo, seguir para o uso do indicador azul de bromotimol (ABT);
4) Adicionar 5 mL de ABT em 50 mL de uma nova subamostra de água. Se o ABT virar amarelo, o pH da água está compreendido entre 4 e 6; se o ABT virar verde, o pH da água está entre 6 e 7,6; se o ABT permanecer azul, o pH da subamostra de água é maior que 7,6. Neste último caso, seguir para o indicador de fenolftaleína (FF);
5) Adicionar algumas gotas de FF em 50 mL de uma nova subamostra de água. Se a água permanecer com a sua cor original (FF incolor), o pH está compreendido entre 7,6 e 8,3; já se a FF mudar para rosa, o pH da subamostra de água é maior que 8,3.

Logo, a água de cultivo propícia para criação de tilápia é aquela que vira o ABT para o verde. Já a água adequada para carcinicultura do *L. vannamei* é aquela que mantém o ABT azul e não vira a FF para o rosa. Lembrar-se que o horário correto para fazer a amostragem da água é no início da manhã.

Determinação da acidez mineral e total da água

Princípio do método

Apenas o CO_2 não faz o pH da água baixar para 4,5 e já não há mais CO_2 na água quando o pH é igual ou maior que 8,3. Águas com pH abaixo de 4,5 contêm algum ácido forte, como os ácidos sulfúrico e clorídrico. Uma amostra de água que contém acidez mineral é aquela que vira o indicador alaranjado de metila para o vermelho. Neste caso, pode-se determinar a acidez mineral da água pela titulação com a solução-padrão de hidróxido de sódio (NaOH). O final da titulação é indicado pela viragem do alaranjado de metila do vermelho para o amarelo (pH $\approx$ 4,5). Já a acidez total, que é formada pela acidez mineral mais a orgânica, pode ser determinada por se titular a amostra de água com a solução-padrão de hidróxido de sódio, até a viragem do indicador de fenolftaleína (FF) para o rosa (pH $\approx$ 8,3).

Para obter a solução-padrão de NaOH, duas outras soluções devem ser inicialmente preparadas: solução-padrão de carbonato de sódio (Na_2CO_3) e solução-padrão de ácido sulfúrico (H_2SO_4). A solução-padrão de Na_2CO_3, que é a primeira das três soluções a ser preparada, servirá para padronizar a solução de H_2SO_4 que, por sua vez, servirá para padronizar a solução de NaOH, que será, finalmente, utilizada na titulação da amostra de água.

Águas propícias ao cultivo de camarões marinhos devem conter concentrações mínimas de acidez total. Para se descobrir isso, basta adicionar um número suficiente de gotas da solução-indicadora de azul de bromotimol (ABT) em 50 mL de uma amostra de água que tenha sido filtrada para reduzir a turbidez. Se a amostra de água permanecer azul, sua acidez total é mínima, já que o pH da água, nesse caso, estará compreendido entre 7,6 e 8,3. Entretanto, se a amostra de água se tornar verde ou, ainda pior, amarela, após a adição do ABT, sua acidez total é elevada. Nesse caso, faz-se necessário neutralizar a acidez da água pela calagem.

Reagentes

- *Solução-indicadora de alaranjado de metila*

Dissolver 0,05 g de alaranjado de metila p.a. em 100 mL de água destilada.

- *Solução indicadora de fenolftaleína*

Dissolver 0,5 g de fenolftaleína p.a. em 50 mL de álcool etílico 95%; adicionar 50 mL de água destilada.

- *Solução indicadora de azul de bromotimo*

Dissolver 0,1 g de azul de bromotimol p.a. em 10 mL de solução de NaOH a 4%. Para isso, dissolver 4 g NaOH p.a. em 100 mL de água destilada.

Adicionar 20 mL de álcool etílico 95% e completar o volume para 1 L com água destilada. A cor característica da solução é azul profundo. Se a solução estiver esverdeada, adicionar a solução de NaOH, gota a gota, até que a solução se torne azul.

- *Solução-padrão de Na_2CO_3 0,02 N*

Secar algumas gramas de Na_2CO_3 a 140 °C e deixar esfriar em um dessecador. Dissolver 1,060 g de Na_2CO_3 em água destilada isenta de CO_2[2] e completar o volume para 1 L em balão volumétrico. A solução-padrão de Na_2CO_3 deve ser usada em poucas horas após seu preparo.

- *Solução-padrão de ácido sulfúrico ≈ 0,02 N*

Diluir 2,8 mL de ácido sulfúrico concentrado em 1 L de água destilada isenta de CO_2. Essa solução de ácido sulfúrico terá normalidade aproximada de 0,1 N.

Diluir 200 mL da solução anterior em 1 L de água destilada isenta de CO_2. Essa nova solução tem normalidade aproximada de 0,02 N. Proceder a padronização da solução de H_2SO_4 para determinar a normalidade exata.

Padronização da solução de H_2SO_4

Pipetar 10 mL de solução-padrão de Na_2CO_3 0,02 N e transferir para frasco Erlenmeyer de 250 mL. Adicionar 90 mL de água destilada isenta de CO_2 e 6 gotas da solução-indicadora de AM. Ao adicionar 90 mL de água destilada, a solução-padrão de Na_2CO_3 foi diluída em 10 vezes. Com isso, sua normalidade foi reduzida para 0,002 N.

Titular com a solução de H_2SO_4 até a viragem do AM para o vermelho. Calcular a normalidade da solução de H_2SO_4 por meio da seguinte expressão: N x V (Na_2CO_3) = N' * V' (H_2SO_4). Por exemplo:

V' = 10,5 mL

$\therefore$ 0,002 * 100 = N' * 10,5

$\therefore$ N' = 0,2 ÷ 10,5

N' = 0,019N

[2] Água destilada isenta de CO_2: ferver água destilada por 10 minutos; aguardar que esfrie; transferir para frasco de vidro com tampa.

- *Solução-padrão de hidróxido de sódio ≈ 0,02 N*

Preparar uma solução de NaOH com normalidade próxima a 1 N, dissolvendo 40 g de NaOH p.a. em 1 L de água destilada.

Diluir uma alíquota de 20 mL da solução anterior para 1 L com água destilada isenta de CO_2. Essa nova solução tem normalidade aproximada de 0,02 N. Manter a solução em frasco de vidro perfeitamente tampado. Fazer a padronização diária da solução, sempre antes do uso.

Padronização da solução de NaOH ≈ 0,02 N

Retirar uma alíquota de 20 mL da solução-padrão de ácido sulfúrico (H_2SO_4) e transferir para béquer de 250 mL; adicionar 80 mL de água destilada. Com isso, a normalidade da solução cai 5 vezes. Adicionar 4 gotas da solução-indicadora de fenolftaleína. Titular com a solução de NaOH até o aparecimento de leve coloração rosa permanente.

Usar a relação N * V (H_2SO_4) = N' * V' (NaOH) para determinar a normalidade exata da solução de NaOH. Por exemplo:

N = 0,019 e V' = 18 mL

∴ 0,0038[3] × 100 = N' × 18

N' = 0,021 N.

Procedimento analítico e cálculo do resultado

Acidez mineral

Transferir 100 mL da amostra de água para frasco béquer de 250 mL. Adicionar de 4 a 8 gotas da solução indicadora de alaranjado de metila. A amostra de água assume a cor vermelha se contiver acidez mineral. Neste caso, titular com a solução-padrão de NaOH ≈ 0,02 N até a viragem do indicador para laranja ou amarelo. Calcular a acidez mineral pela expressão apresentada a seguir:

[3] Como a solução-padrão de foi diluída 5 vezes, deve-se dividir sua normalidade por 5.

Acidez total

Transferir 100 mL da amostra de água para frasco béquer de 250 mL. Adicionar 4 gotas da solução indicadora de fenolftaleína. Se a amostra de água se tornar rosa, sua acidez total é igual a 0. Caso contrário, titular com a solução-padrão de NaOH ≈ 0,02 N até a viragem do indicador para o rosa. Calcular a acidez total pela expressão a seguir:

$$Acidez\left(\frac{mg}{L}CaCO_3\right)=\frac{Vol.gasto\ sol.NaOH\left(mL\right)*N\ sol.\ NaOH*50000}{Vol.\ amostra\ de\ água\left(mL\right)}$$

RESUMO

A acidez da água se deve à presença de íons H^+. Logo, quanto mais íons H^+, mais ácida é a água; quanto menos íons, menos ácida é a água (ou mais alcalina). A faixa de pH da água compatível com a vida aquática varia de 4 a 11. As faixas ideais de pH vão de 6,0 a 9,0 para organismos de água doce e 7,5 a 8,5 para organismos marinhos. A acidez das águas naturais se deve à acidez dos solos e ao CO_2, que libera íons H^+ ao reagir com a água. Quanto mais matéria orgânica no tanque, menor é o pH da água.

Se a alcalinidade da água for baixa, as variações de pH são maiores durante o ciclo de 24 h. Por isso, deseja-se que a alcalinidade da água de cultivo seja elevada, de preferência igual ou maior que 60 mg/L $CaCO_3$, em cultivos dulcícolas (tilápia), e igual ou maior que 100 mg/L $CaCO_3$, na carcinicultura marinha.

Para neutralizar a acidez dos solos e prevenir a liberação de íons H^+ pela reação do alumínio com a água, realiza-se a calagem do solo. O calcário agrícola, cujo principal constituinte é o carbonato de cálcio, é o produto mais utilizado para calagem do solo e da água de viveiros de aquicultura. Além da correção do pH do solo e da água, a calagem traz ainda os seguintes benefícios à criação de organismos aquáticos:

1) Aumento da alcalinidade da água que confere maior poder-tampão de pH;
2) Renovação da reserva alcalina do solo;
3) Fonte de reserva de carbono inorgânico para fotossíntese;
4) Manutenção de elementos metálicos presos aos sedimentos, impedindo-os de precipitar o fósforo e causar toxicidade;
5) Maior atividade das bactérias do solo e aumento na taxa de reciclagem dos nutrientes;
6) Fonte de cálcio e magnésio para formação do esqueleto, fisiologia nervosa e outras funções biológicas;
7) Desinfecção do tanque quando a calagem for feita com a cal.

A causa mais comum para pH elevado de tanques de aquicultura é excesso de fitoplâncton na água. O pH da água deve ser monitorado diariamente, em dois horários, com o auxílio de um pHmetro calibrado. O monitoramento do pH no início da manhã serve para se conhecer o menor valor diário; e no final da tarde para registrar o maior valor. É indispensável realizar calibrações frequentes do pHmetro para obtenção de resultados corretos. Na falta de um pHmetro calibrado, pode-se utilizar as soluções indicadoras de alaranjado de metila, fenolftaleína e azul de bromotimol. A acidez mineral e total da água pode ser determinada por se titular uma amostra com a solução-padrão de NaOH.

CAPÍTULO 4
Dióxido de carbono (CO_2) livre na água

4.1 INTRODUÇÃO

Nas águas naturais e de tanques de aquicultura, existem diferentes formas dissolvidas de carbono (C), que podem ser orgânicas e inorgânicas (Figura 4.1). Fontes de C orgânico são as proteínas, gorduras, carboidratos e vitaminas. Nessa classe, temos aminoácidos, peptídeos, ácidos graxos e monossacarídeos dissolvidos na água, onde, apesar das dimensões muito reduzidas, ainda não foram completamente decompostos pelas bactérias. Ao final do processo de decomposição, a matéria orgânica lábil é oxidada e libera para o meio substâncias inorgânicas mais simples, como sais minerais, dióxido de carbono (CO_2) e a água (H_2O).

As fontes de carbono inorgânico dissolvido na água são o dióxido de carbono (CO_2), bicarbonato (HCO_3^-) e o carbonato (CO_3^{-2}) que, juntos, formam o carbono inorgânico dissolvido total. Essas formas químicas de carbono são ditas inorgânicas porque já não são mais passíveis de decomposição microbiana, sendo utilizadas apenas pelos organismos vegetais, microalgas e macrófitas aquáticas para fotossíntese (CO_2, HCO_3^-) e por bactérias metanogênicas para produção de energia (CO_2).

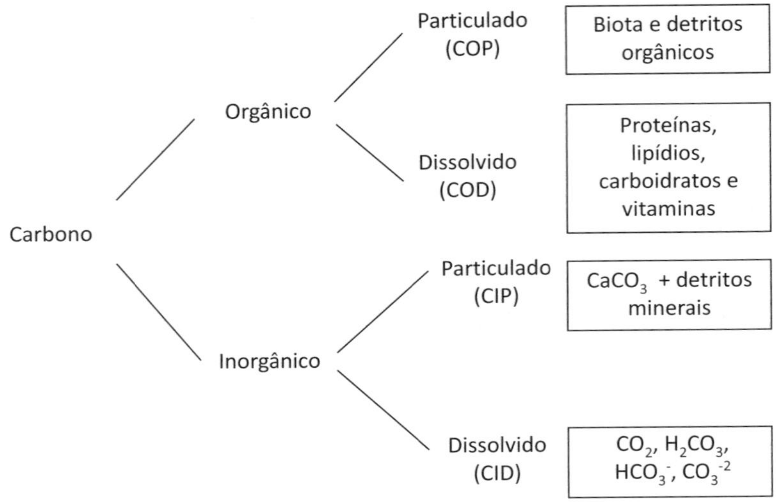

Figura 4.1 – Formas químicas de carbono encontradas na água. COP: carbono orgânico particulado; COD: carbono orgânico dissolvido; CIP: carbono inorgânico particulado; CID: carbono inorgânico dissolvido.

Das três formas de carbono inorgânico dissolvido (CO_2, HCO_3^- e CO_3^{-2}), uma é livre (CO_2) e duas são combinadas ou fixas (HCO_3^- e CO_3^{-2}). O CO_2 é dito livre porque não é produzido pela combinação de outros compostos, surgindo no meio a partir da atividade respiratória e decomposição da matéria orgânica. Já os bicarbonatos (HCO_3^-) e carbonatos (CO_3^{-2}) são formas combinadas de carbono inorgânico porque surgem da reação do carbonato de cálcio com o gás carbônico, como pode ser visto a seguir:

$$CO_2 + CaCO_3 + H_2O \rightarrow Ca^{2+} + 2HCO_3^-$$

Na água, parte dos íons bicarbonatos pode se transformar em carbonatos e formar um equilíbrio químico sensível ao pH da água, como pode ser visto a seguir:

$$HCO_3^- \leftrightarrows CO_3^{-2} + H^+$$

Os íons bicarbonatos e carbonatos, portanto, surgem da reação entre o CO_2 e o $CaCO_3$. Outra forma de CID na água é o ácido carbônico (H_2CO_3), tido como inorgânico livre por ser apenas o produto da reação do CO_2 com a molécula de água, como se vê a seguir:

$$CO_2 + H_2O \rightarrow H_2CO_3$$

Além de as formas de CID serem classificadas em livres (CO_2, H_2CO_3) e combinadas (HCO_3^-, CO_3^{-2}), existe outra classificação bem mais importante. As diferentes formas de CID na água podem ser ácidas (CO_2 e H_2CO_3), alcalinas (CO_3^{-2}) ou anfóteras (HCO_3^-). As formas CO_2 e H_2CO_3 são ácidas porque liberam íons H^+ para o meio, como pode ser visto a seguir:

$$CO_2 + H_2O \rightarrow H_2CO_3 \rightarrow HCO_3^- + H^+$$

A forma CO_3^{-2} é alcalina porque, ao reagir com a água, libera íons OH^-, de acordo com a reação a seguir:

$$CO_3^{-2} + H_2O \rightarrow HCO_3^{-2} + OH^-$$

A forma HCO_3^- é anfótera porque, em meio aquoso, tanto pode liberar íons H^+, agindo como um ácido, como consumir íons H^+, agindo como uma base. O bicarbonato (HCO_3^-) age como ácido ou base a depender das condições físico-químicas do meio, especialmente da dinâmica do pH da água. Assim, se houver entrada ou formação de íons H^+ no sistema, o bicarbonato age como base; mas se houver retirada ou consumo de íons H^+ do sistema, o HCO_3^- age como ácido. Desse modo, o bicarbonato consegue, até certo ponto, neutralizar, tamponar ou minimizar a ação de agentes físicos, químicos e biológicos capazes de alterar o pH da água. Logo, águas ricas em bicarbonatos, ou seja, de boa alcalinidade, sofrem menores variações de pH ao longo do dia e do ciclo de produção.

A reação entre o CO_2 e a molécula de água é melhor representada pelo equilíbrio químico visto a seguir:

$$CO_2 + H_2O \leftrightarrows H^+ + HCO_3^-$$

Portanto, não há o consumo total do CO_2 quando o equilíbrio químico é atingido. Ao final, ainda há bastante CO_2 no meio, porque a reação do CO_2 com a água é fraca, isto é, a formação dos produtos H^+ e HCO_3^- é relativamente pequena. A constante de equilíbrio (K_c) dessa reação, que é igual a $10^{-6,35}$, nos mostra isso. Quando o K_c do equilíbrio é maior que 1, há maiores concentrações de produtos do que de reagentes. Já quando o K_c é menor que 1, existem maiores concentrações de reagentes do que de produtos no equilíbrio. Finalmente, se o K_c do equilíbrio for igual a 1, as concentrações finais de reagentes e produtos são iguais entre si. Como o K_c do equilíbrio químico entre o CO_2 e os íons H^+ e HCO_3^- é muito pequeno, igual a $10^{-6,35}$ ou 0,00000045, a quantidade de íons H^+ liberada no meio por molécula de CO_2 é pequena. Portanto, o ácido carbônico é, de fato, um ácido fraco – o que faz todo sentido, porque, se fosse forte, não existiria vida aquática.

4.2 INTERRELAÇÕES ENTRE DIÓXIDO DE CARBONO LIVRE, BICARBONATO E CARBONATO

As formas químicas CO_2, HCO_3^- e CO_3^{-2} se interrelacionam, afetam e são afetadas pelo pH da água. Quando o pH é ácido, há predomínio de CO_2 no meio; quando o pH é alcalino, há maior proporção de CO_3^{-2}; já quando o pH está próximo da neutralidade, o HCO_3^- é a forma predominante (Figura 4.2). Quando o pH da água se aproxima de 4, já não há mais bicarbonatos nem carbonatos na água, apenas CO_2. Já quando o pH da água é maior que 8, a concentração de CO_2 livre na água é igual a 0.

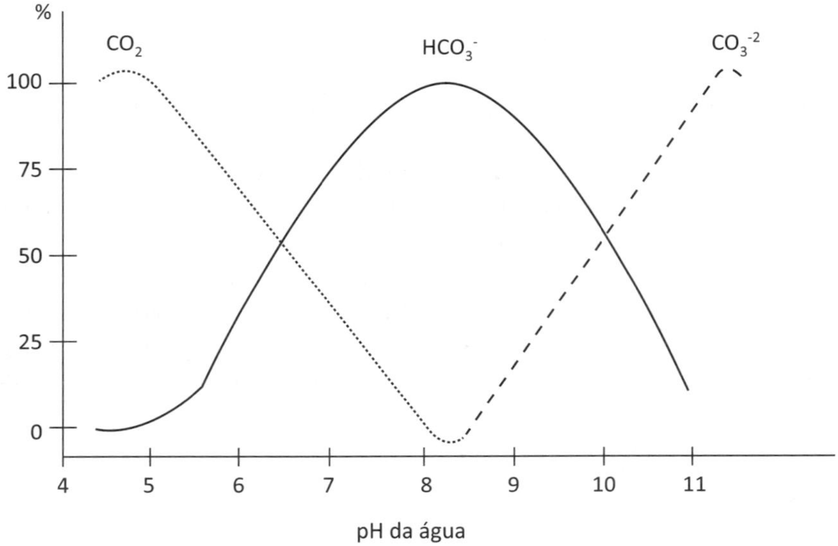

Figura 4.2 – Relação entre o pH da água e as concentrações relativas de dióxido de carbono (CO_2), bicarbonato (HCO_3^-) e carbonato (CO_3^{-2}). A linha pontilhada se refere ao CO_2 livre; a linha contínua se refere ao HCO_3^-; a linha tracejada se refere ao CO_3^{-2} (Boyd, 1979).

À medida que o pH da água vai caindo, ocorre transformação de carbonatos em bicarbonatos; e bicarbonatos em CO_2. Em oposição, há transformação de CO_2 em bicarbonatos; e bicarbonatos em carbonatos com a elevação do pH da água. Este indica quais são as proporções existentes de CO_2, HCO_3^- e CO_3^{-2} no meio. Se o pH for 6,5, metade do CID é CO_2 livre e metade HCO_3^-. Nesse caso, não há CO_3^{-2} na água. Já se o pH da água estiver um pouco acima de 10, metade do CID é HCO_3^- e metade é CO_3^{-2}, não ocorrendo CO_2 livre no meio. Finalmente, se o pH da água for igual a 8,3, todo o CID presente na água corresponderá ao HCO_3^- (Figura 4.2). Como a maioria dos ecossistemas aquáticos continentais, isto é, lagos e rios, tem pH da água entre 6 e 8, o HCO_3^- é a forma predominante de CID, havendo, ainda, concentrações significativas de CO_2 no meio. No caso dos oceanos, cujo pH oscila entre 8,1 e 8,3, o HCO_3^- é a única forma de CID presente nas águas, ou seja, as concentrações de CO_2 livre e CO_3^{-2} são insignificantes.

Assim como o pH da água altera os percentuais de CO_2, HCO_3^- e CO_3^{-2}, o pH é influenciado pelas formas de CID presentes no meio. A entrada de CO_2 na água, como ocorre durante a respiração e a decomposição da matéria orgânica, faz o pH da água cair, porque a proporção do CO_2, frente aos HCO_3^- e CO_3^{-2}, se eleva. Já a remoção de CO_2 da água pelas microalgas eleva o pH do meio, uma vez que os HCO_3^- e CO_3^{-2} assumem, por consequência, maiores concentrações relativas. Efeitos semelhantes são observados para a entrada ou retirada de CO_3^{-2} e HCO_3^- do meio, isto é, incremento ou consumo de alcalinidade, respectivamente. Assim, o pH da água se eleva após a calagem porque a aplicação de $CaCO_3$ aumenta a proporção de HCO_3^- frente ao CO_2.

4.3 GEOQUÍMICA DA BACIA DE DRENAGEM E DIÓXIDO DE CARBONO LIVRE

A geoquímica da bacia de drenagem, isto é, da área geográfica dentro da qual as águas correm para um mesmo rio, tem grande influência sobre a concentração de CO_2 da água. Geoquímica é a composição química das rochas e do solo da bacia de drenagem. Caso a bacia seja rica em rochas calcárias, como aragonita e calcita, as concentrações de CO_2 nas águas superficiais serão baixas e o pH dos lagos e rios será de neutro a alcalino. Como as rochas calcárias são formadas por carbonato de cálcio ($CaCO_3$), o intemperismo que age sobre a calcita e aragonita libera partículas de $CaCO_3$ no meio. Em seguida, o escoamento superficial leva essas partículas minerais para dentro dos corpos de água, havendo elevação nas proporções de carbonatos e bicarbonatos na água e queda no CO_2 livre. Ao contrário, as concentrações de CO_2 das águas serão maiores quando a geoquímica da bacia de drenagem for constituída, em grande parte, por rochas magmáticas, como granitos e basaltos. Nesse caso, o pH dessas águas será baixo, porque a menor ocorrência de rochas sedimentares impossibilita que haja concentrações apreciáveis de bicarbonatos e carbonatos no meio. Como as rochas magmáticas são bem mais duras do que as sedimentares, as primeiras lixiviam muito mais lentamente pela ação das chuvas e dos ventos do que as últimas.

Além do pH da água, a geoquímica da bacia de drenagem também afeta a produtividade dos corpos de água. Ecossistemas aquáticos pertencentes a bacias sedimentares são mais produtivos do que aqueles que integram bacias magmáticas porque possuem maiores concentrações de sais minerais dissolvidos na água. Esses sais são utilizados pelos vegetais aquáticos como nutrientes, resultando em ambientes com maiores densidades algais e de macrófitas. As rochas sedimentares contêm compostos químicos que apresentam elementos de grande importância para o metabolismo vegetal e animal. Águas ricas em bicarbonatos e carbonatos contêm, muitas vezes, elevadas concentrações de cálcio, magnésio, sódio e potássio, que são íons biologicamente importantes para vida aquática. Portanto, os lagos localizados em bacias sedimentares possuem maiores concentrações de nutrientes e maior produtividade primária que os lagos de bacias cristalinas.

4.4 RELAÇÃO INVERSA ENTRE OXIGÊNIO DISSOLVIDO E DIÓXIDO DE CARBONO LIVRE

Na camada mais iluminada da coluna d'água, isto é, na zona eufótica, há maiores concentrações de oxigênio (O_2) dissolvido na água e menores de CO_2 livre. O contrário acontece na região menos iluminada ou afótica, isto é, na água de fundo. Existe, portanto, uma relação inversa entre as concentrações de O_2 e CO_2 na água. Na zona eufótica, a atividade da comunidade fitoplanctônica consome CO_2 e libera O_2, simultaneamente, durante a fotossíntese. Já na água de fundo, a atividade das bactérias decompositoras faz exatamente o oposto, isto é, consome O_2 e libera CO_2 para o meio.

A relação inversa entre o CO_2 e o O_2 também pode ser observada ao longo do dia, na zona eufótica (Figura 4.3). No período luminoso do dia, ocorre aumento nas concentrações de O_2 e diminuição nas de CO_2. Já no período noturno, verifica-se queda progressiva nas concentrações de O_2 e aumento nas de CO_2. Desse modo, as menores concentrações de O_2 e as maiores de CO_2 na água são observadas ao amanhecer.

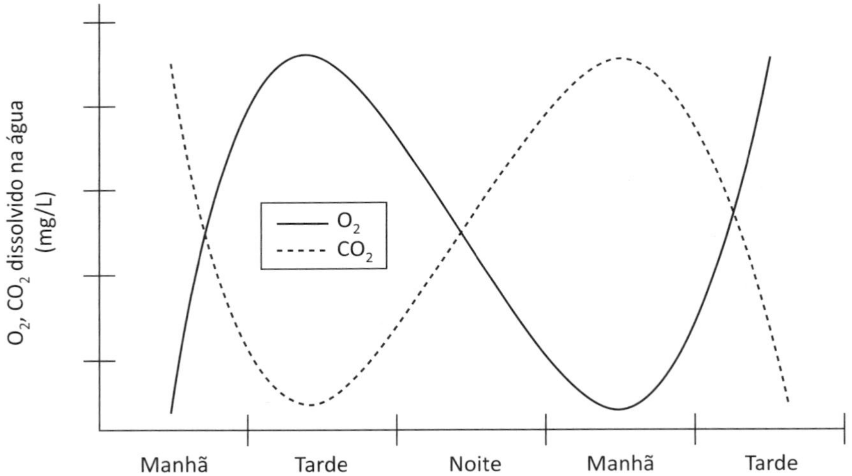

Figura 4.3 – Relação entre as concentrações de oxigênio (O_2) dissolvido e dióxido de carbono (CO_2) livre nas águas superficiais ao longo do dia.

Fonte: Hargreaves e Brunson (1996).

4.5 DIÓXIDO DE CARBONO LIVRE NA ÁGUA E NA AQUICULTURA

Uma vez que o CO_2 é utilizado pelos vegetais aquáticos para fotossíntese, deve-se manter concentrações mínimas de gás carbônico na água para que não haja prejuízo ao crescimento do fitoplâncton. Por outro lado, concentrações excessivas de CO_2 na água prejudicam a respiração dos animais aquáticos, que passam a ter dificuldade para excretar o gás carbônico do sangue ou hemolinfa para a água. Além disso, águas ricas em CO_2 são, geralmente, ácidas. Logo, a ação negativa do CO_2 sobre a fisiologia animal se deve, em parte, aos efeitos adversos da acidez da água.

As trutas e os salmões são animais bastante sensíveis às concentrações de CO_2 na água, afastando-se, sempre que possível, de locais que apresentem níveis mais elevados de gás carbônico. Juvenis de *L. vannamei* apresentaram lesões nas brânquias, no hepatopâncreas e nos músculos quando submetidos a concentrações de CO_2 próximas a 40 mg/L por 70 dias (Cassilas-Hernádez et al., 2021). O CO_2 pode se acumular em sistemas de aquicultura intensiva, em que há recirculação e filtragem de água. Nesses casos, faz-se necessário a instalação de unidades que removam o excesso de CO_2 dissolvido na água (*CO_2 degasser* ou coluna removedora de gases).

Quando a concentração de CO_2 na água é elevada, ocorre menor transferência de gás carbônico das brânquias para o meio externo, já que, nesse caso, a diferença de concentração entre o sangue e a água é menor, sendo desfavorável à excreção. Com isso, o CO_2 acumula e leva à redução no pH do sangue do peixe, patologia denominada hipercapnia. Com a queda no pH sanguíneo, a hemoglobina perde afinidade com o O_2, fenômeno conhecido como efeito Bohr, que diminui a capacidade da hemoglobina de se ligar ao O_2 dissolvido na água e, como consequência, reduz progressivamente o aporte de O_2 para os tecidos. Se essa situação se prolonga, o peixe morre asfixiado. Mesmo que não ocorra a morte do animal, a insuficiência de O_2 no sangue causa estresse e compromete o correto funcionamento do metabolismo, levando a retardo no crescimento e maior susceptibilidade a doenças.

O percentual de saturação da hemoglobina com O_2 depende não só do nível de saturação da água com O_2, mas também da concentração de CO_2 da água. Para determinado nível de saturação da água com O_2, o transporte de O_2 no sangue é menor em águas que contenham maiores concentrações de gás carbônico (Figura 4.4). Por isso, é importante realizar o monitoramento não apenas das concentrações de O_2 dissolvido na água de cultivo, como é usualmente feito, mas também das concentrações de CO_2. É possível ter concentrações moderadas de O_2 dissolvido na água, mas elevadas de CO_2. Essa situação seria equivocadamente considerada satisfatória se houvesse apenas o monitoramento do O_2; caso também houvesse o monitoramento do CO_2 na água, isso se revelaria estressante aos animais.

Em águas com elevadas concentrações de CO_2, o organismo do peixe tenta evitar a queda no pH sanguíneo para não sofrer os efeitos da hipercapnia. Para isso, a fisiologia branquial trabalha ativamente, realizando duas ações principais: aumento na absorção de íons bicarbonatos da água para o sangue, que são trocados por íons cloretos; e excreção de íons H^+ do sangue para o meio. Mesmo que esse trabalho de adaptação seja bem-sucedido, o gasto energético extra do organismo, constatado pela maior utilização da glicose sanguínea, pode comprometer o crescimento e a imunidade animal.

Além do problema do estresse respiratório, peixes que vivem em águas com concentrações elevadas de CO_2 podem sofrer de nefrocalcinose, ou seja, a formação de depósitos de cálcio nos rins. Essa patologia surge da desmineralização óssea causada pelo excesso de CO_2 no sangue, comprometendo o funcionamento saudável dos rins. Quando acometido por nefrocalcinose, a eficiência excretória do peixe diminui, fazendo com que o animal adoeça em prazo mais ou menos longo. Vários casos de nefrocalcinose já foram relatados em salmonídeos mantidos em águas ricas em CO_2.

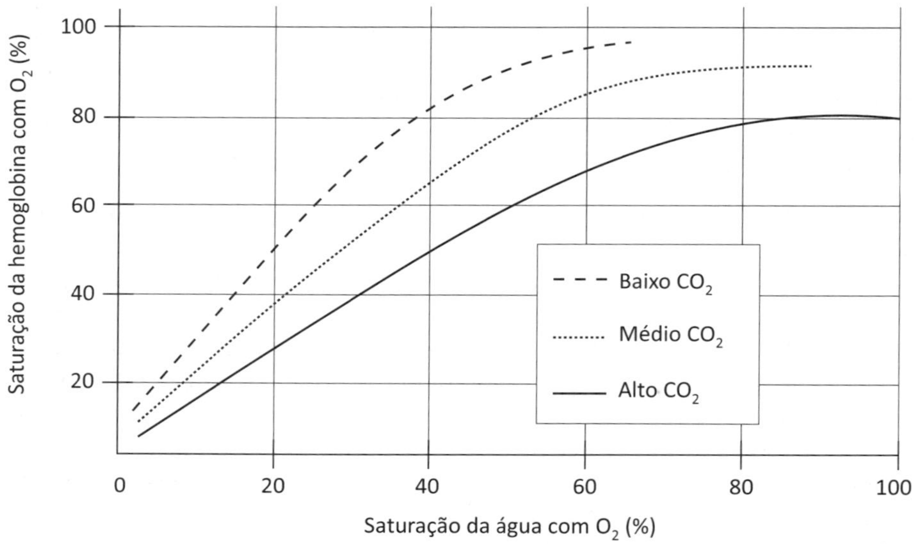

Figura 4.4 – Efeito da concentração de gás carbônico na água sobre o percentual de saturação da hemoglobina com oxigênio.

Fonte: modificado de Boyd (2011b).

Concentrações elevadas de CO_2 na água, ao promoverem a queda no pH, também aumentam a solubilidade dos metais do solo, com destaque para o alumínio e o ferro. O aumento nas suas concentrações causa estresse e pode até mesmo levar os animais à morte.

A nefrocalcinose e a solubilidade de metais são mais duas razões para o aquicultor prevenir concentrações elevadas de CO_2 nos tanques. A recomendação é que as águas destinadas aos cultivos aquícolas tenham concentrações de CO_2 livre entre 1 e 20 mg/L. Dentro dessa faixa, há CO_2 suficiente para manter boas taxas de produção primária, mas não há CO_2 excessivo para causar malefícios à respiração dos animais aquáticos. Concentrações de CO_2 entre 20 e 60 mg/L causam estresse respiratório; já em concentrações entre 60 e 80 mg/L, os peixes sofrem narcose,[1] quando perdem os sen-

[1] O efeito narcótico do gás carbônico sobre os peixes pode ser empregado a favor do produtor. Para isso, gás carbônico é injetado na água para anestesiar os peixes e, nessa condição, realizar diferentes manejos com os animais.

tidos. Camarões marinhos, *L. vannamei*, sofrem toxicidade aguda para concentrações de CO_2 a partir de 60 mg/L (Furtado et al., 2017). Finalmente, concentrações de CO_2 acima de 80 mg/L são consideradas letais à maioria das espécies de peixes e camarões cultivados (Figura 4.5).

0 – 1	1 – 20	20 – 60	60 – 80	80 –
Queda na fotossíntese	Ideal	Estresse respiratório	Narcose	Letal

Figura 4.5 – Efeitos da concentração de dióxido de carbono (CO_2) livre na água, em mg/L, sobre a fotossíntese e a vida de peixes cultivados.

Fonte: modificado de Boyd e Tucker (1998).

A queda na taxa fotossintética por conta de baixas concentrações de CO_2 na água afeta mais algumas espécies de fitoplâncton que outras. Caso a escassez de CO_2 corresponda a abundância de bicarbonatos na água, as cianobactérias têm uma vantagem competitiva frente aos demais grupos do fitoplâncton. Em laboratório, verifica-se que ocorre inibição no desenvolvimento de cianobactérias quando CO_2 é borbulhado na água. Portanto, a manutenção das concentrações de CO_2 na água entre 10 e 15 mg/L contribuiria para a obtenção de uma maior biodiversidade algal, estimulando o desenvolvimento de grupos desejáveis de fitoplâncton nos tanques, como de clorofíceas e diatomáceas.

Alguns manejos produtivos interferem, direta ou indiretamente, na concentração de CO_2 na água de cultivo. Por isso, é importante que o produtor entenda bem esses efeitos e possa se beneficiar da correta aplicação desses manejos.

i. Alteração na taxa de arraçoamento e na qualidade da ração

Quando o produtor aumenta a oferta de ração aos animais, a concentração de CO_2 livre na água se eleva porque a consequente maior evacuação de fezes e sua decomposição libera mais CO_2 para água. Em águas de maior alcalinidade, grande parte do CO_2 que foi adicionado à água é neutralizado pela ação dos bicarbonatos e carbonatos. Nesse caso, a queda no pH da água é pequena. Contudo, se a alcalinidade da água for baixa, a concentração de CO_2 se eleva, fazendo com que o pH caia de modo expressivo.

A qualidade da ração animal está relacionada, principalmente, à sua digestibilidade. As rações mais digestíveis são melhores, porque os nutrientes são mais eficientemente assimilados pelos animais, levando a maiores taxas de crescimento corporal e menores taxas de excreção. Quando o produtor opta por alimentar os animais com uma ração mais barata, que apresenta digestibilidade baixa, verifica-se aumento nas concentrações de CO_2 livre na água. Nesse caso, os peixes e camarões evacuam mais nos viveiros, fazendo com que as concentrações de matéria orgânica, em decomposição no fundo, sejam maiores.

ii. Uso de aeradores mecânicos

Como a concentração de CO_2 na atmosfera é baixa, a mistura da água de cultivo com o ar, feita pelos aeradores, reduz as concentrações de CO_2 livre na água. Nesse processo, o CO_2 se difunde do meio de maior concentração (água) para o meio de menor concentração (atmosfera). Os aeradores mecânicos, portanto, são equipamentos úteis não apenas para incorporar O_2 à água, mas também para remover gases indesejáveis, como CO_2, amônia e gás sulfídrico. A amônia, entretanto, somente é removida da água por aeração se estiver na sua forma gasosa (NH_3).

iii. Secagem do viveiro e exposição do solo ao sol

Com o decorrer do ciclo de produção, o solo do viveiro de aquicultura acumula matéria orgânica. Após o esvaziamento total do viveiro e exposição do solo ao sol, a matéria orgânica é fotoxidada. Nesse caso, a foto-oxidação é a queima da matéria orgânica do solo pela ação dos raios solares, principalmente dos raios ultravioletas (UV). Durante esse processo, ocorre a liberação de CO_2 e de outros gases para a atmosfera. Com a foto-oxidação da matéria orgânica, evita-se que o CO_2, que foi perdido para atmosfera, seja liberado para dentro da água no próximo ciclo de produção. Ao final, o solo do viveiro está numa condição físico-química e microbiológica bem melhor, com maior capacidade para receber e mineralizar matéria orgânica nova.

iv. Calagem da água e do solo

A aplicação de calcário agrícola, $CaCO_3$ na água, reduz as concentrações de CO_2 livre do meio. A reação a seguir demonstra claramente isso:

$$CaCO_3 + CO_2 + H_2O \rightarrow Ca^{2+} + 2HCO_3^-$$

Desse modo, a calagem da água, além de elevar o pH, também é útil na remoção de CO_2. De modo até mais eficiente, a cal virgem e a cal hidratada também podem ser utilizadas para remover CO_2 da água (Tabela 4.1). As cales, entretanto, devem ser aplicadas sempre antes do povoamento dos tanques com os animais.

Tabela 4.1 – Quantidades necessárias de calcário agrícola, cal virgem e cal hidratada para remoção de 1 mg de CO_2 por litro de água

Produto	g/m³
Calcário agrícola	2,3
Cal virgem	1,3
Cal hidratada	1,7

Fonte: modificado de Boyd (2018).

Embora a calagem não eleve a concentração de O_2, a remoção de CO_2 da água, a partir da aplicação do calcário ou da cal, auxilia na respiração dos animais aquáticos. Como dito anteriormente, a hemoglobina que transporta o CO_2 dos tecidos para as brânquias (carboemoglobina) é a mesma que transporta O_2 das brânquias para os tecidos (oxiemoglobina). A excreção do CO_2 do sangue para a água é menor quando as concentrações de CO_2 na água são maiores. Nesse caso, a carboemoglobina passa pelas brânquias, mas não consegue se livrar do CO_2 que transporta. Enquanto a carboemoglobina não conseguir liberar o CO_2, o O_2 não poderá ser transportado até os tecidos. Portanto, embora a calagem não incorpore O_2 à água, a calagem aumenta a assimilação do O_2 pelo organismo animal.

4.6 SEQUESTRO DE CARBONO PELA AQUICULTURA

O efeito estufa é a retenção de parte da radiação solar, que deveria ter sido refletida pela Terra de volta ao espaço, por gases naturalmente presentes na atmosfera, como vapor d'água, metano, óxido nitroso e dióxido de carbono, denominados gases do efeito estufa. Esse efeito é indispensável à vida, pois, sem ele, as temperaturas seriam de 30 °C a 35 °C mais frias na superfície do nosso planeta. Entretanto, as concentrações atmosféricas dos gases do efeito estufa têm aumentado ao longo do tempo por ação humana, excedendo os limites considerados seguros pelos cientistas. Antes da Revolução Industrial, isto é, no final do século XVIII, a concentração de gás carbônico na atmosfera da Terra era igual a 280 ppm. Atualmente, essa concentração está próxima de 400 ppm. Ocorreu, portanto, um aumento de mais de 40% nas concentrações de CO_2 na atmosfera em pouco mais de 200 anos. Com isso, as temperaturas estão se elevando perigosamente, já que os gases do efeito estufa estão retendo mais calor do que deveriam, provocando o aquecimento global. Esse fenômeno já está afetando a vida no planeta, causando mudanças climáticas, como secas prolongadas e enchentes severas, extinção de espécies e prejuízos a agricultura e pecuária, com a perda de áreas agricultáveis e de pastagem.

Algumas atividades humanas são responsáveis pela exacerbação do efeito estufa, ou seja, pelo *aquecimento global*. Entre essas atividades, destaca-se a queima de combustíveis fósseis, como petróleo, gás natural e carvão, que, atualmente, são as principais matrizes energéticas da humanidade. Essa queima, assim como a de áreas florestais, libera grandes quantidades de CO_2 para atmosfera, o que intensifica o efeito estufa. Por consequência, verifica-se uma maior retenção da radiação solar e aumento nas temperaturas. Como há equilíbrio entre as concentrações de CO_2 da atmosfera e dos oceanos, o aumento na concentração atmosférica de CO_2 faz as concentrações oceânicas também se elevarem em igual proporção. Por conta disso, o pH da água dos oceanos vem caindo de forma lenta, mas contínua. A maior acidez das águas tem prejudicado a vida dos organismos aquáticos, alterando os ciclos naturais das espécies marinhas.

Em oposição às atividades que liberam CO_2 para atmosfera e aumentam o efeito estufa, existem aquelas que fazem o processo contrário, podendo ser agrupadas em duas grandes classes: aquelas que diminuem a liberação de gases do efeito estufa para atmosfera e aquelas que removem os gases do efeito estufa da atmosfera. Uma das atividades que remove CO_2 da atmosfera é a fotossíntese realizada pelos vegetais terrestres. O crescimento populacional e o desenvolvimento econômico, entretanto, têm eliminado grande parte da cobertura vegetal do planeta. As queimadas, em particular, aumentam duplamente o efeito estufa em nosso planeta, porque liberam CO_2 e eliminam os vegetais fotossintetizantes ao mesmo tempo.

Os sistemas convencionais de aquicultura apresentam balanço negativo de carbono, isto é, a liberação de CO_2 para atmosfera é maior do que a retenção de CO_2 nos tanques e viveiros. A adoção de práticas e tecnologias de produção aquícola capazes de sequestrar mais carbono contribuiria para reduzir o aquecimento global. Enquanto as tecnologias de maior impacto ambiental na aquicultura sequestram, no máximo, 1 tonelada de CO_2/ha/ano, as de menor impacto ambiental podem sequestrar até 12 toneladas de CO_2/ha/ano. O balanço de carbono de fazendas aquícolas é, atualmente, levado em consideração pelos programas de certificação ecológica mais exigentes.

A participação da aquicultura no sequestro de carbono em nosso planeta é pequena. A parcela que é sequestrada anualmente pelos viveiros de aquicultura representa menos de 5% da quantidade sequestrada pelos açudes, represas, rios, lagos e alagados. Nos continentes, os maiores sequestradores de carbono são as represas e os açudes (43,6% da retenção total) e os rios (42,8%). Assim, a preservação e o correto gerenciamento dos recursos hídricos continentais têm impacto bem maior sobre o arrefecimento do aquecimento global do que de sistemas aquícolas. Essa constatação, todavia, não isenta os aquicultores da responsabilidade sobre o balanço de carbono até porque a piscicultura também é praticada em represas e açudes.

Como não se deseja acúmulo de matéria orgânica, os tanques de aquicultura apresentam, em geral, balanço negativo de carbono, isto é, retêm menos carbono do que liberam para a atmosfera. Muitas práticas aquaculturais acabam por liberar CO_2 para atmosfera, como as seguintes:

1) Calagem: quando se corrige o pH do solo por meio da calagem, ocorre maior liberação de CO_2 da água para a atmosfera pelo aumento na taxa de mineralização da matéria orgânica;
2) Aeração mecânica: acelera a decomposição da matéria orgânica, liberando mais CO_2 para atmosfera;
3) Circulação mecânica da água: facilita a difusão de CO_2 para atmosfera;
4) Drenagem total e exposição do solo ao sol: libera CO_2 para atmosfera.

No futuro, prevê-se que as leis ambientais estipulem os níveis máximos de CO_2 que poderão ser liberados, anualmente, pelas fazendas de peixe e camarão. Quando isso se tornar uma realidade, os produtores poderão comprar "créditos de carbono" em outros setores que tenham balanço positivo de carbono. Atualmente, existe no mundo o chamado "mercado de carbono", com firmas baseadas nos Estados Unidos e na Europa. Assim, a adoção de tecnologias de produção em aquicultura, de menor liberação de CO_2 para atmosfera, ganharia importância não apenas do ponto de vista ecológico, mas também econômico.

4.7 DETERMINAÇÃO DA CONCENTRAÇÃO DE DIÓXIDO DE CARBONO NA ÁGUA

Princípio do método

Amostras de água com pH acima de 8,3 não contêm dióxido de carbono mensurável, ou seja, a concentração de CO_2 livre é igual a 0 mg/L. Logo, a quantidade de carbonato de sódio (Na_2CO_3) necessária para elevar o pH da amostra de água até 8,3, que é o ponto de viragem da fenolftaleína[2] (FF), é proporcional à concentração de CO_2 na água, como pode ser visto na reação a seguir:

$$Na_2CO_3 + H_2O + CO_2 \rightarrow 2\ NaHCO_3$$

A coleta da amostra de água deve ser realizada de forma que não haja posterior contato com a atmosfera. Para isso, recomenda-se a utilização de frascos DBO.

[2] A fenolftaleína permanece incolor em amostras de água com pH < 8,3, mas muda para rosa em valores de pH iguais ou maiores que 8,3.

Reagentes

- *Solução indicadora de fenolftaleína*

Dissolver 0,5 g de fenolftaleína p.a. em 50 mL de álcool etílico 95% e 50 mL de água destilada isenta da CO_2. Adicionar, gota a gota, a solução de carbonato de sódio 0,0454 N até que apareça uma leve coloração rosa. Este último procedimento visa remover do indicador todos os traços de CO_2.

- *Solução-padrão de carbonato de sódio 0,0454 N*

Secar, em estufa, algumas gramas de Na_2CO_3 anidro p.a., padrão primário, por 2 h, a 140 °C. Resfriar, em seguida, em dessecador. Dissolver 2,407 g de Na_2CO_3 seco em 1 L de água destilada isenta de CO_2.

Preparar uma nova solução de carbonato de sódio a cada nova rodada de determinações de CO_2 livre.

Coleta da amostra de água e determinação laboratorial

1) Em corpos de água expostos à luz solar, a coleta da amostra de água deve ser realizada no período da manhã, entre 7 h e 10 h;
2) Submergir o frasco DBO, com tampa, de 20 a 30 cm no corpo de água. Retirar a tampa e aguardar que todo o volume seja preenchido. Ainda com o frasco na água, recolocar a tampa. Após a coleta da amostra, a determinação da concentração de CO_2 deve ser realizada em até 2 h. Caso isso não seja possível, a amostra pode ser mantida sob refrigeração, isto é, na geladeira, por até 24 h. Nesse caso, deve-se aguardar que a temperatura da amostra se iguale à ambiente antes de se prosseguir com a metodologia;
3) Deixar o frasco descansando por 30 min para sedimentação das partículas em suspensão na água. Pode-se dispensar esse procedimento caso se substitua o uso do indicador fenolftaleína pelo pHmetro;
4) Remover, com pipeta volumétrica, 50 mL do sobrenadante e transferir para frasco Erlenmeyer de 250 mL;
5) Adicionar 4 gotas da solução indicadora de fenolftaleína ou introduzir o eletrodo do pHmetro. Caso a amostra de água se torne rosa, seu pH é igual ou superior a 8,34 e a concentração de CO_2 livre é 0 mg/L. Se a cor da amostra não se alterar, seu pH é menor que 8,34 e haverá CO_2 livre titulável;
6) No segundo caso, titular, sem demora, com a solução-padrão de carbonato de sódio. O aparecimento de leve coloração rosa que permaneça por 30 segundos ou mais ou a leitura de pH igual a 8,3 indica o fim da titulação.

Cálculo do resultado

$$CO_2 livre\ (mg/L) = \frac{Volume\ da\ solução - padrão\ Na_2CO_3\ (mL) \times 998,8}{Volume\ da\ amostra\ de\ água\ (mL)}$$

RESUMO

As formas químicas de carbono inorgânico dissolvido (CID) na água são dióxido de carbono (CO_2), bicarbonato (HCO_3^-) e carbonato (CO_3^{-2}). Esses compostos podem ser ácidos (CO_2), alcalinos (CO_3^{-2}) ou anfóteros (HCO_3^-). O CO_2 livre é ácido porque forma H_2CO_3 e libera íons H^+ quando reage com a água. Em pH ácido, há predomínio de CO_2 no meio; já quando o pH da água passa de 10, há mais CO_3^{-2}; finalmente, quando o pH da água é neutro a moderadamente alcalino, ocorrem maiores concentrações de HCO_3^-. Caso haja maior riqueza de rochas calcárias na bacia de drenagem, as concentrações de CO_2 na água serão baixas e seu pH será de neutro a alcalino.

Geralmente, existe uma relação inversa entre as concentrações de O_2 e CO_2 livre na água. Concentrações mínimas de CO_2 na água são necessárias para a realização da fotossíntese pelos vegetais aquáticos; concentrações elevadas de CO_2 na água prejudicam a respiração dos animais. O aquicultor deve monitorar não apenas as concentrações de O_2, mas também as de CO_2. Recomenda-se que as águas destinadas aos cultivos aquícolas tenham concentrações de CO_2 livre entre 1 e 20 mg/L. Concentrações de CO_2 acima de 80 mg/L são consideradas letais aos peixes e camarões cultivados. Os manejos realizados pelo produtor podem alterar as concentrações de CO_2 na água, seja para cima, seja para baixo.

Os sistemas convencionais de aquicultura apresentam balanço negativo de carbono, isto é, liberam mais carbono para atmosfera, na forma de CO_2, do que retêm, na forma de matéria orgânica. Justifica-se a adoção de tecnologias de produção que liberam menos CO_2 para atmosfera não apenas do ponto de vista ambiental, mas também econômico. A concentração de CO_2 livre em amostras de água pode ser determinada por titulação com solução-padrão de carbonato de sódio (Na_2CO_3).

CAPÍTULO 5
Alcalinidade da água

5.1 INTRODUÇÃO

A alcalinidade da água é a soma das bases tituláveis presentes no meio aquático. A alcalinidade total compreende todos os compostos químicos que tenham características alcalinas e que possam ser quantificados por titulação. Nas águas naturais, assim como em tanques de aquicultura, os compostos alcalinos mais abundantes são os bicarbonatos (HCO_3^-) e os carbonatos (CO_3^{-2}). Desses dois compostos, o verdadeiramente básico é o carbonato, já que o bicarbonato é anfótero. Além desses, também podem ser citados os hidróxidos, a amônia, os fosfatos e os silicatos.

Logo, se um corpo de água tiver alcalinidade alta, suas concentrações de bicarbonatos e carbonatos serão elevadas. Como as bases neutralizam ácidos, os corpos de água de maior alcalinidade são capazes de manter o pH relativamente constante, mesmo quando ocorre a entrada de compostos ácidos. Essa propriedade é denominada "poder-tampão da água". Como a alcalinidade total compreende os íons bicarbonatos, o sistema tampão bicarbonato-carbonato também controla o pH da água quando há saída de íons H^+, como ocorre durante a fotossíntese. A alcalinidade do bicarbonato, portanto, previne que o pH da água suba de forma descontrolada e estressante.

Após a realização de inúmeras observações em diferentes ecossistemas aquáticos continentais, como lagos, rios, lagoas e riachos, os pesquisadores concluíram que a maioria desses corpos superficiais de água tem pH entre 6 e 8. Por isso, o bicarbonato é a principal forma de carbono inorgânico dissolvido (CDI) nas águas continentais

(Figura 4.2), e a alcalinidade desses ecossistemas deve-se principalmente à alcalinidade do bicarbonato.

5.2 BENEFÍCIOS DA ALCALINIDADE PARA O ECOSSISTEMA AQUÁTICO

Os três principais benefícios da alcalinidade da água para os ecossistemas aquáticos são os seguintes:

1) Tamponamento do pH da água;
2) Aumento da produtividade primária;
3) Diminuição dos riscos de toxicidade por metais.

5.2.1 TAMPONAMENTO DO PH DA ÁGUA

Águas de maior alcalinidade possuem forte poder-tampão de pH. O bicarbonato (HCO_3^-), por ser anfótero, consegue reagir como ácido ou base, a depender da situação. Já o (CO_3^{-2}) carbonato reage apenas como base, ou seja, neutraliza os efeitos da entrada de íons H^+ no meio, como pode ser visto na reação a seguir:

$$CO_3^{-2} + H^+ \rightarrow HCO_3^-$$

Esse tamponamento do pH da água somente é efetivo enquanto houver carbonatos disponíveis para reagir com os íons H^+. Como os bicarbonatos ocorrem em maiores proporções na faixa de pH entre 6 e 8, a neutralização dos íons H^+ das águas naturais se dá, prioritariamente, como segue:

$$HCO_3^- + H^+ \rightarrow H_2CO_3$$

Embora haja a formação de ácido carbônico (H_2CO_3) nessa reação, a entrada de íons H^+ na água impede que ocorra a liberação de íons H^+ a partir do ácido carbônico. Nesse caso, o ácido carbônico não causa diminuição no pH da água. Quando as concentrações de bicarbonatos e carbonatos da água são reduzidas, assim como a reserva alcalina do solo está esgotada, há rápida e forte queda ou alteração no pH do meio por ação de diferentes agentes e processos.

A ação moderadora dos carbonatos e bicarbonatos sobre o pH da água, ou seja, a alcalinidade, cria um meio mais saudável para o desenvolvimento do plâncton, bactérias probióticas, peixes e camarões cultivados. Maiores flutuações no pH da água, ao longo do dia e durante o ciclo de produção, estressam os animais cultivados, levando-os a exibir menor crescimento corporal e a ter maior susceptibilidade às doenças. A alcalinidade da água, portanto, é importante tanto para aquicultura, como para o meio ambiente. O tampão bicarbonato também atua na homeostase do pH sanguíneo dos peixes e dos seres humanos.

Os ecossistemas aquáticos continentais apresentam grande variação na alcalinidade da água, com valores entre 5 e 500 mg/L $CaCO_3$ eq. Por conta disso, muitos lagos e rios são vulneráveis aos processos de acidificação causados pelas chuvas, atividades biológicas e ações antrópicas. O pH regular da chuva é ácido por conta da reação do CO_2 atmosférico com a água. A acidificação dos ecossistemas aquáticos leva à diminuição na biomassa aquática e perda de biodiversidade. Como os solos mais propícios para a construção de viveiros de aquicultura são os franco-argilosos, que são naturalmente ácidos, suas águas têm baixa alcalinidade, caso não se faça a correção da acidez do solo por meio da calagem.

5.2.2 AUMENTO DA PRODUTIVIDADE PRIMÁRIA

Mantidas as demais condições constantes, as águas de elevada alcalinidade contêm mais alimento natural que as de baixa alcalinidade, apresentando maiores taxas de produtividade primária (fitoplâncton) e secundária (zooplâncton e bacterioplâncton). Embora o CO_2 seja a fonte primária de CID utilizada para fotossíntese, os vegetais aquáticos também podem fazer uso do bicarbonato com essa mesma finalidade. Como a taxa fotossintética pode cair pela escassez de CO_2 livre na água, a presença do bicarbonato mantém o crescimento fitoplanctônico inalterado. Quando a fotossíntese é muito intensa, pode faltar CO_2 dissolvido na água para a absorção pelos vegetais. Isso ocorre, regularmente, em tanques de aquicultura no período da tarde. Nesse caso, se a alcalinidade da água for baixa, haverá queda na produtividade primária. Por outro lado, as microalgas continuarão se multiplicando e crescendo enquanto houver bicarbonatos no meio, pois serão utilizados como fonte de carbono inorgânico para produção de glicose. Além disso, elementos biologicamente importantes aos vegetais, como o cálcio e magnésio, estão comumente associados aos bicarbonatos e carbonatos. Assim, águas de alcalinidade elevada também são, frequentemente, ricas em minerais indispensáveis para o bom crescimento das microalgas.

Viveiros com águas de alcalinidade elevada possuem solo com pH próximo da neutralidade. Não é possível a ocorrência de águas ácidas sobre solo neutro a alcalino ou águas alcalinas sobre solo ácido, por longos períodos. A tendência é que a água e o solo entrem em equilíbrio de pH, após certo tempo, por estarem em contato um com o outro. Logo, a manutenção da alcalinidade da água acima de 60 mg/L $CaCO_3$ também corrige, indiretamente, o pH do solo do viveiro para próximo a 7, favorecendo a atividade decompositora bacteriana. Com isso, não haverá acúmulo de matéria orgânica, nem a degradação dos solos com pH próximo do neutro e concentrações suficientes de oxigênio (O_2) dissolvido na água de fundo. Logo, o pH do solo próximo a 7 é considerado o ideal para a mineralização da matéria orgânica pelas bactérias. Quando a alcalinidade da água é elevada e, por consequência, o pH do solo está na faixa ideal, os produtores primários e secundários se desenvolvem mais rapidamente pela maior disponibilidade de nutrientes no meio.

5.2.3 DIMINUIÇÃO DOS RISCOS DE TOXICIDADE POR METAIS

O grande reservatório de elementos e compostos químicos dos ecossistemas aquáticos continentais, tais como viveiros de aquicultura e açudes, é o solo. Nele se concentram, naturalmente, diversos metais, como ferro e alumínio. Esses metais, quando liberados em maiores quantidades do solo para a água, podem causar toxicidade aos animais aquáticos. Entretanto, se os metais permanecerem retidos aos sedimentos, o risco de toxicidade é baixo.

Os dois principais fatores que afetam a liberação de metais dos sedimentos para água são a concentração de O_2 da água de fundo e o pH do solo. Quando não há O_2 suficiente na água de fundo (< 2 mg/L) e o pH do solo é ácido, a camada superficial dos sedimentos se torna anaeróbia e com potencial redox (E*h*) negativo. Nesse caso, a camada oxidante dos sedimentos, que é uma fina camada superficial do solo que atua como uma barreira físico-química que impede a livre movimentação de compostos e gases do solo para a coluna d'água, é perdida. Quando isso acontece, os metais dos sedimentos se solubilizam e se difundem para água de fundo.

A manutenção da alcalinidade da água elevada faz o pH dos sedimentos superficiais ficar próximo da neutralidade. Nesse caso, não ocorre a liberação de metais dos sedimentos para água de fundo e os riscos de toxicidade dos animais por metais liberados do solo são menores. Portanto, o produtor protege os peixes e camarões da toxicidade de metais do solo se fizer a calagem correta das águas ou do solo do viveiro.

5.3 ALCALINIDADE DAS ÁGUAS NATURAIS

A alcalinidade total das águas interiores, isto é, de rios, lagos, lagoas, brejos e aquíferos, apresenta grande variação. Alcalinidades tão baixas quanto 5 mg/L e tão elevadas quanto 500 mg/L podem ser observadas nesses ecossistemas. Já as águas oceânicas apresentam alcalinidade total bem mais constante, variando entre 120 e 140 mg/L.

A geoquímica da bacia de drenagem é o fator mais importante na determinação da alcalinidade da água, visto que a composição química da água frequentemente reflete a composição do solo que a suporta. Assim, se a composição do solo for predominantemente de rochas calcárias, as águas da região terão alcalinidade elevada. Já se os solos forem constituídos por rochas basálticas e graníticas, as águas terão baixa alcalinidade. Com a lixiviação das rochas calcárias, ocorre liberação de carbonatos para água e consequentemente aumento na alcalinidade. No caso de bacias não-calcárias, o enriquecimento das águas com carbonatos a partir do solo é menor, sendo devido principalmente à lixiviação de feldspatos, rochas mais duras que contêm alumínio e sílica na sua composição.

O carbonato de cálcio ($CaCO_3$) tem baixa solubilidade na água. Logo, sua dissolução em água pura é baixíssima. Entretanto, ela pode ser acelerada pelo CO_2, como na reação a seguir:

$$CaCO_3 + CO_2 + H_2O \rightarrow Ca^{2+} + 2HCO_3^-$$

Ao reagir com o CO_2, o $CaCO_3$ impede a acidificação da água, parcial ou totalmente. Assim, a reserva alcalina do solo, que é a quantidade de $CaCO_3$ particulado e sedimentado no solo, previne a acidificação da água, mantendo o pH do meio quase constante, de neutro a moderadamente alcalino. A ação benéfica da reserva alcalina para o ecossistema aquático é equivalente a uma "calagem autóctone", isto é, a liberação do $CaCO_3$, que já estava no solo, para a água. Entretanto, o tamponamento do pH da água somente é mantido enquanto houver $CaCO_3$ disponível no solo para reagir com o CO_2. Uma vez esgotada a reserva alcalina do ecossistema, o CO_2 livre acidifica a água, podendo levar o pH para valores abaixo de 6.

Além do carbonato de cálcio, fontes secundárias de alcalinidade para água são o silicato de cálcio ($CaSiO_3$) e os feldspatos alcalinos ($KAlSi_3O_6$). A dissolução do silicato de cálcio pelo CO_2 pode ser vista a seguir:

$$CaSiO_3 + 2CO_2 + 3H_2O \rightarrow Ca^{2+} + 2HCO_3^- + H_4SiO_4$$

Observe que, assim como para o $CaCO_3$, o CO_2 também se faz necessário para dissolução do silicato de cálcio.

Os feldspatos são minerais aluminosilicatos encontrados em rochas magmáticas e metamórficas. Os feldspatos ortoclásios são importantes fontes de alcalinidade para ecossistemas aquáticos que não contêm calcários ou silicatos de cálcio, como pode ser visto na reação a seguir:

$$2KAlSi_3O_6 + 2CO_2 + 11H_2O \rightarrow Al_2Si_2O_5(OH)_4 + 2K^+ + 2HCO_3^- + 4H_4SiO_4$$

Mais uma vez, veja o importante papel do CO_2 na dissolução do feldspato. Diferentemente do que ocorre na dissolução do calcário e do silicato de cálcio, a dissolução dos feldspatos não eleva a dureza da água.

As águas subterrâneas, localizadas em solos calcários, podem apresentar alcalinidade muito elevada. Como as concentrações de CO_2 das águas subterrâneas são, frequentemente, altas, há forte ataque ácido do CO_2 ao carbonato de cálcio do solo, com consequente liberação de alcalinidade para água. As chuvas e a estiagem têm efeito antagônico sobre a alcalinidade das águas continentais. As chuvas, por serem naturalmente ácidas, diminuem a alcalinidade da água, além de ocorrer a diluição de bicarbonatos e carbonatos com o aumento no volume de água. Na estiagem, os sais dissolvidos aumentam suas concentrações na água, entre eles os bicarbonatos e carbonatos. Logo, é esperado aumento na alcalinidade da água na estação seca do ano.

5.4 ALCALINIDADE DA ÁGUA DE TANQUES DE CULTIVO DE PEIXES E CAMARÕES

A alcalinidade da água é afetada pelo pH do solo da seguinte forma:

- Solos ácidos diminuem a alcalinidade da água;
- Solos básicos elevam a alcalinidade da água.

Por isso, o produtor deve estar atento não apenas à qualidade da água de criação, mas também à qualidade do solo. Se a água de abastecimento tiver boa alcalinidade, mas o pH do solo for baixo, a acidez do solo consumirá parte da alcalinidade inicial da água. Nesse caso, como o solo e a água estão em contato entre si, a tendência natural é que ocorra o equilíbrio químico após certo tempo. Assim, a acidez do solo será reduzida pela alcalinidade da água que, em consequência, diminuirá. Queiroz et al. (2004) demonstraram que a correção do pH do solo, pela calagem, pode ser feita mesmo quando se aplica o calcário ou a cal na água, isto é, estando o viveiro cheio. Por outro lado, a aplicação do produto diretamente no solo corrige o pH de forma mais rápida. Tal prática, entretanto, somente pode ser realizada entre os ciclos de produção, obviamente.

A reserva alcalina do solo eleva a alcalinidade da água através da seguinte reação:

$$CaCO_3 + CO_2 + H_2O \rightarrow Ca^{2+} + 2HCO_3^-$$

solo água

A reação entre o CO_2 e o carbonato de cálcio do solo libera íons Ca^{2+} e HCO_3^- para a água, havendo elevação tanto da dureza como da alcalinidade da água, respectivamente.

Os solos ricos em enxofre geralmente são ácidos, sendo conhecidos como "solos ácidos-sulfatados". Esses solos possuem acidez mineral, que é capaz de reduzir fortemente a alcalinidade da água, como pode ser visto a seguir:

$$H_2SO_4 + Ca^{2+} + CO_3^{2-} \rightarrow CaSO_4 + H_2CO_3$$

Percebe-se, pela reação anterior, que o ácido sulfúrico (H_2SO_4) consegue reduzir tanto a dureza como a alcalinidade da água. A formação de ácido sulfúrico, em solos ricos em enxofre, ocorre pela reação da pirita de ferro (FeS_2) com o oxigênio molecular (O_2), como pode ser visto a seguir:

$$FeS_2 + 3\frac{1}{2}\,O_2 + H_2O \rightarrow FeSO_4 + H_2SO_4$$

A alcalinidade total da água de tanques de tilápia deve ser maior que 60 mg/L. Já para carcinicultura marinha, a alcalinidade mínima é 80 mg/L, sendo desejável 100 mg/L ou mais. Quando a alcalinidade total da água é maior que 300 mg/L, pode haver prejuízo à produtividade primária por falta de CO_2 livre para fotossíntese. Apesar de o bicarbonato poder ser utilizado como fonte de carbono, nem todas as espécies de microalgas aproveitam bem esse composto. Além disso, a coprecipitação do fósforo com o carbonato de cálcio, comum em águas alcalinas, também reduz à produtividade primária. Finalmente, *blooms* de cianobactérias são frequentes em águas mais alcalinas. Logo, tanques de alcalinidade excessiva podem apresentar florações indesejáveis de algas filamentosas e ter problemas de *off-flavor*, isto é, mau sabor na carne do peixe.

5.5 ALCALINIDADE DA ÁGUA DE TRANSPORTE DE PÓS-LARVAS E ALEVINOS

Durante o transporte de pós-larvas de camarão e alevinos de peixe, a água pode se deteriorar rapidamente pela queda na concentração de O_2 e aumento nas concentrações de amônia e CO_2. Com o acúmulo de CO_2 na água, a alcalinidade e o pH tendem a cair. Para prevenir a queda do pH, é importante elevar a alcalinidade da água de transporte, antes da estocagem dos animais nas caixas ou sacos. No transporte de pós-larvas de camarão marinho, é comum a aclimatação dos animais para baixa salinidade. Com a diluição da água salgada, a alcalinidade também é reduzida, tornando-a vulnerável à acidificação. Portanto, a aplicação do bicarbonato de sódio ($NaHCO_3$), ou de outro produto para calagem, é especialmente importante nessa situação.

A alcalinidade da água de transporte deve ser determinada antes de sua utilização no enchimento das caixas ou sacos plásticos. Recomenda-se aplicar o bicarbonato de sódio quando a alcalinidade estiver abaixo de 100 mg/L. Nesse caso, deve-se fazer a mistura do bicarbonato na água com o auxílio do equipamento de aeração; em seguida, checar se alcalinidade da água alcançou o valor mínimo desejado. Em águas de transporte tamponadas, a queda no pH é bem menor com o decorrer da viagem, o que minimiza o estresse dos animais. Em viagens mais longas, aplicações posteriores de bicarbonato poderão ser feitas diretamente nas caixas de transporte.

5.6 EFEITOS DA ALCALINIDADE DA ÁGUA SOBRE A AÇÃO ALGICIDA DO COBRE

Quando se deseja controlar florações algais indesejáveis, como de cianobactérias causadoras de *off-flavor* no pescado, pode-se aplicar compostos algicidas na água. O produto mais utilizado com essa finalidade é o sulfato de cobre ($CuSO_4.5H_2O$), que é aplicado na dosagem máxima de 3 mg/L, isto é, 3 g/m^3. A quantidade de sulfato de cobre a ser efetivamente aplicada na água dependerá da alcalinidade. Aplica-se o $CuSO_4$ na proporção de 1% da alcalinidade total da água. Se, por exemplo, a alcalinidade da água for igual a 60 mg/L, recomenda-se aplicar 0,6 mg $CuSO_4$/L, isto é, 0,6 g/m^3. Já se a alcalinidade for 100 mg/L, a aplicação deverá ser de 1 g/m^3. Pode-se dissolver, previamente, o sulfato de cobre em tambor e aplicar a solução, no espelho d'água com um pulverizador agrícola.

A aplicação do sulfato de cobre, entretanto, é um manejo apenas paliativo, porque não ataca as causas que levaram à infestação do viveiro com cianobactérias. Em tanques de aquicultura, as causas mais comuns para *blooms* algais são excesso de fertilização e manejo alimentar incorreto. Enquanto não se corrigir esses fatores que levaram às superpopulações algais, novas aplicações de sulfato de cobre serão necessárias para controlar a qualidade da água. Como a morte e posterior decomposição das algas aumenta a demanda por O_2 dissolvido, o sulfato de cobre somente deveria ser aplicado em tanques servidos por aeração mecânica.

O efeito algicida do sulfato de cobre é devido à ação nociva do íon cúprico (Cu^{+2}) sobre a respiração e fotossíntese algal, que acaba por matar o organismo. O íon Cu^{+2} ocorre em maiores concentrações em águas ácidas, isto é, de baixa alcalinidade, o que justifica a aplicação de uma menor quantidade de sulfato de cobre em águas ácidas. Por outro lado, sua aplicação em águas de baixa alcalinidade deve ser feita com cautela, pois pode estressar ou até matar os animais cultivados.

Uma vez que parte dos íons Cu^{+2} precipita até os sedimentos como óxido de cobre (CuO) ou carbonato de cobre ($CuCO_3$), pode ser necessário reaplicar o produto na água. A precipitação do cobre em águas alcalinas é relativamente rápida. Após 3 dias da aplicação inicial, já não se consegue detectar quantidades apreciáveis de Cu^{+2} nessas águas. O cobre que foi para os sedimentos não retornará para a coluna d'água enquanto o pH do solo estimar acima de 6,5.

Uma boa alternativa ao uso do sulfato de cobre como algicida é o quelato de cobre. É possível obter bom efeito algicida mesmo com a aplicação de baixas doses de cobre quelatado, porque, nesse composto, o cobre está protegido da ação de diferentes ligantes químicos que poderiam neutralizar sua ação algicida. Dessa forma, os quelatos de cobre permanecem ativos mesmo após vários dias de sua aplicação na água. Outra vantagem é a maior segurança para os animais cultivados, já que os quelatos podem ser aplicados, sem risco, mesmo em águas de baixa alcalinidade. O preço dos quelatos de cobre, todavia, é bem maior do que o do sulfato de cobre. Assim, por economia e maior disponibilidade no mercado, os produtores acabam optando pelo último.

Para utilizar com mais segurança o sulfato de cobre, deve-se aplicar, previamente, o calcário agrícola para elevar a alcalinidade da água. Após certo tempo, aplica-se o sulfato de cobre, . Caso haja pressa no controle das algas ou não se consiga, por alguma razão, elevar a alcalinidade da água, deve-se optar pelo quelato de cobre, por sua maior segurança.

5.7 DETERMINAÇÃO DA ALCALINIDADE DA ÁGUA

Princípio do método

A quantidade de ácido necessária para neutralizar as bases presentes na amostra de água é a medida da sua alcalinidade. As bases de maior importância nas águas naturais e de tanques de aquicultura são HCO_3^- (bicarbonato), CO_3^{-2} (carbonato) e OH^-

(hidróxido). Logo, a alcalinidade total (AT) da água é igual a soma das alcalinidades parciais, isto é, do bicarbonato (AB), do carbonato (AC) e do hidróxido (AH), como pode ser visto a seguir:

AT = AB + AC + AH

Para conter alcalinidade mensurável, a amostra de água deve mudar a cor do indicador alaranjado de metila (AM) para o amarelo (pH > 4). Já se a cor do alaranjado de metila mudar para o vermelho ou laranja, o pH da amostra é menor que 4 e sua alcalinidade total é igual a 0.

A principal fonte de alcalinidade é a lixiviação das rochas calcárias, como calcita e dolomita, que são abundantes na crosta terrestre. Essas rochas contêm boas quantidades de carbonato de cálcio ($CaCO_3$), no caso da calcita, ou carbonato de cálcio e carbonato de magnésio ($MgCa(CO_3)_2$), no caso da dolomita, na sua constituição. A unidade de medida de alcalinidade da água mais utilizada em aquicultura é *mg/L de* $CaCO_3$ *equivalente*. Não é possível se conhecer as concentrações de HCO_3^-, CO_3^{-2} e OH^-, em mg/L, tendo-se apenas o valor da alcalinidade total. Para isso, é necessário obter também o valor da alcalinidade da fenolftaleína (FF), que será explicada a seguir.

Para facilitar a determinação da alcalinidade, utiliza-se uma solução de ácido sulfúrico cuja concentração tenha a seguinte correspondência:

1 mL H_2SO_4 = 1 mg de $CaCO_3$

Essa solução de ácido sulfúrico tem normalidade igual a 0,0220 N. Para que a amostra de água tenha alcalinidade de carbonatos e hidróxidos, seu pH deve ser maior que 8,4. Essa verificação pode ser feita com o auxílio do pHmetro ou pela mudança da cor do indicador de fenolftaleína para o rosa. Nesse caso, a titulação da amostra de água deve ocorrer em duas etapas. Na primeira etapa, após a adição do indicador de fenolftaleína, procede-se a titulação da amostra de água, com a solução-padrão de ácido sulfúrico, até a viragem da solução para o incolor. Anota-se o volume da solução-padrão de H_2SO_4 que foi gasto na titulação (V_1). Em seguida, adiciona-se o indicador alaranjado de metila na amostra anterior. Reinicia-se a titulação até que ocorra a viragem do alaranjado de metila para o vermelho ou laranja. Anota-se, por fim, o novo volume gasto na titulação (V_2).

Para o cálculo da alcalinidade da fenolftaleína (AF), em mg/L $CaCO_3$ eq., que compreende parte do HCO_3^-, mais o CO_3^{-2} e o OH^-, utiliza-se a seguinte fórmula:

$$AF = \frac{V_1(mL) * N * 50000}{Volume\ da\ amostra(mL)}$$

Onde N é a normalidade da solução-padrão de ácido sulfúrico utilizada na titulação da amostra de água.

Para o cálculo da alcalinidade total (AT), isto é, todo o HCO_3^-, mais o CO_3^{-2} e o OH^-, em mg/L $CaCO_3$ eq., utiliza-se a seguinte fórmula:

$$AT = \frac{(V_1 + V_2, mL) * N * 50000}{Volume\ da\ amostra(mL)}$$

Onde N é a normalidade da solução-padrão de ácido sulfúrico utilizada na titulação da amostra de água.

Com os valores da alcalinidade da fenolftaleína (AF) e da alcalinidade total (AT, é possível enquadrar a AT da água em um dos cinco tipos abaixo:

Tipo 1

Essa água não contém alcalinidade de carbonatos e hidróxidos (AC e AH = 0), somente a devida aos bicarbonatos. A amostra de água não muda para o rosa ao se adicionar o indicador de fenolftaleína, mas o indicador alaranjado de metila se torna amarelo. Nesse caso, temos que a *alcalinidade total = alcalinidade de bicarbonatos* (AT = AB).

Tipo 2

Essa água contém alcalinidade apenas de bicarbonatos e carbonatos (*alcalinidade total = alcalinidade de bicarbonatos + alcalinidade de carbonatos*). Logo, não há alcalinidade de hidróxidos (AH = 0). Ao colocar o indicador de fenolftaleína, a cor da amostra de água muda para o rosa, mas a alcalinidade da fenolftaleína é menor que a metade da alcalinidade total (AF < AT/2). Para águas do Tipo 2, podemos calcular a alcalinidade de bicarbonatos (AB) e carbonatos (AC) como segue abaixo:

AC = AF x 2

AB = AT - AC

Tipo 3

Essa água contém apenas alcalinidade de carbonatos (AB = 0 e AH = 0). Nesse caso, a *alcalinidade total = alcalinidade de carbonatos.* Ao colocar o indicador de fenolftaleína, a amostra de água muda para o rosa e o valor de AF = AT/2.

Tipo 4

Essa água contém apenas carbonatos e hidróxidos, isto é, não há bicarbonatos (AB = 0). Logo, a *alcalinidade total = alcalinidade de carbonatos + alcalinidade de hidróxidos.* Ao colocar o indicador de fenolftaleína, a água muda para o rosa e a AF > AT/2. Para o cálculo da alcalinidade de carbonatos (AC) e de hidróxidos (AH), utiliza-se as seguintes fórmulas:

AC = 2 x (AT - AF)

AH = AT - AC

Tipo 5

Essa água conterá apenas alcalinidade de hidróxidos (*alcalinidade total = alcalinidade de hidróxidos*; AB e AC = 0). Raramente se encontra esse tipo de água na natureza ou em tanques de aquicultura, porque o pH deve ser maior que 11 para existir apenas alcalinidade de hidróxidos. Entretanto, alguns tipos de efluentes industriais podem apresentar alcalinidade desse tipo.

Em resumo, podemos fazer a classificação da água, segundo a sua alcalinidade, em um dos cinco tipos apresentados no quadro abaixo, onde: AT: alcalinidade total; AF: alcalinidade da fenolftaleína; AB: alcalinidade de bicarbonatos; AC: alcalinidade de carbonatos; AH: alcalinidade de hidróxidos

TIPO DA ÁGUA	AF *x* AT	AT =
1	AF = 0	AB
2	AF < AT/2	AB + AC
3	AF = AT/2	AC
4	AF > AT/2	AC + AH
5	AF = AT	AH

A partir das alcalinidades parciais, isto é, dos bicarbonatos (AB), carbonatos (AC) e hidróxidos (AH), é possível calcular suas concentrações na água em mg/L, como segue abaixo:

$HCO_3^- = AB * 1,22$

$CO_3^{-2} = AC * 0,60$

$OH^- = AH * 0,34$

Reagentes

- *Solução indicadora de fenolftaleína*

Dissolver 0,5 g de fenolftaleína p.a. em 50 mL de álcool etílico 95%; adicionar 50 mL de água destilada.

- *Solução indicadora de alaranjado de metila*

Dissolver 0,05 g de alaranjado de metila p.a. em 100 mL de água destilada.

- *Solução-padrão de Na_2CO_3 0,020 N*

Secar 5 g de carbonato de sódio (Na_2CO_3) p.a. em estufa a 140 °C e deixar esfriar em dessecador. Dissolver 1,060 g em água destilada isenta de CO_2[10] e completar o volume para 1 L, em balão volumétrico. A solução-padrão de Na_2CO_3 deve ser utilizada dentro de poucas horas, após seu preparo.

- *Solução de ácido sulfúrico ≈ 0,02 N*

Diluir 2,8 mL de ácido sulfúrico concentrado em 1 L de água destilada isenta de CO_2. A solução tem normalidade de aproximadamente 0,1 N.

Diluir 200 mL da solução anterior em 1 L de água destilada isenta de CO_2. Essa nova solução de ácido sulfúrico tem normalidade de aproximadamente 0,02 N. Proceder a padronização para determinar a normalidade exata.

Padronização da solução de H_2SO_4

Pipetar 10 mL de solução-padrão de Na_2CO_3 0,020 N e transferir para frasco Erlenmeyer de 250 mL. Adicionar 90 mL de água destilada isenta de CO_2 e 6 gotas da solução-indicadora de alaranjado de metila. Titular essa solução de Na_2CO_3 com a solução de $H_2SO_4 \approx 0,02$ N até que o alaranjado de metila mude para o vermelho. Calcular a normalidade exata da solução de H_2SO_4 através da expressão NV = N'V'. Exemplo:

H_2SO_4 (V') = 10,5 mL

$\therefore$ 0,002[2] × 100 = N' × 10,5

N' = 0,0190 N

[1] Água destilada isenta de CO_2: ferver água destilada por 10 minutos; aguardar que esfrie; transferir para frasco de vidro com tampa.

[2] A normalidade da solução-padrão de Na_2CO_3 0,02N foi reduzida em 10 vezes ao se adicionar 90 mL de água destilada em 10 mL da solução-padrão.

Procedimento analítico e cálculo do resultado

Alcalinidade da fenolftaleína – AF (mg/L $CaCO_3$ eq.)

1) Com auxílio de proveta graduada, obter 100 mL da amostra de água e transferir para frasco Erlenmeyer de 250 mL;
2) Adicionar 4 gotas da solução indicadora de fenolftaleína. Se a água se tornar rosa, a amostra contém alcalinidade da fenolftaleína. Caso contrário, ou seja, se fenolftaleína ficar incolor, a alcalinidade é igual a 0 (AF = 0);
3) Se AF > 0, titular com a solução-padrão de H_2SO_4 até o desaparecimento da cor rosa. Anotar o volume gasto na titulação (V_1). Reservar para posterior determinação da alcalinidade total.

$$AF = \frac{V_1(mL) * N * 50000}{Volume\ da\ amostra(mL)}$$

V_1 = volume gasto de solução-padrão de H_2SO_4 na titulação da amostra

N = normalidade exata da solução-padrão de H_2SO_4

Alcalinidade total – AT (mg/L $CaCO_3$ eq.)

1) Utilizar uma subamostra nova de água de 100 mL ou a solução final da metodologia anterior (alcalinidade da fenolftaleína).

   Caso se utilize a solução anterior, o volume da bureta não deve ser completado com mais solução de H_2SO_4. Nessa situação, a titulação é feita em duas etapas;
2) Adicionar 6 gotas da solução indicadora de alaranjado de metila;
3) Titular com a solução-padrão de H_2SO_4 até a viragem do indicador para o vermelho ou laranja. Anotar o volume gasto na titulação: V, se tiver sido utilizada uma amostra nova de água; V_2, se tiver sido utilizada a solução final da metodologia da AF;
4) Calcular a AT da água com a utilização de uma das expressões abaixo:

$$AT = \frac{V(mL) * N * 50000}{Volume\ da\ amostra(mL)}$$

$$AT = \frac{(V_1 + V_2, mL) * N * 50000}{Volume\ da\ amostra(mL)}$$

V = Volume da solução-padrão de H_2SO_4 gasto na titulação da amostra de água. Titulação em fase única; uso apenas do indicador alaranjado de metila.

V_1 = Volume da solução-padrão de H_2SO_4 gasto apenas na primeira fase da titulação, isto é, para determinação da AF.

V_2 = Volume da solução-padrão de H_2SO_4 gasto apenas na segunda fase da titulação, isto é, para determinação da AT, com a utilização da solução anterior (AF). Titulação em duas fases; uso sequencial dos indicadores fenolftaleína e alaranjado de metila.

N = Normalidade da solução-padrão de H_2SO_4.

RESUMO

A alcalinidade total é a soma das bases tituláveis presentes na água. Nas águas naturais e de tanques de aquicultura, os principais compostos responsáveis pela alcalinidade são os bicarbonatos (HCO_3^-) e os carbonatos (CO_3^{-2}). A alcalinidade da água traz os seguintes benefícios aos ecossistemas aquáticos:

1) Tamponamento do pH da água;
2) Aumento da produtividade primária;
3) Diminuição dos riscos de toxicidade por metais.

A alcalinidade total das águas interiores, isto é, lagos e rios, apresenta grande variação entre esses ambientes. Nesses ecossistemas, a alcalinidade da água pode variar entre 5 e 500 mg/L $CaCO_3$. Em oposição, as águas marinhas e oceânicas apresentam alcalinidade total bem mais constante, entre 120 e 140 mg/L $CaCO_3$. A alcalinidade total da água de tanques de tilápia deve ser maior que 60 mg/L. Já para carcinicultura marinha, a alcalinidade mínima é 80 mg/L, mas preferencialmente 100 mg/L ou mais. Quando a alcalinidade total da água é maior que 300 mg/L, pode haver prejuízo à produtividade primária por falta de CO_2 livre para fotossíntese.

A alcalinidade da água de transporte de alevinos de peixes e pós-larvas de camarão deve ser elevada para prevenir o acúmulo de CO_2 e a acidificação da água. Aplica-se sulfato de cobre ($CuSO_4.5H_2O$) como algicida na proporção de 1% da alcalinidade total da água para controlar *blooms* de cianobactérias.

Para determinar a alcalinidade total da água, adiciona-se o indicador alaranjado de metila para, em seguida, titular a amostra com a solução-padrão de ácido sulfúrico (H_2SO_4).

CAPÍTULO 6
Dureza da água

6.1 CONCEITO DE DUREZA TOTAL DA ÁGUA

A dureza total da água expressa as concentrações de cálcio (Ca^{+2}) e magnésio (Mg^{+2}) dissolvidos na água em mg/L $CaCO_3$ eq. Logo, a dureza total da água é a soma da dureza cálcica com a magnesiana. Considere, a título de exemplo, que as concentrações de cálcio e magnésio dissolvidos na água sejam de 20 mg/L e 10 mg/L, respectivamente. Nesse caso, a dureza cálcica e a dureza magnesiana da água são iguais a 50 mg/L $CaCO_3$ e 41,2 mg/L $CaCO_3$, respectivamente, enquanto a dureza total é igual a 91,2 mg/L $CaCO_3$. As durezas cálcica e magnesiana, em mg/L $CaCO_3$ eq., foram assim obtidas:

- Dureza cálcica = Ca^{2+} x 2,5;
- Dureza magnesiana = $Mg^{2+} \times 4,12$.

Os coeficientes 2,5 e 4,12 foram obtidos pela divisão do peso molecular do $CaCO_3$, isto é, 100, pelos respectivos pesos atômicos do cálcio e do magnésio, isto é, 40 e 24,3, respectivamente. Portanto, não é possível determinar as concentrações de cálcio e magnésio da água quando se conhece apenas sua dureza total. Para isso, além da dureza total, é necessário conhecer o valor da dureza cálcica ou magnesiana para determinar as concentrações de cálcio e magnésio dissolvidos na água.

6.2 IMPORTÂNCIA DO CÁLCIO E MAGNÉSIO PARA VIDA AQUÁTICA

Cálcio e magnésio são dois elementos essenciais à saúde de animais e vegetais. Além deles, fósforo, sódio, potássio, cloro, manganês, zinco, cobre, ferro, selênio e iodo são minerais essenciais à vida. Os peixes e os camarões obtêm as quantidades de cálcio e magnésio de que necessitam para o seu metabolismo diretamente da água, pela absorção branquial, ou na alimentação, pela absorção intestinal.

Nos animais aquáticos, cálcio e magnésio estão presentes nos ossos, dentes e carapaças. O cálcio atua em diversas e importantes funções fisiológicas, como transmissão nervosa, coagulação sanguínea, contração muscular e osmorregulação. Nos vegetais aquáticos, o magnésio é exigido para síntese da molécula de clorofila, sendo indispensável para realização da fotossíntese. Portanto, a insuficiência de cálcio e magnésio na água ou no alimento pode acarretar uma série de problemas à fisiologia animal e vegetal, como má formação óssea, retardo no crescimento e queda na fotossíntese.

6.3 RECOMENDAÇÕES DE DUREZA TOTAL, CÁLCIO E MAGNÉSIO PARA AQUICULTURA

A água pode ser classificada quanto à dureza total em *muito mole*, *mole*, *moderadamente dura*, *dura* e *muito dura* (Tabela 6.1). Recomenda-se que a dureza total das águas destinadas aos cultivos dulcícolas esteja compreendida entre 75 e 300 mg/L. Já águas de tanques de maricultura, isto é, para criação de peixe e camarão marinho, devem ter entre 650 e 7500 mg/L de dureza total (Tabela 6.2). Logo, as águas apropriadas para aquicultura são as moderadamente duras, para criação de tilápia; já as muito duras, para criação do *L. vannamei*.

Tabela 6.1 – Classificação da água quanto à dureza total

Classificação	Dureza total (mg/L de $CaCO_3$)
Muito mole	< 20
Mole	20 – 75
Moderadamente dura	75 – 150
Dura	150 – 300
Muito dura	> 300

Fonte: Adaptado de NSW Goverment. Department of Primary Industries.

O monitoramento da dureza total da água tem maior relevância para os cultivos realizados em águas doces ou de baixa salinidade. As águas salobras ou salgadas geralmente apresentam concentrações satisfatórias de cálcio e magnésio para os animais aquáticos. Nesse último caso, principalmente quando se trabalha com águas salobras de poços na criação do camarão marinho, deve-se checar as concentrações cálcicas e magnesianas da água para verificar se a relação Mg: Ca não está desajustada. Além das recomendações para dureza total, existem também indicações específicas para cálcio e magnésio, como pode ser visto na Tabela 6.2.

Tabela 6.2 – Recomendações de dureza total, cálcica e magnesiana; concentrações de cálcio e magnésio para o cultivo de peixes de água doce e camarões marinhos

Variável	Peixe de água doce	Camarão marinho	Água do mar
Dureza total (mg/L $CaCO_3$)	75 – 300	650 – 7500	6500
Dureza cálcica (mg/L $CaCO_3$)	40 – 375	100 – 1250	1000
Dureza magnesiana (mg/L $CaCO_3$)	20 – 170	400 – 6600	5400
Cálcio (mg/L)	15 – 150	40 – 500	400
Magnésio (mg/L)	4 – 40	100 – 1600	1300

Fonte: modificado de Boyd e Tucker (1998).

Para elevar a dureza da água, aplica-se calcário agrícola, cal hidratada ou gesso agrícola na água. A cal hidratada eleva a dureza da água de acordo com a seguinte reação:

$$Ca(OH)_2 \rightarrow Ca^{+2} + 2OH^-$$

Caso se opte pela aplicação da cal, não aplicar mais de 50 kg da cal hidratada por hectare de espelho d'água em tanques com animais. Havendo necessidade de elevar a concentração de magnésio da água, pode-se aplicar o calcário ou a cal dolomítica que possuem maior teor de magnésio na sua composição.

6.4 DESEQUILÍBRIOS DA DUREZA DA ÁGUA

Como os organismos aquáticos absorvem cálcio e magnésio diretamente da água, os malefícios decorrentes de cultivos em águas moles se tornam evidentes. Nessas águas, os animais podem não obter o cálcio necessário para formação do esqueleto, dentes e carapaça e para o funcionamento adequado das funções fisiológicas cálcio-dependentes, como a contração muscular, a transmissão nervosa, a coagulação sanguínea e a osmorregulação. Desse modo, o cultivo em águas moles pode levar à má formação óssea, atraso na constituição dentária, retardo e comprometimento das mudas dos crustáceos e disfunções generalizadas da fisiologia e do metabolismo. Sem dúvida, a perturbação no funcionamento saudável do organismo propicia infecções oportunistas que acabam por levar o animal à morte. A escassez de magnésio na água, em particular, compromete o crescimento das microalgas, que não conseguem sintetizar a molécula de clorofila. O cultivo de peixes e camarões em águas moles pode até não prejudicar o desenvolvimento normal desses animais, desde que haja quantidades suficientes de cálcio e magnésio biodisponíveis nas rações. Entretanto, como é mais fácil para o animal obter esses elementos via absorção branquial do que intestinal, o melhor a fazer é ajustar a dureza da água.

Em cultivos dulcícolas cuja dureza total é maior que 300 mg/L $CaCO_3$, a produtividade primária aquática pode ser prejudicada por escassez de fósforo inorgânico dissolvido na água. Nessas águas, parte dos íons Ca^{+2} e Mg^{+2} precipita até o fundo como carbonato de cálcio ($CaCO_3$) e carbonato de magnésio ($MgCO_3$), coprecipitando fosfatos. Os íons ortofosfatos ($H_2PO_4^-$, HPO_4^{-2}) são atraídos pelo carbonato de cálcio e de magnésio, sendo adsorvidos à superfície desses compostos. Com isso, ocorre a remoção de fosfatos da coluna d'água, que é o nutriente mais limitante à produtividade primária em águas interiores. Outra possibilidade é a formação de fosfato de cálcio ($Ca_3(PO_4)_2$) e fosfato de magnésio ($Mg_3(PO_4)_2$) que, por sua quase insolubilidade em água, precipitam até os sedimentos.

6.5 AJUSTE DA DUREZA MAGNESIANA DE ÁGUAS INTERIORES

O camarão marinho *Litopenaeus vannamei* é uma espécie eurihalina, ou seja, adapta-se bem a uma ampla faixa de salinidade da água, que vai de 1 a 40 g/L. Contudo, o ganho em peso e a conversão alimentar podem cair se os animais forem mantidos em águas interiores que apresentem desequilíbrios iônicos, principalmente em relação às concentrações de potássio (K^+) e Mg^{+2}. Em várias partes do mundo, águas de poços vêm sendo utilizadas atualmente na criação do camarão marinho. Nessas águas, entretanto, é comum observar baixas concentrações de magnésio e, em especial, de potássio. A correção das concentrações desses elementos na água permite ao carcinicultor a obtenção de bons resultados zootécnicos.

A água de poço utilizada na criação do camarão marinho poderá apresentar dureza total satisfatória ($\geq$ 650 mg/L $CaCO_3$), mas dureza magnesiana reduzida (< 400 mg/L $CaCO_3$). Nesse caso, a maior parte da dureza total da água se deve apenas à dureza cálcica, e os camarões podem sofrer estresse osmorregulatório por deficiência de Mg^{+2}. A aplicação de alguma fonte magnesiana na água pode corrigir esse desequilíbrio e, com isso, permitir o bom crescimento animal, sendo o sulfato de magnésio ($MgSO_4$) a melhor opção. O sulfato de potássio e magnésio é outro interessante produto que, embora seja mais caro, incrementa, simultaneamente, as concentrações de K^+ e Mg^{+2} da água. As aplicações de sulfato de magnésio devem elevar a concentração de magnésio da água para 100 mg/L ou mais, o que corresponde a uma dureza magnesiana $\geq$ 400 mg/L $CaCO_3$

(Tabela 6.2). A concentração recomendada de Mg^{+2} para carcinicultura interior também pode ser obtida por meio da seguinte fórmula:

$$Mg^{2+}(mg/L) = \text{salinidade da água } (g/L) \times 39{,}1$$

Se a salinidade da água for, por exemplo, igual a 1,8 g/L, a concentração mínima de Mg^{+2} é de 70,4 mg/L, o que corresponde a uma dureza magnesiana de 290 mg/L $CaCO_3$. Já se a salinidade da água for igual a 3 g/L, a concentração de Mg^{+2}, a ser alcançada pelas aplicações de sulfato de magnésio, é igual a 117,3 mg/L e dureza magnesiana 483,3 mg/L $CaCO_3$ eq. Para saber a quantidade de sulfato de magnésio, ou de outro composto químico a ser aplicada na água, basta utilizar a fórmula a seguir:

$$\text{Taxa de aplicação}\left(\frac{g}{m^3}\right) = \text{aumento desejado}\left(\frac{mg}{L}\right) / \frac{\%\text{ Mg ou K no produto}}{100}$$

Onde:

- Aumento desejado (mg/L): diferença entre a concentração desejada e a concentração inicial de Mg^{+2} na água.
- % Mg ou K no produto: concentração de magnésio ou potássio no produto químico a ser aplicado à água.

Existem duas possibilidades para se fazer esse cálculo: considerar a concentração inicial de Mg^{+2} na água ou considerar que essa concentração é 0. No primeiro caso, a dureza magnesiana inicial da água deve ser previamente determinada. No segundo caso, essa determinação é, obviamente, desnecessária.

Considere o problema abaixo:

- Salinidade da água = 1,5 g/L;
- Concentração inicial de Mg^{+2} da água = 20 mg/L;
- Produto disponível: sulfato de magnésio com 10% de magnésio.

A partir desses dados, pergunta-se:

1) Há necessidade de se aplicar sulfato de magnésio na água para criação do *L. vannamei*?
2) Em caso positivo, quanto de sulfato de magnésio deve ser aplicado?

Inicialmente, determina-se a concentração mínima de Mg^{+2} para carcinicultura marinha pela expressão matemática:

$$Mg^{+2} = \text{salinidade da água} \times 39{,}1$$

Logo:

Mg^{+2} = 1,5 g/L × 39,1 = 58,6 mg/L

Como a água em questão possui apenas 20 mg Mg^{2+}/L, existe, de fato, a necessidade de aplicar sulfato de magnésio. Nesse caso, a meta é elevar a concentração de Mg^{2+} de 20 mg/L para 58,6 mg/L, ou seja, aumentar 38,6 mg Mg^{+2}/L. Assim, a taxa de aplicação de sulfato de magnésio (g/m^3) é:

38,6/(10/100) = 386 g/m^3

Já o cálculo sem considerar a concentração inicial de Mg^{+2} da água é o seguinte:

58,6/(10/100) = 586 g/m^3

Perceba que as quantidades necessárias de sulfato de magnésio são grandes, porque o teor de Mg nesse produto é muito baixo – apenas 10% – e o valor recomendado é alto, isto é, salinidade da água × 39,1.

O sulfato de potássio e magnésio (K-Mg) pode ser utilizado para correção simultânea das concentrações de K^+ e Mg^{+2} da água. Quando se utiliza um único produto, entretanto, um dos elementos pode exceder muito o valor necessário. Por isso, essa prática é considerada antieconômica e ambientalmente incorreta. Logo, recomenda-se a utilização de diferentes produtos, como o sulfato de magnésio e o cloreto de potássio (KCl) para a correção fina dos desequilíbrios iônicos da água. Considere os dados e as questões abaixo:

- Salinidade da água = 2 g/L
- Mg^{2+} = 40 mg/L
- K^+ = 10 mg/L
- Produtos disponíveis para aplicação na água de cultivo do camarão *L. vannamei*
  - ▹ $MgSO_4$ (10% Mg^{2+})
  - ▹ KCl (50% K^+)
  - ▹ K-Mg (18% K e 10% Mg)

1) Há necessidade de corrigir as concentrações de potássio e magnésio da água para criação do camarão marinho?
2) Em caso positivo, quanto de sulfato de magnésio e cloreto de potássio deve ser aplicado na água?
3) Se o produtor optar pelo K-Mg, quanto desse produto deve ser utilizado?

Inicialmente, calcula-se as concentrações desejadas de magnésio e potássio (Mg^{2+} e K^{+}) na água de criação do *L. vannamei*. Para isso, as fórmulas utilizadas são as seguintes:

- Mg^{+2} (mg/L) = salinidade da água (g/L) * 39,1;
- K^{+} (mg/L) = salinidade da água (g/L) * 10,7.

Assim,

- Mg^{2+} (mg/L) = 2 × 39,1 = 78,2 mg Mg^{2+}/L;
- K^{+} (mg/L) = 2 × 10,7 = 21,4 mg K^{+}/L.

Como as concentrações desejadas de magnésio (78,2 mg/L) e potássio (21,4 mg/L) são maiores que as concentrações existentes na água (40 mg Mg^{+2}/L; 10 mg K^{+}/L), há, de fato, necessidade de corrigir os desequilíbrios dos dois elementos na água.

A) Ajuste com a utilização de sulfato de magnésio e cloreto de potássio

1) Concentração de magnésio no sulfato de magnésio = 10%;
2) Aumento desejado na concentração de magnésio na água = 78,2 mg/L - 40 mg/L = 38,2 mg/L;
3) Dosagem de aplicação de sulfato de magnésio (g/m^3) = 38,2/(10/100) = 382 g/m^3;
4) Concentração de potássio no cloreto de potássio = 50%;
5) Aumento desejado na concentração de potássio na água = 21,4 mg/L - 10 mg/L = 11,4 mg/L;
6) Dosagem de aplicação de cloreto de potássio (g/m^3) = 11,4/(50/100) = 22,8 g/m^3.

B) Ajuste com a utilização do K-Mg

O cálculo é baseado no ajuste do magnésio, por ser, dos dois elementos, o de menor concentração no K-Mg.

1) Concentração de magnésio no K-Mg = 10%;
2) Aumento desejado na concentração de magnésio na água = 78,2 mg/L - 40 mg/L = 38,2 mg/L;
3) Taxa de aplicação de K-Mg (g/m^3) = 38,2/(10/100) = 382 g/m^3;
4) Como a concentração de potássio no K-Mg é de 18%, a aplicação de 382 g/m^3 entra com 68,8 g K/m^3 ou 68,8 mg K/L. Tendo em vista que a concentração inicial de potássio é de 10 mg/L, a concentração final de potássio é de 78,8 mg/L – portanto, bem acima do necessário (21,4 mg/L).

6.6 RELAÇÃO ENTRE DUREZA E ALCALINIDADE DA ÁGUA

Água de boa alcalinidade tem boa dureza? E as águas duras têm boa alcalinidade?

Geralmente, as respostas para essas duas indagações são afirmativas. A principal fonte de alcalinidade (carbonatos, CO_3^{-2}) e dureza (Ca^{+2} e Mg^{+2}) para os ecossistemas aquáticos é o solo. A lixiviação das rochas calcárias, como da calcita ($CaCO_3$) e da dolomita ($CaMg(CO_3)_2$), libera, simultaneamente, íons cálcio, magnésio e carbonatos para água. Com isso, estabelece-se um equilíbrio entre a alcalinidade e a dureza da água.

Existem, entretanto, exceções a essa regra, nas quais o equilíbrio entre a alcalinidade e a dureza da água não se verifica, tal como pode ocorrer nas águas subterrâneas. Existem aquíferos que são naturalmente ricos em carbonato de sódio (Na_2CO_3). A alcalinidade dessas águas é bem maior que sua dureza, já que o íon sódio (Na^+) não confere dureza para água. Os aquíferos ricos em carbonato de sódio recebem, geralmente, influência marinha. Por outro lado, existem aquíferos que são ricos em sulfato de cálcio ($CaSO_4$). Nesse caso, a dureza da água é maior que sua alcalinidade, já que o sulfato não confere alcalinidade para água. Esses aquíferos podem ocorrer em regiões ricas em enxofre, tais como em áreas de intensa atividade industrial.

Das três relações dureza: alcalinidade possíveis – isto é, alcalinidade $\approx$ dureza, alcalinidade $\gg$ dureza e dureza $\gg$ alcalinidade –, apenas a segunda merece atenção, isto é, quando a relação dureza: alcalinidade da água é menor que 0,5. Quando a alcalinidade da água é mais de 2 vezes o valor da dureza cálcica, o pH da água pode se elevar muito ao longo do dia e atingir níveis perigosos à vida aquática no período da tarde. No início da manhã, as microalgas absorvem o CO_2 dissolvido na água que, nesse momento, ocorre de forma abundante no meio. Com a retirada de CO_2, o pH sobe e concentra os íons bicarbonatos e carbonatos (Figura 4.2). Com o esgotamento do CO_2 livre na água, evento que geralmente ocorre no meio da tarde, as microalgas[1] passam a absorver o bicarbonato para a realização da fotossíntese, concentrando-os no meio. Dentro da célula, cada par de íons bicarbonatos absorvidos dá origem a CO_2, CO_3^{-2} e H_2O. Enquanto o CO_2 é utilizado na fotossíntese, o CO_3^{-2} é excretado pela microalga. Com isso, o pH da água continua subindo, por conta da hidrólise alcalina do carbonato, como pode ser visto pela equação a seguir:

$$CO_3^{-2} + H_2O \rightarrow HCO_3^- + OH^-$$

Esse processo pode elevar o pH da água para valores muito altos, acima de 10 ou até 11. O limite superior de pH, compatível com a vida aquática, é justamente 11. Aliás, essa é uma das prováveis causas para a morte súbita ou o *die-off* do fitoplâncton.

Se a dureza da água for igual ou maior que sua alcalinidade, a elevação do pH pode ser controlada pelos íons Ca^{2+} em solução. Na presença de Ca^{2+}, parte dos íons carbo-

1 A eficiência de utilização do bicarbonato, como fonte de carbono inorgânico para fotossíntese, varia em função do microrganismo considerado. Em geral, as cianobactérias aproveitam melhor o bicarbonato do que outras famílias algais, crescendo rapidamente em águas alcalinas.

natos precipita como carbonato de cálcio, quando o pH da água ultrapassa 9. O pH da água no qual o $CaCO_3$ precipita é o pH de saturação da água com $CaCO_3$, que varia em função da temperatura, alcalinidade e dureza cálcica, de modo inversamente proporcional, e da salinidade da água, de modo diretamente proporcional. Nessa questão, a alcalinidade e a dureza cálcica da água são os fatores mais importantes que afetam o pH de saturação com $CaCO_3$. Assim, o $CaCO_3$ precipita mais facilmente em águas de maior alcalinidade e dureza, porque o pH de saturação, nesse caso, será menor. Com a precipitação do $CaCO_3$, o pH da água se estabiliza, não se elevando em demasia por efeito da fotossíntese. Por outro lado, a dissolução do $CaCO_3$ é mais difícil em águas de maior alcalinidade e dureza. Como muitas águas salobras são também ricas em cálcio, a dissolução do $CaCO_3$ é baixa nessas águas, menor que a observada nas águas doces. Portanto, os benefícios da calagem com o calcário agrícola – $CaCO_3$ –, são mais evidentes em águas doces, moles e ácidas, mas mínimos ou mesmo inexistentes em águas salgadas duras e alcalinas.

Uma vez ligado ao cálcio, o carbonato já não é mais capaz de elevar o pH, pois não se encontra mais na forma livre para reagir com a molécula de água. Assim, a dureza da água modera a ação basificante dos íons carbonatos, evitando que ocorra grande elevação do pH da água no período da tarde. Contudo, quando a dureza da água é bem menor que sua alcalinidade, não há cálcio suficiente para precipitar os íons carbonatos, no momento necessário. Nessa situação, o carbonato reage livremente com a água, elevando o pH para valores estressantes ou até letais para a vida aquática.

O que fazer quando a alcalinidade da água é bem maior que a dureza? Como evitar que o desequilíbrio da relação dureza: alcalinidade eleve de forma perigosa o pH da água? Em primeiro lugar, é importante deixar claro que, nesse caso, a aplicação do calcário agrícola não é uma boa opção ao produtor. Como o calcário eleva, simultaneamente, a alcalinidade e a dureza da água, o desequilíbrio entre essas duas variáveis permanecerá após a aplicação do calcário. Quando a alcalinidade é maior que a dureza da água, deve-se aplicar algum produto que eleve apenas dureza, mas não altere a alcalinidade. Nesse caso, a melhor opção é o gesso agrícola que, quimicamente, é o sulfato de cálcio ($CaSO_4$). A aplicação de gesso eleva a dureza da água sem alterar a alcalinidade, já que o gesso não contém nem HCO_3^-, nem CO_3^{-2} na sua fórmula. Boyd (2002) apresenta a seguinte expressão para cálculo da quantidade de gesso agrícola a ser aplicada na água para correção da relação dureza: alcalinidade, sempre a que a alcalinidade for 2 vezes ou mais o valor da dureza cálcica:

$$CaSO_4\left(\frac{g}{m^3}\right) = AT - \left(2 * DCa\right)$$

Onde $CaSO_4$: quantidade necessária de gesso agrícola; AT: alcalinidade total da água (mg/L $CaCO_3$ eq); DCa: dureza cálcica da água (mg/L $CaCO_3$ eq.)

Para ilustrar o cálculo anterior, considere os seguintes dados: AT = 100 mg/L e DCa = 30 mg/L. Pergunta-se: qual a quantidade de gesso agrícola a ser aplicada na água para corrigir a relação dureza: alcalinidade? Aplicando os dados do problema na fórmula, temos como segue:

$$CaSO_4\ (g/m^3) = 100 - (2 * 30)$$

$$100 - 60 = 40\ g/m^3$$

O cloreto de cálcio ($CaCl_2$) é outro produto que pode ser utilizado para corrigir a relação dureza: alcalinidade. O objetivo, nesse caso, é o mesmo da aplicação do gesso agrícola, isto é, elevar a dureza da água para valor igual ou superior ao da alcalinidade. Uma vez alcançado o equilíbrio entre a alcalinidade e a dureza da água, ou a dureza maior que a alcalinidade, as calagens posteriores podem ser feitas com o calcário agrícola.

Entretanto, não basta corrigir a relação dureza: alcalinidade. As concentrações de alcalinidade e dureza da água também devem atender às recomendações técnicas. Uma água com dureza igual a 40 mg/L e alcalinidade 15 mg/L, por exemplo, apresenta relação dureza: alcalinidade satisfatória, já que a dureza supera o valor da alcalinidade. Entretanto, a alcalinidade dessa água está bem abaixo da mínima necessária para o bom desenvolvimento de peixes dulcícolas, que é de 60 mg/L. Nesse caso, faz-se necessário a calagem da água com o calcário agrícola ou com a cal hidratada para elevação simultânea da alcalinidade e da dureza.

6.7 RELAÇÃO ENTRE DUREZA E PH DA ÁGUA

Geralmente, as águas duras possuem pH alcalino e as águas moles apresentam pH ácido. Como explicar isso? Por definição, as águas de dureza elevada contêm boas concentrações de cálcio e magnésio. Esses íons, entretanto, não se encontram isolados no meio, mas são acompanhados por ânions com os quais tenham afinidade química. Na natureza, os íons cálcio e magnésio geralmente estão associados aos íons bicarbonatos e carbonatos. As rochas-mãe, como calcita ($CaCO_3$) e dolomita ($MgCa(CO_3)_2$), apresentam a associação entre esses elementos químicos na sua composição. Portanto, as águas duras costumam apresentar boa alcalinidade, por conterem concentrações significativas de íons bicarbonatos e carbonatos. Como as concentrações de CO_2 são baixas nas águas ricas nesses compostos, o pH das águas duras é, frequentemente, de neutro a alcalino (Figura 4.2).

O raciocínio inverso pode ser feito para as águas moles. Se a água é mole, as concentrações de cálcio e magnésio em solução são reduzidas – nesse caso, é de se esperar que as concentrações de bicarbonatos e carbonatos também sejam baixas, já que são os ânions que geralmente os acompanham. Pouco bicarbonato e carbonato na água indica predomínio de CO_2 livre que, por sua vez, torna o meio ácido. É por isso que as águas moles são também, muitas vezes, ácidas.

6.8 DETERMINAÇÃO DA DUREZA TOTAL E DUREZA CÁLCICA DA ÁGUA

Os métodos para determinação da dureza total e dureza cálcica de amostras de água estão apresentados a seguir. A dureza magnesiana é obtida pela diferença simples entre os valores de dureza total e dureza cálcica.

Dureza total da água

Princípio do método

O indicador Preto Eriocromo-T se liga aos íons Ca^{+2} e Mg^{+2} quando adicionado a uma amostra de água fortemente tamponada para pH igual a 10. Com isso, formam-se os complexos Ca-Eriocromo e Mg-Eriocromo que conferem a cor vermelho-vinho à amostra de água. Quando essa amostra é titulada com a solução-padrão de EDTA, o complexador de metais EDTA, que é mais estável que o eriocromo, liga-se aos íons Ca^{+2} e Mg^{+2} livres na água e, posteriormente, ao Ca^{+2} e Mg^{+2} que estavam presos ao eriocromo. O eriocromo livre muda a cor da solução para o azul quando todos os íons Ca^{+2} e Mg^{+2} estão ligados ao EDTA, indicando o final da reação. A quantidade de EDTA gasta na titulação é diretamente proporcional às concentrações de íons Ca^{+2} e Mg^{+2} originalmente presentes na amostra de água.

Reagentes necessários

- *Solução-tampão*

Dissolver 67,5 g de cloreto de amônio (NH_4Cl) em 570 mL de hidróxido de amônio (NH_4OH) concentrado. Completar o volume com água destilada para 1 L, em frasco volumétrico.

- *Indicador preto eriocromo-T*

Dissolver 4,5 g de cloridrato de hidroxilamina ($NH_2OH.HCl$) e 0,5 g de preto eriocromo-T, em 100 mL de etanol 70%.[2] Uma vez pronto, o indicador tem a validade de 3 meses.

- *Solução padrão de cálcio 0,01 M*

Essa solução-padrão apresenta dureza total igual a 1000 mg/L $CaCO_3$ eq. Transferir, com precisão, 1 g de $CaCO_3$ anidro para um béquer de 1 L. Adicionar, lentamente,

[2] Etanol 70%: Mistura de 70 mL álcool etílico p.a. com 30 mL água destilada.

uma solução de HCl 1:1, ou seja, contendo 50 mL HCl concentrado e 50 mL água destilada para dissolução do $CaCO_3$. Diluir para 200 mL com água destilada. Ferver a solução em placa aquecedora, por 5 a 10 min, para expelir o CO_2. Deixar esfriar e ajustar o pH para 7 com solução de NH_4OH 3 N,[14] utilizando pHmetro. Transferir a solução para balão volumétrico de 1 L e completar o volume com água destilada até a marca.

- *Solução de EDTA ≈ 0,01 M*

Dissolver 4 g de EDTA p.a., sal dissódico, e 100 mg de cloreto de magnésio ($MgCl_2.6H_2O$) em água destilada. Completar o volume para 1 L. As soluções novas devem ser padronizadas com a solução-padrão de cálcio 0,01 M.

Procedimento para padronização da solução de EDTA[3]

1) Pipetar 10 mL da solução-padrão de cálcio 0,01 M e transferir para frasco Erlenmeyer de 250 mL;
2) Adicionar 90 mL de água destilada. Com isso, ocorre uma diluição de 10 vezes, ou seja, a dureza total foi reduzida para 100 mg/L $CaCO_3$ eq;
3) Adicionar 2 mL da solução-tampão e misturar. Adicionar gotas do indicador Preto Eriocromo-T até a observação da cor vermelho-vinho;
4) Titular com a solução de EDTA, recentemente preparada, até a viragem para o azul. A molaridade da solução de EDTA é igual a 0,1/volume de EDTA gasto na titulação.

Procedimento para determinação da dureza total

1) Pôr 100 mL da amostra de água em frasco Erlenmeyer de 250 mL;
2) Adicionar 2 mL da solução-tampão e misturar;
3) Adicionar um número suficiente de gotas do indicador Preto Eriocromo-T até que a cor da amostra de água mude, de forma definida, para o vermelho-vinho;
4) Titular com a solução-padrão de EDTA até a viragem do indicador do vermelho-vinho para o azul.

---

[3] Solução NH4OH 3N: pôr 115,4 mL de NH4OH concentrado em balão volumétrico de 1 L e completar o volume com água destilada.

Cálculo do resultado

Dureza total = volume EDTA * molaridade EDTA * 1001

A unidade de dureza total é mg/L $CaCO_3$ eq.; o volume de EDTA gasto na titulação da amostra é em mL.

Dureza cálcica da água

Princípio do método

A adição da solução altamente concentrada de NaOH eleva o pH da amostra acima de 12, fazendo com que os íons Mg^{+2} precipitem como $Mg(OH)_2$. Dessa forma, apenas os íons Ca^{2+} permanecem dissolvidos na água. Em seguida, adiciona-se o indicador murexida (purpurato de amônia) que, ao se ligar aos íons Ca^{2+} e formar o complexo Ca-murexida, muda a cor da amostra para rosa. Ao se adicionar a solução-padrão de EDTA, o EDTA liga-se aos íons Ca^{2+} livres e remove os íons Ca^{2+} presos à murexida. Com isso, ocorre a formação do complexo Ca-EDTA. Quando o último íon Ca^{2+} é removido da murexida, a murexida livre muda a cor da solução para violeta. A concentração de íons Ca^{2+} presente na amostra de água, isto é, a dureza cálcica da água, é diretamente proporcional ao volume de EDTA gasto durante a titulação.

Reagentes necessários

- *Solução de hidróxido de sódio 1 N*

Dissolver 40 g de NaOH em água destilada; deixar esfriar e completar o volume para 1 L.

- *Indicador de murexida*

Misturar 200 mg de murexida em 100 g de NaCl p.a. Macerar com pistilo e almofariz até homogeneização da cor. Armazenar o indicador pronto em frasco opaco.

- *Solução de EDTA 0,01 M*

Ver descrição no método da "Dureza total".

Procedimento para determinação da dureza cálcica

1) Reservar 100 mL da amostra de água e transferir para frasco Erlenmeyer de 250 mL;
2) Adicionar 4 mL da solução de NaOH 1 N e agitar;
3) Adicionar de 100 a 200 mg do indicador de murexida e agitar. A amostra que contêm cálcio assume a coloração rosa. Geralmente, utiliza-se uma colher-medida para a aplicação da murexida, não havendo a necessidade de pesagem;
4) Titular com a solução-padrão de EDTA até a viragem do indicador da cor rosa para o violeta.

Cálculo do resultado

$$Dureza\ cálcica = volume\ EDTA * molaridade\ EDTA * 1001$$

A unidade de dureza cálcica é mg/L $CaCO_3$ eq.; o volume de EDTA gasto na titulação da amostra é em mL.

$$Concentração\ de\ cálcio\left(\frac{mg}{L}\right) = \frac{Dureza\ cálcica}{2,5}$$

Observações

$$Dureza\ magnesiana = dureza\ total - dureza\ cálcica$$

$$Concentração\ de\ magnésio\left(\frac{mg}{L}\right) = \frac{Dureza\ magnesiana}{4,12}$$

RESUMO

A riqueza da água em íons cálcio (Ca^{+2}) e magnésio (Mg^{+2}) é sua dureza total. Cálcio e magnésio são dois minerais essenciais à vida e à saúde, tanto de animais como vegetais aquáticos. Recomenda-se que a água para cultivo de organismos dulcícolas contenha de 75 a 300 mg/L $CaCO_3$ de dureza total. Para a carcinicultura marinha, a dureza total da água deve estar compreendida entre 650 e 7500 mg/L $CaCO_3$.

A relevância do monitoramento da dureza se limita aos cultivos em águas doces ou de baixa salinidade. Caso haja a necessidade de se elevar a dureza da água, pode-se realizar a calagem com calcário agrícola, cal hidratada ou gesso agrícola. O cultivo em águas moles pode levar à má formação óssea de peixes e ao retardo na realização de mudas pelos crustáceos. As águas doces e oligohalinas, quando muitos duras, não são propícias para a aquicultura, porque dificultam o desenvolvimento do fitoplâncton na água.

Águas de boa alcalinidade geralmente têm boa dureza e vice-versa. Quando a alcalinidade da água é bem maior que sua dureza, o pH da água pode se elevar muito no final da tarde, atingindo níveis estressantes e perigosos à vida aquática (pH > 10). As águas duras geralmente apresentam pH alcalino e as águas moles, pH ácido. A dureza total e a dureza cálcica da água podem ser determinadas por titulação das amostras com solução-padrão de EDTA.

CAPÍTULO 7
Amônia na água

7.1 DEFINIÇÃO DE AMÔNIA

Amônia é o gás de fórmula NH_3 que surge da oxidação dos aminoácidos pelas células vivas, sejam de tecidos orgânicos ou de bactérias. Os aminoácidos, além da sua nobre função de formar as proteínas corporais, também podem servir como fonte de energia para o metabolismo. Nesse caso, a célula faz o aminoácido reagir com o oxigênio para extrair parte de sua energia química, armazenando-a em moléculas de ATP. O problema é que, durante esse processo, é liberado um subproduto tóxico no meio intracelular, que é a amônia. Para maior clareza, vamos relembrar a estrutura química básica de todo e qualquer aminoácido:

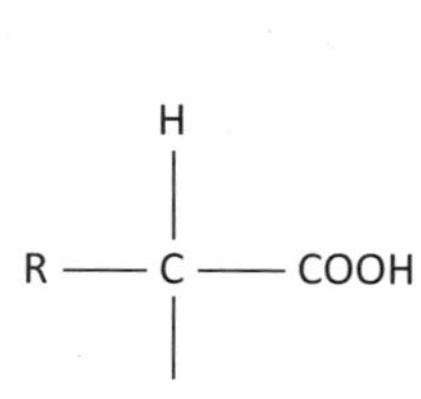

Figura 7.1 – Estrutura química geral dos aminoácidos.

Todo e qualquer aminoácido possui um grupo carboxila (-COOH), um grupo amina ($-NH_2$) e um radical R na sua estrutura química. Cada um dos 22 diferentes aminoácidos existentes na natureza é formado por alterações no radical R, mantendo-se constante o restante da fórmula. Se, por exemplo, R for um átomo de hidrogênio (H), temos o aminoácido mais simples que existe, que é a glicina. Já se R for um grupo metil ($-CH_3$), temos a alanina; e assim por diante. Quando o oxigênio molecular (O_2) quebra a ligação química existente entre o carbono (C) e o grupo $-NH_2$ do aminoácido, forma-se, dentro da célula, uma molécula de amônia que, por sua toxicidade, deve ser rapidamente excretada pelo organismo.

A amônia é tão tóxica que os animais terrestres a transformam em outros compostos menos tóxicos antes que possam excretá-los para o meio. Assim, mamíferos e anfíbios transformam a amônia em ureia ($CO(NH_2)_2$; a urina humana, por exemplo, é rica em ureia); já a urina de aves e répteis é rica em ácido úrico. Esses compostos devem ser excretados do organismo logo que possível. Portanto, a produção de energia química a partir da oxidação de aminoácidos gera um "lixo metabólico" dentro da célula, que é a amônia (NH_3).

Amônia também pode surgir na água a partir da hidrólise de outros compostos nitrogenados, como a ureia, $CO(NH_2)_2$, que é um dos principais fertilizantes nitrogenados utilizados pelo homem; a ureia na água decompõe-se em amônia e CO_2, como pode ser visto a seguir:

$$CO(NH_2)_2 + H_2O \rightarrow 2NH_3 + CO_2$$

Logo, quando o aquicultor aplica $CO(NH_2)_2$ na água para estimular o crescimento do fitoplâncton, ele aumenta, de modo indireto, a concentração de amônia da água. O objetivo, nesse caso, é que as microalgas absorvam a amônia liberada na água, utilizando-a para o seu crescimento, ou seja, formação de aminoácidos e proteínas. Com isso, a água se torna mais verde e mais propícia para o cultivo de peixes e camarões (até certo limite, é claro).

7.2 CICLO DO N EM TANQUES E VIVEIROS DE AQUICULTURA

Os compostos nitrogenados, sejam orgânicos ouinorgânicos, passam por uma série de transformações no meio aquático. Essas alterações são geralmente reversíveis ou cíclicas, sendo integralizadas dentro do ciclo biogeoquímico do nitrogênio (N) na água. Como algumas dessas transformações são benéficas aos organismos cultivados, como a nitrificação bacteriana, e outras maléficas, como a amonificação do nitrito [NO_2^-], é importante a compreensão dos principais processos físico-químicos e biológicos que compõem o ciclo do N na água (Figura 7.2).

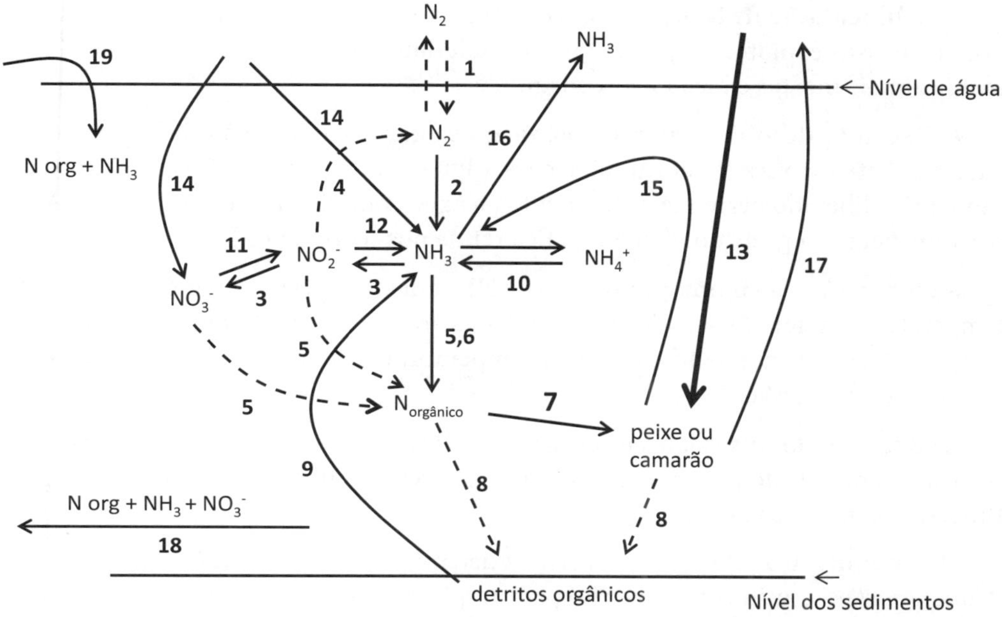

Figura 7.2 – Ciclo do N em tanques e viveiros de aquicultura.

1: Difusão de gás nitrogênio (N_2): movimentação de N_2 da atmosfera para a água e da água para a atmosfera. A atmosfera é o grande reservatório de N do planeta, já que, aproximadamente, 78% da composição gasosa da atmosfera é N_2.

2: Fixação de N: cianobactérias e alguns gêneros de bactérias são capazes de absorver N_2 da água e transformá-lo em amônia (NH_3). A fixação biológica do N é mais relevante nas águas doces e oligohalinas, pois a baixa salinidade dessas águas favorece uma maior dissolução do N_2 no meio aquático.

3: Nitrificação bacteriana: transformação de amônia em nitrito (NO_2^-) e deste em nitrato (NO_3^-) pelas bactérias aeróbias quimiotróficas *Nitrosomonas* ($NH_3 \rightarrow NO_2^-$) e *Nitrobacter* ($NO_2^- \rightarrow NO_3^-$). Processo purificador da água.

4: Desnitrificação: bactérias anaeróbias facultativas, *Pseudomonas* e *Achromobacter* transformam nitrato e nitrito em N_2, que pode escapar para atmosfera. Processo purificador da água.

5: Absorção de amônia, nitrito e nitrato pelo fitoplâncton: microalgas absorvem amônia, nitrito e nitrato como fontes de N inorgânico para crescimento celular. Transformação do nitrogênio inorgânico dissolvido total (NID = $NH_3 + NO_2^- + NO_3^-$) em N orgânico (aminoácidos e proteínas).

6: Absorção bacteriana de amônia: bactérias heterotróficas removem amônia quando a relação C:N da água é igual ou maior que 10:1.

7: Cadeia trófica: transferência parcial de N orgânico dentro da cadeia alimentar. Ingestão de alimento natural rico em proteína pelo zooplâncton, bênton, peixes e camarões.

8: Sedimentação de N orgânico: sedimentação, até o fundo do tanque, de detritos orgânicos, isto é, biomassa planctônica e bacteriana morta, fezes de peixes e camarões, animais mortos e ração não-consumida.

9: Decomposição da matéria orgânica: decomposição da matéria orgânica por bactérias heterotróficas libera amônia para a água. Maior parte (> 80%) do nitrogênio inorgânico liberado permanece dissolvido na água como NAT, nitrito e nitrato. Apenas uma pequena parte do N liberado fica retida nos sedimentos (10% a 15%).

10: Ionização da amônia: conversão de NH_3 em NH_4^+ pela diminuição do pH e da temperatura da água, havendo diminuição na toxicidade da amônia; conversão de NH_4^+ em NH_3 pelo aumento do pH e da temperatura da água, ocorrendo aumento na toxicidade da amônia.

11: Redução do nitrato: bactérias heterotróficas anaeróbias (redutoras de nitrato) se utilizam do nitrato para respiração celular, havendo a liberação de nitrito na água. Processo poluidor da água.

12: Amonificação do nitrito: bactérias heterotróficas anaeróbias, *Escherichia coli* e *Enterobacter*, se utilizam do nitrito para respiração celular, havendo a liberação de amônia para a água. Processo poluidor da água.

13: Arraçoamento: entrada de N orgânico no meio de cultivo, através do fornecimento de rações aos animais cultivados. Cerca de 16% da proteína da ração é N. Apenas 20% a 40% de N fornecido nas rações é retido no corpo do peixe ou camarão, sendo recuperado na despesca. Portanto, de 60% a 80% do N da ração é perdido para o meio de cultivo, sendo, em grande parte, transformado em amônia. O arraçoamento é a principal fonte de N para o meio de cultivo (» 90%).

14: Fertilização: entrada de N no meio de cultivo por meio da aplicação de fertilizantes nitrogenados à água para estimular a produtividade primária (45% e 16% da ureia e do nitrato de sódio é N, respectivamente).

15: Excreção de NH_3: peixes e camarões cultivados excretam amônia para água através da urina e, principalmente, das brânquias.

16: Volatilização de NH_3: amônia gasosa escapa para a atmosfera pela agitação da água, como a provocada pelo trabalho de aeração mecânica no período da tarde.

17: Despesca: de 20% a 25% do N que foi adicionado ao meio de cultivo por meio dos fertilizantes e, principalmente, das rações é recuperado durante a despesca, na forma de N orgânico (biomassa de pescado).

18: Liberação de efluentes: a drenagem do tanque, especialmente da água de fundo, exporta para o meio ambiente diferentes formas de N orgânico e N inorgânico, que podem causar a eutrofização do corpo de água receptor.

19: Abastecimento do tanque: a água de abastecimento, por não ser pura, introduz diferentes formas de N orgânico e N inorgânico no tanque.

7.3 FONTES E SUMIDOUROS DE AMÔNIA EM TANQUES DE AQUICULTURA

7.3.1 FONTES DE AMÔNIA

As principais fontes de nitrogênio amoniacal para tanques de aquicultura são as seguintes:

1) Aplicação de fertilizantes nitrogenados;
2) Excreção brânquial e fecal dos animais;
3) Transformação microbiana anaeróbia.

A seguir, são apresentados comentários breves sobre cada uma dessas fontes.

Aplicação de fertilizantes nitrogenados

A abundância e a diversidade de alimento natural no viveiro são importantes para a obtenção de boas taxas de crescimento de peixes e camarões cultivados, bem como para manutenção da saúde animal. Geralmente, há necessidade de se aplicar fertilizantes orgânicos e minerais na água para estimular o florescimento de fitoplâncton e zooplâncton. Com a fertilização da água, as concentrações de nutrientes disponíveis aos produtores primários se elevam, especialmente de fósforo e nitrogênio.

A ureia é o fertilizante nitrogenado mais utilizado na agricultura e aquicultura. Ao entrar em contato com a água, ela sofre hidrólise, liberando CO_2 e amônia para o meio aquático. Além da ureia, existem outros fertilizantes amoniacais, como o sulfato de amônio, o fosfato de amônio e o nitrato de amônio, que também liberam amônia para água. Já o nitrato de cálcio e o nitrato de sódio liberam nitratos para água, que também podem ser utilizados pelo fitoplâncton para seu crescimento. Um efeito colateral da aplicação da ureia e dos fertilizantes amoniacais é a acidificação da água. Logo, recomenda-se a aplicação de calcário agrícola na água antes a aplicação dos fertilizantes amoniacais, de modo a prevenir a queda do pH (Tabela 7.1).

Tabela 7.1 – Quantidade de carbonato de cálcio necessária para neutralização da acidez de fertilizantes amoniacais

Fertilizante	kg de $CaCO_3$/kg de fertilizante
Ureia	1,61
Sulfato de amônio	1,51
Nitrato de amônio	1,18

(*continua*)

Tabela 7.1 – Quantidade de carbonato de cálcio necessária para neutralização da acidez de fertilizantes amoniacais (*continuação*)

Fertilizante	kg de $CaCO_3$/kg de fertilizante
Fosfato diamônio	0,97
Fosfato monoamônio	0,79
Polifosfato de amônio	0,72

Fonte: modificado de Boyd (2007).

A ureia, portanto, é o fertilizante nitrogenado de maior poder acidificante, ou seja, aquele que mais exige carbonato de cálcio ($CaCO_3$) para neutralização de acidez.

Excretas dos organismos aquáticos

As rações para aquicultura são ricas em proteína, contendo de 26% a 50% ou mais de proteína bruta. Dessa proteína, aproximadamente 16% é nitrogênio, ou seja, as rações para aquicultura contêm de 4,2% a 8,0% ou mais de N. Quando a ração é ingerida pelo animal, inicia-se o processo de digestão. Entretanto, como a digestão do alimento é incompleta, ocorre perda de parte significativa da ingesta para meio ambiente, na forma de fezes. Estas contêm, portanto, a proteína que não foi digerida pelo animal. Quando essa matéria orgânica entra em decomposição, há liberação de amônia para água pelo processo de amonificação bacteriana. Portanto, quanto mais proteica for a ração ingerida pelo animal, maior é a concentração de proteína perdida nas fezes e, em consequência, maior a liberação de amônia para o meio cultivo.

Os aminoácidos que foram absorvidos no intestino seguem pelo sangue ou hemolinfa até os tecidos, onde são utilizados pelo metabolismo. Dentro das células, os aminoácidos são processados por vias anabólicas (síntese) ou catabólicas (produção de energia). Quando os aminoácidos são usados como fontes energéticas, ocorre a formação de amônia no meio intracelular. Por ser tóxica, ela deve ser rapidamente excretada pelo organismo. Para tanto, a célula excreta a amônia para o sangue ou hemolinfa, que, ao passar pelas brânquias, libera amônia para água. Parte da amônia também é excretada através da urina.

Transformação microbiana anaeróbia

Em situação de anaerobiose, ou mesmo de hipóxia, isto é, de baixas concentrações de oxigênio dissolvido na água, ocorre redução biológica de nitritos em amônia. A amonificação do nitrito é realizada por bactérias anaeróbias facultativas, como *Escherichia coli e Enterobacter.* Essas bactérias utilizam o nitrito na sua respiração, ou seja, na produção de ATP, em substituição ao O_2, que está ausente ou muito escasso no meio.

7.3.2 SUMIDOUROS DE AMÔNIA

A amônia pode ser eliminada da água ou ser transformada em compostos atóxicos, a partir dos seguintes processos:

1) Absorção vegetal;
2) Nitrificação bacteriana;
3) Absorção bacteriana;
4) Anammox;
5) Volatilização;
6) Adsorção aos sedimentos;
7) Efluentes do tanque.

A seguir, são apresentados alguns comentários sobre cada um desses sumidouros de amônia.

Absorção vegetal de amônia

Os vegetais aquáticos necessitam de fontes de nitrogênio inorgânico para síntese de aminoácidos, formação das proteínas corporais e, por consequência, crescimento biológico. A principal fonte nitrogenada a ser utilizada pelas microalgas para a síntese de aminoácidos é a amônia. Logo, a absorção de amônia pelos vegetais aquáticos é um dos sumidouros desse composto do meio. Quanto maior a densidade do fitoplâncton no meio, menores serão as concentrações de amônia na água – pelo menos durante o dia. Uma vez dentro da célula vegetal, a amônia já não causa mais toxicidade aos peixes e camarões cultivados. Por isso, é importante a manutenção de uma biomassa fitoplanctônica mínima nos viveiros e tanques, com leituras de Secchi inferiores a 50 cm, de forma a controlar as concentrações de amônia na água.

Nitrificação

A amônia é utilizada como alimento por determinadas bactérias aeróbias quimiossintetizantes, com destaque para as *Nitrosomonas*. Nesse caso, a amônia é oxidada biologicamente, havendo a liberação de nitrito (NO_2^-) para o meio. Em seguida, bactérias aeróbias do gênero *Nitrobacter* se utilizam do nitrito para formação de ATP, havendo a liberação de nitrato (NO_3^-) para o meio. Esse processo biológico de transformação da amônia até nitrato, em duas etapas, é conhecido como *nitrificação bacteriana*, como pode ser visto a seguir:

$$NH_3 + O_2 \rightarrow NO_2^- + O_2 \rightarrow NO_3^- + 2H^+ + H_2O$$

Enquanto amônia e nitrito são compostos tóxicos aos animais, o nitrato é praticamente atóxico. Logo, o processo de nitrificação bacteriana purifica a água pela eliminação de compostos tóxicos do meio, transformando-os em um composto inofensivo aos animais. Entretanto, a atividade das bactérias *Nitrosomonas* e *Nitrobacter* consome grande quantidade de O_2 do meio. Assim, embora seja um importante processo purificador da água, a nitrificação bacteriana pode levar à queda na concentração de oxigênio dissolvido. Caso ocorra essa redução, o processo de nitrificação será prejudicado, porque as bactérias *Nitrosomonas* e *Nitrobacter* são microrganismos estritamente aeróbios.

A nitrificação bacteriana, além de grande consumidora de O_2, também acidifica a água. Na primeira fase da nitrificação, isto é, na transformação de amônia em nitrito, há liberação de íons H^+ para água. Essa acidificação pode ser prejudicial às próprias bactérias nitrificantes, devendo ser, por isso, combatida. Para tanto, pode-se aplicar periodicamente algum composto alcalinizante na água, como bicarbonato de sódio ($NaHCO_3$), hidróxido de cálcio ($Ca(OH)_2$) e carbonato de cálcio ($CaCO_3$).

Por ser um processo purificador, a nitrificação bacteriana deve ser estimulada pelos produtores. Para isso, é importante manter boas concentrações de O_2 na água de cultivo, com a utilização de aeradores mecânicos – ao menos no período noturno. Além disso, é essencial monitorar frequentemente o pH e a alcalinidade da água e realizar calagens periódicas sempre que houver necessidade, isto é, alcalinidade total inferior a 60 mg/L para tilapicultura e 100 mg/L para carcinicultura.

Nos sistemas de produção aquícola, com recirculação de água, as bactérias nitrificantes são empregadas em filtros biológicos ou biofiltros. Inicialmente, os efluentes dos tanques de cultivo passam por uma filtragem física ou mecânica para remoção de turbidez. Caso não se remova a matéria orgânica particulada da água, haverá competição entre bactérias heterotróficas e nitrificantes dentro do biofiltro, o que levará a uma menor remoção de amônia e nitrito. A água, já filtrada mecânica e biologicamente, pode ser reutilizada no abastecimento dos tanques de produção.

Como o amadurecimento do filtro biológico demanda certo tempo, em geral de 3 a 4 semanas, recomenda-se, para atingir taxas satisfatórias de remoção de compostos nitrogenados da água, a preparação do filtro, antes de iniciar o tratamento dos efluentes dos tanques. Para isso, o filtro pode ser inoculado com bactérias nitrificantes e receber aplicações de cloreto de amônia, bicarbonato de sódio e micronutrientes. Uma vez maduro, ou seja, quando apresenta concentrações elevadas de bactérias nitrificantes, o filtro estará pronto para receber e tratar os efluentes dos tanques de cultivo.

As características físico-químicas do filtro biológico devem ser ajustadas de modo a permitir o bom desenvolvimento das bactérias nitrificantes. Especial atenção deve ser dada à temperatura (25 °C a 30 °C), concentração de O_2 (> 5 mg/L), alcalinidade (> 100 mg/L) e pH (7 a 8). A quantidade e a qualidade do substrato para adesão bacteriana também influenciam a eficiência de filtragem. Existem, no mercado, grandes variedades de substratos para utilização em biofiltros, disponíveis em materiais, tamanhos e formas distintos. O objetivo, nesse caso, é prover a maior área de superfície possível para colonização e adesão bacteriana. Alguns filtros biológicos conseguem alcançar a impressionante relação de 500 m^2/m^3. Há também filtros biológicos cujos elementos filtrantes não são estáticos, ou seja, estão em constante movimentação na água. Com isso, há maior oxigenação e disponibilidade de NH_3 e NO_2^- para as bactérias nos diferentes pontos do filtro. As bactérias nitrificantes são capazer de remover de 0,1 a 1 g amônia por m^2 de área filtrante ao dia.

Absorção bacteriana

Além da absorção pelo fitoplâncton, bactérias heterotróficas também podem remover amônia da água para utilização no seu metabolismo. Isso, entretanto, somente ocorrerá se as condições ambientais exigidas pelas bactérias estiverem presentes, isto é, elevada concentração de O_2 e adequada relação C:N da água. Como as bactérias que removem amônia da água são aeróbias, a remoção de amônia somente ocorrerá se as concentrações de O_2 na água forem satisfatórias. Adicionalmente, a relação C:N da água deve ser maior que 10:1 para que a formação dos bioflocos na coluna d'água ocorra de forma adequada. Para mais informações sobre esse assunto, sugerimos a leitura do Capítulo 17 deste livro.

Anammox

Existe um interessante processo anaeróbio pelo qual bactérias se utilizam da amônia como alimento, transformando-a em nitrogênio gasoso (N_2). Esse processo é a *oxidação anaeróbia da amônia*, ou simplesmente *anammox*. Para remover amônia, as bactérias anammox se utilizam do nitrito como aceptor de elétrons no lugar do O_2. Logo, o processo anammox é duplamente benéfico por remover, simultaneamente, amônia e nitrito da água, que são tóxicos aos animais, e liberar N_2, que é atóxico. *Bricadia*, *Kuenenia*, *Scalindua* e *Anammoxglobus* são alguns gêneros de bactérias anammox.

Volatilização

A amônia não-ionizada, isto é, NH_3, é um gás que pode se dissolver na água e formar NH_4^+, o íon amônio. Sendo um gás, NH_3 apresenta grande mobilidade química, ou seja, grande capacidade para se deslocar entre diferentes meios. Parte da NH_3 presente na água poderá ser transferida para atmosfera por volatilização. Esse processo é mais efetivo quando o pH da água estiver mais elevado, pois, nessas condições, maior parte da amônia total estará na forma gasosa. Logo, um dos manejos para remoção de amônia da água é o acionamento dos aeradores de pás, no período da tarde, quando o pH do viveiro está, naturalmente, mais elevado. A agitação da água promovida pelo aerador volatiliza a amônia gasosa para atmosfera, reduzindo, dessa forma, suas concentrações na água.

Adsorção aos sedimentos

As partículas do solo, especialmente as menores, isto é, as argilas, são carregadas eletricamente, apresentando sinal negativo. Por isso, é comum que diferentes cátions, ou seja, elementos e compostos carregados positivamente, se liguem às partículas de argila do solo. Dois elementos frequentemente encontrados presos ao solo são os íons alumínio (Al^{+3}) e ferro (Fe^{+3}). Esse processo de aprisionamento de elementos e compostos ao solo é chamado de "adsorção química". Como sabemos, uma das formas químicas da amônia é o íon amônio, NH_4^+. Assim, uma parte da amônia, que foi liberada nos sedimentos, acaba sendo adsorvida pelas partículas de argila após a decomposição da matéria orgânica no fundo. Essa amônia adsorvida aos sedimentos não causa estresse aos peixes e camarões por não ser mais passível de absorção branquial. Nesse caso, embora a amônia não tenha sido removida do viveiro, mas apenas da coluna d'água, considera-se a adsorção aos sedimentos como um dos sumidouros de amônia.

Efluentes dos tanques

Quando se faz troca de água, com a drenagem parcial do tanque, remove-se, juntamente à água, uma grande variedade e quantidade de elementos e compostos químicos. Entre os compostos removidos, destacamos a amônia, que tem sua concentração reduzida de forma diretamente proporcional ao volume drenado. Com esse objetivo, recomenda-se a drenagem da água de fundo, por ser aquela que apresenta maiores concentrações de amônia. Entretanto, como a amônia é fonte de N para os vegetais aquáticos e é um composto tóxico aos animais, deve-se ter cautela com o descarte de efluentes ricos em amônia na natureza. Episódios de eutrofização e estresse animal, acompanhados por mortalidades de biota, podem ocorrer após o lançamento de efluentes de tanques de aquicultura, ricos em amônia, nos corpos receptores. Para evitar que isso aconteça, sugere-se a liberação lenta dos efluentes, de forma a permitir a devida assimilação da amônia pelo ecossistema receptor, sem danos ambientais.

7.4 FORMAS DE AMÔNIA NA ÁGUA E FATORES QUE AFETAM SUAS PROPORÇÕES

Amônia é o composto químico de fórmula NH_3 que, nas condições ambientais prevalentes na Terra, se apresenta na forma gasosa. Na água, parte das moléculas de amônia se ioniza, formando o composto NH_4^+, denominado íon amônio ou amônia ionizada. Desse modo, a amônia (NH_3) e o íon amônio (NH_4^+) formam um equilíbrio dinâmico entre si, como pode ser visto a seguir:

$$NH_3 + H_2O \rightleftarrows NH_4^+ + OH^-$$

Ocorre a liberação de um íon OH^- para cada molécula de NH_3 que reage com a água. Logo, o NH_3 é um composto que atua como uma base na água e o processo de amonificação tende a elevar o pH da água.

A concentração total de amônia ou de nitrogênio amoniacal total (NAT) da água é igual à soma das concentrações parciais de NH_3 e NH_4^+. O equilíbrio existente entre as duas formas de nitrogênio amoniacal também pode ser expresso do seguinte modo:

$$NH_3 + H^+ \rightleftarrows NH_4^+$$

A palavra "equilíbrio", nesse caso, não significa que as concentrações de NH_3 e NH_4^+ são iguais entre si, mas que a velocidade da reação direta, isto é, de formação de amônio ($NH_3 + H_2O \rightarrow NH_4^+ + OH^-$), é igual à velocidade da reação inversa, isto é, de formação de amônia ($NH_3 + H_2O \leftarrow NH_4^+ + OH^-$). Como as velocidades dessas duas reações no equilíbrio são iguais entre si, as concentrações de NH_3 e NH_4^+ não se alteram com o tempo e permanecem constantes.

Enquanto o NH_3 é tóxico aos animais aquáticos, o íon NH_4^+ é um composto atóxico. O epitélio branquial dos peixes e camarões somente é permeável à forma não ionizada (NH_3) da amônia total. Portanto, mesmo que ocorram grandes concentrações de NH_4^+ na água, este íon não conseguirá atravessar o epitélio branquial e, assim, não causará toxicidade ao animal. O principal fator que interfere no equilíbrio das duas formas químicas de amônia é o pH da água. O risco de toxicidade por NH_3 se eleva quando o pH da água passa de 9. A análise do equilíbrio químico existente entre as duas formas de amônia permite compreender bem essa questão.

Quando o pH da água sobe por ação de algum agente químico ou biológico, como durante a fotossíntese, ocorre o deslocamento do equilíbrio NH_3-NH_4^+ para esquerda, isto é, no sentido de formar mais NH_3. Segundo o princípio de Le Chatelier, quando se aplica uma força em um sistema em equilíbrio, o sistema tende a se reajustar para diminuir os efeitos dessa força. No caso em questão, a força aplicada ao sistema NH_3-NH_4^+ é a entrada de íons OH^-, a partir da atividade fotossintética. Com isso, o equilíbrio se reajusta de forma a consumir parte do OH- que foi adicionado e liberar mais NH_3. Assim, o pH da água não sobe tanto, mas há aumento na concentração de amônia tóxica. O inverso ocorre quando o pH da água é reduzido, ou seja, há liberação de íons H^+ para o meio. A respiração animal e a decomposição bacteriana causam acidificação da água ao liberar CO_2. Nesse último caso, o equilíbrio NH_3-NH_4^+ se reajusta no sentido de consumir parte dos íons H^+ que foram adicionados, convertendo NH_3 em NH_4^+.

A temperatura da água é outro importante fator que afeta o equilíbrio NH_3-NH_4^+. Verifica-se aumento na concentração de NH_3 quando há a elevação na temperatura. Logo, dias muito quentes são duplamente preocupantes ao aquicultor: tanto pela queda na concentração de O_2 dissolvido na água, quanto pelo aumento na concentração de NH_3. Não é por acaso que muitos episódios de mortalidades de peixe são observados nessas condições.

O percentual de NH_3 na amônia total pode ser obtido em tabela, a partir dos valores de pH e a temperatura da água (Tabela 7.2). Como exemplo, considere os dois exercícios a seguir:

a) NAT = 1 mg/L, temperatura da água = 28 °C e pH da água = 7

b) NAT = 1 mg/L, temperatura da água = 28 °C e pH da água = 9

Quais são os percentuais e as concentrações de NH_3, em mg/L, em cada caso?

O percentual de NH_3 é obtido pelo cruzamento das informações de temperatura, na linha, e de pH, na coluna. Assim, os percentuais e as concentrações de NH_3, em cada caso, são os seguintes:

a) 0,7% e 0,007 mg/L

b) 41,2% e 0,41 mg/L

Houve, portanto, grande aumento no percentual e na concentração de NH_3 com a elevação no pH da água de 7 para 9, mantendo-se as concentrações de NAT e as temperaturas constantes. Como a função pH é logarítmica, uma elevação de pH de 2 unidades implica em um incremento de 100 vezes nas concentrações de íons OH^- na água. Logo, mesmo sem alteração na concentração de NAT, a concentração de amônia tóxica aumentou quase 60 vezes pela elevação no pH da água de 7 para 9.

Tabela 7.2 – Percentual de NH_3, em solução aquosa, para diferentes valores de pH e temperatura da água

pH	Temperatura (°C)								
	16	**18**	**20**	**22**	**24**	**26**	**28**	**30**	**32**
7,0	0,30	0,34	0,40	0,46	0,52	0,60	0,70	0,81	0,95
7,2	0,47	0,54	0,63	0,72	0,82	0,95	1,10	1,27	1,50
7,4	0,74	0,86	0,99	1,14	1,30	1,50	1,73	2,00	2,36
7,6	1,17	1,35	1,56	1,79	2,05	2,35	2,72	3,13	3,69
7,8	1,84	2,12	2,45	2,80	3,21	3,68	4,24	4,88	5,72
8,0	2,88	3,32	3,83	4,37	4,99	5,71	6,55	7,52	8,77
8,2	4,49	5,16	5,94	6,76	7,68	8,75	10,00	11,41	13,22
8,4	6,93	7,94	9,09	10,3	11,65	13,2	14,98	16,96	19,46
8,6	10,56	12,03	13,68	15,4	17,28	19,42	21,83	24,45	27,68

(*continua*)

Tabela 7.2 – Percentual de NH_3, em solução aquosa, para diferentes valores de pH e temperatura da água (*continuação*)

pH	Temperatura (°C)								
	16	**18**	**20**	**22**	**24**	**26**	**28**	**30**	**32**
8,8	15,76	17,82	20,08	22,38	24,88	27,64	30,68	33,90	37,76
9,0	22,87	25,57	28,47	31,37	34,42	37,71	41,23	44,84	49,02
9,2	31,97	35,25	38,69	42,01	45,41	48,96	52,65	56,30	60,38
9,4	42,68	46,32	50,00	53,45	56,86	60,33	63,79	67,12	70,72
9,6	54,14	57,77	61,31	64,54	67,63	70,67	73,63	76,39	79,29
9,8	65,17	68,43	71,53	74,25	76,81	79,25	81,57	83,68	85,85
10,0	74,78	77,46	79,92	82,05	84,00	85,82	87,52	89,05	90,58
10,2	82,45	84,48	86,32	87,87	89,27	90,56	91,75	92,80	93,84

Fonte: Boyd (1979).

Na Tabela 7.2, talvez você tenha sentido falta dos percentuais de NH_3 para valores de pH menores que 7. Não se preocupe com isso porque as concentrações de NH_3 são tão baixas em águas ácidas que chegam a ser desprezíveis. O problema, nesse caso, não será a amônia, mas sim outro gás tóxico: o gás sulfídrico (H_2S).

7.5 TOXICIDADE DA AMÔNIA PARA PEIXES E CAMARÕES

Concentrações elevadas de NH_3 na água dificultam sua excreção branquial. A excreção branquial de NH_3 ocorre por difusão simples, ou seja, pela diferença de concentração existente entre o meio com mais NH_3 (sangue e hemolinfa) e o meio com menos NH_3 (a água). Em outras palavras, a concentração de NH_3 no sangue ou hemolinfa do animal é bem maior do que a observada na água, em condições adequadas de cultivo. Nesse caso, o NH_3 se difunde, rapidamente, do sangue ou hemolinfa para água. Já quando a concentração de NH_3 na água é elevada, a tendência é que diminua o fluxo de saída de NH_3 do organismo do peixe ou do camarão ou que ocorra a rota inversa, isto é, a difusão do NH_3 da água para o sangue do peixe ou a hemolinfa do camarão.

Com o acúmulo de amônia no sangue e nos tecidos, há disfunção generalizada do metabolismo oxidativo de vertebrados, que produz ATP a partir, por exemplo, da glicose. As células, em geral, e os neurônios do sistema nervoso central (SNC), em particular, passam a ter dificuldade para produzir ATP quando há acúmulo de amônia no meio intracelular. O alfa-cetoglutarato, que é um composto-chave do metabolismo oxidativo, especificamente do ciclo do ácido tricarboxílico, tem sua ação bloqueada pela amônia, que incorpora um grupo amina na sua estrutura, em um processo denominado de *aminação do alfa-cetoglutarato*. O alfa-cetoglutarato aminado não realiza mais o metabolismo oxidativo. A pertubação neurológica causada pela amônia leva ao aparecimento de hiperatividade e convulsões no animal. Em seguida, o animal se torna letárgico, perde o equilíbrio e entra em coma, quando já não reage a mais nenhum estímulo externo.

As concentrações estressantes e letais de amônia para peixes e camarões, geralmente encontradas na literatura, referem-se à forma não-ionizada da amônia (NH_3). A literatura mostra que concentrações de NH_3 na água acima de 0,5 mg/L já apresentam risco de letalidade aos animais cultivados. A ocorrência de mortandades, nesse caso, depende do grau de tolerância da espécie e do tempo de exposição ao composto. Entretanto, concentrações de NH_3 tão baixas quanto 0,05 mg/L já seriam capazes de causar estresse respiratório aos animais aquáticos, tornando-os mais suscetíveis a agentes parasitários e infecciosos. Alterações patológicas foram observadas em diferentes órgãos de peixes, especialmente nos rins, baço e tireoide, quando os animais foram submetidos a níveis subletais de NH_3, isto é, concentrações entre 0,05 e 0,5 mg/L. Estresse por amônia também pode danificar o epitélio branquial e causar retardo no crescimento. Portanto, deseja-se que a concentração de NH_3 dos tanques de aquicultura esteja sempre abaixo de 0,05 mg/L para que não haja nenhum dano aos peixes e camarões.

7.6 COMO PREVENIR E REMEDIAR CONCENTRAÇÕES ELEVADAS DE AMÔNIA EM TANQUES E VIVEIROS DE AQUICULTURA

7.6.1 PREVENÇÃO

Como diz o velho e bastante conhecido adágio popular: "É melhor prevenir que remediar". Assim, boas práticas de manejo devem ser adotadas em aquicultura para manter as concentrações de amônia na água sempre reduzidas, visto que é impraticável se ter água de cultivo de peixes e camarões isenta de amônia.

Para prevenir concentrações elevadas, deve-se minimizar a entrada e a formação de amônia. Para tanto, atua-se, diretamente, nas quatro principais fontes, a saber:

1) Fertilização nitrogenada;
2) Excreção branquial, urinária e decomposição da matéria orgânica;
3) Transformação bacteriana anaeróbia.

A seguir, uma breve discussão sobre o que poderia ser feito em cada um desses aspectos.

Fertilização nitrogenada

A fertilização das águas do tanque deve seguir as recomendações técnicas pertinentes a cada situação, devendo-se evitar aplicações desnecessárias ou excessivas. O uso de nitrato de cálcio, no lugar da ureia, é vantajoso por não liberar amônia para água, além de ter toxicidade muito baixa, oxida a matéria orgânica e gases tóxicos presentes na água. Logo, enquanto a amônia deteriora a água, o nitrato aprimora a qualidade da água. Se a decisão for pela utilização de adubos orgânicos, deve-se utilizar materiais bem curtidos (secos) e que tenham a aparência e o odor característicos do produto a ser empregado.

Excreção branquial, urinária e decomposição da matéria orgânica

Após a digestão parcial das proteínas no trato intestinal do animal, os aminoácidos que foram assimilados são transportados pelo sangue ou hemolinfa até os tecidos. Dentro da célula, o aminoácido tem dois usos principais: ser utilizado na síntese de novas proteínas ou ser usado na produção de ATP. No último caso, o aminoácido sofre oxidação nas mitocôndrias, havendo a formação de amônia como resíduo desse processo. Por ser tóxica, a amônia deve ser rapidamente excretada da célula e do organismo, através de excreção branquial e urinária.

A qualidade da ração afeta as proporções dos aminoácidos que são utilizados no anabolismo (síntese proteica) e no catabolismo (produção de ATP), especificamente a relação energia: proteína da ração. Quando a proporção de aminoácidos utilizados como matriz energética cai, ocorre menor formação de amônia no meio intracelular. Cabe aos nutricionistas e aos engenheiros que trabalham nas fábricas de ração a responsabilidade de produzir alimentos que atendam às melhores recomendações técnicas, entre elas ter relação energia:proteína ótima, variando entre 9 e 11 kcal energia digestível/g proteína bruta.

As fezes dos animais são decompostas por bactérias que liberam amônia para água, portanto a quantidade e a qualidade da ração têm impactos diretos sobre essa liberação. Recomenda-se aplicar algum nível de restrição alimentar, 5% ou 10% do consumo voluntário, por exemplo, para obter melhores conversões alimentares e qualidade de água. A concentração de proteína bruta da ração deve ser a menor possível para a fase de vida considerada, que não cause prejuízo zootécnico. Finalmente, deve-se utilizar rações de fornecedores idôneos e capacitados, que fabriquem produtos de boa qualidade reconhecida. Desconfie quando lhe oferecerem rações balanceadas muito baratas, cujo preço está abaixo do praticado pelo restante do mercado.

O fitoplâncton e o zooplâncton são ricos em proteína. Cerca de ¾ da biomassa planctônica seca é constituída por proteínas. Quando o plânton morre, sua biomassa entra em decomposição na coluna d'água e principalmente nos sedimentos, havendo a liberação de amônia para o meio. Logo, as águas de cultivo com alta turbidez algal contêm muitos detritos orgânicos proteicos que, após decomposição, elevam perigosamente as concentrações de amônia da água.

Transformação bacteriana anaeróbia

Em meio anaeróbio, os compostos químicos sofrem redução tanto química quanto biológica. Nessa condição, ocorre a transformação de formas químicas oxidadas e inofensivas, como nitratos (NO_3^-) e sulfatos (SO_4^-), para suas respectivas formas reduzidas e perigosas, amônia (NH_3) e gás sulfídrico (H_2S). No caso específico do nitrogênio, ocorre a transformação da forma atóxica NO_3^- em NH_3. Esse processo é realizado em duas etapas. Na primeira, ocorre a redução do nitrato para nitrito. Na segunda, bactérias anaeróbias, como *Escherichia coli* e *Enterobacter*, transformam o nitrito em amônia.

Os processos anaeróbios amonificantes ocorrem na camada reduzida dos sedimentos, que está localizada logo abaixo da fina camada superficial oxidante, que pode estar ausente. A amônia da camada reduzida não se difundirá para a coluna d'água enquanto as concentrações de oxigênio dissolvido na água de fundo forem satisfatórias, isto é, iguais ou superiores a 2 mg O_2/L. Entretanto, quando a água de fundo apresenta menos de 2 mg O_2/L, a amônia passa para coluna d'água, causando estresse nos animais. Para prevenir a ocorrência da carga interna de NH_3, deve-se respeitar a capacidade de suporte do tanque e empregar manejo alimentar adequado. A aeração mecânica da água, no período da tarde, é recomendada para quebrar a estratificação térmica da coluna d'água e oxigenar a água de fundo. A aeração noturna é indispensável em sistemas intensivos de produção.

7.6.2 REMEDIAÇÃO

Quando o problema já está instalado, ou seja, quando as concentrações de NH_3 na água de cultivo estão elevadas, podemos realizar os seguintes manejos corretivos:

1) Troca da água de fundo;
2) Aeração mecânica;
3) Fertilização 0-20-0;
4) Correção da relação C:N;
5) Ajuste da relação dureza: alcalinidade da água.

Troca da água de fundo

Como o principal sítio de amonificação do viveiro é o solo, a água de fundo é aquela com as maiores concentrações de amônia. Assim, a troca da água de fundo por água limpa faz a concentração de amônia cair rapidamente, a depender, é claro, da vazão e do volume trocado. Esse manejo, entretanto, apesar de ser efetivo na redução da concentração de amônia, pode causar significativo impacto ambiental se os efluentes forem descartados diretamente no corpo receptor. Nesse caso, o produtor estará apenas transferindo o problema para o meio ambiente. Os animais que vivem nas águas receptoras sofrerão estresse respiratório pela elevação da amônia e queda do oxigênio dissolvido. Nesse caso, a solução é ter uma bacia de tratamento que receba esses efluentes e recupere sua qualidade, antes do lançamento no meio ambiente ou reuso nos ciclos posteriores de produção.

Aeração mecânica da água

A oxigenação e a movimentação da água do tanque, realizadas pela ação dos aeradores mecânicos, reduzem as concentrações de amônia da água de duas formas: por ser um gás, o NH_3 escapa para atmosfera pela agitação da água, principalmente no período da tarde, quando a proporção de amônia gasosa é maior; a entrada de O_2 na água estimula o processo de nitrificação bacteriana que transforma amônia em nitrato.

Fertilização 0-20-0

Um dos importantes sumidouros de amônia é a absorção vegetal, isto é, a absorção pelas microalgas. Logo, a manutenção de adequada densidade algal possibilita reduzir as concentrações de amônia da água. Para isso, nutrientes essenciais devem estar disponíveis na água, nas concentrações mínimas exigidas pelo fitoplâncton. Nos ecossistemas aquáticos interiores, como em tanques de aquicultura, os nutrientes mais limitantes ao crescimento do fitoplâncton são o fósforo e o nitrogênio, nessa ordem. Quando as concentrações de amônia na água estão elevadas, o nitrogênio não estará limitando a produtividade primária, já que a amônia pode ser utilizada pelas microalgas como fonte de N.

O fósforo será o nutriente limitante ao crescimento das microalgas quando a transparência da água estiver elevada, mas houver concentrações significativas de amônia no meio. Nesse caso, a fertilização 0-20-0 pode ser empregada para reduzir a concentração de amônia na água. O fertilizante 0-20-0 é aquele que contém 0% de N, 20% de P_2O_5 e 0% de K_2O na sua composição, sendo, portanto, fonte apenas de fósforo. Como a concentração de NH_3 é alta, não há necessidade de se aplicar N na água. Uma mistura contendo 40% de superfosfato triplo e 60% de calcário agrícola terá 20% de P_2O_5, sendo isenta de N e K.

Com a aplicação do fertilizante 0-20-0 em águas ricas em amônia, mas de alta transparência, estimula-se o crescimento do fitoplâncton que absorve ativamente NH_3 da água. Entretanto, caso a aplicação do fertilizante 0-20-0 seja excessiva, pode-se passar de transparência elevada para muito baixa, situação que pode ser até mais problemática ao produtor. Portanto, a aplicação do fertilizante 0-20-0 deve ser feita com moderação, de acordo com a melhor recomendação técnica.

Correção da relação C:N da água

As bactérias heterotróficas podem decompor a matéria orgânica com liberação ou remoção de amônia da água. Quando a relação C:N da água é baixa, menor que 10:1, as bactérias decompõem a matéria orgânica com liberação amônia. Já quando a relação C:N é alta, maior que 12:1, as bactérias decompõem a matéria orgânica com remoção. A relação C:N de tanques aquícolas é, normalmente, baixa por conta das elevadas concentrações de proteína das rações comerciais. Assim, a atividade decompositora bacteriana normalmente libera NH_3 para a água dos tanques de aquicultura. Para elevar a relação C:N, basta aplicar ao tanque alguma fonte de C orgânico, isenta ou com pouquíssimo N, de alta biodegradabilidade, sendo o melaço de cana uma das melhores opções existentes no mercado. Com a correta aplicação do melaço, a relação C:N da água sobe para 12:1 ou mais, fazendo com que as bactérias decompositoras se desenvolvam com remoção de amônia. Mais informações sobre esse assunto podem ser encontradas no Capítulo 17 deste livro.

Ajuste da relação dureza:alcalinidade

A amônia tóxica, isto é, o NH_3, ocorre em maiores concentrações em águas com pH elevado. No período da tarde, o pH da água naturalmente se eleva, pela absorção de CO_2 e HCO_3^- pelas microalgas durante a fotossíntese. Essa elevação do pH é afetada pela relação dureza: alcalinidade da água. Quando essa relação está baixa, ou seja, quando a alcalinidade da água supera em duas vezes ou mais o valor da dureza, o pH da água pode atingir valores elevados no período da tarde, acima de 10. Com isso, a concentração de NH_3 na água pode atingir níveis alarmantes, com risco iminente de mortandades em massa dos animais cultivados e das próprias microalgas. Para evitar isso, deve-se balancear para cima a relação dureza: alcalinidade da água, com a aplicação de gesso agrícola ($CaSO_4$) ao tanque. Em águas com relação dureza:alcalinidade equilibrada ou alta, os riscos de toxicidade por NH_3 são menores. Essa questão é relevante apenas para as águas interiores, já que as águas oceânicas têm relação dureza: alcalinidade altíssima. Mais informações sobre esse assunto podem ser encontradas no Capítulo 6 deste livro.

7.7 EFEITOS DA FERTILIZAÇÃO, AERAÇÃO E CALAGEM NA CONCENTRAÇÃO DE AMÔNIA NA ÁGUA

Os principais manejos de qualidade da água de viveiros e tanques de peixes e camarões são fertilização, aeração e calagem. Discute-se, a seguir, os efeitos de cada um deles na concentração de amônia na água.

Fertilização

A fertilização orgânica do viveiro, ou seja, a aplicação de adubos orgânicos, como os estercos animais, eleva a concentração de amônia na água. Essa resposta é, até certo ponto, desejável, visto que o N amoniacal é um nutriente necessário ao crescimento do fitoplâncton. A fertilização orgânica da água, entretanto, passa a ser problemática quando feita em excesso. Nesse caso, a amônia liberada em grande quantidade para água, a partir da decomposição do esterco, causa estresse e pode matar os animais cultivados. Além disso, a grande biomassa de microalgas produzida gera grande quantidade de detritos orgânicos que, após sua decomposição, liberam quantidades estressantes e letais de amônia para água. Finalmente, é importante destacar que a adubação orgânica da água de tanques de aquicultura, com estercos animais, não é bem-vista por parte dos consumidores, principalmente de países desenvolvidos, por razões sanitárias, culturais e estéticas.

A ureia, $CO(NH_2)_2$, é a fonte de nitrogênio mais utilizada na fertilização da água de tanques de aquicultura. A fertilização nitrogenada da água, com a utilização de nitratos de cálcio, sódio ou potássio, é menos praticada em razão do maior custo desses produtos quando comparada ao da ureia. A ureia, ao ser aplicada na água, é transformada em gás carbônico e amônia pela seguinte reação:

$$CO(NH_2)_2 + H_2O \rightarrow CO_2 + 2NH_3$$

Já quando se fertiliza a água com nitrato de cálcio, somente há liberação de amônia se o meio for anaeróbio. Em tanques de aquicultura, tal condição anaeróbia somente se verifica na camada reduzida dos sedimentos, localizada logo abaixo da superfície do solo. A amônia, concentrada na camada reduzida dos sedimentos, pode subir para a coluna d'água e chegar até a superfície se a água de fundo estiver desoxigenada (< 2 mg O_2/L). Isso ocorre, muitas vezes, quando a coluna d'água do viveiro se torna estratificada termicamente, como em dias sem ventos, de intenso calor e água com baixa transparência.

Aeração

A aeração mecânica da água reduz a concentração de amônia por acelerar o processo de nitrificação bacteriana e pela movimentação e agitação da água. Com o aumento na concentração de O_2 da água, por conta do trabalho dos aeradores, as bactérias aeróbias, que oxidam a amônia até nitrito e nitrato, têm seu crescimento estimulado. Além disso, a aeração da água no período da tarde, momento do dia em que a forma gasosa da amônia está em maior concentração, remove NH_3 da água por volatilização. Portanto, o uso de aeradores mecânicos é extremamente importante no controle dos compostos nitrogenados dissolvido na água, quando esses equipamentos são corretamente utilizados pelo produtor. Quando a altura da coluna d'água, sobre a qual está posicionado o aerador, é muito pequena (< 60 cm), a ação das pás ressuspende os sedimentos que estavam depositados no fundo. Nesse caso, o efeito da aeração pode ser o inverso do esperado, ou seja, ocorrer aumento na concentração de amônia na água pela liberação dos gases que estavam retidos nos sedimentos.

Calagem

Embora a calagem não tenha efeito direto sobre a concentração de amônia da água, existem importantes efeitos indiretos que merecem ser compreendidos. Haverá redução na concentração de amônia se a calagem estimular a produtividade primária. O enriquecimento da água com carbonato, cálcio e magnésio estimula o desenvolvimento do fitoplâncton que, por sua vez, remove amônia da água. A calagem, por outro lado, aumentará o risco de estresse e morte de peixes e camarões por amônia gasosa se for realizada incorretamente, com elevação perigosa do pH da água, como ocorre quando se aplica cal hidratada em excesso. A elevação do pH converte, de modo rápido, amônia não tóxica (NH_4^+) em tóxica (NH_3), especialmente quando o pH passa de 9. Portanto, deve-se ter cautela ao se aplicar cal na água de cultivo, sob pena de estressar, ou até mesmo matar, os animais cultivados pela ação da amônia tóxica ou pela elevação brusca do pH. É mais seguro aplicar o calcário agrícola, como produto para calagem, em tanques povoados.

7.8 IMPACTO AMBIENTAL DE EFLUENTES RICOS EM AMÔNIA

Assim como a amônia é tóxica para os animais de criação, ela também afeta negativamente os animais dos corpos de água que recebem os efluentes dos tanques. Além disso, a amônia causa a eutrofização por ser utilizada pelos vegetais aquáticos para seu crescimento. Por essas razões, não se deve lançar efluentes aquícolas brutos, isto é, não tratados, diretamente no meio ambiente, sob o risco de causar a degradação dos ecossistemas naturais. A melhor solução, nesse caso, é reutilizar o efluente tratado em novos ciclos de produção, após a recuperação de sua qualidade físico-química por processos naturais ou artificiais.

Concentrações máximas aceitáveis de amônia nos efluentes dos tanques de cultivo não devem ser ultrapassadas para que se possa trabalhar com sustentabilidade ambiental. A Global Aquaculture Alliance (GAA) recomenda que a concentração de amônia total dos efluentes da aquicultura não exceda 3 mg/L. Portanto, os efluentes dos tanques deveriam ser tratados sempre que apresentassem 3 mg/L ou mais de NAT. Além disso, a concentração de matéria orgânica dos efluentes dos tanques não deveria ultrapassar 30 mg DBO/L. Como a decomposição da matéria orgânica libera amônia para a água, deve-se limitar a demanda bioquímica por oxigênio (DBO) dos efluentes aquícolas para prevenir toxicidade por amônia. Admite-se, com segurança ambiental, a drenagem máxima de 100 kg DBO/dia.

Para determinar as descargas totais de NAT e DBO lançadas no meio ambiente, leva-se em conta as respectivas concentrações nos efluentes e os volumes que serão ou foram drenados. As descargas totais, em kg NAT e DBO/dia, são obtidas pela multiplicação do volume total drenado, em m^3/dia, com as respectivas concentrações de NAT e DBO, no efluente, em g/m^3. Para ilustrar esses cálculos, considere o exemplo seguir:

- NAT efluente = 2,5 mg/L;
- DBO efluente = 20 mg/L;
- Volume drenado = 750 m^3/dia.

Calcule as descargais totais de NAT e DBO, em kg/dia, a partir dos dados acima.

A unidade mg/L corresponde a g/m^3. Logo, 2,5 mg NAT/L e 20 mg DBO/L correspondem a 2,5 g/m^3 e 20 g/m^3, respectivamente. Para obtermos a descarga total diária, basta multiplicarmos esses valores por 750 m^3/dia. Com isso, temos que as descargas totais de NAT e DBO para o meio ambiente são iguais a 1,87 kg/dia e 15 kg/dia, respectivamente.

7.9 DETERMINAÇÃO DA CONCENTRAÇÃO DE AMÔNIA NA ÁGUA

Princípio do método

Tradicionalmente, a concentração de amônia na água é determinada pelo método de Nessler. Esse método, entretanto, se mostrou, posteriormente, inadequado, visto que várias substâncias presentes na água, além do reagente de Nessler, também reagem com a amônia, interferindo no resultado do teste. A consequência disso é que o método de Nessler subestima a concentração de amônia na água, ou seja, apresenta valores incorretamente baixos. Para se obter resultados mais acurados com o método de Nessler, deve-se, primeiro, destilar a amostra de água para liberação de amônia e posterior retenção em solução diluída de ácido bórico. Nesse caso, a determinação da concentração de amônia seria realizada no destilado e não na amostra bruta. O método de Nessler com destilação, entretanto, é bastante trabalhoso, demandando mais tempo para sua conclusão. Quando o número de amostras de água é elevado, o que geralmente ocorre em experimentação, o método de Nessler com destilação se torna inviável.

Como alternativa ao método de Nessler, tem-se o método do indofenol ou fenato. Como grande vantagem, esse método não requer a destilação das amostras de água para a obtenção de resultados acurados. O indofenol, que tem cor azul, é produzido pela reação do nitrogênio amonialcal total (NAT) com a fenilquinona-monoimina, formada pela reação entre o fenol e hipoclorito. Essa reação, conhecida como reação de Berthelot, pode ser vista a seguir:

Fenol + Hipoclorito $\rightarrow$ Fenilquinona-monoimina + NAT $\rightarrow$ Indofenol

A intensidade da cor azul formada é diretamente proporcional à concentração de amônia na amostra de água, podendo ser mensurada em espectrofotômetro a 640 nm. O método do indofenol, assim como o de Nessler, determina a concentração de NAT - nitrogênio amoniacal total ($N\text{-}NH_3$ + $N\text{-}NH_4^+$). A concentração apenas de amônia tóxica ($N\text{-}NH_3$) pode ser calculada, posteriormente, utilizando-se das informações apresentadas na Tabela 7.2.

Reagentes

- *Água deionizada, isenta de amônia*

Passar a água da torneira através de uma resina de troca catiônica fortemente ácida (deionizador). Usar água deionizada fresca. Proteger a água deionizada de contaminações atmosféricas. Sugere-se a utilização de deionizador hermético.

- *Solução oxidante*

Dissolver 200 g de citrato de sódio tribásico e 10 g de hidróxido de sódio em água deionizada. Diluir para 1 L.

Misturar 100 mL da solução de citrato de sódio com 25 mL de água sanitária nova. Preparar uma nova solução oxidante sempre antes do uso.

- *Solução de nitroprussiato de sódio 0,5% (g/mL)*

Dissolver 0,5 g de nitroprussiato de sódio p.a. em 100 mL de água deionizada. Armazenar, em frasco âmbar, por até 1 mês.

- *Solução de fenato*

Misturar 11,1 mL de fenol liquefeito, com álcool etílico 95%, até volume final de 100 mL. Esta solução é válida por apenas 1 semana.

- *Solução-padrão de cloreto de amônio* (10 mg de NAT/L)

Pesar 1,9079 g de NH_4Cl p.a. e diluir para 500 mL com água deionizada. Essa solução contém 1 kg de NAT/L (solução-estoque).

Retirar 5 mL da solução-estoque e transferir para balão volumétrico de 500 mL; completar o volume com água deionizada. Essa nova solução contém 10 mg de NAT/L.

Obtenção da curva de calibração

Usar a solução-padrão de NAT 10 mg/L para preparar uma série de soluções de calibração, conforme as instruções constantes no quadro a seguir:

Volume, em mL, da solução-padrão 10 mg NAT/L, a ser diluído para 100 mL	NAT (mg/L)
0,00	0,00
1,00	0,10
2,00	0,20
5,00	0,50
10,00	1,00
20,00	2,00
30,00	3,00

Realizar o procedimento descrito a seguir, em cada uma das soluções de calibração, para obtenção dos respectivos valores de absorbância. No eixo X do gráfico "dispersão" da planilha eletrônica, entrar com os valores de absorbância; no eixo Y, as respectivas concentrações de NAT das soluções de calibração. Plotar os pontos no gráfico para obter a curva de calibração desejada, por meio de análise de regressão linear.

Procedimento analítico e cálculo do resultado

1) Transferir 50 mL da amostra de água, filtrada em papel-filtro, para frasco Erlenmeyer. Transferir 50 mL de água deionizada, isenta de amônia, para outro frasco (branco);
2) Adicionar 2 mL de solução de fenato em cada frasco (amostra e branco); misturar;
3) Adicionar 2 mL de nitroprussiato de sódio em cada frasco (amostra e branco); misturar;
4) Adicionar 5 mL de solução oxidante em cada frasco (amostra e branco); misturar;
5) Tampar a boca dos frascos Erlenmeyer, com frascos béquer apropriados. Reservar os frascos, em luz tênue, ou mesmo no escuro, por 1 hora, para desenvolvimento da cor azul. A cor formada é estável por 24 h;
6) Ajustar o espectrofotômetro para trabalhar em 640 nm.

7) Zerar o aparelho com o branco;
8) Fazer a leitura da absorbância da amostra-teste em 640 nm;
9) Obter a concentração de NAT, em mg/L, a partir da curva de calibração anteriormente obtida.

Cálculo da concentração de N-NH_3

A concentração da forma tóxica da amônia, isto é, de N-NH_3, pode ser calculada com a utilização dos valores apresentados na Tabela 7.2. O exemplo, a seguir, ajuda a esclarecer esse cálculo.

Dados

- Temperatura da água: 28 °C;
- pH da água: 9,0;
- Concentração de NAT = 1,72 mg/L.

Solução

Na Tabela 7.2, o cruzamento da temperatura 28°C com o pH = 9,0 nos apresenta o valor 41,23%, cujo coeficiente nominal é 0,4123. Assim, a concentração de N-NH_3 é igual ao resultado da multiplicação entre a concentração de NAT, isto é, 1,72 mg/L, e 0,4123, ou seja, 0,71 mg/L.

RESUMO

Amônia é o gás de fórmula NH_3 que surge da oxidação dos aminoácidos pelas células vivas, sejam de tecidos animais ou bactérias. Os principais processos do ciclo do nitrogênio (N) na água são amonificação aeróbia, amonificação do nitrito, nitrificação, redução do nitrato, desnitrificação e anammox. As principais fontes de nitrogênio em viveiros de aquicultura são fertilizantes nitrogenados, excretas dos organismos aquáticos (branquiais e fecais) e a transformação microbiana anaeróbia. A amônia pode ser eliminada do meio de cultivo ou ser transformada em outros compostos, a partir da absorção vegetal, nitrificação bacteriana e absorção bacteriana heterotrófica. Em contato com a água, a amônia forma o íon amônio (NH_4^+), também chamado de amônia ionizada. A concentração de amônia total ou de nitrogênio amoniacal total (NAT) da água é igual à soma das concentrações de amônia não ionizada (NH_3) e amônia ionizada (NH_4^+). Enquanto a amônia não ionizada (NH_3) é tóxica aos animais aquáticos, o íon amônio (NH_4^+) é considerado atóxico.

Concentrações elevadas de amônia na água de cultivo dificultam a excreção de amônia do sangue de peixes e da hemolinfa de camarões. Com o acúmulo de amônia no sangue e hemolinfa e, consequentemente, nos tecidos, há disfunção generalizada no metabolismo oxidativo celular.

Deseja-se que as concentrações de NH_3 da água de cultivo estejam abaixo de 0,05 mg/L para que não haja nenhum malefício aos peixes e camarões. Quando as concentrações de NH_3 na água de cultivo estão elevadas, os seguintes manejos corretivos podem ser realizados: troca parcial da água de fundo, aeração mecânica, fertilização 0-20-0, correção da relação C:N e ajuste da relação dureza: alcalinidade da água.

Os efluentes de tanques de aquicultura não devem conter mais de 3 mg NAT/L, sob risco de degradação do corpo de água receptor. A concentração de NAT da água pode ser determinada pelo método do indofenol. Já a concentração apenas de N-NH_3 pode ser determinada por meio de cálculo, utilizando os valores de NAT, temperatura e pH da água.

CAPÍTULO 8

Nitrito na água

8.1 O QUE É NITRITO?

O nitrito é o composto químico de fórmula NO_2^- que surge da oxidação parcial da amônia na água e no solo, por ação de bactérias aeróbias quimiotróficas, do gênero *Nitrosomonas*, como pode ser visto a seguir:

$$NH_4 + 1½\ O_2 \rightarrow NO_2^- + 2H^+ + H_2O + \text{energia}$$

Ao oxidarem a amônia, as bactérias *Nitrosomonas* obtêm a energia de que necessitam para fixação do carbono inorgânico (CO_2) em carbono orgânico (glicose), através da quimiossíntese. Logo, as bactérias *Nitrosomonas* proliferam em águas oxigenadas e ricas em amônia. Essa combinação entre amônia elevada e O_2 alto ocorre quando há desestratificação da coluna d'água, circulação total e entrada de O_2 no fundo do tanque. A oxigenação da água de fundo, geralmente rica em amônia, possibilita a oxidação da amônia em nitrito e este até nitrato. Nos filtros biológicos aeróbios, que tratam efluentes aquícolas, também se tem, simultaneamente, NH_3 e O_2 elevados.

O nitrito pode ser igualmente liberado na água a partir do processo de redução do nitrato, realizado por bactérias heterotróficas anaeróbias. Essas bactérias, denominadas redutoras do nitrato, "respiram" o nitrato, que é utilizado como aceptor de elétrons, no lugar do O_2, para oxidação da matéria orgânica e produção de ATP. O nitrito é liberado para água como resíduo desse processo.

Quando a concentração de O_2 dissolvido na água é elevada, o nitrito geralmente não permanece no meio, sendo transformado em nitrato (NO_3^-) por outro grupo de bactérias aeróbias quimiotróficas, as *Nitrobacter*, de acordo com a reação abaixo:

$$NO_2^- + ½\ O_2 \rightarrow NO_3^- + \text{energia}$$

As bactérias *Nitrosomonas* e *Nitrobacter* são conhecidas como "bactérias nitrificantes", e o processo de transformação de amônia até nitrato como "nitrificação". A nitrificação bacteriana purifica a água, já que transforma compostos tóxicos aos animais, isto é, amônia e nitrito, em nitrato, que é um composto de toxicidade baixa. Portanto, as condições propícias para a atividade das bactérias nitrificantes devem ser buscadas pelos produtores, tendo em vista os benefícios da nitrificação para tanques de aquicultura, isto é, baixas concentrações de amônia e nitrito na água. As bactérias nitrificantes se desenvolvem bem em meio com concentrações de O_2 acima de 4 mg/L, pH entre 7 e 8 e alcalinidade total igual ou maior que 100 mg/L $CaCO_3$.

Pode acontecer de a amônia ser inicialmente transformada em nitrito, pelas *Nitrosomonas*, mas também pode ocorrer de o nitrito não ser posteriormente transformado em nitrato, pelas *Nitrobacter*, havendo acúmulo de nitrito no meio. O que explicaria isso? No início da nitrificação, as *Nitrosomonas* se utilizam da amônia, consomem O_2 e liberam nitrito para água. Após certo tempo, quando as concentrações de nitrito se tornam mais elevadas, as *Nitrobacter* iniciam a utilização do nitrito e a liberação de nitrato para água. Essa segunda etapa da nitrificação, entretanto, somente ocorre se as condições abióticas do meio ainda forem favoráveis, em especial quanto a concentração de O_2. Quando não ocorre a devida reposição de O_2, a atividade das *Nitrosomonas* reduz de modo significativo as concentrações de O_2 na água. Nesse caso, há prejuízo para a atividade das *Nitrobacter* por falta de O_2. Assim, o processo de nitrificação não se completa até o nitrato, estacionando no nitrito.

Se o produtor conseguir manter as concentrações de O_2 *na água de fundo* iguais ou acima de 4 mg/L e pH do solo entre 7 e 8, não haverá, provavelmente, problemas com amônia e nitrito elevados no viveiro. Tendo em vista que a decomposição de detritos orgânicos, fezes dos animais e plâncton morto é a principal fonte de amônia para água de tanques de aquicultura, as seguintes medidas podem ser adotadas pelos produtores com o objetivo de prevenir estresse e mortalidades por amônia e nitrito:

1) Evitar o uso excessivo ou desnecessário de fertilização orgânica ou nitrogenada (ureia e fertilizantes amoniacais), por liberarem elevadas quantidades de NH_3 para água;

2) Empregar densidades de estocagem que respeitam a capacidade de suporte do tanque;

3) Empregar manejo alimentar que maximize a eficiência alimentar e minimize os desperdícios de ração;

4) Ofertar aos animais rações de alta digestibilidade que resultem na liberação de quantidades menores de fezes no meio de cultivo.

Em sistemas de recirculação de água, é comum o acúmulo temporário de nitrito no período que antecede o amadurecimento do filtro biológico, isto é, antes do estabelecimento das populações de *Nitrobacter*.

8.2 NITRITO E ÁCIDO NITROSO

Em geral, lembra-se das duas formas químicas de nitrogênio amonical na água, isto é, amônia não ionizada (NH_3) e íon amônio (NH_4^+). Entretanto, o nitrito também apresenta duas formas químicas distintas, a saber: nitrito ionizado (NO_2^-) e ácido nitroso (HNO_2), que coexistem no meio em equilíbrio, como pode ser visto a seguir:

$$NO_2^- + H^+ \rightleftarrows HNO_2$$

A concentração total de nitrito é igual à soma das concentrações de NO_2^- e HNO_2. Como visto na reação anterior, nitrito e ácido nitroso estabelecem entre si um equilíbrio dinâmico, em função do pH da água. Com elevação do pH, há aumento na proporção de nitrito dentro do equilíbrio, por conta do deslocamento do equilíbrio para esquerda (formação de NO_2^- e consumo de HNO_2). Já com diminuição no pH, há maior proporção de ácido nitroso pelo deslocamento do equilíbrio para direita (formação de HNO_2 e consumo de NO_2^-).

Diferentemente do nitrogênio amoniacal, que apresenta uma forma tóxica, NH_3, e outra atóxica, NH_4^+, as duas formas do nitrito são tóxicas aos animais aquáticos. Assim, essa questão, em princípio, pareceria irrelevante, já que se estaria trocando "seis por meia dúzia". Entretanto, existem diferenças importantes entre o NO_2^- e o HNO_2 que justificam seu estudo. Enquanto o íon nitrito é um composto quimicamente estável, que se apresenta dissolvido na água, o ácido nitroso é quimicamente instável, sendo volátil. Além disso, enquanto o nitrito é absorvido por transporte ativo nas brânquias do animal, o ácido nitroso é absorvido de forma passiva, por difusão simples. Por isso, o ácido nitroso poderia até ser considerado mais perigoso que o nitrito, já que o HNO_2 pode se difundir livremente da água para dentro do sangue ou hemolinfa do animal.

O fato de o ácido nitroso ser um composto volátil pode ser utilizado em benefício da aquicultura, visto que o ácido nitroso pode ser eliminado da água por vigorosa aeração mecânica. Com a agitação da água provocada pelo aerador, o ácido nitroso escaparia para atmosfera. Para que isso seja possível, uma maior proporção do nitrito total deveria estar na forma de HNO_2, situação que ocorre quando o pH da água está baixo. Como o pH da água cai naturalmente durante a noite, a aeração mecânica noturna pode eliminar nitrito na água, na forma de ácido nitroso. Assim, o uso de aeradores no período noturno é importante não apenas por elevar o O_2 dissolvido na água, mas também para a remoção do nitrito por volatização. Outra possibilidade seria acidificar a água de forma controlada, para transformar uma maior parte do nitrito ionizado (NO_2^-) em ácido nitroso. O sulfato de alumínio pode ser aplicado na água com esse objetivo. Constatada a redução no pH, os aeradores seriam acionados para eliminar ácido nitroso para atmosfera. Ao final desse manejo, é necessário fazer a calagem da água para neutralização do pH. A acidificação artificial da água, entretanto, somente é recomendada para tanques de tratamento, isto é, unidades não povoadas com animais aquáticos, tendo em vista que o ácido nitroso assume proporções significativas na água apenas quando o pH é menor que 5.

8.3 EFEITOS DE ELEVADAS CONCENTRAÇÕES DE NITRITO EM PEIXES

Após ser absorvido através das brânquias ou do epitélio intestinal, o nitrito oxida o elemento ferro da molécula de hemoglobina de Fe^{+2} para Fe^{+3}. A hemoglobina, com ferro trivalente, perde a capacidade de transportar oxigênio para os tecidos. Nessa condição inativa, a hemoglobina muda sua cor de vermelho para marrom, sendo chamada de meta-hemoglobina, que não é capaz de transportar oxigênio até os tecidos, mesmo que haja O_2 dissolvido na água. Com isso, o animal sofre estresse respiratório e, posteriormente, pode morrer por asfixia. Quando acometido por meta-hemoglobinemia ou pela doença do sangue marrom, o peixe sobe até a superfície para respirar a água mais oxigenada da interface com a atmosfera, na tentativa de normalizar sua respiração e suprir a quantidade necessária de O_2 aos tecidos. A meta-hemoglobina pode estar presente mesmo no sangue de peixes saudáveis, mantidos em águas limpas e isentas de nitrito. Nesse caso, entretanto, a concentração de meta-hemoglobina é reduzida, abaixo de 20%. O peixe somente está em risco quando mais de 50% da hemoglobina total estiver como meta-hemoglobina.

O peixe, quando sob estresse por nitrito, passa a realizar os seguintes ajustes compensatórios:

1) Aumenta a produção de hemoglobina;
2) Aumenta a atividade da meta-hemoglobina-redutase, enzima que converte a meta-hemoglobina em hemoglobina ativa;
3) Realiza maior transporte de O_2 dissolvido diretamente no plasma, sem a necessidade da hemoglobina;
4) Passa a obter mais energia através do metabolismo anaeróbio.

Essas alterações fisiológicas, entretanto, ou demandam muito ATP para sua realização (casos 1 e 2), ou são processos ineficazes (casos 3 e 4). Dessa forma, o animal estressado pelo nitrito passa a exibir menor crescimento corporal e menor resistência às doenças.

O efeito da temperatura da água sobre a ação nociva de compostos tóxicos como o nitrito é considerável. Como o metabolismo animal acelera com a elevação da temperatura, há aumento na demanda de O_2 pelos tecidos em águas mais aquecidas. Nesse caso, o estresse respiratório do animal pelo nitrito é ainda maior, uma vez que o nitrito compromete o transporte de O_2 até os tecidos e o percentual de hemoglobina ativa não é mais capaz de atender à maior demanda dos tecidos por O_2. Kir et al. (2015)

observaram que a concentração de nitrito que não causou estresse a juvenis de *Argyrosomus regius* foi reduzida de 17,7 mg/L para 4,9 mg/L, quando a temperatura da água se elevou de 18 °C para 26 °C.

A detoxificação do nitrito em nitrato e a diminuição na taxa metabólica são outros mecanismos de adaptação de peixes que vivem em águas com concentrações elevadas de nitrito. Foi observado que esses peixes podem apresentar elevadas concentrações de nitrato no sangue. Na busca por adaptação e sobrevivência, o organismo animal pode converter nitrito em nitrato. Assim, o acúmulo de nitrato no sangue do peixe pode indicar contaminação ambiental por nitrito. Como o transporte de oxigênio para os tecidos cai por conta da maior formação de meta-hemoglobina no sangue, o animal pode diminuir sua taxa metabólica na tentativa de ajustar a demanda tecidual por O_2 ao aporte sanguíneo. Entretanto, mesmo que o organismo alcance esse objetivo, haverá retardo no crescimento corporal por conta da menor atividade anabólica.

Concentrações de $N\text{-}NO_2^-$ acima de 0,5 mg/L já podem causar estresse aos animais aquáticos. Nessa questão, entretanto, há que se diferenciar os organismos de água doce dos marinhos. A tolerância dos animais marinhos ao nitrito, quando criados em águas salgadas, é bem maior que a dos animais de água doce. É por isso que a concentração de $N\text{-}NO_2^-$ considerada estressante para animais marinhos é igual ou superior a 5 mg/L, ou seja, 10 vezes maior que para animais dulcícolas. A Tabela 8.1, a seguir, resume as informações disponíveis de LC_{50}-96 h do nitrito para algumas espécies de peixes.

Tabela 8.1 – LC_{50}-96 h do nitrito ($N\text{-}NO_2^-$) para diferentes espécies de peixe

Peixe	Espécie	LC_{50}-96 h (mg $N\text{-}NO_2^-$/L)	Salinidade da água (g/L)
Truta-arco-íris	*Oncorhynchus mykiss*	0,24	Doce
Bagre-de-canal	*Ictalurus punctatus*	7,1	Doce
Tilápia-do-nilo	*Oreochromis niloticus*	28,2	Doce, baixa clorinidade
		44,7	Doce, alta clorinidade
Linguado	*P. orbignyanus*	30,6	35
Tainha	*Mugil cephalus*	36,2	15
Black bass	*Micropterus salmoides*	140	Doce
Enguia europeia	*Anguilla anguilla*	213	Doce
Milkfish	*Chanos chanos*	675	16

Fonte: Park et al. (2013), Yanbo et al. (2006).

Há, portanto, grande variabilidade na tolerância ao nitrito entre diferentes espécies de peixe. Existem espécies bem sensíveis, como a truta-arco-íris e o bagre-do--canal, e espécies bem resistentes, como a enguia europeia e o *milkfish*. Em geral, as espécies mais sensíveis ao nitrito são aquelas que realizam grande absorção de íons cloreto da água, já que o nitrito se utiliza do mesmo sistema de transporte branquial empregado pelo cloreto para entrar no organismo animal. É por isso que as espécies de peixe de água doce são mais vulneráveis à toxicidade do nitrito do que as espécies marinhas, já que absorvem ativamente sais da água. Entretanto, embora a salinidade proteja o animal do nitrito, a concentração iônica da água não elimina o problema do nitrito em todas as espécies. Um bom exemplo disso é o caso do linguado (*P. orbignyanus*; Tabela 8.1). Mesmo quando mantido em água com salinidade de 35 g/L, o linguado apresentou LC_{50}-96 h para o nitrito de apenas 30,6 mg/L. Isso significa que uma concentração de nitrito de apenas 1,5 mg/L ou 5% do LC_{50}-96 h já causaria estresse ao linguado criado em água com salinidade semelhante à oceânica.

Os limites de segurança de 0,5 mg/L e 5 mg $N\text{-}NO_2^-$/L para animais dulcícolas e marinhos, respectivamente, devem ser vistos com cautela pelos produtores. Essas referências foram obtidas em estudos nos quais o único fator de estresse ao animal era o nitrito. Nesses trabalhos, os pesquisadores eliminaram todos os demais agentes estressores para isolar os efeitos do nitrito sobre o crescimento e a saúde animal. Em ambientes produtivos, entretanto, os animais estão expostos, simultaneamente, a múltiplos agentes estressores. Nesses ambientes, é comum que o animal sofra estresse por concentrações elevadas de amônia, nitrito e baixo O_2. Como consequência, os limites de tolerância do organismo animal ao nitrito são provavelmente menores que os definidos nos laboratórios. Por isso, os ambientes de cultivo devem ser manejados para que as concentrações de nitrito na água sejam as menores possíveis, e não para ter concentrações de $N\text{-}NO_2^-$ um pouco abaixo dos limites teóricos de segurança.

Em peixes, a patologia causada pelo nitrito ficou conhecida como "doença do sangue marrom", devido a cor amarronzada da meta-hemoglobina. De fato, o exame clínico do peixe acometido por intoxicação severa por nitrito mostra brânquias amarronzadas ao levantar-se o opérculo do animal. Brânquias lesionadas, presença de pontos hemorrágicos e de edemas na musculatura e o escurecimento da pele do animal são sinais que também podem ser observados. Caso ocorra a redução nas concentrações de nitrito na água, a conversão de meta-hemoglobina em hemoglobina funcional, pela ação da meta-hemoglobina redutase, torna-se mais efetiva. Assim, peixes acometidos de meta-hemoglobinemia podem se recuperar rapidamente se transferidos para um tanque contendo água limpa.

Peixes acometidos pelo nitrito passam a gastar mais energia para manutenção do seu metabolismo. Quando sob estresse, o organismo animal se utiliza ativamente de mecanismos de adaptação que buscam preservar sua saúde. Esses mecanismos de aclimatação e detoxificação, entretanto, trabalham à custa de energia metabólica (ATP). No caso específico do nitrito, a atividade da meta-hemoglobina redutase se faz com gasto de ATP. Em peixes estressados, a maior demanda por energia é comumente suprida pelo catabolismo proteico, ou seja, pela oxidação de aminoácidos que leva à perda de peso corporal. Além disso, a excreção amoniacal se eleva quando as proteínas são oxidadas para produção de energia. Assim, a qualidade da água, que já estava ruim por conta do nitrito, fica ainda pior pelo aumento na concentração de amônia.

O nitrito não é tóxico somente aos peixes e camarões. Quando presente na água utilizada para consumo humano, o nitrito pode formar N-nitrosaminas dentro do organismo humano, que são substâncias carcinogênicas, teratogênicas e mutagênicas.

8.4 EFEITOS DE ELEVADAS CONCENTRAÇÕES DE NITRITO EM CAMARÕES

Nos camarões, o nitrito oxida o cobre da hemocianina de Cu^{+1} (cuproso) para Cu^{+2} (cúprico), que se transforma em meta-hemocianina, que, assim como a meta-hemoglobina, também não é capaz de transportar O_2 das brânquias até os tecidos. Portanto, o nitrito é tóxico aos crustáceos, mesmo quando os animais são mantidos em águas de maior salinidade. Juvenis de *Penaeus monodon* criados em água com salinidade de 20 g/L, sofreram estresse quando a concentração de nitrito atingiu 3,8 mg $N\text{-}NO_2^-$/L (Chen e Lei, 1990). Já no camarão, se for criado em águas doces ou oligohalinas, a toxicidade do nitrito é ainda maior. Larvas de *Macrobrachium amazonicum* tiveram seu desenvolvimento retardado quando expostas a apenas 0,8 mg $N\text{-}NO_2^-$/L (Hayd et al., 2014).

A ação simultânea da amônia e do nitrito, que é situação mais comum em aquicultura intensiva, prejudica mais o organismo animal do que a ação isolada desses compostos. Os limites de tolerância de pós-larvas de *Penaeus monodon* ao nitrito caíram de 1,36 mg/L para 0,57 mg/L e 0,20 mg/L, quando a relação amônia: nitrito era igual a 1:1 e 5:1, respectivamente (Chen e Chin, 1988). Em outras palavras, quando não havia amônia na água, situação praticamente inverossímil em aquicultura comercial, a tolerância do *P. monodon* ao $N\text{-}NO_2^-$ era de 1,36 mg/L. Já quando havia amônia em igual concentração a do nitrito, a tolerância ao $N\text{-}NO_2^-$ caiu para 0,57 mg/L. Finalmente, quando havia 5 vezes mais amônia na água do que nitrito, a tolerância do *P. monodon* ao $N\text{-}NO_2^-$ caiu para apenas 0,2 mg/L.

8.5 FATORES CLIMÁTICOS E AMBIENTAIS QUE CONTRIBUEM PARA A TOXICIDADE DO NITRITO

Em dias nublados e chuvosos, há maior risco de estresse animal por nitrito, porque a taxa fotossintética diminui com a menor luminosidade aquática. Com isso, a absorção de amônia pelo fitoplâncton é reduzida, assim como ocorre menor liberação de O_2 para água. Desse modo, os dias nublados e chuvosos reúnem as duas condições necessárias para formação e acúmulo de nitrito na água: elevadas concentrações de amônia e baixas concentrações de O_2. Portanto, recomenda-se para esses dias a diminuição ou até mesmo a suspenção da alimentação dos animais cultivados. Desse modo, menos amônia será liberada para água pelas bactérias decompositoras, assim como haverá menor demanda biológica por O_2. Recomenda-se também manter os aeradores mecânicos ligados 24 h por dia durante o período chuvoso, para manter as concentrações de O_2 da água superficial e de fundo sempre acima de 4 mg/L.

Como a tolerância do animal ao nitrito diminui com o aumento da temperatura da água, há maior risco de estresse por nitrito nos dias mais quentes. De uma maneira geral, os problemas latentes de saúde animal são agravados e muitas vezes exteriorizados com o aumento na temperatura da água. A aceleração da taxa metabólica do organimo, por conta da elevação na temperatura da água, impõe maiores demandas à fisiologia animal que, estando fragilizada por algum agente estressor, acaba por não conseguir atendê-las, passando a exibir a patologia.

8.6 PREVENÇÃO E CONTROLE DO ESTRESSE ANIMAL PELO NITRITO

Os peixes e camarões apresentam maior tolerância ao nitrito quando são criados em águas de maior salinidade. Yanbo *et al.* (2006), em trabalho realizado com juvenis de tilápia-do-nilo de 2 g, observaram que o LC_{50}-96 h[1] para o nitrito foi de 28,2 mg/L, para água com clorinidade de 35 mg/L, mas 44,7 mg/L para água com clorinidade de 70 mg/L. Portanto, foi necessária uma concentração de nitrito quase 60% maior para que a mesma mortalidade fosse observada na água de maior clorinidade, isto é, maior salinidade. Furtado *et al.* (2016) e Sowers *et al.* (2004) concluíram que o *L. vannamei* tolera bem até 10 mg N-NO_2^-/L, se cultivado em água com salinidade de 24 g/L, mas apenas 2,5 mg/L e 0,45 mg/L, se a salinidade da água cair para 8 e 2 g/L, respectivamente. Portanto, concentrações de nitrito abaixo de 0,5 mg/L deveriam ser mantidas nas carciniculturas interiores, que utilizam águas de baixa salinidade. Do exposto, conclui-se que a maior salinidade, ou melhor, clorinidade da água, minimiza os efeitos tóxicos do nitrito em peixes e camarões. Mas, como isso é possível, ou seja, como a clorinidade da água protege o peixe e o camarão da ação do nitrito?

A absorção branquial de íons cloreto (Cl^-) da água é fundamental para manutenção da vida de espécies de peixe dulcícolas. Existem células especializadas para realização desse trabalho, as chamadas "células de cloreto", que estão localizadas nas brânquias. Assim, o peixe de água doce absorve ativamente íons cloreto da água, através do transportador cloreto-bicarbonato, para compensar o cloreto que foi perdido para água, por difusão simples. O problema é que o cloreto se assemelha quimicamente ao nitrito. Ambos são ânions monovalentes e possuem tamanhos atômicos similares. Com isso, os sítios de transporte branquial do cloreto também podem se ligar ao nitrito. Quando a clorinidade da água é elevada, a absorção branquial de nitrito é mínima ou insignificante. Nesse caso, embora haja nitrito na água, o peixe não se autoenvenena com nitrito, porque os transportadores branquiais se ligam aos íons cloreto. Por outro lado, em águas cuja clorinidade é baixa, Cl^- e nitrito competem

---

[1] Concentração letal do composto ou elemento químico que mata 50% da população experimental, após 96 h de exposição.

pelos sítios de absorção branquial, prevalecendo a absorção do íon que se encontrar em maior concentração na água. Quando há de 20 a 30 vezes mais cloreto na água doce do que nitrito, a absorção branquial de nitrito e a consequente formação de meta-hemoglobina no sangue dos peixes são insignificantes.

O transportador de membrana cloreto-bicarbonato se liga ativamente aos íons cloreto da água, transferindo-os até o sangue do peixe. Para cada íon Cl^- absorvido, um íon HCO_3^- é excretado para o meio. Trata-se, portanto, de um processo de transporte ativo por troca iônica. Esse mecanismo destaca a importância da concentração de íons bicarbonatos no sangue para saúde animal. Assim, a osmorregulação, mais especificamente a absorção de cloretos da água, depende, entre outros fatores, da concentração de íons bicarbonatos no sangue do peixe que, por sua vez, é afetado pelo pH do sangue e da água (ver Capítulo 3). Logo, a manutenção do pH da água dentro da faixa ideal para espécie auxilia no trabalho de osmorregulação do organismo, propiciando eficiente tomada de íons Cl^- pelas brânquias. Embora a absorção de nitrito pelas brânquias seja insignificante em águas salgadas, já que o peixe marinho excreta ativamente sais pelas brânquias, é preciso lembrar que as espécies marinhas bebem água para repor o volume que foi perdido para o meio por osmose. Com isso, o nitrito poderá entrar no sangue do animal pelo intestino.

Existem espécies de peixe que são mais sensíveis ao nitrito, como a truta-arco-íris, e espécies mais resistentes, como o *black bass, Micropterus salmoides*. A tilápia-do-nilo apresenta resistência moderada ao nitrito; já o camarão marinho *Litopenaeus vannamei* tolera concentrações elevadas quando mantido em águas de maior salinidade (> 10 g/L). Em geral, as espécies de peixe que absorvem ativamente cloreto da água através das brânquias são as mais sensíveis ao nitrito. Para essas espécies, a aplicação de sal comum na água traz bons resultados no combate à toxicidade do nitrito. Já as espécies de peixe de água salgada que absorvem nitrito via intestino não se beneficiam com a aplicação de sal comum. Nos peixes marinhos, não existe competição entre os íons NO_2^- e Cl^- pelos sítios de transporte branquial, já que esses animais não absorvem cloretos da água, ao contrário, excretam-os. Em resumo, os efeitos positivos da aplicação de sal comum na água somente serão evidentes quando se trabalhar com espécies tomadoras de nitrito, isto é, peixes e camarões de água doce, em geral. O camarão marinho, quando mantido em águas doces ou oligohalinas, também poderá se beneficiar da aplicação de sal comum na água.

Como a clorinidade da água proteje o peixe e camarão do nitrito, a toxicidade do nitrito será maior em cultivos realizados com águas doces ou oligohalinas. Para a carcinicultura e piscicultura marinhas, realizadas em águas de salinidade elevada, as concentrações típicas de nitrito geralmente não causam estresse aos animais cultivados. As elevadas concentrações de cloretos, observadas nas águas polihalinas e euhalinas, exercem forte proteção contra o nitrito. Nesse caso, a maior preocupação não é como o nitrito, mas com a amônia. Já para a carcinicultura marinha realizada em águas doces e oligohalinas, uma atividade em franca expansão no semiárido brasileiro, tanto o nitrito quanto a amônia devem ser monitorados e controlados pelos produtores.

Para melhor entendimento da utilização do sal comum na prevenção da doença do sangue marrom, considere os dados a seguir sobre a criação de tilápia. O cálculo têm aplicação para cultivos dulcícolas. As taxas de aplicação de sal comum em águas oligohalinas, como as utilizadas na criação interiorana do *L. vannamei*, são bem maiores do que as apresentadas no exercício.

Exercício

- Volume do tanque de tilápia = 200 m^3;
- Salinidade da água = 0,1 g/L (água doce);
- $N\text{-}NO_2^-$ = 2,8 mg/L.

Determine a quantidade de sal comum que deve ser aplicada ao tanque para evitar estresse e mortalidades de peixes pela doença do sangue marrom.

O cálculo da quantidade de sal é realizado em cinco passos, como visto a seguir.

1) Cálculo da concentração inicial de íons Cl- na água

$[Cl^-]$ (mg/L) = [(1000 x salinidade, g/L) – 30]/1,805

$\therefore [Cl^-] = [(1000 \times 0,1) - 30]/1,805$

$[Cl^-] \approx 38,8$ mg/L

2) Cálculo da concentração desejada de íons Cl- na água

$[Cl^-]_{desejada} \geq [N\text{-}NO_2^-] \times 30$

$\therefore [Cl^-]_{desejada} \geq 2,8 \text{ mg/L} \times 30 \geq 84 \text{ mg/L}$

3) Cálculo da quantidade de íons Cl- a ser adicionada por litro d'água

$[Cl^-]_{a\ ser\ adicionada} = [Cl^-]_{desejada} - [Cl^-]_{inicial}$

$\therefore [Cl^-]_{a\ ser\ adicionada} = 84 \text{ mg/L} - 38,8 \text{ mg/L} = 45,2 \text{ mg/L}$

4) Cálculo da quantidade de sal comum a ser adicionada por litro d'água

$[NaCl]_{a\ ser\ adicionada} = [Cl^-]_{a\ ser\ adicionada} \times 1,65$

$\therefore [NaCl]_{a\ ser\ adicionada} = 45,2 \text{ mg/L} \times 1,65 \approx 74,6 \text{ mg/L}$

5) Cálculo da quantidade de sal comum a ser adicionada ao tanque

1 L → 74,6 mg NaCl

200 m^3 = 200.000 L → Qtde total de NaCl

∴ Qtde total de NaCl = 200.000 × 74,6 = 14.920.000 mg ou 14,92 kg ou 15 kg de sal comum.

Se desejarmos saber a nova salinidade da água, após a adição do sal, basta calcularmos como segue:

Nova salinidade (g/L) = [(1,805 × nova clorinidade, mg/L) + 30]/1000

Em nosso exemplo, teríamos como segue:

Nova salinidade = [(1,805 × 84) + 30]/1000 ≈ 0,18 g/L

Uma alternativa ao cálculo anterior é adicionar sal comum ao tanque com o objetivo de atingir a salinidade mínima de 0,2 g/L. Nesse caso, não há a necessidade de saber a concentração de nitrito da água, mas somente a salinidade. Assim, no exercício anterior, a salinidade da água aumentaria de 0,10 g/L para 0,20 g/L pela aplicação de sal comum na água. O cálculo, nesse novo caso, é bastante simples, como pode ser visto a seguir:

Qtde de sal comum a ser adicionada à água (g/L) = salinidade da água desejada (g/L) – salinidade inicial da água (g/L)

∴ Qtde de sal comum a ser adicionada (g/L) = 0,20 – 0,10 = 0,10 g/L

Como o volume total do tanque é de 200 m^3 ou 200.000 L, então

200.000 × 0,10 = 20 kg de sal comum

Criadores de *catfish* nos Estados Unidos aplicam, rotineiramente sal, comum à água de cultivo com o objetivo de manter a concentração de Cl^- entre 50 e 100 mg/L, ou seja, salinidade da água entre 0,12 e 0,24 g/L, respectivamente.

Por fim, poderíamos simplificar ainda mais o cálculo por eliminar a salinidade inicial. Nesse caso, o objetivo é adicionar sal comum à água para elevar a salinidade em 0,2 g/L. Para o exercício anterior, ou seja, um tanque de 200 m^3 de volume, teríamos:

Qtde de sal comum a ser adicionada (g/L) = 0,2 g/L × 200.000 L = 40 kg de sal comum

A manutenção de concentrações elevadas de O_2 dissolvido na água é outra importante medida para prevenir a toxicidade do nitrito em aquicultura. Em águas bem oxigenadas, o nitrito é oxidado até o nitrato, que é um composto praticamente atóxico.

8.7 NITRITO EM TANQUES COM BIOFLOCOS

Como as bactérias heterotróficas dos bioflocos crescem a uma velocidade bem maior que as nitrificantes, é comum pensar que não há nitrificação em tanques BFT (*biofloc technology*). Isso não é verdade: apesar de as bactérias heterotróficas serem, de fato, bem mais numerosas do que as nitrificantes, a ocorrência de atividade nitrificante em tanques BFT pode ser significativa. Por isso, é importante monitorar não somente as concentrações de amônia em tanques BFT, mas também as de nitrito e nitrato. A nitrificação bacteriana é desejável em tanques BFT porque auxilia no controle da amônia e realiza papel fundamental no controle do nitrito. Assim, o desenvolvimento de bactérias nitrificantes em tanques BFT deve ser estimulado pelo produtor.

As condições necessárias para o desenvolvimento de bactérias nitrificantes são as seguinte: – oxigênio dissolvido e pH satisfatórios; presença de substrato para adesão bacteriana; e entrada regular de amônia e nitrito no meio. Como os tanques BFT são supridos por intensa aeração mecânica, não há limitação de O_2 para o crescimento das bactérias nitrificantes. Já o pH da água tende a cair ao longo do tempo em cultivos BFT, devendo ser monitorado e corrigido, com frequência, sempre que se fizer necessário. Em relação ao substrato para adesão bacteriana, as bactérias nitrificantes se utilizam das paredes dos tanques e, principalmente, da superfície dos próprios bioflocos para sua sustentação física.

A situação ideal é iniciar o ciclo de produção em tanques BFT que já possuem comunidade nitrificante estabelecida. Com isso, não ocorreriamm os perigosos picos de amônia e nitrito que são observados durante a fase inicial do cultivo, isto é, antes da formação e estabelecimento dos bioflocos. Até que ocorra o amadurecimento do sistema BFT (em geral, 3 semanas), as bactérias nitriticantes são os principais responsáveis pela remoção de amônia e nitrito na água. Já quando o cultivo se inicia em tanques com nitrificação incipiente, a ocorrência de picos de amônia e de nitrito é comum.

Quando se compara os picos de amônia e nitrito na água, conclui-se que o controle do nitrito é mais difícil que da amônia. As bactérias *Nitrobacter*, que absorvem nitrito da água, apresentam desenvolvimento mais lento quando comparado ao das bactérias *Nitrosomonas*, que removem a amônia. Pesquisadores do Oceanic Institute, no Havaí, relataram picos de até 25 mg/L de $N\text{-}NO_2^-$ em tanques BFT novos, utilizados na criação superintensiva de *L. vannamei*. Para se ter a dimensão disso, basta lembrar que 5 mg/L $N\text{-}NO_2^-$ já causa estresse aos camarões.

A fertilização da água de cultivo com cloreto de amônio e nitrito de sódio ($NaNO_2$), realizada antes do povoamento dos tanques, é um manejo que tem se mostrado eficiente no estabelecimento prévio da comunidade nitrificante em tanques BFT. Para saber se a nitrificação está ocorrendo normalmente, basta monitorar as concentrações de nitrato da água. O aparecimento de nitrato no meio e o aumento de sua concentração indicam claramente a ocorrência de atividade nitrificante no tanque. A partir daí, é possível estocar, com segurança, os animais nos tanques porque já não há mais o risco da ocorrência de picos de amônia e nitrito na água. Como as bactérias nitrificantes são sensíveis aos raios UV do sol, recomenda-se cobrir os tanques de cultivo com tela sombrite.

8.8 PROBIÓTICOS E NITRITO

Nem toda bactéria é patogênica e deve, por isso, ser combatida. Na verdade, existem grupos bacterianos que realizam importantes atividades de purificação da água e que devem ser estimulados pelo aquicultor. Essas bactérias benéficas ao cultivo foram batizadas, genericamente, como "probióticos". Além das leveduras, os gêneros mais conhecidos de bactérias probióticas são os seguintes: *Bacillus, Lactobacillus, Nitrobacter, Nitrosomonas, Rhodobacter, Rhodococcus, Achromobacter, Alcaligenes, Beggiatoa* e *Thiobacillus*. As bactérias nitrificantes, *Nitrobacter* e *Nitrosomonas*, portanto, fazem parte do grupo das bactérias probióticas.

A nitrificação purifica a água ao remover amônia e nitrito, propiciando maior crescimento e saúde animal. Por isso, existe a recomendação para inocular, nos tanques de aquicultura, algum produto que contenha bactérias probióticas bioremediadoras. Atualmente, existem vários produtos comerciais no mercado que podem ser aplicados diretamente na água e no solo. São produtos concentrados, da ordem de bilhões de UFC/g, que apresentam diferentes (e secretas) combinações de cepas bacterianas com potencial ação probiótica. Atuam tanto em meios aeróbios como anaeróbios, dulcícolas e marinhos. Os produtos que contêm bactérias nitrificantes podem ser utilizados para reduzir as concentrações de amônia e nitrito da água, desde que haja O_2 suficiente para isso e o pH do meio esteja ajustado.

Há ainda uma grande discussão no meio científico sobre a real eficácia desses produtos probióticos em tanques de aquicultura. Enquanto muitos consideram esses produtos úteis no controle das concentrações de matéria orgânica, amônia, nitrito e gás sulfídrico da água, outros pesquisadores não conseguiram constatar seus efeitos positivos. Recentemente, Li and Boyd (2016) realizaram um interessante trabalho para esclarecer essa questão. Esses autores testaram a eficácia de doze diferentes "corretivos bacterianos" na redução das concentrações de amônia, nitrito e matéria orgânica da água, em provas laboratoriais. Os produtos foram testados de acordo com as recomendações de uso dos fabricantes e variações, nas quais se aumentou tanto a frequencia, como a dosagem de aplicação. Dos produtos avaliados, apenas dois foram capazes de reduzir as concentrações de nitrito da água de modo significativo. Logo, dez produtos (+ 80%) não alteraram as concentrações de nitrito da água, independentemente da frequência e dose de aplicação. Todavia, os dois produtos que haviam se mostrado eficazes na fase preliminar do trabalho não apresentaram resultados consistentes na redução da amônia e matéria organica, quando aplicados em fase posterior. Ao final, Li and Boyd (2016) concluíram que não foi possível demonstrar a eficácia dos corretivos bacterianos testados no controle das concentrações de amônia, nitrito e matéria orgânica da água. Esses autores, entretanto, recomendaram a validação dos resultados obtidos em testes posteriores, a serem realizados em condições de campo.

8.9 DETERMINAÇÃO DA CONCENTRAÇÃO DE NITRITO NA ÁGUA

Princípio do método

A concentração de nitrito, em amostras de água, é determinada pela formação de um composto químico colorido, com radical azo (-N=N-), de cor roxo avermelhada, em pH 2,0 a 2,5. Esse composto é produzido pela reação do nitrito da amostra com a sulfanilamida diazotada e com o N-1-naftil etilenodiamino bicloridrato, ambos presentes no "Reagente de cor". A concentração máxima de nitrito, possível de ser determinada por esse método, em amostras de água sem diluição, é de 1 mg $N\text{-}NO_2^-$/L.

Reagentes

- *Reagente de cor*

Adicionar 100 mL de ácido fosfórico 85% e 10 g de sulfanilamida p.a. em 800 mL de água destilada.

Após a dissolução completa da sulfanilamida, adicionar 1 g de N-1-naftil etilenodiamino bicloridrato. Misturar até dissolução e completar o volume para 1 L, com água destilada, em balão volumétrico. Essa solução é estável por até 1 mês, se mantida em frasco âmbar no refrigerador.

- *Solução-padrão de nitrito (5 mg $N\text{-}NO_2^-$/L)*

Dissolver 1,232 g de nitrito de sódio p.a. ($NaNO_2$), em água destilada e completar o volume para 1 L. Essa solução-estoque contém 250 mg $N\text{-}NO_2^-$/L.

Diluir 50 mL da solução-estoque anterior para 250 mL, com água destilada. Essa solução-intermediária contém 50 mg $N\text{-}NO_2^-$/L.

Diluir 50 mL da solução-intermediária para 500 mL, com água destilada. Essa solução de trabalho contém 5 mg $N\text{-}NO_2^-$/L.

Procedimento analítico e cálculo do resultado

1) Filtrar a amostra de água bruta, em papel-filtro qualitativo, para remoção da turbidez. Obter 50 mL de filtrado para aplicação do reagente de cor;
2) Adicionar 2 mL do reagente de cor. Misturar e aguardar por 10 minutos;
3) Até 2 h após, medir a absorbância da amostra em fotocolorímetro ou espectrofotômetro a 543 nm, tendo zerado a absorbância com o branco (50 mL de água destilada + 2 mL do reagente de cor);
4) Obter a concentração de N-NO_2^-, em mg/L, por meio da curva de calibração.

Curva de calibração

Usar a solução-padrão de N-NO_2^- 5 mg/L para preparar uma série de soluções de calibração, de acordo com quadro a seguir:

Volume, em mL, da solução-padrão de nitrito (5 mg N-NO_2^-/L) a ser diluído para 100 mL	N-NO_2^- (mg/L)
0	0,00
1	0,05
2	0,10
5	0,25
10	0,50
20	1,00

Realizar o procedimento analítico, descrito anteriormente, para obter os respectivos valores de absorbância de cada solução de calibração; zerar o aparelho com o branco; plotar os pontos no gráfico para obtenção da curva de calibração desejada.

Observação

Para conversão do resultado de N-NO_2^- para NO_2^-, basta multiplicar a concentração de N-NO_2^- por 3,28.

RESUMO

O nitrito (NO_2^-) é produzido pela oxidação parcial da amônia, na água e no solo, por ação de bactérias aeróbias quimiotróficas do gênero *Nitrosomonas*. Pode surgir ainda da atividade das bactérias anaeróbias redutoras do nitrato. O nitrito é consumido pelas bactérias aeróbias *Nitrobacter* que liberam nitrato para água. Em sistemas de recirculação de água, é comum o acúmulo temporário de nitrito, no período que antecede o amadurecimento do filtro biológico. O nitrito total compreende o nitrito ionizado (NO_2^-) e o ácido nitroso (HNO_2), formas que estabelecem entre si um equilíbrio dinâmico, em função do pH da água.

Ao ser absorvido pelas brânquias ou pelo epitélio intestinal, o nitrito oxida o elemento ferro da hemoglobina, presente no sangue dos vertebrados aquáticos, e o elemento cobre da hemocianina, presente na hemolinfa dos invertebrados aquáticos. As resultantes meta-hemoglobina e meta-hemocianina perdem a capacidade de transportar O_2 até os tecidos.

Concentrações de $N\text{-}NO_2^-$ acima de 0,5 mg/L já podem causar estresse aos animais aquáticos dulcícolas. A concentração estressante de $N\text{-}NO_2^-$ para animais marinhos, quando mantidos em águas salinas, é superior a 5 mg/L. Em dias nublados e chuvosos, há maior risco de toxicidade pelo nitrito porque, com a redução na taxa fotossintética, verifica-se queda no O_2 e acúmulo de amônia na água.

Os peixes e camarões, em geral, têm maior tolerância ao nitrito quando são cultivados em águas salinas. Quando há 30 vezes ou mais cloretos na água do que nitrito, a absorção branquial de nitrito é insignificante. Em geral, as espécies de peixe que absorvem mais cloreto (Cl^-) da água, por transporte branquial ativo, são aquelas mais sensíveis ao nitrito, como as espécies de peixe de água doce. As espécies de peixe que absorvem nitrito via intestino, isto é, peixes de água salgada, pouco se beneficiam da aplicação de sal comum na água. Os efeitos positivos da aplicação de sal comum na água são mais evidentes quando se trabalha com espécies tomadoras de nitrito, isto é, peixes e camarões de água doce. A fertilização da água de cultivo, com cloreto de amônio e nitrito de sódio, é uma prática que tem se mostrado eficiente para o rápido estabelecimento da comunidade nitrificante em tanques BFT.

A aplicação de probióticos no tanque, que atuam como biorremediadores da qualidade da água e do solo, pode acelerar a decomposição da matéria orgânica e a remoção de amônia, nitrito e sulfetos da água, sempre que for acompanhada dos manejos necessários para o bom desenvolvimento bacteriano, isto é, calagem e aeração.

CAPÍTULO 9

Nitrato na água

9.1 INTRODUÇÃO

9.1.1 FONTES DE NITRATO PARA ÁGUA

Em viveiros e tanques de aquicultura, as principais fontes de nitrato (NO_3^-) para a água são as seguintes: fertilização nitrogenada da água com nitratos e nitrificação bacteriana. Em açudes e represas, além da nitrificação, pode haver considerável entrada de nitrato a partir do lançamento de efluentes domésticos e agrícolas. Entretanto, a entrada de amônia e nitrito, por meio dos esgotos e da agropecuária, é mais comum do que a entrada de nitrato.

Juntamente à ureia e aos fertilizantes amoniacais, como sulfato e nitrato de amônio, os nitratos de cálcio e de sódio são os fertilizantes nitrogenados mais utilizados em aquicultura. Os produtores dão preferência à ureia (45% N) e aos fertilizantes amoniacais (20% a 35% N) pelo menor preço/unidade de N, em relação ao nitrato de cálcio (12% N) e de sódio (16% N). Existe ainda o nitrato de potássio (13% N), porém sua comercialização é controlada pelo Exército Brasileiro por ser um dos componentes utilizados na fabricação da pólvora. Na verdade, qualquer nitrato pode ser utilizado na fabricação de explosivos.

As bactérias nitrificantes transformam amônia em nitrito (*Nitrosomonas*) e nitrito em nitrato (*Nitrobacter*). Essas bactérias obtêm energia para o seu metabolismo a partir da oxidação aeróbia da amônia e do nitrito. Portanto, as bactérias nitrificantes são microrganismos excepcionais que conseguem obter energia a partir da oxidação de compostos inorgânicos. A energia obtida por essas bactérias na oxidação da amônia e do nitrito é utilizada em diferentes funções metabólicas, entre elas a quimiossíntese. Embora remova compostos tóxicos da água, a nitrificação é um processo que consome O_2 e alcalinidade, ou seja, promove a desoxigenação e a acidificação do meio. Por isso, deve-se manter o meio nitrificante sempre bem oxigenado e aplicar, periodicamente, bicarbonatos ou carbonatos à água para recuperação da alcalinidade.

9.1.2 SUMIDOUROS DE NITRATO

Os principais processos que removem nitrato da água são a absorção vegetal e a atividade bacteriana anaeróbia, por meio da desnitrificação e da redução do nitrato. O nitrato é um dos compostos nitrogenados absorvidos pelas microalgas para o seu crescimento. Além do nitrato, as microalgas também absorvem amônia e nitrito. A amônia, entretanto, é a forma química de mais fácil utilização biológica, já que o nitrito e o nitrato, após absorção, devem ser reduzidos para amônia para que possam ser utilizados no metabolismo vegetal. Na célula vegetal, as transformações de nitrito e nitrato em amônia ocorrem por ação enzimática, havendo, com isso, gasto energético nesses processos. Algumas pesquisas, contudo, divergem desse padrão geral, ao afirmar que as diatomáceas preferem absorver o nitrato ao invés da amônia.

A desnitrificação bacteriana é um processo microbiano anaeróbio que retira nitrato e nitrito do meio, aumenta a alcalinidade da água e libera gás nitrogênio (N_2). O N_2 é um gás inerte, atóxico aos seres vivos. As principais bactérias desnitrificantes são espécies dos gêneros *Pseudomonas, Bacillus, Alcaligines, Paracoccus* e as *Achromobacter.* As bactérias desnitrificantes compreendem um grupo heterogêneo de bactérias heterotróficas anaeróbias facultativas que utilizam, além do nitrato, o nitrito, óxido nítrico (NO) e óxido nitroso (N_2O), como agentes oxidantes da matéria orgânica, como pode ser visto abaixo:

$$\text{Matéria orgânica} + (NO_3^-, NO_2^-, NO \text{ ou } N_2O) + H^+ \rightarrow N_2 + \text{energia}$$

Essa heterogeneidade microbiológica possibilita o desenvolvimento de bactérias desnitrificantes em diferentes condições físico-químicas, com amplas variações de temperatura e salinidade, por exemplo. Portanto, além de remover nitrato e nitrito da água, a atividade desnitrificante também reduz a concentração de matéria orgânica, que pode ser verificada pela diminuição nos valores de demanda bioquímica por oxigênio (DBO) e demanda química de oxigênio (DQO) de amostras de água coletadas na entrada e saída dos reatores anaeróbios.

Em viveiros de aquicultura, a concentração de bactérias desnitrificantes varia entre 10^3 e 10^6 células/g de sedimento, dependendo das concentrações de nitrato, matéria orgânica (fatores estimuladores) e de oxigênio dissolvido na água (fator inibidor). A atividade das bactérias desnitrificantes se inicia quando as concentrações de O_2 na água caem abaixo de 0,2 mg/L. No solo, isso corresponde a valores de potencial redox (E*h*) abaixo de 220 mV. Nessa situação, as bactérias desnitrificantes passam a utilizar o nitrato e o nitrito como aceptores de elétrons para oxidação da matéria orgânica no lugar do O_2. O nitrato é um agente oxidante quase tão eficiente quanto o O_2, produzindo uma quantidade de energia apenas um pouco menor. A atividade bacteriana desnitrificante ocorre logo abaixo da superfície dos sedimentos, e não nas camadas mais profundas, porque há mais matéria orgânica, nitrato e nitrito nas camadas mais superficiais.

Além da matéria orgânica, compostos reduzidos de enxofre, como o sulfeto ferroso (FeS) e o dissulfeto ferroso (FeS_2; pirita de ferro) também podem servir como doadores de elétrons para a desnitrificação bacteriana. Nesse caso, a pirita de ferro é oxidada para sulfato de acordo com a seguinte reação:

$$3\ FeS_2 + 8\ NO_3^- \rightarrow 4\ N_2 + 6\ SO_4^{-2} + 3\ Fe^{+3} + \text{energia}$$

A oxidação da pirita de ferro pelo nitrato tem implicações importantes para a carcinicultura marinha, como pode ser visto a seguir.

As regiões costeiras, como aquelas nas quais se localizam as fazendas mais antigas de camarão marinho, são naturalmente ricas em enxofre, porque ocorre a transferência de sulfatos do ecossistema marinho, cujas águas são ricas em enxofre, para essas áreas. Na camada reduzida do solo, ocorre a redução de sulfatos em sulfetos, havendo a formação do dissulfeto ferroso (FeS_2), mais conhecido como pirita de ferro. Concentrações elevadas de pirita de ferro no solo podem levar à formação de ácido sulfúrico (H_2SO_4) no meio. A reação da pirita de ferro com o O_2 atmosférico forma ácido sulfúrico, principalmente durante a estação seca do ano, nas estiagens mais prolongadas e severas. O ácido sulfúrico é produzido durante o período em que os viveiros permanecem secos, entre os ciclos de produção. Portanto, os solos sulfatados tendem a ser tornar, naturalmente, ácido-sulfatados, com o passar do tempo. Esses solos são muitas vezes inviáveis para a atividade aquícola porque possuem valores de pH muito baixos (< 4).

Como o nitrato também oxida a pirita de ferro, a aplicação de nitratos ao solo pode prevenir a acidificação do solo pelo ácido sulfúrico. Se a pirita de ferro for oxidada pelo nitrato (NO_3^-), ao invés do O_2, o ácido sulfúrico não se forma, havendo a liberação de sulfato (atóxico), que não causa acidez. Além disso, como os nitratos são agentes oxidantes mais eficientes que os sulfatos, a aplicação de nitrato ao solo também previne a formação de gás sulfídrico (H_2S). Quando o agente oxidante utilizado pelas bactérias é o nitrato, ao invés do sulfato, há a liberação de N_2 para o meio, que é um composto inerte, e não de H_2S, que é extremamente tóxico. Portanto, a aplicação de nitratos ao solo de viveiros de aquicultura é um manejo altamente benéfico, porque aumenta o potencial redox do solo, evitando o aparecimento de compostos tóxicos no meio.

9.1.3 IMPACTO DO LANÇAMENTO DE EFLUENTES RICOS EM NITRATOS NO MEIO AMBIENTE

O lançamento de efluentes ricos em nitrato promove a eutrofização dos ecossistemas aquáticos próximos à fazenda. Florações de algas não tóxicas e tóxicas ocorrem em corpos de água eutrofizados. Além disso, o lançamento de efluentes ricos em nitrato pode contaminar os aquíferos da região. A água contaminada com nitrato se torna imprópria ao consumo humano pelo risco de causar meta-hemoglobinemia, doença caracterizada por elevadas concentrações de meta-hemoglobina no sangue. A meta-hemoglobina, diferentemente da hemoglobina, é incapaz de transportar oxigênio dos alvéolos pulmonares até os tecidos, podendo causar a morte do indivíduo por cianose. As águas potáveis não podem conter mais de 10 mg $N\text{-}NO_3^-/L$. Efluentes aquícolas ricos em nitratos devem ser tratados antes do descarte ou reutilização no próximo ciclo produtivo. No último caso, não haveria impacto ambiental algum. A forma mais eficiente para reduzir as concentrações de nitrato em águas residuárias é o uso de reatores anaeróbios ou de tanques com macrófitas aquáticas. Esse assunto será abordado a seguir, em maiores detalhes.

A qualidade e a quantidade dos resíduos nitrogenados em efluentes aquícolas dependem das práticas empregadas durante o cultivo. Os efluentes dos tanques somente conterão mais nitratos, e menos amônia e nitrito, se boas práticas de manejo tiverem sido implementadas durante todo o ciclo de produção. Por outro lado, se os tanques tiverem sido incorretamente manejados, com desrespeito à capacidade de suporte, fornecimento excessivo e uso de ração de má qualidade; e ausência de aeração mecânica, os efluentes serão ricos em amônia e nitrito.

Quando ocorre o lançamento de efluentes ricos em nitratos em áreas costeiras, que são naturalmente ricas em sulfatos, inicia-se uma competição entre dois agentes oxidantes, isto é, nitrato (NO_3^-) e sulfato (SO_4^{-2}), pela matéria orgânica e compostos reduzidos. Em anaerobiose, a oxidação biológica da matéria orgânica é energeticamente mais favorável com uso do nitrato do que com o sulfato, ou seja, as bactérias obtêm mais ATP se o nitrato for utilizado como agente oxidante. Assim, a matéria orgânica será, em maior parte, oxidada pelo nitrato nessas condições. Quando a oxidação da matéria orgânica se faz com a utilização do sulfato, ocorre a liberação de gás sulfídrico (H_2S) para a água e solo, que é extremamente tóxico. Já quando a oxidação da matéria orgânica utiliza o nitrato, ocorre a liberação de gás nitrogênio (N_2), que é um composto atóxico. Portanto, o impacto ambiental da descarga de efluentes de tanques de camarão nem sempre é negativo. Somente haverá danos ao meio ambiente quando os efluentes dos viveiros forem ricos em compostos reduzidos, tais como amônia e nitrito. Já quando os efluentes contiverem concentrações elevadas de nitratos, o impacto ambiental poderá ser positivo, isto é, os efluentes ricos em nitrato purificariam o meio ambiente porque reduziriam as concentrações de matéria orgânica do corpo de água receptor, sem a liberação de resíduos tóxicos para o meio.

9.2 TOXICIDADE DO NITRATO PARA PEIXES E CAMARÕES

9.2.1 MECANISMO DA TOXICIDADE DO NITRATO EM ORGANISMOS AQUÁTICOS

Diferentemente da amônia e do nitrito, o nitrato é um composto de baixa toxicidade para animais aquáticos. A baixa toxicidade do nitrato se deve ao fato das brânquias de peixes e camarões serem quase impermeáveis a esse composto. O transporte de nitrato da água para dentro do animal, através das brânquias, ocorre de forma passiva e lenta, somente quando as concentrações de nitrato na água são muito elevadas. Quando isso não ocorre, a absorção branquial de nitrato é insignificante. Os resultados experimentais apontam a seguinte escala de tolerância ao nitrato, a partir do animal aquático mais resistente para o menos resistente: moluscos, camarões e peixes teleósteos. Portanto, os camarões marinhos são, de uma maneira geral, mais tolerantes ao nitrato do que os peixes.

A absorção intestinal é outra via de entrada de nitrato no organismo do peixe, além da absorção branquial. O peixe pode assimilar nitrato juntamente à ingestão de água ou de alimento. A absorção intestinal de nitrato é maior em peixes marinhos do que de água doce, já que as espécies marinhas ingerem consideráveis quantidades de água para manter a sua homeostase hídrica. O apetite do peixe diminui quando as concentrações de nitrato na água são elevadas. Essa queda na ingestão alimentar funciona como um mecanismo de proteção do organismo. A inapetência do animal diminui a absorção intestinal de nitrato e sua consequente toxicidade.

O nitrito, embora também apresente baixa permeabilidade branquial, consegue "confundir" as células de cloreto nas brânquias e ser ativamente absorvido pelo peixe. Esse processo de transporte ativo não acontece com o nitrato. A passagem branquial do nitrato é passiva, somente quando ocorrer em concentrações muito elevadas. Desse modo, a aplicação de sal comum na água de cultivo não tem nenhum efeito positivo sobre a toxicidade do nitrato, em peixes e camarões cultivados. Contudo, se a espécie cultivada estiver fora da sua faixa de conforto salino e a aplicação de sais[1] na água buscar essa melhor condição, haverá um aumento na tolerância do animal ao nitrato. A aplicação de sal comum na água, portanto, pode apresentar um efeito benéfico indireto sobre à tolerância ao nitrato.

A fisiologia da toxicidade do nitrato em peixes ainda não foi completamente elucidada pela ciência. Possivelmente, o nitrato é reduzido para nitrito, dentro do intestino para, em seguida, formar meta-hemoglobina no sangue. Portanto, o agente de fato tóxico é o nitrito e não o nitrato. Foi observado que o sangue de peixes expostos a concentrações elevadas de nitrato na água apresenta altos níveis de meta-hemoblogina. Desse modo, o estresse causado pelo nitrato prejudica o crescimento dos animais

[1] Isso também vale para correção do balanço iônico da água, tendo em vista as relações ideais entre os principais cátions e ânions, isto é, cálcio e magnésio (Ca^{+2}:Mg^{+2}); sódio e potássio (Na^{+}:K^{+}); cloreto e sulfato (Cl^{-}:SO_4^{-2}).

por dificultar as trocas respiratórias e por desviar energia do anabolismo para converter a meta-hemoglobina em hemoglobina ativa.

9.2.2 SISTEMAS DE AQUICULTURA SUSCETÍVEIS AO NITRATO

Embora o nitrato seja um composto de baixa toxicidade aos animais aquáticos, concentrações muito elevadas podem ocorrer em sistemas intensivos e fechados, com renovação mínima de água, como acontece em tanques de recirculação de água (SRA) e BFT (*biofloc technology*; Figura 9.1). O acúmulo se deve ao fato de o nitrato ser o resíduo final do processo de nitrificação bacteriana. Concentrações de N-NO_3^- próximas a 150 mg/L são comuns em tanques SRA e podem atingir valores tão elevados quanto 1000 mg N-NO_3^-/L. Nesses casos, efeitos estressantes do nitrato podem se manifestar nos animais cultivados. Além disso, caso existam pontos de baixa oxigenação da água no sistema de cultivo, o nitrato poderá ser reduzido para nitrito. Logo, nitrato elevado na água traz o risco de nitrito elevado.

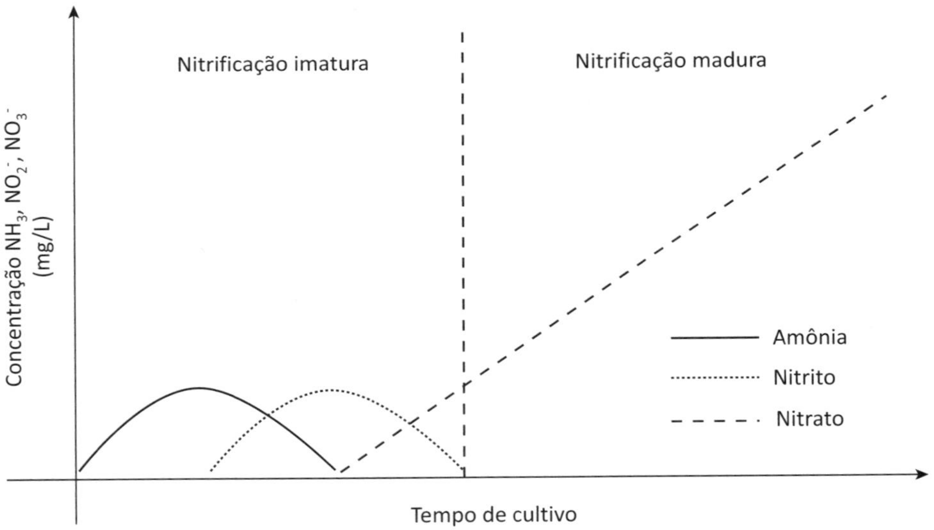

Figura 9.1 – Concentrações de amônia, nitrito e nitrato em tanques de cultivo com baixa renovação de água e nitrificação ideal.

Fonte: Kuhn et al (2011).

Assim, torna-se necessário a instalação de reatores anaeróbios, ou de tanques com macrófitas aquáticas, nos sistemas de criação SRA e BFT, de modo a reduzir as concentrações de nitrato da água para níveis seguros aos animais.

9.2.3 TOXICIDADE DO NITRATO E SALINIDADE DA ÁGUA

A tolerância do animal ao nitrato varia em função da salinidade da água de cultivo. À medida que a salinidade da água se afasta da faixa de conforto osmótico da espécie, há diminuição na tolerância do animal ao nitrato. Em outras palavras, o animal aquático é mais tolerante a concentrações elevadas de nitrato quando mantido em água com salinidade ideal. O camarão marinho *P. monodon*, por exemplo, quando cultivado em água com salinidade de 35 g/L, apresentou LC_{50} 96-h[2] para o nitrato de 2316 mg/L. Já quando a salinidade da água era de 15 g/L, valor já fora da faixa de conforto osmótico da espécie, que vai de 25 a 35 g/L, o LC_{50} 96-h para o nitrato do *P. monodon* caiu para 1449 mg/L, ou seja, quase 40% menos. Resultados semelhantes a esses também foram observados para o camarão *L. vannamei*. Em situação de estresse osmótico, portanto, como a criação do *L. vannamei* em água doce ou oligohalina, a tolerância do animal ao nitrato diminui. Cabe destacar que a menor tolerância do animal em estresse osmótico também vale para a amônia e o nitrito.

Os testes de LC_{50} são úteis para definir as concentrações seguras e estressantes de determinado elemento ou composto químico para uma espécie animal. Concentrações seguras do composto são aquelas que correspondam a menos de 1% do LC_{50}. Concentrações entre 1% e 10% do LC_{50} podem causar estresse crônico ao animal. Estresse crônico é aquele que somente se verifica quando a exposição do animal ao composto é prolongada. Finalmente, o animal poderá sofrer estresse agudo quando submetido a concentrações do composto acima de 10% do LC_{50}. Estresse agudo é aquele mais intenso, que ocorre já após curto tempo de exposição e que pode causar a morte súbita do animal. As informações sobre a toxicidade do nitrato, para algumas espécies de peixe e camarão, estão apresentadas na Tabela 9.1.

A tilápia-do-nilo é bastante tolerante ao nitrato. Monsees et al. (2017) somente observaram danos ao crescimento e à saúde da tilápia quando as concentrações de $N\text{-}NO_3^-$ nos aquários ultrapassaram 500 mg/L. Embora concentrações de nitrato acima de 500 mg/L sejam raras em tanques e viveiros convencionais de aquicultura, ou seja, preenchidos com águas verdes, os sistemas de recirculação de água podem apresentar níveis altíssimos de $N\text{-}NO_3^-$, que podem superar até mesmo 1000 mg/L.

[2] LC_{50} (*lethal concentration*) corresponde à concentração de determinado composto ou elemento que causou a morte de 50% da população experimental, em determinado intervalo de tempo. Os testes de LC_{50} para animais aquáticos são realizados para períodos de 24, 48, 72 e 96 h, sendo que o LC_{50} 96-h é o mais frequente entre os laboratórios.

Tabela 9.1 – Concentrações seguras e estressantes, crônicas e agudas, de nitrato, N-NO_3^-

Espécie	Salinidade da água (g/L)	LC_{50} 96-h (mg/L)	Concentração de N-NO_3^- (mg/L)			Referência
			Segura	Estresse crônico	Estresse agudo	
L. vannamei	11	2200	< 22	22 – 220	> 220	Kuhn et al. (2010)
P. monodon	15	1449	< 14	14 – 145	> 145	Tsai e Chen (2002)
	25	1575	< 16	16 – 157	> 157	
	35	2316	< 23	23 – 232	> 232	
I. punctatus	< 1	1409	< 14	14 – 140	> 140	Colt e Tchobanoglous (1976)
O. mykiss	–	1364	< 14	14 – 136	> 136	Westin (1974)
R. canadum	25	1829	< 18	18 – 183	> 183	Rodrigues et al. (2011)

9.3 REDUÇÃO DA CONCENTRAÇÃO DE NITRATO EM TANQUES DE AQUICULTURA

O excesso de nitrato no tanque ou sistema de cultivo pode ser eliminado pela troca de água, utilização de reatores anaeróbios e aquaponia. Cada um desses manejos têm as suas limitações. A eliminação de nitrato por simples troca de água é limitada pela disponibilidade de água nova e limpa e por restrições para o descarte de efluentes eutrofizantes na natureza. O uso de reatores anaeróbios é limitado por dificuldades técnicas para operar o equipamento e pelo custo elevado. A aquaponia é limitada pela difícil compatibilização entre as necessidades da aquicultura e da hidroponia. A seguir, uma discussão sobre o uso de reatores anaeróbios e aquaponia na eliminação de nitrato da água.

9.3.1 USO DE REATORES ANAERÓBIOS

Os reatores anaeróbios removem nitrato da água por meio do processo de desnitrificação bacteriana. Nos sistemas de tratamento de águas residuárias, como de águas servidas municipais, é comum o emprego sequencial de diferentes sistemas de filtragem biológica. Os primeiros filtros biológicos são aeróbios, destinados ao processo de nitrificação bacteriana. Seguem-se os reatores anaeróbios, equipamentos projetados para desnitrificação bacteriana. Desse modo, os efluentes dos filtros nitrificantes, ricos em nitratos, abastecem os reatores desnitrificantes. Assim, a amônia e o nitrito são inicialmente transformados em nitratos, dentro dos filtros aeróbios, para serem convertidos em gás nitrogênio (N_2) dentro dos reatores anaeróbios. Com o escape do gás nitrogênio para a atmosfera, pela agitação da água, ocorre a desejada remoção de nitrogênio. Além do nitrato, os reatores anaeróbios também podem remover fosfatos da água por intermédio do consumo luxuriante de P realizado pelas bactérias desnitrificantes.

A taxa de remoção de nitrato varia em função dos parâmetros de operação do reator anaeróbio. Assim, a eficiência do tratamento microbiológico depende de fatores abióticos, como temperatura, pH, alcalinidade e meio filtrante; e de fatores bióticos, principalmente quanto à quantidade e composição dos grupos bacterianos presentes dentro do reator. Atualmente, existe grande esforço de pesquisa para descobrir meios para adesão bacteriana que sejam mais eficientes que as areias e que ainda sejam econômicos. Há, no mercado, empresas que comercializam diferentes substratos para filtragem biológica. Esses substratos, em geral, são produzidos a partir de algum tipo de matéria plástica. Lascas de madeira e fibras vegetais, como palhas, são algumas alternativas de baixo custo que têm se mostrado úteis como substratos para filtros biológicos. Esses últimos materiais, entretanto, apresentam vida útil curta, geralmente inferior a um ano.

A taxa de remoção de nitrato nos reatores anaeróbios varia de 0,2 a 2,4 g $N\text{-}NO_3^-$/L/dia. Logo, os reatores de alta performance chegam a ser até doze vezes mais eficientes que os reatores de baixa eficiência. A utilização de reatores de alta eficiência permite trabalhar com unidades menores, característica que tem grande importância prática. Geralmente, os filtros aeróbios e os reatores anaeróbios apresentam volume de operação inferior a 10% do volume total do sistema de cultivo ou de tratamento ao qual estão interligados.

Para que haja um bom desenvolvimento de bactérias desnitrificantes dentro do reator, o meio interno deve ser anaeróbio e conter concentrações adequadas de matéria orgânica e de nitrato na água. Caso a concentração de matéria orgânica dos efluentes seja baixa, adiciona-se metanol ou algum açúcar ao reator para elevar a relação C:N. A faixa ideal de pH para a atividade das bactérias desnitrificantes vai de 7,7 a 8,6, ou seja, pH moderadamente alcalino. Além disso, as bactérias desnitrificantes, assim como as nitrificantes, também necessitam de algum substrato físico para adesão.

O tempo de retenção hidráulica (TRH) dentro do reator é outro ponto importante para o sucesso da desnitrificação. Deve-se respeitar um tempo mínimo de permanência da água, dentro do reator, para que a remoção de nitrato se dê de forma satisfatória. Geralmente, um TRH mínimo de alguns dias deve ser observado. De todo modo, por maior que seja o TRH aplicado, não ocorre, em regra, a remoção total de nitrato da água após a sua passagem pelo reator. Entretanto, é possível se obter taxas de remoção de nitrato bastante satisfatórias, como 70% ou superior.

Nos reatores anaeróbios destinados à desnitrificação bacteriana, é possível a utilização de outras fontes de carbono orgânico que não sejam biomassas, ou seja, a partir de proteínas, carboidratos e gorduras de origem animal e vegetal. O metanol (CH_3OH) é geralmente utilizado com essa finalidade. Entretanto, embora o metanol seja bastante efetivo para uso na desnitrificação bacteriana, o seu custo mais elevado pode impossibilitar a sua utilização em larga escala. Uma alternativa ao metanol, cuja viabilidade econômica em larga escala ainda está em estudo, é o uso de ácidos graxos voláteis

(AGVs). Os AGVs são naturalmente liberados durante a decomposição anaeróbia da matéria orgânica. Os AGVs mais comuns são o acetato, propionato e o butirato, que são bem utilizados pelas bactérias desnitrificantes, podendo substituir, com sucesso, o metanol ou a matéria orgânica, nos reatores anaeróbios. A taxa de remoção de nitrato da água pode até aumentar com a utilização de AGVs nos reatores anaeróbios. Assim, um primeiro reator anaeróbio, produtor de AGVs, pode ser instalado na entrada do reator desnitrificante. Além de diferentes fontes de C orgânico, qualquer composto químico capaz de doar elétrons ao nitrato também pode ser utilizado nos reatores anaeróbios, inclusive compostos inorgânicos, como o gás hidrogênio (H_2).

A relação carbono orgânico dissolvido: nitrato (COD:N-NO_3^-) dentro do reator anaeróbio determinará, em grande parte, a eficiência do processo de desnitrificação. Se a relação COD:N-NO_3^- for muito elevada, ou seja, se houver uma sobrecarga de matéria orgânica no reator, o reator passa a produzir compostos nitrogenados tóxicos, como amônia e nitrito, ao invés de gás nitrogênio (N_2). Faz-se necessário, portanto, dosar corretamente a entrada de matéria orgânica no reator para que se possa, de fato, purificar a água.

9.3.2 AQUAPONIA

Uma alternativa mais econômica e simples aos reatores anaeróbios para remoção de nitratos em tanques SRA é a aquaponia, isto é, a integração entre a aquicultura e a hidroponia. Tanques contendo plantas aquáticas recebem os efluentes do biofiltro e fazem uma segunda filtragem biológica da água, desta vez removendo o nitrato. Pesquisas têm mostrado bons resultados do uso de macrófitas aquáticas flutuantes, como a alface d'água (*Pistia stratiotes*) e o aguapé (*Eichhornia crassipes*), com essa finalidade. A alface d´água, por possuir quase 25% de proteína bruta na matéria seca, se destaca de outras macrófitas aquáticas, sendo uma espécie apropriada para remoção de nitratos da água.

9.4 DETERMINAÇÃO DA CONCENTRAÇÃO DE NITRATO EM AMOSTRAS DE ÁGUA

Princípio do método

O nitrato (NO_3^-) da amostra de água é reduzido a nitrito (NO_2^-) pelo cádmio da coluna redutora e o NO_X resultante, que é a soma de NO_3^- e NO_2^-, é quantificado por colorimetria. Em separado, realiza-se a determinação da concentração de nitrito de uma subamostra. A concentração apenas de nitrato é igual ao NO_X menos o nitrito.

O método descrito abaixo é apropriado para leituras de N-NO_3^- entre 0,01 e 1 mg/L. Para concentrações de N-NO_3^- acima de 1 mg/L, deve-se diluir a amostra com água destilada.

Equipamento necessário

Espectrofotômetro UV-vis para uso a 543 nm e caminho óptico de 1 cm ou maior.

Reagentes

• *Solução-padrão de nitrato (5 mg N-NO_3^-/L)*

Secar 1 g de nitrato de sódio p.a. ($NaNO_3$), em estufa, a 105 °C, por 24 h. Dissolver 0,6069 g de $NaNO_3$ seco, em água destilada, e completar o volume da solução para 1 L, em balão volumétrico. Essa solução contém 100 mg N-NO_3^-/L (solução-estoque). A solução-estoque é estável por 6 meses.

Diluir 50 mL da solução-estoque para 1 L com água destilada, em balão volumétrico. Essa nova solução contém 5 mg N-NO_3^-/L. (solução-padrão). A solução-padrão é estável por 6 meses.

• *Grânulos de cobre-cádmio*

Lavar 25 g de grânulos de cádmio, novos ou usados, com solução de HCl 6 N.

▹ *Solução de HCl 6 N*: diluir 50 mL de HCl concentrado para 100 mL, com água destilada.

Em seguida, enxaguar os grânulos de cádmio com água destilada.

Misturar os grânulos de cádmio em 100 mL de solução de $CuSO_4$ a 2%, por 5 minutos, ou até a coloração azul da solução enfraquecer.

▹ *Solução de $CuSO_4$ a 2%*: dissolver 20 g de $CuSO_4.5H_2O$ em 500 mL de água destilada e diluir para 1 L.

Dispensar a solução antiga de $CuSO_4$ e repetir a mistura dos grânulos de cádmio com uma solução nova de $CuSO_4$. Repetir esse procedimento até que comece a se formar um precipitado de cor marrom no frasco. Nesse momento, os grânulos de cádmio estão saturados com cobre. Remover, com água destilada, todo o precipitado de cobre que tenha se formado sobre os grânulos de cádmio.

• *Reagente de cor*

Adicionar 100 mL de ácido fosfórico 85% e 10 g de sulfanilamida em 800 mL de água destilada.

Após a dissolução completa da sulfanilamida, adicionar 1 g de N-1-naftil etilenodiamino bicloridrato. Misturar até dissolver e completar o volume para 1 L, com água destilada. Essa solução é estável por até 1 mês, caso seja mantida em frasco âmbar, no refrigerador.

• *Solução cloreto de amônio-EDTA*

A solução de cloreto de amônio-EDTA é utilizada na limpeza da coluna redutora de cádmio, no preparo da solução de ativação da coluna e na mistura inicial da amostra de água.

Modo de preparo: dissolver 13 g de NH_4Cl e 1,7 g de EDTA em 900 mL de água destilada. Ajustar o pH para 8,5 com NH_4OH concentrado e completar o volume para 1 L.

Diluir 300 mL da solução anterior para 500 mL com água destilada.

• *Solução-padrão de nitrito (5 mg N-NO_2^-/L)*

Dissolver 1,232 g $NaNO_2$, em água destilada, e completar o volume para 1 L. Essa solução-estoque contém 250 mg N-NO_2^-/L.

Diluir 50 mL da solução-estoque para 250 mL, com água destilada. Essa solução--intermediária contém 50 mg N-NO_2^-/L.

Diluir 50 mL da solução-intermediária para 500 mL, com água destilada. Essa solução de trabalho contém 5 mg N-NO_2^-/L.

• *Solução 25% (1 mg N-NO_3^-/L) + 75% (NH_4Cl-EDTA)*

A solução 25% a 75% é utilizada na ativação da coluna redutora de cádmio.

Modo de preparo: tomar 20 mL da solução-padrão de nitrato 5 mg N-NO_3^-/L e diluir para 100 mL com água destilada. Essa nova solução contém 1 mg N-NO_3^-/L;

Misturar 50 mL da solução 1 mg N-NO_3^-/L com 150 mL da solução diluída de cloreto de amônio-EDTA.

Preparo da coluna redutora de cádmio

Uma bureta graduada de 50 mL pode ser utilizada como coluna redutora de cádmio.

Inserir, por cima, um chumaço de algodão no fundo da coluna redutora e preenchê-la com água destilada.

Adicionar uma quantidade suficiente de grânulos de cobre-cádmio até formar uma coluna de grânulos de 18,5 cm de altura. O nível da água dentro da coluna deve ficar sempre acima dos grânulos.

Adicionar, aos poucos, no copo da coluna, 200 mL da solução diluída de cloreto de amônio-EDTA. Abrir o registro para permitir a movimentação da solução através dos grânulos de cobre-cádmio. Suspender a limpeza antes dos grânulos ficarem expostos ao ar. Fazer passar, lentamente, através dos grânulos, 200 mL da solução 25% + 75% para ativação da coluna.

Procedimento analítico e cálculo do resultado

1) Filtrar a amostra de água em papel-filtro para diminuição da turbidez;
2) Verificar o pH da amostra de água. Se necessário, ajustar o pH para 7 a 9, com soluções diluídas de HCl e NaOH;
3) Em 25 mL de amostra bruta ou diluída, adicionar 75 mL da solução de cloreto de amônio-EDTA. Misturar;
4) Passar, lentamente, a solução por meio da coluna (7 a 10 mL/min). Descartar os primeiros 25 mL. Coletar os 75 mL restantes em frasco apropriado. Reservar 50 mL dessa solução para determinação da concentração NOx ($N\text{-}NO_3^-$ + $N\text{-}NO_2^-$). Manter os 25 mL que sobraram para uma eventual diluição.

   Observação

   - Não há necessidade de lavar a coluna entre diferentes amostras;
   - Ao final, passar 50 mL da solução diluída de cloreto de amônio-EDTA para limpeza da coluna;
   - Deixar a coluna, em repouso, preenchida com a solução diluída de cloreto de amônio-EDTA. *Nunca deixar a coluna a seco*;

5) Em até 15 min após a redução, adicionar 2 mL do reagente de cor aos 50 mL da amostra reduzida. Misturar e aguardar 10 minutos;
6) Até 2 h após, medir a absorbância da solução em espectrofotômetro a 543 nm, tendo zerado a absorbância com o branco, isto é, 50 mL de água destilada + 2 mL do reagente de cor;
7) Obter a concentração de NO_X ($N\text{-}NO_2^-$ + $N\text{-}NO_3^-$), em mg/L, usando a curva de calibração. Subtrair do NO_X, o resultado de $N\text{-}NO_2^-$ para obtenção da concentração de $N\text{-}NO_3^-$.

Curva de calibração de $N\text{-}NO_3^-$

Utilizar a solução-padrão de nitrato (5 mg $N\text{-}NO_3^-$/L) para preparar uma série de soluções de calibração, com concentrações crescentes de nitrato, de acordo com o quadro a seguir.

Volume da solução-padrão 5 mg N-NO_3^-/L, em mL, a ser diluído para 100 mL	N-NO_3^- (mg/L)
0	0
1	0,05
2	0,1
5	0,25
10	0,5
20	1

Aplicar, nas soluções de calibração, o procedimento analítico descrito no item *observação*. Obter a expressão matemática da curva de calibração, valendo-se da análise de regressão das leituras das absorbâncias das soluções de calibração, a 543 nm (eixo X), e suas correspondentes concentrações de N-NO_3^- (eixo Y).

Observação

- Comparar a absorbância de uma das soluções de calibração do nitrato, após a passagem na coluna, com a absorbância de uma solução-padrão de nitrito, de mesma concentração, com objetivo de avaliar a eficiência redutora da coluna. Se houver uma diferença entre as duas leituras maior que 25%, reativar a coluna redutora com a solução 25-75%;
- Após a determinação da concentração de N-NO_3^-, em mg/L, fazer, se desejar, a conversão para nitrato (NO_3^-) pela multiplicação do resultado por 4,43;
- Deve-se, sempre que possível, realizar a determinação de N-NO_3^- logo após a coleta da amostra. Quando isso não for possível, pode-se armazenar a amostra a 4 °C, por até 2 dias.

RESUMO

Em tanques de aquicultura, as principais fontes de nitrato (NO_3^-) para a água são a fertilização da água e o processo de nitrificação bacteriana. Já em açudes e represas, além da nitrificação, pode haver ainda considerável entrada de nitrato a partir do lançamento de efluentes domésticos e agrícolas no reservatório. Os principais processos que removem nitrato da água são a absorção vegetal e a atividade bacteriana anaeróbia, isto é, a desnitrificação. O lançamento de efluentes de aquicultura, ricos em nitrato, pode levar à eutrofização do corpo receptor. Em corpos de água eutrofizados, *blooms* de algas tóxicas podem ocorrer. Além disso, o lançamento de efluentes ricos em nitrato na natureza pode contaminar os aquíferos da região. Quando isso ocorre, a água acumulada nesses aquíferos se torna imprópria para o consumo humano pelo risco de causar meta-hemoglobinemia.

Diferentemente da amônia e do nitrito, o nitrato é um composto de baixa toxicidade aos animais aquáticos por conta da baixa permeabilidade das brânquias de peixes e camarões a esse composto. Entretanto, embora seja um composto de baixa toxicidade, o nitrato pode atingir, com o passar do tempo, concentrações muito elevadas em sistemas fechados de aquicultura, como os sistemas de recirculação de água (SRA). A tolerância do animal ao nitrato varia em função da salinidade da água de cultivo. À medida que a salinidade da água se afasta da faixa de conforto osmótico da espécie, há diminuição na tolerância do animal ao nitrato.

O excesso de nitrato na água pode ser eliminado pela troca de água ou pela utilização de reatores anaeróbios. Esses dois manejos, entretanto, são limitados pela escassez de água limpa, restrições para o descarte seguro de efluentes, dificuldades técnicas e custo elevado dos reatores.

Para determinação da concentração de nitrato em amostras de água, o nitrato presente na amostra é, inicialmente, reduzido a nitrito, pelo cádmio presente na coluna redutora, e o NO_X, que é a soma de NO_3^- e NO_2^-, quantificado por espectrofotometria a 543 nm. A diferença entre NO_X e NO_2^- é igual à concentração de NO_3^-.

CAPÍTULO 10

Fósforo na água

10.1 IMPORTÂNCIA E ESCASSEZ DE FÓSFORO NA ÁGUA

O elemento fósforo (P) é essencial à vida animal e vegetal, seja terrestre, seja aquática. O fósforo está presente nos ácidos nucleicos (DNA, RNA), na molécula de ATP e nos fosfolipídios das membranas celulares. Logo, sem fósforo, não há vida. Os vegetais aquáticos assimilam, diretamente da água, o fósforo de que necessitam para seu metabolismo. Os animais aquáticos, por sua vez, obtêm P por meio da ingestão de alimentos que contêm fósforo biodisponível.

Na água, o fósforo inorgânico dissolvido, que é aquele prontamente assimilável pelos vegetais aquáticos, apresenta-se combinado com o oxigênio e hidrogênio, formando um composto denominado "fosfato" ou "ortofosfato" (P-orto). Existem quatro diferentes formas de ortofosfato na água, cujas proporções relativas dependem, principalmente, do pH do meio. Essas formas de fosfato estabelecem entre si um equilíbro químico, como pode ser visto a seguir:

$$H_3PO_4 \leftrightarrows H_2PO_4^- \leftrightarrows HPO_4^{-2} \leftrightarrows PO_4^{-3} + 3H^+$$

Em águas muito ácidas (pH < 3), predomina a forma química H_3PO_4, chamada de ácido fosfórico. Em águas moderadamente ácidas (pH = 4 – 6) predomina a forma $H_2PO_4^-$. Quando o pH da água está entre 7 e 9, a forma HPO_4^{-2} é a predominante. Finalmente, a forma PO_4^{-3} ocorrerá em maiores concentrações somente quando o pH da água for maior que 10. Como as águas naturais apresentam, geralmente, pH entre 6 e 8, as duas formas mais frequentes de ortofosfato na água são $H_2PO_4^-$ e HPO_4^{-2}.

Nos ecossistemas aquáticos continentais, o fósforo, apesar de não ser o nutriente mais escasso no meio, é aquele que mais limita a produtividade primária. A Tabela 10.1, a seguir, nos ajuda a compreender essa questão.

Tabela 10.1 – Relação entre a oferta e a demanda de nutrientes para algas e macrófitas aquáticas a partir da litosfera

Nutriente	*x* P litosfera[1] (A)	*x* exigência P vegetais[2] (B)	Relação oferta: demanda (A/B)
Na	32,5	0,52	62,5
Mg	22,2	1,39	16
Si	268,1	0,65	412,5
P	-	-	-
K	19,9	6,1	3,3
Ca	39,5	7,8	5,1
Mn	0,9	0,27	3,3
Fe	53,6	0,06	893,3
Co	0,02	0,0002	100
Cu	0,05	0,006	8,3
Zn	0,07	0,04	1,8
Mo	0,0014	0,0004	3,5

[1] Quantidade do elemento na litosfera em relação à quantidade de fósforo (oferta); [2] Quantidade exigida do elemento por algas e macrófitas aquáticas em relação à exigência de fósforo (demanda).

Fonte: Moss (1980).

A Tabela 10.1 apresenta, na sua primeira coluna, doze elementos químicos exigidos pela biologia vegetal aquática para seu desenvolvimento. Como a composição química da água é, geralmente, similar à composição química do solo da respectiva bacia de drenagem, podemos considerar que as proporções existentes entre os elementos químicos na litosfera se repetem na hidrosfera. Tendo a concentração de fósforo como referência ou parâmetro de comparação, observa-se que há elementos, no solo e na água, bem mais abundantes que o fósforo, como o silício, ferro, cálcio e sódio; e elementos bem mais escassos, como molibdênio e cobalto. Existe, por exemplo,

268 vezes mais silício do que fósforo na litosfera. Assim, é esperado uma concentração de silício na água muitas vezes maior do que a de fósforo. Por outro lado, a concentração de molibdênio na litosfera é igual a 0,14% da concentração de fósforo. De igual modo, espera-se uma concentração de molibdênio na água muitas vezes menor do que a de fósforo. Caso observássemos apenas a ocorrência ou oferta dos elementos na litosfera, seríamos levados a pensar, equivocadamente, que os nutrientes mais limitantes à produtividade primária aquática seriam, em ordem decrescente, molibdênio, cobalto, cobre e zinco, por serem os mais escassos. Assim, o molibdênio, e não o fósforo, seria o primeiro nutriente limitante à produtividade primária aquática. Entretanto, devemos levar em conta também as informações constantes na terceira coluna da Tabela 10.1, que trata das exigências nutricionais dos vegetais aquáticos, para avaliarmos corretamente essa questão.

Dos doze elementos listados na Tabela 10.1, o cálcio é aquele com maior exigência ou demanda biológica pelos vegetais aquáticos. O cálcio é exigido pelos vegetais aquáticos 7,8 vezes mais que o fósforo. Em seguida, temos o potássio e o magnésio, em ordem decrescente de exigência biológica. Logo, cálcio, potássio e magnésio são demandados em maiores quantidades pelas microalgas do que o fósforo. Por outro lado, sílica, sódio, manganês, ferro, zinco e molibdênio são menos exigidos biologicamente do que o fósforo. As exigências dos vegetais aquáticos por ferro e molibdênio, por exemplo, são iguais a 6% e 0,04% da exigência de fósforo, respectivamente.

Finalmente, a análise da quarta e última coluna da Tabela 10.1 nos permite responder à questão inicial: por que o fósforo, apesar de não ser o elemento mais escasso no meio, é o nutriente mais limitante à produtividade primária nos EACs? Os valores constantes na quarta coluna da Tabela 10.1 foram obtidos pela divisão simples da ocorrência do elemento na litosfera (segunda coluna) pela exigência biológica (terceira coluna), tendo o fósforo como referência nos dois casos. Para o sódio, por exemplo, basta dividirmos 32,5 (ocorrência na litosfera) por 0,52 (exigência vegetal) para obtermos 62,5. Logo, existem 62,5 vezes mais sódio na litosfera e na água do que o exigido biologicamente pelos vegetais aquáticos. Portanto, o sódio não é um nutriente limitante ao crescimento vegetal, já que ocorre em abundância no solo e na água. Em outras palavras, a oferta de sódio na água supera em muito a demanda biológica de microalgas e macrófitas para esse elemento. Logo, não haveria justificativa para o produtor fertilizar a água com fontes de sódio para estimular a produtividade primária (NaCl, por exemplo). Por considerar isso, concluímos que os nutrientes *menos* limitantes à produtividade primária aquática, ou seja, aqueles mais abundantes no meio, são ferro, sílica e cobalto.

Manganês, cobalto, cobre, zinco e molibdênio são elementos mais escassos na litosfera e água do que o fósforo. Esses cinco elementos, entretanto, apresentam as seguintes relações oferta: demanda: 3,3; 100; 8,3; 1,8 e 3,5, respectivamente (Tabela 10.1). Logo, há 3,5 vezes mais molibdênio na natureza do que o exigido pelos vegetais aquáticos para seu desenvolvimento. Portanto, muito embora o manganês, o cobalto, o cobre, o zinco e o molibdênio sejam mais escassos do que o fósforo na litosfera e na água, o fósforo é o nutriente mais limitante à produtividade primária aquática por apresentar, entre todos os elementos, a menor relação ocorrência natural: exigência biológica.

10.2 FORMAS E TRANSFORMAÇÕES DE FÓSFORO NA ÁGUA

Formas orgânicas e inorgânicas de fósforo, tanto particuladas como dissolvidas, podem ser encontradas em tanques de aquicultura. Assim, temos as seguintes formas de fósforo presentes na água:

1) Fósforo orgânico particulado;
2) Fósforo orgânico dissolvido;
3) Fósforo inorgânico particulado;
4) Fósforo inorgânico dissolvido.

O fósforo orgânico particulado é aquele encontrado nos seres vivos, como no plâncton, bem como nos detritos orgânicos, isto é, plâncton morto, fezes de animais, adubos etc. Esses detritos, ao serem decompostos pelas bactérias heterotróficas, têm seu tamanho de partícula progressivamente reduzido até se tornarem fósforo orgânico dissolvido. O fósforo orgânico dissolvido é a forma fosfatada de carbono orgânico dissolvido (COD-P), ou seja, matéria orgânica com tamanho de partícula inferior a 0,45 mm que contém P. O COD-P é constituído por fosfoproteínas, fosfolipídeos e carboidratos fosfatados. O fosfato inorgânico particulado é qualquer mineral, com granulometria maior que 0,45 μm, que contenha fósforo. Na natureza, a rocha fosfatada mais comum é a apatita, que tem o fosfato de cálcio ($Ca_3(PO_4)_2$) como componente principal. Ao sofrer a ação do intemperismo, principalmente pela ação da água, a apatita vai sendo lentamente desgastada e libera para água seus elementos constituintes. Inicialmente, há o desprendimento de fragmentos maiores da rocha-mãe. Com o tempo, as partículas minerais se tornam cada vez menores. Quando atingem tamanho menor que 0,45 mm, tornam-se fósforo inorgânico dissolvido (P-orto).

Além da lixiviação da apatita, P-orto também pode ser liberado na água ao final do processo de decomposição da matéria orgânica. As bactérias decompositoras utilizam matéria orgânica morta para obtenção de energia e nutrientes para seu crescimento. Nesse processo, uma parte do fósforo é utilizada para o crescimento bacteriano e outra parte é liberada para água. Inicialmente, a matéria orgânica particulada é transformada em matéria orgânica dissolvida (COD) pelas bactérias. Em seguida, ocorre a liberação de P-orto para água, com a decomposição total do COD pelo bacterioplâncton. As transformações entre as diferentes formas de fósforo na água estão ilustradas na Figura 10.1.

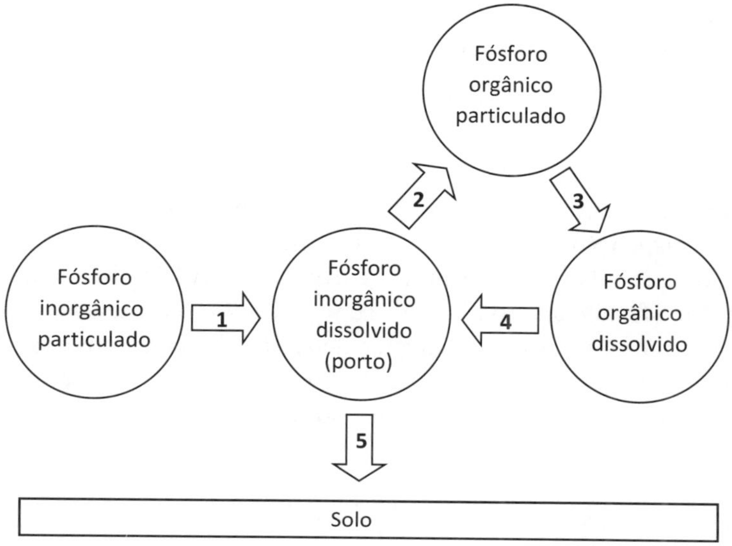

Figura 10.1 – Ciclo esquemático do fósforo na água. 1: lixiviação de rochas fosfatadas; 2: absorção vegetal do ortofosfato; 3: decomposição parcial da matéria orgânica (mineralização incompleta); 4: decomposição total da matéria orgânica (mineralização completa); 5: adsorção de fosfatos às partículas do solo.

10.3 O PROBLEMA DA PRECIPITAÇÃO DO FÓSFORO

Enquanto as águas superficiais são, geralmente, pobres em ortofosfato, os sedimentos do mesmo ecossistema são ricos em fósforo. Como explicar esse paradoxo? O ortofosfato é um íon carregado negativamente, ou seja, é um ânion, isto, é, $H_2PO_4^-$ e HPO_4^{-2}. Por conta disso, o ortofosfato é atraído por qualquer partícula, substância ou corpo que apresente carga elétrica positiva. O problema é que existem diferentes matérias que apresentam carga positiva na água e que podem atrair, ligar e precipitar fosfatos até os sedimentos. O fosfato, uma vez preso a algum ligante na água, seja orgânico ou inorgânico, já não está mais disponível à absorção pelo fitoplâncton. A seguir, uma breve discussão de alguns processos que removem fosfatos da coluna d'água.

1. Ligação fosfato – COD

O fosfato pode ser atraído e se ligar à matéria orgânica que se encontra dissolvida na água (COD). Com isso, forma o complexo COD-fosfato que, sendo insolúvel, precipita até os sedimentos. Nos sedimentos, o COD é decomposto pelas bactérias heterotróficas, havendo a liberação de fosfato para o solo. O fosfato, uma vez no solo, pode não retornar à coluna d'água, porque existem muitos elementos metálicos que se ligam e prendem fortemente o fosfato aos sedimentos. Entre eles, destacam-se o Al^{+3} e o Fe^{+3}. Somente uma forte diminuição no pH conseguiria solubilizar parte dos compostos metálicos que retêm fosfatos ao solo. Como a calagem periódica da água e do solo de viveiros de aquicultura faz justamente o oposto, isto é, eleva o pH do solo, o mais provável é que o fósforo se acumule nos sedimentos com o decorrer do tempo.

2. Ligação fosfato – $CaCO_3$

O fosfato pode ser atraído por partículas de carbonato de cálcio ($CaCO_3$), que se encontram em suspensão na água, ou que se formaram pela elevação do pH da água. Quando a turbulência da água diminuir, o carbonato de cálcio precipitará até os sedimentos, levando o fosfato adsorvido à sua superfície. Nos sedimentos, o carbonato de cálcio poderá se acumular ou se dissolver, a depender das concentrações de CO_2 e do pH do solo. O fosfato, copreciptado ao $CaCO_3$, pode não retornar à coluna d'água por estar ligado a elementos metálicos presentes no solo.

3. Formação de $Ca_3(PO_4)_2$

O ortofosfato pode reagir com o cálcio dissolvido na água, formando o composto fosfato de cálcio ($Ca_3(PO_4)_2$), que é insolúvel. Essa reação entre o ortofosfato e cálcio acontece em águas duras, quando o pH da água ultrapassa 9. Com a precipitação do fosfato de cálcio até os sedimentos, há queda na oferta de fosfato disponível à absorção do fitoplâncton.

4. Ligação fosfato – compostos metálicos

O fosfato pode ser atraído e se ligar a qualquer composto metálico que esteja em suspensão na água. Um dos compostos metálicos que mais removem fosfato da água é o hidróxido férrico ($Fe(OH)_3$). O hidróxido férrico é um composto insolúvel na água, que precipita até os sedimentos logo após a sua formação, exceto quando há agitação suficiente da água para mantê-lo na coluna d'água. As condições físico-químicas necessárias para formação do $Fe(OH)_3$ na água são aerobiose e pH neutro a alcalino. Essas são as condições abióticas geralmente encontradas em tanques de aquicultura por conta da aeração e calagem, respectivamente. O fosfato, que foi adsorvido à superfície do $Fe(OH)_3$, coprecipita até os sedimentos.

5. Formação de $FePO_4$

Em águas oxigenadas e de pH alcalino ocorre a formação do composto insolúvel fosfato férrico ($FePO_4$). A precipitação de $FePO_4$ é mais um processo que remove ortofosfato da coluna d'água.

Com o decorrer do tempo, o solo vai se saturando e perdendo a capacidade de adsorver fosfatos. Em determinado momento, a quantidade de fósforo da água perdida para o solo é mínima. Daí em diante, o fósforo novo que for adicionado à água, via fertilização, por exemplo, estaria totalmente disponível ao fitoplâncton. Isso, entretanto, pode trazer dificuldades aos tanques de cultivo porque as microalgas podem crescer de modo exponencial e explosivo, o que acarretaria baixo O_2, aparecimento de algas filamentosas e cianotoxinas. Assim, o processo de precipitação, adsorção e retenção de fósforo aos sedimentos acaba por moderar o crescimento fitoplanctônico, fazendo com que o desenvolvimento algal ocorra de modo sustentável. Uma medida que pode ser efetiva na prevenção de indesejáveis *blooms* algais é a remoção da camada superficial dos sedimentos. Com isso, renovar-se-ia a capacidade do solo para reter fósforo. Os sedimentos que foram removidos poderiam ser secos ao sol e utilizados como fertilizantes orgânicos, já que são ricos em fósforo.

Como a interface água-sedimentos está em contato direto com o solo, que é o grande reservatório de fosfatos do ecossistema aquático, é esperado o enriquecimento da água de fundo com fosfatos, com o passar do tempo. Essa é a principal explicação para as concentrações de fosfatos do hipolímnio serem bem maiores que do epilímnio. Desse modo, o impacto ambiental, causado pela liberação de efluentes de tanques de aquicultura, seria bem menor se a água de fundo não fosse drenada, ou seja, se permanecesse no interior do tanque. Recomenda-se que a água de fundo do tanque não seja descartada no meio ambiente, mas sim drenada para um tanque de tratamento. Uma opção é a drenagem mais lenta da água de fundo.

10.4 CONCENTRAÇÃO DE FÓSFORO TOTAL COMO INDICADOR DE QUALIDADE DE ÁGUA

A qualidade da água de um reservatório pode ser avaliada por sua concentração de fósforo total. Quanto maior a concentração de fósforo total na água, pior será a qualidade da água para usos múltiplos, isto é, consumo humano, agropecuária, indústria, lazer, aquicultura etc. Águas classificadas como "boas, muito boas ou excelentes" devem apresentar menos de 30 mg de fósforo total/L. Quando a concentração de fósforo total no reservatório supera 60 mg/L, a água é classificada como "inferior ou ruim" (Figura 10.2).

Sendo o ortofosfato o nutriente mais limitante à produtividade primária nos EACs, seu incremento na água tem grande impacto no crescimento de microalgas e macrófitas aquáticas. Mesmo pequenos aumentos na concentração de ortofosfato na água podem levar a crescimento fitoplanctônico explosivo. Em 1950, J. Lund observou que a elevação de apenas 1 mg de ortofosfato/L resultou no aumento de 15 milhões de algas *Asterionella*/L. Como as águas claras ou transparentes são as melhores para usos múltiplos, o desenvolvimento exagerado de fitoplâncton na água indica deterioração ou degradação do ecossistema aquático. Águas claras são mais facilmente tratadas para consumo humano e se prestam para o lazer. Já as águas verdes exigem tratamento mais elaborado para o consumo humano e são impróprias para o lazer. Por isso, há uma relação inversa entre concentração de fósforo total e a qualidade da água. Quanto mais fósforo total na água, pior é sua qualidade para usos múltiplos.

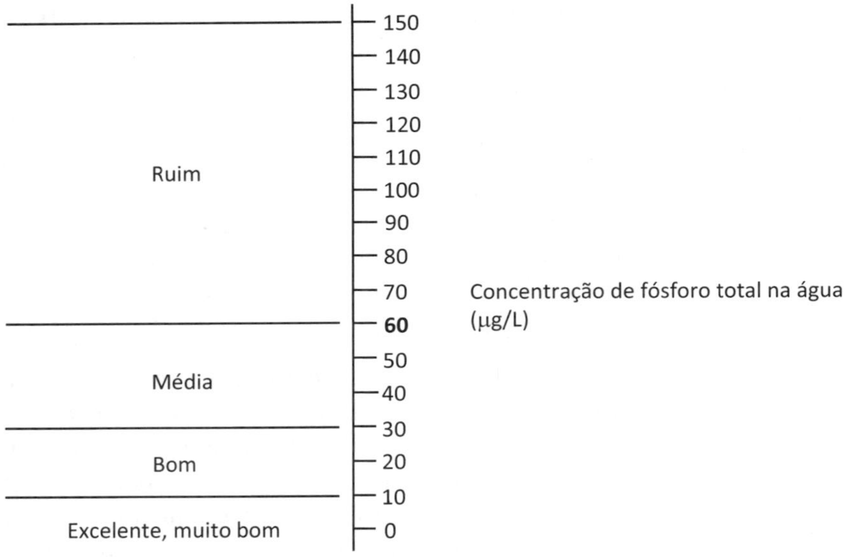

Figura 10.2 – Classificação da qualidade da água de reservatórios destinados a múltiplos usos, em função da concentração de fósforo total da água.

Fonte: http://www.ufrrj.br/institutos/it/de/acidentes/p.htm.

Deve-se distinguir, nessa questão, os ambientes destinados a múltiplos usos, como açudes e represas, e aqueles destinados apenas à atividade produtiva, como viveiros e tanques de aquicultura. Para os EACs de usos múltiplos, concentrações de fósforo total acima de 60 mg/L são excessivas e, por isso, indesejáveis (Figura 10.2). Já para ambientes destinados exclusivamente à aquicultura, deseja-se, ao contrário, concentrações de fósforo total acima de 60 mg/L. A água de tanques de peixes e camarões deve conter concentrações bem mais elevadas de fósforo total porque a água ideal para criar peixes e camarões não é a transparente, mas sim a de cor verde ou verde-amarronzada, rica em alimento natural. É por isso que a água dos tanques de aquicultura é fertilizada com fonte de fósforo para estimular a produtividade primária.

Concentrações de fósforo total na água de tanques de aquicultura inferiores a 60 mg/L indicam escassez de fitoplâncton na água. Águas com pouco fitoplâncton são inadequadas para aquicultura, porque possuem pouco alimento natural, têm baixa taxa fotossintética, liberam menos O_2 para água e expõem mais os animais aos perigosos raios UV. Assim, quando a transparência da água está entre 30 e 50 cm e sua cor é verde, a concentração de fósforo total da água é bem maior que 60 mg/L. Todavia, como "tudo demais é veneno", concentrações de fósforo total na água acima de 500 mg/L, também são indesejáveis para tanques de aquicultura (Boyd & Tucker, 1998). Nesse caso, a água teria fitoplâncton em excesso, condição que pode zerar o oxigênio dissolvido durante a noite e causar estratificação térmica rasa. Recomenda-se que a concentração de fósforo total da água de tanques de peixes e camarões esteja entre 60 e 500 mg/L ou que a concentração de ortofosfato esteja entre 5 e 200 mg/L.

Existe, portanto, uma grande diferença entre a concentração máxima aceitável de fósforo total na água de tanques de aquicultura (500 mg/L) e de açudes e reservatórios (60 mg/L). Segundo o Conama (2005), a concentração máxima aceitável de fósforo total em reservatórios de classe 2, que são aqueles utilizados para piscicultura, é de apenas 30 mg/L, para ecossistemas lênticos, e 50 mg/L, para ecossistemas intermediários. As águas de classe 2 devem servir, *ao mesmo tempo*, para aquicultura, pesca, consumo humano após tratamento convencional, irrigação e lazer. Para que isso seja possível, o maior valor aceitável de fósforo total deve ser o menor recomendado para todos os usos previstos no manancial. No caso da classe 2, a potabilidade e lazer são as atividades mais exigentes quanto à qualidade de água. Assim, toma-se a maior concentração aceitável de fósforo total, em corpos d'água utilizados para balneabilidade e natação, como sendo o limite válido para o reservatório em questão. No caso dos viveiros e tanques de aquicultura, como não há outros usos além da criação animal, permite-se e se deseja concentrações bem mais elevadas de fósforo total na água.

10.5 APROVEITAMENTO DO FÓSFORO NA AQUICULTURA

Quando o solo do viveiro se encontra ácido, ocorre a solubilização de compostos metálicos presentes no solo. Com isso, íons Fe^{+2} e Al^{+3}, entre outros, difundem-se do solo para a coluna d'água. Na água, esses metais se ligam aos fosfatos, formando complexos metal-fosfato que são insolúveis e, portanto, indisponíveis à absorção fitoplanctônica. Logo, ocorre grande desperdício de fósforo para o solo quando a aplicação do fertilizante é realizada em águas ácidas. Assim, torna-se necessário fazer a calagem da água, antes da aplicação do superfosfato, para remover íons metálicos e permitir um maior aproveitamento do fosfato pelo fitoplâncton.

As rações para peixes e camarões cultivados contêm quantidades significativas de fósforo. É comum a inclusão de fosfato bicálcico, como fonte de cálcio e fósforo, nas rações para aquicultura. Entretanto, grande parte do fósforo das rações acaba sendo perdida para as fezes dos animais e, consequentemente, para o meio. Um dos principais motivos para a baixa disponibilidade de P em rações aquícolas é o fósforo fítico ou fitato, forma de armazenamento de fósforo na matéria vegetal terrestre, isto é, na soja, milho, trigo etc. Como os organismos dos peixes e camarões não sintetizam fitase, que é a enzima necessária para digestão do fitato, o fitato não é digerido no trato intestinal, sendo eliminado nas fezes. Por outro lado, as bactérias heterotróficas do solo possuem fitase e, por isso, conseguem utilizar o fitato que foi excretado pelo animal. Com isso, a atividade bacteriana disponibiliza ortofosfato para a água, isto é, P inorgânico dissolvido. Grande parte do fosfato liberado pelas bactérias acaba retida no solo por ser ligar a diferentes compostos metálicos. Desse modo, uma fração considerável do fósforo das rações aquícolas é perdida para o solo do viveiro.

A indústria da nutrição aquícola e a academia buscam estratégias para aumentar o aproveitamento do fósforo vegetal pelos peixes e camarões cultivados. Uma das ideias é incluir fitase durante o processamento das rações, na expectativa de que a fitase sintética quebre as ligações dos grupamentos fitato, disponibilizando fósforo para absorção intestinal. Outra possibilidade é desenvolver variedades genéticas de espécies vegetais que apresentem menor ou baixa concentração de fitato. Finalmente, os processos de manufatura industrial das rações aquícolas estão sendo sempre aprimorados, tendo por objetivo aumentar a digestibilidade dos alimentos utilizados, bem como elevar a biodisponibilidade do fósforo.

10.6 FÓSFORO E EUTROFIZAÇÃO

Como há grande desperdício de nutrientes das rações balanceadas para a água de cultivo, os efluentes de tanques de aquicultura possuem elevado potencial eutrofizante. O problema da eutrofização aquícola só não é ainda maior porque grande parte do fósforo que entra na água acaba retido no solo. Schwartz e Boyd (1994) estimaram que apenas 10% do fósforo, que foi adicionado via rações e fertilizantes, em tanques escavados de *catfish* com renovação mínima de água, foram liberados para o meio ambiente via efluentes. Esses autores observaram que 65% do fósforo que entrou nos tanques foi adsorvido ao solo e que apenas 25% foram recuperados na biomassa despescada. Cabe destacar, entretanto, que em tanques com renovação frequente de água, que é o manejo convencional em aquicultura comercial, o percentual de fósforo lançado nos efluentes é bem maior. Portanto, quanto maior for a taxa de adsorção de fósforo ao solo, menor será a liberação de fósforo nos efluentes e, com isso, menor a eutrofização dos corpos de água receptores.

N e P são os dois principais responsáveis pela eutrofização de corpos aquáticos, sendo que o P, por sua grande capacidade em provocar florações algais, é o elemento considerado mais crítico. Com a eutrofização do corpo de água receptor e o consequente crescimento de vida aquática, há queda da qualidade da água pela extinção do O_2 e aparecimento de gases tóxicos. Além disso, cianobactérias produtoras de toxinas podem se desenvolver em águas eutrofizadas. Efluentes de aquicultura somente deveriam ser lançados na natureza se não causarem a eutrofização dos corpos de água receptores. Para isso, limites máximos de N e P, nos efluentes, devem ser respeitados pelo produtor. No caso do fósforo, a Global Aquaculture Alliance (GAA), entidade não governamental de promoção da aquicultura sustentável, recomenda-se que a concentração de fósforo total do efluente aquícola não deve exceder 0,3 mg/L.

Quanto maior for a densidade de estocagem de peixes e camarões, maior é a descarga de fósforo total a partir dos efluentes dos tanques. Águas de baixa transparência, seja pelo excesso de fitoplâncton ou alta concentração de partículas do solo em suspensão, também contêm muito fósforo. O terço final do volume de água do tanque, ou seja, a água de fundo, contém uma concentração de fósforo bem superior que os 2/3 superficiais. Nessas situações, deve-se ter maior cautela no lançamento de efluentes aquícolas na natureza, já que o potencial eutrofizante é maior.

A concentração de fósforo total dos efluentes dos tanques deve ser monitorada de modo sistemático, para verificar se a recomendação da GAA, ou de outra entidade reguladora, está sendo atendida. Após a coleta das amostras de efluentes, os frascos devem ser mantidos em isopor com gelo, sendo encaminhados ao laboratório de análise o quanto antes, em intervalo de tempo não superior a 12 h. Caso a concentração de fósforo total do efluente esteja acima de 0,3 mg/L, mas haja necessidade de se renovar a água do tanque, pode-se drenar os efluentes para uma bacia de tratamento ou para um alagado (*wetland*). *Wetlands* são tanques de tratamento de águas residuárias nos quais foram plantadas macrófitas aquáticas. As macrófitas aquáticas absorvem nutrientes da água, removendo parte do N e P dos efluentes.

A seguir, algumas medidas que podem ser tomadas pelo produtor para reduzir ou prevenir concentrações elevadas de fósforo total nos efluentes de tanques.

1. Uso de coagulantes químicos

O fósforo inorgânico dissolvido na água, isto é, o ortofosfato, ocorre geralmente nas formas $H_2PO_4^-$ e HPO_4^{-2}. Assim, as cargas negativas desses íons são atraídas pelas cargas positivas dos coagulantes químicos, isto é, sulfato de alumínio (Al^{+3}) e cloreto férrico (Fe^{+3}). Com a sedimentação do coagulante, o P é coprecipitado até o fundo. Dosagens de aplicação de 60 g/m^3 já são suficientes para remoção significativa do ortofosfato da água.

2. Uso de cal virgem e cal hidratada

A aplicação de cal virgem (CaO) e cal hidratada ($Ca(OH)_2$) eleva o pH e a concentração de cálcio da água. Essas duas condições favorecem a precipitação do $CaCO_3$ que coprecipita, adsorvido à sua superfície, o fosfato até o solo. Em seguida, o fósforo tende a ficar retido ao solo, ligando-se a diferentes partículas metálicas.

3. Uso correto de fertilizantes

As aplicações de fertilizantes fosfatados na água deveriam ser precedidas pela análise da água para fósforo total. A fertilização fosfatada somente deveria ocorrer caso a concentração de fósforo total da água estivesse abaixo de 0,5 mg/L. Em nenhuma hipótese, deve-se aplicar mais de 2,5 g P_2O_5/m^3/mês, isto é, mais de 130 kg de superfosfato simples ou mais de 50 kg de superfosfato triplo/ha/mês. Para maior aproveitamento do fósforo do fertilizante, é importante realizar a correção do pH da água e do solo, antes da aplicação do superfosfato.

4. Densidade de estocagem moderada

Recomenda-se o emprego de densidades de estocagem de animais um pouco abaixo da capacidade de suporte do sistema, de 10% a 15% menor. Uso de densidades de estocagem moderadas implica em menor entrada de fósforo na água, via arraçoamento e, como consequência, menores desperdícios para o solo e efluentes.

5. Restrição alimentar

A oferta de ração balanceada aos animais deve ser moderada, restringindo-se o arraçoamento em 10% a 15% do nível de saciedade alimentar aparente (*ad libitum*). A liberação de fezes pelos animais no tanque cai, consideravelmente, quando não se alimenta até a saciedade, ou seja, quando os animais são submetidos a alguma restrição alimentar. Menos fezes leva a uma menor liberação de fósforo para o meio.

6. Uso de rações ambientalmente corretas

Dar preferência às rações que levem a bom desempenho zootécnico e que contenham menores concentrações de fósforo. As rações ambientalmente corretas possuem uma proporção maior de fósforo biodisponível, ou seja, de elevada assimilação animal.

7. Taxas mínimas de renovação de água

O solo do viveiro tem grande capacidade de sequestrar e reter fósforo. Dessa forma, a retenção de fósforo pelo solo diminui a quantidade do elemento químico liberada nos efluentes. Logo, tanques escavados liberam menos P para o meio ambiente que tanques não escavados ou com solo revestido por geomembrana. Quanto de fósforo será retido pelo solo dependerá, entre outros fatores, da taxa de renovação de água. Tanques com maior renovação de água têm menor retenção de fósforo ao solo. Assim, a redução na taxa de renovação da água possibilita maior retenção de fósforo pelo solo. Como recomendação geral, deve-se empregar a menor taxa de renovação de água possível. Uma menor liberação de efluentes tem duplo benefício ao meio ambiente: a quantidade de P lançada ao meio cai por conta dos menores volumes drenados e a concentração de P nos efluentes é menor em razão da maior retenção de P ao solo. A remoção da camada superficial de sedimentos, após sua saturação química, e a aragem do solo, entre ciclos de produção, são medidas que renovam a capacidade do solo de reter fósforo.

8. Correto posicionamento de aeradores

Os aeradores mecânicos, quando mal localizados dentro do tanque, podem ressuspender muito material do solo para coluna d'água. Como o solo retém muito fósforo, a ressuspenção de partículas do solo para coluna d'água acaba por elevar a concentração de fósforo nos efluentes. Portanto, a correta localização dos aeradores dentro do viveiro, isto é, nos locais mais profundos e afastado dos taludes, contribui para reduzir a concentração de fósforo nos efluentes.

9. Uso de bacia de sedimentação

Como grande parte do fósforo aquícola está contido na matéria orgânica particulada, isto é, no plâncton e detritos orgânicos em suspensão na água, haverá redução significativa nas concentrações de fósforo total se os efluentes dos tanques permanecerem descansando em bacia de sedimentação por 6 h ou mais. Em seguida, seria possível fazer o descarte seguro da água ou, o que seria ainda melhor, reutilizá-la em um novo ciclo de produção.

Se todas as sugestões apontadas anteriormente forem aplicadas pelo produtor, a sustentabilidade ambiental da aquicultura será bem maior.

10.7 DETERMINAÇÃO DA CONCENTRAÇÃO DE ORTOFOSFATO E FÓSFORO TOTAL EM AMOSTRAS DE ÁGUA

Existem métodos laboratoriais que nos permitem quantificar as concentrações de ortofosfato e fósforo total na água. Além dessas, que são as determinações mais usuais, podemos quantificar ainda as concentrações de fósforo dissolvido total e fósforo reativo em amostras de água (Figura 10.3). A concentração de fósforo total da água é um indicador químico mais confiável que a de fósforo reativo, porque as concentrações de fósforo reativo são instáveis, podendo se alterar muito rapidamente por conta da atividade biológica.

Para determinar a concentração de fósforo total em amostras de água, deve-se, inicialmente, digerir a amostra bruta, ou seja, aplicar ácidos fortes à amostra de água não filtrada, submetendo a solução resultante, em seguida, a temperaturas elevadas. Com isso, todas as formas de fosfato presentes na água, isto é, fósforo orgânico particulado, fósforo orgânico dissolvido e fósforo inorgânico particulado são transformadas em fósforo inorgânico dissolvido, após certo tempo. A solução final é então submetida à ação dos reagentes apropriados para quantificar a concentração de fósforo total por espectrofotometria.

A diferença básica entre os métodos de determinação do fósforo total e do fósforo reativo é que não se faz a digestão prévia da amostra de água no método do fósforo reativo. Nesse método, a amostra bruta de água, após a adição dos reagentes apropriados, é levada diretamente ao fotocolorímetro ou espectrofotômetro para obtenção da absorbância. O fósforo reativo, a rigor, não expressa nem a concentração de fósforo total, nem de ortofosfato. O fósforo reativo compreende o ortofosfato mais parte do fósforo orgânico dissolvido, que sofreu hidrólise espontânea, e parte do fósforo inorgânico particulado, que sofreu dissolução incontrolável. O fósforo reativo, portanto, é a soma das concentrações de fósforo inorgânico dissolvido com porções de fósforo orgânico dissolvido e inorgânico particulado. Ainda assim, o componente majoritário do fósforo reativo é o ortofosfato. Isso pode ser comprovado pelo fato dos resultados de ortofosfato e fósforo reativo, para uma mesma amostra de água, não diferirem muito entre si. Entretanto, por conta da mistura do ortofosfato com outras formas de fósforo, não se pode dizer, a rigor, que o método do fósforo reativo determina a concentração de ortofosfato da água. Geralmente, o fósforo reativo compreende de 10 a 15% do fósforo total.

A concentração de ortofosfato na água é determinada por se filtrar a amostra bruta a 0,45 mm para, em seguida, adicionar ao filtrado molibdato de amônio e cloreto de estanho. Nesse caso, não há digestão prévia da amostra de água. A concentração de ortofosfato da amostra é então quantificada por meio de fotocolorímetro ou espectrofotômetro. Já a concentração de fósforo dissolvido total, que compreende o fósforo orgânico e inorgânico dissolvido, é obtida pela filtragem da amostra de água a 0,45 µm, digestão do filtrado com ácidos fortes, em temperaturas elevadas, e posterior leitura espectrofotométrica (Figura 10.3).

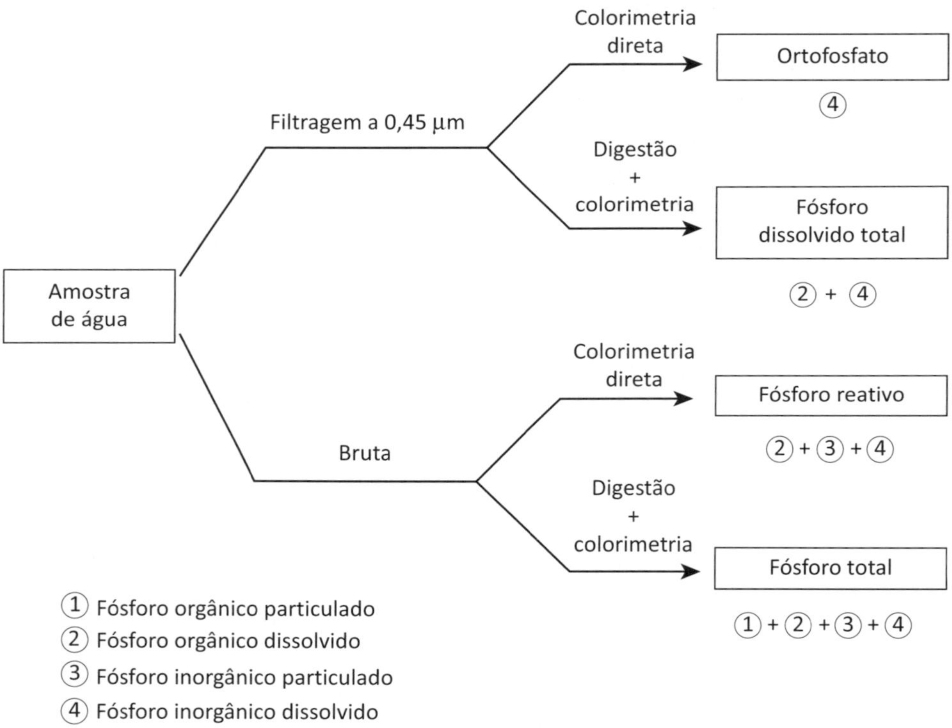

Figura 10.3 – Fluxograma simplificado para determinação das concentrações de ortofosfato, fósforo dissolvido total, fósforo reativo e fósforo total, em amostras de água. Os números abaixo de cada caixa indicam as frações de fósforo que são abrangidas pelo método indicado.

Fonte: APHA (1992).

10.7.1 DETERMINAÇÃO DA CONCENTRAÇÃO DE FÓSFORO REATIVO EM AMOSTRAS DE ÁGUA

Princípio do método

A determinação da concentração de fósforo reativo em amostras de água está baseada na formação do azul de molibdênio. O fósforo reativo da água reage com a solução ácida de molibdato de amônio e forma o composto azul de molibdênio. Logo, a concentração de azul de molibdênio na solução é diretamente proporcional à concentração de fósforo reativo na água. A intensidade da cor azul da solução é então mensurada em espectrofotômetro a 690 nm. Inicialmente, deve-se obter a curva de calibração do fósforo, conforme demonstrado a seguir.

Preparo da solução-padrão de fósforo 5 mg/L

1) Dissolver 0,2195 g de fosfato de potássio monobásico p.a. (KH_2PO_4) em água destilada, completando o volume para 1 L, em balão volumétrico. Essa solução-estoque contém 50 mg de fósforo/L;
2) Preparar a solução-padrão de fósforo 5 mg/L por se diluir 100 mL da solução-estoque 50 mg/L para 1 L, com água destilada, em balão volumétrico.

Preparo das soluções de calibração

Preparar uma série de soluções de calibração de 100 mL, a partir da solução-padrão de fósforo 5 mg/L, com as seguintes concentrações de fósforo: 0 mg/L; 0,025 mg/L; 0,05 mg/L; 0,1 mg/L; 0,25 mg/L; 0,5 mg/L e 1 mg/L. Para tanto, utilizar a expressão $C_1V_1 = C_2V_2$.

Para preparar, por exemplo, 100 mL da solução com 0,025 mg/L de fósforo, observar o seguinte cálculo:

$$5 \, x \, V_1 = 0{,}025 \, x \, 100$$

$$V_1 = 0{,}5 \text{ mL}$$

Ou seja, deve-se adicionar 0,5 mL da solução-padrão 5 mg/L, em balão volumétrico de 100 mL, e completar o volume com água destilada. O quadro a seguir traz os volumes da solução-padrão a serem utilizados no preparo de cada uma das soluções de calibração.

Concentração desejada de fósforo na solução (mg/L)	Volume da solução-padrão de fósforo 5.00 mg/L a ser diluído para 100 mL (mL)
0.000	ÁGUA DESTILADA
0.025	0.50
0.050	1.00
0.100	2.00
0.250	5.00
0.500	10.00
1.000	20.00

Em seguida, realizar os procedimentos descritos em "formação e quantificação do azul de molibdênio", para cada uma das soluções de calibração, e registrar as respectivas transmitâncias ópticas. Com os pares de valores obtidos, isto é, concentração de fósforo reativo na solução de calibração (eixo Y) e respectiva transmitância óptica (eixo X), obter, por análise de regressão, a reta que melhor se ajusta aos pontos observados. A equação dessa reta é a curva de calibração a ser utilizada nas determinações das concentrações de fósforo reativo na água, a partir das leituras de transmitância. De posse da curva de calibração, é possível determinar a concentração de P reativo de qualquer amostra de água que tenha concentração de P reativo entre 0 e 1 mg/L. Caso, após a aplicação dos reagentes do método do azul de molibdênio, a concentração de P reativo seja maior que 1 mg/L, deve-se diluir a amostra bruta com água destilada e proceder uma nova determinação. Em seguida, multiplicar o fator de diluição empregado pelo resultado obtido no método para obtenção da concentração de P reativo.

Reagentes

- *Solução ácida de molibdato de amônio*

Dissolver 25 g de molibdato de amônio p.a. ($(NH_4)_6Mo_7O_{24}.4H_2O$) em 175 mL de água destilada. Adicionar, lentamente, 280 mL de ácido sulfúrico (H_2SO_4) concentrado em 400 mL de água destilada, utilizando-se de balão volumétrico de 1 L. Aguardar que esfrie. Adicionar a solução de molibdato de amônio ao balão e completar o volume para 1 L, com água destilada.

- *Solução de cloreto de estanho*

Dissolver 2,5 g de cloreto de estanho II ($SnCl_2.2H_2O$) em 10 mL de ácido clorídrico concentrado. Completar o volume para 100 mL com água destilada.

Formação e quantificação do azul de molibdênio

1) Transferir 25 mL da amostra de água para frasco Erlenmeyer de 250 mL;
2) Adicionar 1 mL da solução ácida de molibdato de amônio. Misturar. Adicionar 5 gotas da solução de cloreto de estanho. Misturar e aguardar 10 minutos pela formação do azul de molibdênio;
3) Fazer a leitura da transmitância ótica com espectrofotômetro a 690 nm (vermelho), ajustando o aparelho para 100% de transmitância com o branco;[1]
4) Obter a concentração de fósforo reativo através da expressão matemática da curva de calibração.

10.7.2 DETERMINAÇÃO DA CONCENTRAÇÃO DE FÓSFORO TOTAL EM AMOSTRAS DE ÁGUA

Princípio do método

Para determinação do P total, as diferentes formas de P presentes na água são hidrolisadas até ortofosfato (P-orto) pelo tratamento da amostra com ácido sulfúrico, persulfato de potássio e digestão em autoclave. Em seguida, a concentração de P-orto que, nesse caso, representa a concentração de P total, é determinada pelo método do azul de molibdênio.

Reagentes

- *Solução indicadora de fenolftaleína*

Dissolver 0,50 g de fenolftaleína em 50 mL de álcool etílico 95%; adicionar 50 mL de água destilada. Adicionar, gota a gota, a solução de NaOH 0,02 N[18] até que uma leve coloração rosa apareça.

- *Solução de ácido sulfúrico*

Adicione 600 mL de água destilada a um balão volumétrico de 1 L. Lentamente, adicione 300 mL de H_2SO_4 concentrado ao balão. Ao final, complete o volume com água destilada para 1 L.

---

1 Branco = 25 mL de água destilada + 1 mL de solução ácida de molibdato de amônio + 5 gotas de solução de cloreto de estanho.

2 Solução NaOH 0,02 N: dissolver 0,8 g de NaOH em água destilada e completar o volume para 1 L, em balão volumétrico.

- *Solução de persulfato de potássio*

Dissolver 10 g de persulfato de potássio p.a. ($K_2S_2O_8$) em 200 mL de água destilada. Essa solução deve ser preparada sempre antes do uso.

- *Solução de hidróxido de sódio 2N*

Dissolver 80 g de NaOH, em água destilada, e diluir para 1 L, em balão volumétrico.

Procedimento analítico e cálculo do resultado

Digestão da amostra de água

1) Agite o frasco contendo a amostra de água para ressuspender o material particulado que esteja no fundo. Em seguida, retire, rapidamente, uma subamostra de 50 mL, transferindo-a para um tubo de ensaio em vidro borossilicato de 250 mL. Transferir 50 mL de água destilada para outro tubo de ensaio para preparação do branco;
2) Adicione algumas gotas da solução indicadora de fenolftaleína. Caso a cor da subamostra se torne rosada, adicione, aos poucos, a solução de ácido sulfúrico até que a cor rosa desapareça;
3) Adicione 1 mL da solução de H_2SO_4 e 10 mL da solução de persulfato de potássio. Cubra a boca dos tubos com papel alumínio (amostra e branco);
4) Autoclavar os tubos (amostra e branco) a 250 °C e 1 a 1,4 kgf/cm^2, por 30 min.

Preparo do material digerido para análise

1) Ao final da autoclavagem, aguardar que os tubos esfriem. Em seguida, adicionar algumas gotas da solução indicadora de fenolftaleína aos tubos;
2) Adicionar, lentamente, a solução de hidróxido de sódio 2 N até aparecimento de leve coloração rosa;
3) Transferir a solução para balão volumétrico de 100 mL, completando o volume com água destilada. Fazer o mesmo com o branco.

Determinação do fósforo total

1) Transferir 25 mL da solução anterior para frasco Erlenmeyer de 250 mL. Fazer o mesmo com o branco;

2) Aplicar as mesmas soluções e passos vistos na determinação da concentração de fósforo reativo, isto é, para formação do azul de molibdênio;
3) Obter a concentração de fósforo total na amostra de água, por meio da curva de calibração para fósforo total.

Curva de calibração

1) Utilizar a solução-padrão de fósforo de 5 mg/L, descrita no método do fósforo reativo, para preparar seis soluções de calibração de 100 mL com concentrações crescentes de fósforo (0; 0,025; 0,05; 0,1; 0,25; 0,5 e 1 mg/L);
2) Retirar 50 mL de cada solução de calibração e transferir para tubos de ensaio. Realizar os mesmos procedimentos descritos em "digestão da amostra de água";
3) Após a digestão, realizar os mesmos procedimentos descritos em "preparo do material digerido para análise";
4) Após o preparo, realizar os mesmos procedimentos descritos em "determinação do fósforo total" para obter as respectivas transmitâncias das soluções de calibração;
5) Com os pares de valores obtidos, isto é, concentração de fósforo total (eixo Y) e transmitância óptica (eixo X), obter, por análise de regressão, a reta que melhor se ajusta aos pontos observados. A equação dessa reta é a "curva de calibração" a ser utilizada na determinação das concentrações de fósforo total na água.

RESUMO

O fósforo é essencial à vida animal e vegetal. Os vegetais aquáticos, isto é, fitoplâncton e macrófitas aquáticas, assimilam o fósforo de que precisam para o metabolismo diretamente da água. Os animais aquáticos, por sua vez, obtêm a quantidade de fósforo necessária pela alimentação.

O fósforo, apesar de não ser o nutriente mais escasso no meio, é aquele que geralmente mais limita à produtividade primária aquática dulcícola. Formas orgânicas e inorgânicas de fósforo, tanto particuladas como dissolvidas, podem ser encontradas em viveiros e tanques de aquicultura. Muito embora as águas naturais sejam, em geral, pobres em ortofosfato, isto é, fósforo inorgânico dissolvido, seus sedimentos são ricos em fósforo.

Uma grande variedade de compostos orgânicos e inorgânicos pode se ligar ao fosfato na água e precipitá-lo até os sedimentos. Uma vez nos sedimentos, é possível – mas improvável – que o fosfato retorne à coluna d'água, porque as ligações que se formam entre os grupamentos fosfatos e os compostos metálicos no solo são fortes.

A qualidade da água de um reservatório pode ser mais bem avaliada por sua concentração de fósforo total. Quanto maior a concentração de fósforo total na água, pior é sua qualidade para usos múltiplos, isto é, consumo humano após tratamento, agropecuária, indústria, lazer, pesca e aquicultura. Ocorre grande desperdício de fósforo para o solo se a aplicação de fertilizantes fosfatados for realizada em águas ácidas. Para evitar que isso aconteça, deve-se, antes de aplicar o superfosfato, fazer a calagem da água para remoção de íons metálicos e permitir que haja um maior aproveitamento do fósforo do fertilizante pelo fitoplâncton.

Somente deve-se lançar efluentes de aquicultura na natureza quando não houver mais riscos de eutrofização dos corpos de água receptores. Algumas medidas podem ser tomadas para reduzir as concentrações de fósforo total na água de cultivo e, consequentemente, nos efluentes de tanques, como as seguintes:

1) Uso de cal virgem e hidratada;
2) Uso racional de fertilizantes;
3) Emprego de densidades de estocagem moderadas;
4) Restrição no fornecimento de alimento artificial;
5) Uso de rações ambientalmente corretas;
6) Uso de taxas mínimas de renovação de água;
7) Uso correto de aeração mecânica.

Existem métodos laboratoriais, relativamente simples, que permitem quantificar as concentrações de ortofosfato e fósforo total em amostras de água.

CAPÍTULO 11
Capacidade de suporte em aquicultura

11.1 CONCEITO DE CAPACIDADE DE SUPORTE EM AQUICULTURA

Capacidade de suporte ou de carga em aquicultura é a capacidade máxima de produção de um açude ou viveiro que ainda mantém a qualidade da água e do solo dentro de limites aceitáveis. Os estudos de capacidade de suporte visam determinar a maior biomassa de peixes ou camarões que pode ser mantida dentro da represa ou tanque sem deteriorar a qualidade da água e do solo. A ideia de que o aumento na produção de pescado leva à queda ou diminuição na qualidade da água está implícita no conceito de capacidade de suporte. De fato, ocorre maior entrada de matéria orgânica na água com a elevação no nível de produção de pescado, principalmente na forma de fezes de animais e plâncton morto. Essa maior concentração de detritos orgânicos na água e nos sedimentos causa aumento na turbidez, queda no oxigênio (O_2) dissolvido, maiores concentrações de gás carbônico (CO_2), amônia e nitrito e menor pH. Existe, portanto, uma relação diretamente proporcional entre o aumento no nível de produção aquícola e a deterioração da qualidade da água e do solo do ecossistema.

É importante destacar, entretanto, que o ecossistema aquático é capaz de diluir e assimilar uma determinada carga de nutrientes, *sem se degradar*. O ecossistema transforma, até certo limite, a matéria orgânica que foi adicionada e manter, com sucesso, o equilíbrio físico-químico (sanidade ambiental). A qualidade da água e dos sedimentos somente será comprometida quando o nível de produção, ou de eutrofização, ultrapassar a capacidade do ecossistema em assimilar novos nutrientes e compostos químicos.

Se a capacidade de suporte do ecossistema aquático é respeitada, a carga de resíduos liberados pela piscicultura e carcinicultura – que, do ponto de vista sistêmico, é uma perturbação ambiental – não quebra a resiliência do ecossistema.

Portanto, quando se opera dentro da capacidade de suporte, a matéria orgânica e os nutrientes adicionados ao açude ou tanque são devidamente assimilados pelo ecossistema, não havendo consequências ou efeitos indesejáveis. Nesse caso, as alterações das variáveis limnológicas são temporárias e se mantêm sempre dentro de limites aceitáveis do ponto de vista ecológico. Já quando a capacidade de assimilação ou de suporte do ecossistema é ultrapassada, isto é, quando há entrada excessiva de nutrientes e matéria orgânica, as alterações na qualidade da água e solo são permanentes *e nocivas* ao meio ambiente.

A capacidade de suporte do ecossistema vai diminuindo, progressivamente, à medida que os nutrientes (N, P) se concentram na água, podendo até zerar. A partir desse momento, qualquer acréscimo de nutrientes ou matéria orgânica ao ecossistema, especialmente de fósforo, pode provocar efeitos desastrosos para o meio e para vida aquática, como episódios de mortandades em massa de peixe e camarão. A carga máxima de nutrientes e matéria orgânica que pode ser assimilada pelo ecossistema aquático, sem causar deterioração na qualidade da água e do solo, corresponde à capacidade de suporte do corpo aquático. Capacidade de suporte, portanto, é a capacidade máxima do ecossistema aquático para receber novos nutrientes e matéria orgânica, sem sofrer degradação ambiental e pôr em risco a fauna e flora aquática.

As alterações limnológicas, que foram causadas pelo aumento na produção aquícola, devem estar dentro de limites aceitáveis. Mas que limites seriam esses? Na literatura, existem recomendações de adequação para os principais indicadores de qualidade de água em aquicultura, como oxigênio dissolvido, pH, amônia e transparência da água (Boyd e Tucker, 1998). As alterações limnológicas, que foram causadas pelo aumento no nível de produção de peixe e camarão, não devem levar a concentração de O_2 dissolvido na água subsuperficial para menos de 4 mg/L, ao longo de todo o dia. O pH da água, após a elevação da produção, deverá ainda estar compreendido entre 6 e 9, para piscicultura dulcícola, e 7,5 e 8,5 para carcinicultura marinha. Pelo fato de o fósforo ser o nutriente mais limitante à produtividade primária aquática, especialmente a dulcícola, e pela resposta explosiva do fitoplâncton à entrada de ortofosfato na água, escolheu-se a concentração de fósforo total da água como o indicador-chave dos estudos de capacidade de suporte. Com o crescimento das populações de fitoplâncton na água, estimulados pela maior disponibilidade de P no meio, ocorre grande produção de detritos orgânicos que demandam muito O_2 do ecossistema.

O aumento da produção aquícola não deve elevar a concentração de fósforo total da água para mais de 60 mg/L, isto é, 60 mg/m^3, em açudes e represas, ou mais de 500 mg/L, isto é, 500 mg/m^3, em viveiros e tanques de aquicultura. Para corpos hídricos de usos múltiplos, o Conselho Nacional do Meio Ambiente (Conama), na sua resolução 357/2005, estabeleceu limites máximos de fósforo total ainda mais restritivos, a saber: 30 mg/L, para ambientes lênticos, que são aqueles com tempo de residência da água maior que 40 dias, e 50 mg/L, para ambientes intermediários, aqueles com tempo de residência da água compreendido entre 2 e 40 dias. Na teoria, o ecossistema aquático somente teria seus múltiplos usos assegurados, isto é, consumo humano após tratamento, irrigação, pecuária, lazer, aquicultura etc. se aqueles limites de fósforo total fossem respeitados.

O limite máximo aceitável de fósforo total em tanques de aquicultura, isto é, 500 mg/L, não leva em consideração o regime de renovação de água praticado pelo produtor. Em outras palavras, esse limite de 500 mg P-total/L somente vale para tanques sem renovação de água. Entretanto, é muito comum a renovação diária da água dos tanques de criação, em taxas que variam, usualmente, de 5% a 20% do volume total. Quando se renova a água do tanque, parte do P da água é liberado nos efluentes. Logo, o limite máximo aceitável de P total será maior que 500 mg/L em tanques com renovação de água. Para cálculo da capacidade de suporte de tanques de aquicultura, propomos a aplicação dos seguintes fatores de correção para definição da concentração máxima aceitável de P total, em função do regime de renovação de água:

- 1,05 para renovação diária de água de 5%;
- 1,10 para renovação diária de água de 10%;
- 1,15 para renovação diária de água de 15%;
- 1,20 para renovação diária de água de 20%.

Logo, se o produtor renovar 10% do volume total de água por dia, o limite máximo aceitável de P total será igual a

$500 \times 1{,}10 = 550$ mg/L

Percebe-se que foi aplicado o mesmo percentual da taxa de renovação de água sobre a concentração de 500 mg/L. Assim, caso a renovação de água fosse de 30%, teríamos como limite máximo aceitável:

$500 \times 1{,}3 = 650$ mg P-total/L

O limite máximo aceitável de fósforo total em tanques aquícolas, isto é, 500 mg/L ou mais, supera muito o limite máximo aceitável de fósforo total em açudes e represas, isto é, 30 a 50 mg/L. O que explicaria essa diferença? Enquanto as águas de açudes e represas se destinam a múltiplos usos, as águas de viveiros e tanques de aquicultura se destinam, única e exclusivamente, à piscicultura e carcinicultura. No caso dos açudes e represas, estabeleceu-se o limite de fósforo de finalidade mais restritiva, entre todos os usos possíveis, como nível máximo aceitável de fósforo total. De todos os usos previstos para corpos hídricos de Classe 2, o consumo humano, após tratamento simplificado ou convencional, é a finalidade mais exigente em termos de qualidade de água. Logo, o limite de P total de 30 mg/L ou 50 mg/L visa a atender à finalidade prioritária de um corpo de água doce: ser fonte de água para consumo humano.

Já as águas utilizadas na criação de peixes e camarões são ricas em alimento natural, fito e zooplâncton, apresentando cor verde ou verde-amarronzada. Águas ricas em nutrientes são eutrofizadas, apresentando elevadas concentrações de fósforo total. Essa maior concentração de P total na água não é motivo de preocupação para o produtor, sendo, na verdade, desejável. A concentração de fósforo total em tanques de aquicultura, entretanto, não deveria ultrapassar 500 mg/L ou mais, pois levaria a unidade de cultivo para uma condição super ou hipereutrófica. Assim, uma faixa satisfatória de fósforo total na água de tanques de peixe e camarão seria, por exemplo, 200 a 300 mg/L. Essa faixa, embora seja adequada para águas de tanques de aquicultura, é muitíssimo elevada para águas destinadas a usos múltiplos. Já águas com concentração de P total entre 10 e 20 mg/L são adequadas ao consumo humano após tratamento, mas impróprias para piscicultura e carcinicultura em tanques.

Viveiros e tanques de aquicultura são ambientes bem mais manejáveis ou passíveis de controle que açudes e represas. Nos viveiros e tanques, pode-se realizar uma série de manejos de qualidade de água e de solo que são inviáveis ou mesmo impossíveis de se fazer em açudes e represas, como troca d'água, aeração mecânica, fertilização e calagem. O exemplo, a seguir, ilustra essa ideia. A calagem e a fertilização da água de tanques propiciam o desenvolvimento de elevada biomassa de plâncton. Como consequência inevitável, as concentrações de detritos orgânicos na água e no solo se elevam enormemente. Nessa situação, pode faltar O_2 na água, especialmente na fase final do cultivo. Para evitar que isso ocorra, o produtor aciona os aeradores mecânicos no período noturno, garantindo o suprimento de O_2 aos animais. Nos açudes e represas de médio e grande porte, esse manejo de aeração suplementar é impossível ou totalmente ineficaz.

11.2 O PAPEL DE DESTAQUE DA NUTRIÇÃO NA CAPACIDADE DE SUPORTE AQUÍCOLA

A concentração de fósforo total na água é variável-chave dos estudos de capacidade de suporte de reservatórios, sejam tanques ou represas. A entrada de fósforo na água, bem mais que o aporte de qualquer outro elemento (C, N), impacta o metabolismo do ecossistema aquático. O fósforo aquícola é aquele que entra no meio via fertilizantes e arraçoamento. Para os tanques e viveiros, a entrada de P por essas duas vias deve ser considerada no cálculo da capacidade de suporte; para açudes e represas, considera-se apenas a entrada de fósforo via ração, já que não se faz a fertilização da água. Em tanques e viveiros de aquicultura, a carga de fósforo via arraçoamento é, em regra, bem maior do que aquela proveniente da fertilização. Portanto, o aquicultor que deseja mitigar os impactos ambientais de sua fazenda, especialmente combater a eutrofização dos ecossistemas locais, deve dar especial atenção à nutrição e ao manejo alimentar dos animais cultivados.

Muito embora as perdas de ração para água, na forma de ração não consumida, sejam pequenas, ainda assim ocorre grande desperdício de fósforo alimentar para o meio aquático. O processo digestivo de peixes e camarões é incompleto, ou seja, apenas uma fração do alimento que foi ingerido é efetivamente digerido e assimilado pelo organismo. A fração do alimento que não foi digerida é descartada para o meio, na forma de fezes. A concentração de fósforo nas fezes de peixes e camarões cultivados é significativa, demostrando que há grande ineficiência no processo de assimilação do fósforo da ração. Estima-se que ocorra o lançamento de 15 a 30 kg de fósforo total no reservatório por tonelada de tilápia produzida em tanques-redes. A liberação de P para o meio se aproxima de 15 kg/t peixe para as pisciculturas que conseguem produzir com FCA baixo; mas a descarga de P está próxima a 30 kg por tonelada quando o FCA for elevado. Uma vez na água e nos sedimentos, as fezes são decompostas por bactérias heterotróficas que liberam fósforo para o meio. Assim, o FCA, além da sua grande importância na lucratividade do negócio, tem enorme relevância ambiental.

O FCA indica o grau de aproveitamento dos nutrientes da ração pelo animal. Se o FCA é alto, acima de 1,7, por exemplo, está havendo grande desperdício de ração no cultivo, na forma, principalmente, de fezes. Já quando o FCA é baixo, próximo a 1, a eficiência na conversão de alimento em biomassa despescada é grande. O FCA pode ser influenciado por diversos fatores, como qualidade da água, fase de vida e higidez animal. Entretanto, a qualidade da ração e o manejo alimentar são os fatores que mais afetam o valor final do FCA. Rações fabricadas com ingredientes de baixa qualidade, isto é, ricos em fibras, gorduras saturadas e fatores antinutricionais, apresentam baixa digestibilidade. Com a oferta dessas rações, a produção de fezes pelos animais é bem maior. Rações fabricadas sob condições inadequadas de processamento, especialmente no que se refere ao grau de cozimento da massa, também possuem digestibilidade inferior. Caso se utilize rações de baixa digestibilidade na alimentação dos animais, elevados valores de FCA serão obtidos pelo produtor.

Em relação ao manejo alimentar, os horários e a frequência de arraçoamento devem considerar a fase de vida da espécie, bem como a qualidade da água, em especial quanto à temperatura e a concentração de O_2. O correto uso das tabelas alimentares também tem importância capital nessa questão. As taxas de arraçoamento empregadas devem buscar um equilíbrio entre alimentação satisfatória e desperdício mínimo. Recomenda-se que o produtor ajuste as taxas alimentares, que foram sugeridas pelo fabricante da ração, em função do comportamento alimentar dos animais. Manejo alimentar incorreto, por desconhecimento ou negligência, leva a valores elevados de FCA e, com isso, maior impacto ambiental e menor sustentabilidade econômica.

O fósforo vegetal, que é aquele presente no farelo de soja, milho e farelo de trigo, que são os alimentos mais utilizados na produção de rações aquícolas, apresenta baixo aproveitamento biológico pelos peixes e camarões. A principal forma de armazenamento de fósforo dos vegetais terrestres, fitato, é uma molécula indigestível pelos animais monogástricos, como peixes e camarões. Como esses animais não possuem a enzima fitase, o fósforo fítico passa no tubo intestinal sem ser digerido, sendo perdido para as fezes. Por isso, as fábricas de ração para aquicultura suplementam seus produtos com fontes biodisponíveis de fósforo, sendo o fosfato bicálcico uma das fontes mais utilizadas. Embora a inclusão de fontes minerais de P seja bem-sucedida do ponto de vista do crescimento animal, essa estratégia acaba por contribuir com a eutrofização do meio, já que leva a significativas perdas de fósforo para a água.

Seria bem melhor se o fósforo dos ingredientes práticos da ração fosse passível de assimilação pelo organismo. O fitato, entretanto, é uma molécula que apresenta grande estabilidade química, sendo pouco hidrolisada por outro meio que não seja o da digestão enzimática.

Quando o cultivo de peixes ocorre em açudes e represas, os resíduos do processo produtivo são lançados diretamente no meio ambiente. Já quando o cultivo é realizado em tanques e viveiros, os resíduos permanecem dentro da unidade de cultivo por certo tempo, podendo, *ou não*, ser liberados para o meio ambiente. Logo, a eutrofização é mais fácil de ser controlada em tanques e viveiros do que em açudes e represas. Nos tanques, bastaria não drenar os efluentes para o meio ambiente, mais sim para uma bacia de sedimentação. Desse modo, a água tratada na bacia poderia ser drenada, com segurança, para o meio ambiente ou, o que seria ainda melhor, ser reutilizada em novo ciclo produtivo, após a recuperação de suas características limnológicas.

O produtor deve prevenir a eutrofização de açudes e represas, já que é bastante difícil e caro a recuperação desses ecossistemas. Apresentamos, a seguir, algumas recomendações práticas para prevenir ou, ao menos, mitigar a eutrofização de açudes e represas utilizados em cultivos aquícolas:

1) Monitorar, de modo sistemático e cuidadoso, o FCA *ao longo do cultivo* e não apenas ao final. Como é difícil obter um FCA igual a 1, propõe-se um FCA máximo de 1,2 para piscicultura em reservatórios. Caso o FCA esteja ultrapassando aquele valor, medidas urgentes deveriam ser tomadas pelo produtor para recuperar o FCA;

2) Piscicultores que operam em açudes e represas deveriam utilizar apenas rações de alta qualidade. Nesse caso, a escolha da qualidade da ração não deveria ficar apenas a critério do produtor. Para açudes e represas, não deveria existir a opção "ração de baixa qualidade". As fábricas de ração deveriam desenvolver produtos especialmente desenhados para a alimentação e nutrição de peixes criados intensivamente em tanques-redes, que possuíssem alta densidade nutricional, com maiores níveis de proteínas e lipídios; e menores de fibras. A concessão de licenças ambientais para piscicultura em reservatórios deveria estar condicionada, entre outros aspectos, ao uso de rações de alta digestibilidade;

3) Quem cria peixes em tanques-redes não pode ser negligente em relação ao manejo alimentar. Nesse caso, um manejo alimentar incorreto não traz somente prejuízos financeiros, mas também ambientais. Os piscicultores em tanques-redes devem adotar taxas alimentares ainda mais restritivas que as empregadas na aquicultura de tanques e viveiros. Muito embora isso possa reduzir um pouco a taxa de crescimento dos animais, os benefícios ambientais alcançados seriam compensadores. Os cultivos seriam mais longos, mas teriam maior segurança ambiental. É preferível ganhar um pouco menos, por longo tempo, do que ganhar mais por tempo curto.

11.3 ELEVAÇÃO DA CAPACIDADE DE SUPORTE AQUÍCOLA

Em tanques e viveiros de aquicultura, a capacidade de suporte diminui à medida que aumenta a biomassa algal e a concentração de detritos orgânicos na água. Esses, por sua vez, aumentam com a entrada de fósforo na água, via fertilização e, principalmente, arraçoamento. O acúmulo de detritos orgânicos, em decomposição no fundo, remove grande parte, se não todo, o oxigênio dissolvido na água. A escassez de O_2, causada pela eutrofização da água, é o que explica, em grande parte, a queda na capacidade de suporte aquícola. Assim, a capacidade de suporte aquícola poderia ser recuperada ou elevada pelo emprego de aeração mecânica suplementar.

Os aeradores mecânicos, sejam de pás, turbinados ou bombas verticais, elevam a concentração de O_2 na água de forma bastante eficiente. Com a maior oferta de O_2 na água, o tanque de cultivo pode abrigar e *suportar*, de forma segura, uma maior biomassa de organismos aquáticos, assim como realizar a decomposição aeróbia de maiores quantidades de matéria orgânica. Portanto, o uso de aeradores mecânicos permite a intensificação segura dos cultivos aquícolas, com a obtenção de elevadas taxas de produtividades de pescado. Nessa questão, deve-se considerar os benefícios da aeração tanto para a água de cultivo, como para os efluentes dos tanques. Assim como a aeração mecânica é benéfica para água de cultivo (perspectiva produtiva), a aeração também é importante para a qualidade dos efluentes dos tanques (perspectiva ambiental). Entre as características comumente encontradas em efluentes aquícolas, destaca-se a baixa concentração de O_2. A descarga de grandes volumes de efluentes desoxigenados pode causar sério dano ambiental. Por isso, os efluentes de aquicultura deveriam ser aerados, natural ou artificialmente, em bacia de tratamento, até que apresentassem 4 mg/L ou mais de O_2. Após isso, essas águas poderiam ser descartadas, com segurança, na natureza ou, o que seria ainda melhor, ser reutilizadas em novo ciclo produtivo.

Enquanto a aeração mecânica de ecossistemas aquáticos rasos, como tanques e viveiros de aquicultura, é bastante eficiente, a aeração de corpos de água profundos e de grande área, como açudes e represas, é duvidosa, quando não impossível. Isso, ao menos, com a utilização dos equipamentos e sistemas convencionais de aeração. Entretanto, pelos claros e indiscutíveis benefícios que a aeração suplementar pode trazer ao ecossistema aquático, seria importante o desenvolvimento de tecnologias de aeração que possam ser utilizadas, com eficiência, em grandes reservatórios de água. Se o sistema de aeração suplementar implantado conseguisse oxigenar a água de fundo e desestratificar a coluna d'água de açudes e represas, haveria grandes benefícios limnológicos, econômicos e sociais para esses mananciais. Nesse caso, a aeração suplementar beneficiaria não apenas a aquicultura, mas todos os demais usos previstos para o reservatório, como consumo humano, agropecuária, lazer e pesca. Como os grandes açudes e represas são públicos, a parceria público-privada seria, provavelmente, o melhor caminho para viabilizar esse objetivo.

11.4 MODELO TEÓRICO DE CAPACIDADE DE SUPORTE

O modelo teórico fundamental de capacidade de suporte é bastante simples, como se pode ver a seguir:

$$\Delta \text{[P-total]} = \text{[P-total]}_{\text{final}} - \text{[P-total]}_{\text{inicial}}$$

Onde:

Δ [P-total]: Capacidade de suporte do corpo de água.

$\text{[P-total]}_{\text{final}}$: Concentração final de fósforo total na água, sendo igual ao nível máximo aceitável de fósforo total estabelecido pela legislação ou literatura especializada.

$\text{[P-total]}_{\text{inicial}}$: Concentração inicial de fósforo total na água, ou seja, aquela observada antes da instalação de tanques-redes no açude ou do povoamento dos viveiros com peixes e camarões.

Para determinação da concentração inicial de fósforo total da água, várias amostras de água subsuperficial devem ser coletadas, em diferentes pontos do corpo de água. A concentração final de fósforo total na água é a concentração máxima aceitável de P total, ou seja, 30 a 50 mg/L, para açudes e represas, e 500 mg/L ou mais, para viveiros e tanques. Portanto, a capacidade de suporte é a maior variação na concentração de fósforo total da água que não leva a concentração inicial de fósforo para além dos limites considerados adequados ou seguros.

O cálculo da capacidade de suporte tem por objetivo estimar ou prever o impacto causado pela atividade produtiva na qualidade da água e nas características limnológicas do ecossistema, de tal modo que se possa determinar a biomassa máxima sustentável de peixes e camarões. Não se trata de um cálculo simples, especialmente para os grandes açudes e represas. A complexidade dos processos que compõem o metabolismo dos ecossistemas aquáticos dificulta a previsão da concentração de fósforo total na água após certo tempo, como após um ano ou mais. Além disso, nem todo fósforo que é lançado ou liberado na água está disponível aos produtores primários. Grande parte do fósforo presente nas fezes dos animais, na ração não consumida e nos detritos orgânicos fica retida aos sedimentos no fundo, tornando-se, desse modo, indisponível ao fitoplâncton. Apesar dessa complexidade do ecossistema aquático, consideramos válido o emprego de um modelo simplificado para o cálculo da capacidade de suporte. Esse modelo simplificado leva em consideração um menor número de dados de entrada. A aparente fragilidade dessa abordagem, entretanto, tem uma importante compensação: o modelo teórico simplificado de capacidade de suporte se torna ainda mais rigoroso na preservação ambiental do que os modelos mais complexos porque subestima a biomassa máxima sustentável. Não obstante essa limitação, o modelo simplificado pode ser útil por permitir, de modo mais prático, o manejo seguro e responsável de açudes e viveiros para aquicultura.

Antes de fazer o cálculo da capacidade de suporte de açudes e viveiros para aquicultura, é importante abordar a questão das diferentes fontes eutrofizantes do ecossistema aquático. Além da criação de peixes, existem outros agentes eutrofizantes de açudes e represas, com destaque para o lançamento de esgotos domésticos e efluentes agropecuários. É comum o crescimento de uma ou mais cidades nas proximidades dos ecossistemas aquáticos. Essas populações humanas lançam, muitas vezes, seus resíduos domésticos, comerciais, agropecuários e industriais nos reservatórios, de forma direta ou indireta, muitas vezes sem nenhum tratamento. Como os esgotos domésticos e os efluentes agropecuários são ricos em nutrientes, principalmente nitrogênio e fósforo, seu lançamento causa intensa eutrofização dos corpos de água receptores. A consequência inevitável é a deterioração da qualidade da água e do solo dos corpos. Mesmo quando se faz o tratamento das águas residuárias residenciais em estações de tratamento de esgoto (ETEs), antes do lançamento na natureza, ainda ocorre a entrada de quantidades significativas de fósforo nos corpos de água receptores. A remoção de compostos dissolvidos na água, especialmente de fosfatos, sai caro porque exige a aplicação de compostos químicos nos tanques de tratamento, prática que usualmente não é realizada nos ETEs. Por isso, o cálculo da capacidade de suporte de corpos hídricos deve considerar a entrada de fósforo a partir de qualquer fonte, não apenas proveniente da aquicultura. Uma fonte de fósforo para água de difícil quantificação é o escoamento que ocorre a partir da bacia de drenagem que "alimenta" o corpo d'água de nutrientes de forma difusa. Quando se considera o conjunto de fontes de P para o ecossistema aquático, o valor da biomassa máxima sustentável diminui consideravelmente, visto existirem outras portas de entrada de fósforo para água.

O modelo matemático empregado no cálculo da capacidade de suporte e da máxima biomassa sustentável deve levar em consideração a entrada de fósforo a partir de todas as fontes possíveis ou, pelos menos, das mais importantes. Desse modo, as contribuições eutrofizantes a partir do lançamento de esgotos domésticos e comerciais; despejos industriais, atividades agropecuárias e aquicultura devem ser devidamente consideradas. Ao se comparar o peso de cada um desses agentes na eutrofização do manancial, conclui-se que a participação da atividade aquícola é, proporcionalmente, pequena quando comparada às demais entradas de P. Entretanto, como é bem mais fácil fiscalizar o número de tanques-redes instalados em um açude do que construir e operacionalizar todo o sistema de esgotamento sanitário de uma cidade, medidas paliativas, com foco apenas na aquicultura, muitas vezes são tomadas. Com isso, o processo de eutrofização e deterioração do corpo aquático continua a ocorrer, não obstante a ação restritiva realizada sobre a aquicultura local.

11.5 CÁLCULO SIMPLIFICADO DA CAPACIDADE DE SUPORTE E DA MÁXIMA BIOMASSA SUSTENTÁVEL EM AQUICULTURA

O cálculo simplificado da capacidade de suporte e da máxima biomassa sustentável para aquicultura é apresentado, a seguir, por meio de dois exemplos práticos, sendo um para açudes e represas; e outro para viveiros e tanques. Esse modelo é simplificado por levar em consideração apenas algumas das variáveis envolvidas no problema. Entretanto, o modelo de cálculo aqui apresentado, por subestimar o valor da máxima biomassa sustentável, acaba por proteger o meio ambiente e os locais de cultivo das consequências nocivas da eutrofização.

11.5.1 AÇUDES E REPRESAS

Para cálculo da capacidade de suporte e da biomassa máxima sustentável, em açudes e represas, são necessárias as seguintes informações:

1) Volume atual do reservatório;
2) Tempo de residência da água;
3) Concentração de fósforo total da água;
4) Produtividade esperada de peixe (tilápia) em kg/m^3 de tanque-rede (TR)/ciclo;
5) Volume do TR utilizado (m^3);
6) Número de ciclos de produção/ano;
7) Concentração de P na ração;
8) FCA esperado.

Considere os seguintes dados:

1) Volume atual do açude: 1 bilhão de m^3 de água;
2) Classificação do açude quanto ao tempo de residência da água: lêntico;
3) Concentração inicial de fósforo total na água = 10 mg/m^3;
4) Produtividade esperada de tilápia = 125 kg/m^3 de tanque-rede (TR) /ciclo;
5) Volume do TR = 6 m^3 (2 x 2 x 1,5 m);
6) Previsão do número de ciclos de produção/ano = 2;
7) Teor de fósforo na ração a ser utilizada na alimentação dos peixes = 1%;
8) Fator de conversão alimentar (FCA) esperado = 1,8:1.

Tendo em vistas as informações anteriores, qual seria a produção máxima sustentável de tilápia-do-nilo suportada pelo açude?

Solução

1º passo: *Calcular a capacidade de suporte do corpo hídrico*

O modelo matemático básico de capacidade de suporte é o seguinte:

$$D\ [\text{P-total}] = [\text{P-total}]_{\text{final}} - [\text{P-total}]_{\text{inicial}}$$

Como o açude foi classificado como lêntico, a concentração máxima aceitável de fósforo total, segundo o Conama, é de 30 mg/m^3. Como a concentração inicial de fósforo total da água é de 10 mg/m^3, temos o que segue:

Capacidade de suporte = 30 mg/m^3 - 10 mg/m^3 = 20 mg de fósforo total/m^3/ano

Logo, o açude suportaria uma variação máxima de 20 mg P-total/m^3/ano, sem deteriorar a qualidade de suas águas e solo, mantendo a multiplicidade de usos para EACs de Classe 2 prevista pelo Conama. Ressalte-se que essa variação de P-total abrange todas as fontes possíveis de P para o reservatório, não apenas a partir da aquicultura. Assim, a capacidade de suporte total deve compreender todas as entradas existentes de P, como a partir dos afluentes domésticos, comerciais, agrícolas, pecuários, aquícolas e industriais, além das entradas de P via lixiviação do solo da bacia de drenagem (fonte difusa). Portanto, não é correto atribuir a capacidade de suporte total somente para a aquicultura. Caso não se considerasse as demais fontes de P, além da aquicultura, o aumento na concentração de P-total na água ultrapassaria, certamente, o limite de segurança ambiental.

O "Manual de procedimentos técnicos e administrativos de outorga de direito de uso de recursos hídricos", da Agência Nacional de Águas (ANA, 2013), estabeleceu que o incremento máximo de P pela aquicultura poderá ser igual a 1/6 da concentração máxima aceitável de P-total do corpo hídrico, definida pela resolução 357/2005 do Conama. Desse modo, a aquicultura pode incrementar até 5 mg P-total/m^3/ano, em EACs lênticos, e até 8,3 mg/m^3, em EACs intermediários. Assim, muito embora a capacidade de suporte total do açude do exercício seja igual a 20 mg P-total/m^3/ano, deve-se considerar no cálculo a capacidade de suporte de 5 mg P-total/m^3/ano, que é a cota reservada para aquicultura.

Os ecossistemas aquáticos apresentam grande capacidade de diluição e assimilação de diferentes elementos e compostos químicos. O metabolismo aquático pode ser definido como o conjunto de reações e processos físicos, químicos e biológicos que transformam os elementos e as substâncias dentro do ecossistema. Assim, existem os metabolismos do C, N, P etc. no meio aquático, representados por seus respectivos ciclos biogeoquímicos. Desses, o metabolismo aquático do fósforo é um dos mais ativos. Após certo tempo, parte do fósforo que foi adicionado à água precipita até os sedimentos, podendo ficar retido ao solo de forma permanente, sendo excluído do metabolismo aquático. O fósforo preso ao solo se torna indisponível ao fitoplâncton e não causa, pelo menos por certo tempo, eutrofização do ecossistema aquático.

Além disso, ocorre descarga ou remoção de fósforo do meio aquático, no período chuvoso, quando o açude perde água pela superfície (sangramento). É por essas razões que o lançamento de 20 mg de P-total/m^3, a partir das diferentes fontes, não incrementa a concentração de P da água em 20 mg P-total/m^3, elevando a concentração de fósforo total do açude, em nosso exemplo, para 30 mg/m^3. Se 50% do P-total for precipitado até o solo, o incremento de P-total no açude será apenas a metade do que foi inicialmente liberado na água, isto é, mais 10 mg/m^3. Com isso, a concentração final de P-total subiria de 10 mg/m^3 para 20 mg/m^3 e não 30 mg/m^3. Portanto, processos do metabolismo do ecossistema aquático, como a renovação da água e a imobilização no sedimento, reduzem a concentração de fósforo total da água, com o passar do tempo. Entretanto, caso os afluentes do reservatório contenham mais fósforo que seus efluentes e ocorra a liberação de fósforo do solo, haverá aumento na concentração de fósforo na água com o tempo. É por conta dessa dinâmica que novas amostras de água devem ser coletadas após certo tempo, geralmente após 1 ano, para atualizar o cálculo da capacidade de suporte.

A estimativa da capacidade de suporte do reservatório é feita logo no início do cálculo para saber se é possível ou não a entrada de mais fósforo no meio, sem degradação ambiental. Se a capacidade de suporte for zero, ou até mesmo negativa, não se poderia adicionar nenhum tanque-rede ao açude sem pôr em risco o ecossistema. Nesse caso, não haveria justificativa para se prosseguir com os demais passos do cálculo. Quando a capacidade de suporte do corpo aquático é zero ou negativa, deve-se esperar que ocorra sua recuperação por processos naturais ou realizar sua oligotrofização por meios artificiais, antes que se possa iniciar algum projeto de piscicultura em tanques-redes.

2º passo: *Calcular a produtividade de pescado por TR por ano*

Estima-se produzir 125 kg de tilápia/m^3 de TR. Como cada TR tem 6 m^3 e estão previstos dois ciclos de produção/ano, teremos como segue:

125 kg de tilápia/m^3 × 6 m^3 × 2 ciclos/ano = 1500 kg de tilápia/TR/ano.

3º passo: *Calcular a quantidade de ração a ser fornecida por TR por ano*

O FCA esperado é de 1,8:1. Isso significa a utilização de 1,8 kg de ração para obtenção de 1 kg de ganho em peso animal. Para simplificar, podemos considerar que se gasta 1,8 kg de ração para produção de 1 kg de pescado. Como a previsão é produzir 1500 kg de tilápia/TR/ano, a quantidade de ração a ser utilizada é como segue:

1500 kg de tilápia/TR/ano × 1,8 = 2700 kg de ração/TR/ano

4º passo: *Calcular a quantidade total de fósforo na ração fornecida aos peixes cultivados*

Sabe-se que o teor de fósforo na ração, a ser utilizada, é de 1%. Logo, para determinar a quantidade total de fósforo na ração ofertada basta calcular como segue:

0,01 × 2700 kg de ração/TR/ano = 27 kg de fósforo/TR/ano

Portanto, cada tanque-rede terá recebido a entrada de 27 kg de fósforo, via arraçoamento, após um ano de produção.

5º passo: *Calcular a quantidade total de fósforo lançada no meio ambiente por TR por ano*

Segundo Boyd e Tucker (1998), a tilápia contém 26% de matéria seca, da qual 9% é nitrogênio[1] e 3% é fósforo. Logo, um kilograma de tilápia, na matéria natural, ou seja, em peso vivo, contém 7,8 g de fósforo. Nossa primeira providência é saber quanto do fósforo alimentar, ou seja, aquele fornecido via arraçoamento, será recuperado na biomassa despescada nos TRs. Para isso, basta aplicarmos uma regra de três simples: se 1 kg de tilápia contém 7,8 g de fósforo, 1500 kg, que é a produção estimada de tilápia/TR/ano, conterão "*x*". Fazendo os cálculos, teremos como segue:

1500 kg/TR/ano x 7,8 g de fósforo = 11.700 g ou 11,7 kg de fósforo/TR/ano

Em seguida, fazemos o balanço de massas entre a quantidade total de fósforo contida na ração ofertada aos animais (entrada) e a quantidade total de fósforo recuperada no peixe (saída). O resultado dessa operação é a quantidade de fósforo que foi lançada no meio ambiente por TR por ano, como segue:

27.000 g de fósforo alimentar/TR/ano – 11.700 g de fósforo no peixe/TR/ano = 15.300 g de fósforo/TR/ano ou 15,3 kg/TR/ano

Entretanto, apenas uma parte desse fósforo que foi liberado pela aquicultura permanecerá na água, ficando disponível aos produtores primários. Uma quantidade considerável de fósforo poderá ser exportada para outros ecossistemas através de descargas superficiais (efluentes). Nessa questão, é importante considerar o tempo de residência da água no reservatório. Se o EAC for classificado como lêntico, ou seja, aqueles com tempo de residência da água maior que 40 dias, a retenção estimada de fósforo é de 50%, ou seja, apenas metade do P liberado permanecerá no meio. Já nos EACs classificados como intermediários, isto é, aqueles com tempo de residência da água entre 2 e 40 dias, a retenção estimada de fósforo é de 30%. Como o açude do

[1] Logo, a farinha de tilápia inteira contém cerca de 56% de proteína bruta, na base seca.

exercício foi classificado como lêntico, somente metade do fósforo lançado pela aquicultura permanecerá no meio. Em termos numéricos, 15.300 g/2 = 7.650 g P-total/TR/ano. Considerando que a produtividade é de 1500 kg tilápia/TR/ano e que a retenção de fósforo total no meio é de 7,65 kg/TR/ano, a liberação de P aquícola para o reservatório é de 5,1 kg/t de tilápia despescada.

6º passo: *Calcular o incremento de fósforo total no meio ambiente (m^3/TR/ano)*

Haverá a diluição de 7.650 g de fósforo/TR/ano, em um volume de 1 bilhão de m^3 de água. Para calcularmos o incremento de P por m^3 por TR por ano, basta procedermos como segue:

7.650.000 mg P total/TR/ano ÷ 1.000.000.000 m^3 = 0,00765 mg P total/m^3/TR/ano

7º passo: *Calcular o número máximo sustentável de TRs que pode ser instalado no açude*

Finalmente, para sabermos o número máximo de TRs que pode ser instalado no açude, respeitando sua capacidade de suporte, basta calcularmos como segue:

N° máximo sustentável TR = capacidade de suporte aquícola ÷ incremento de P total/m^3/TR/ano

∴ N° máximo sustentável TR = 5 mg P total/m^3/ano ÷ 0,00765 mg P total/m^3/TR/ano = 653 TRs de 6 m^3

Isso corresponde à produção sustentável de 979 t de peixe/ano. Nesse cálculo, não se utilizou a capacidade de suporte total do reservatório que, em nosso exercício, é igual a 20 mg P-total/m^3/ano, mas sim a capacidade de suporte aquícola que, pela legislação da ANA (2013) é igual a 5 mg P-total/m^3/ano para EACs lênticos.

Por considerar que a piscicultura não deve alterar o estado trófico do açude e que valores de índice de estado trófico (IET) superiores a 54 já classificam o reservatório como eutrófico (Toledo-Júnior *et al.*, 1983), o esforço de cultivo, ambientalmente seguro, será aquele que mantém o IET abaixo de 54, por longo período. Além disso, o esforço de cultivo deveria sempre variar de forma inversamente proporcional às alterações do IET.

Após o cálculo do esforço máximo de cultivo que respeita a capacidade de suporte do corpo d'água, faz-se o ajuste do resultado obtido à norma legal. O Ministério do Meio Ambiente do Governo Federal, juntamente com a hoje extinta SEAP/PR,

Secretaria Especial de Aquicultura e Pesca da Presidência da República, publicou, em 28 de abril de 2005, a Instrução Normativa Interministerial (INI) nº 7, que apresenta os critérios a serem observados para implantação de parques aquícolas em águas da União. Um dos pontos mais importantes da INI nº 7 prevê que a ocupação máxima permitida do corpo d'água, pela aquicultura, é de 1% da área superficial. Portanto, os 653 tanques--redes do exercício anterior poderiam ocupar somente 1% da área do espelho d'água. Caso a área efetivamente ocupada com os tanques-redes superasse 1% da área toral, o número de TRs deveria ser reduzido para atender a norma legal.

É importante deixar claro que as normas da INI nº 7/2005 não substituem os estudos de capacidade de suporte, que continuam sendo indispensáveis. Os estudos de capacidade de suporte devem preceder a aplicação da norma legal. A INI nº 7/2005 é apenas mais um instrumento utilizado pelo Poder Público para preservar os recursos hídricos, atuando de forma suplementar aos estudos de capacidade de suporte. Seria arriscado, entretanto, se a INI nº 7/2005 fosse aplicada de modo exclusivo, ou seja, sem considerar os estudos de capacidade de suporte. Essa situação, lamentavelmente, não é rara porque muitas vezes não se dispõe de resultados de capacidade de suporte de reservatórios públicos. Quando se aplica apenas a norma legal, pode ocorrer a implantação indevida de parques aquícolas em corpos d'água eutrofizados e, até mesmo, supereutróficos. A capacidade de suporte desses reservatórios é zero ou mesmo negativa. Tal situação, sem dúvida, põe em risco o equilíbrio ecológico desses corpos d'água, reduzindo os usos múltiplos e a utilidade social desses reservatórios.

11.5.2 VIVEIROS E TANQUES

Considere os seguintes dados:

1) Área do viveiro = 2000 m^2;
2) Profundidade média = 1 m;
3) Peso corporal inicial da tilápia = 1 g;
4) Estimativa de peso corporal final da tilápia = 40 g;
5) Concentração inicial de fósforo total na água = 40 mg/m^3;
6) Teor de fósforo total na ração = 0,8%;
7) Fator de conversão alimentar (FCA) esperado = 1,4:1;
8) Taxa diária de renovação de água = 10% do volume total;
9) Potência instalada de aeração mecânica da água = 1 hp.

Qual o número máximo sustentável de juvenis de tilápia-do-nilo de 1 g que pode ser estocado no viveiro?

Solução

1º passo: *Calcular a capacidade de suporte do viveiro*

Para viveiros e tanques, segue-se o mesmo modelo matemático de capacidade de suporte utilizado para açudes e represas, a saber:

Δ [P-total] = [P-total] $_{\text{final}}$ – [P-total] $_{\text{inicial}}$

Logo, teremos como segue:

Capacidade de suporte do viveiro = [P-total] $_{\text{final}}$ – 40 mg/m^3

A concentração máxima aceitável de fósforo total em viveiros de piscicultura, segundo recomendação de Boyd e Tucker (1998), é de 500 mg/m^3. Como a taxa diária de renovação da água é de 10%, corrigimos o limite máximo de P-total na água também em 10%, ou seja, 500 × 1,1 = 550 mg/m^3. Com isso, a expressão anterior fica da seguinte forma:

Capacidade de suporte do viveiro = 550 mg/m^3 – 40 mg/m^3 = 510 mg de P total/m^3/ ciclo de produção

Portanto, o viveiro pode ter o incremento de até 510 mg de P total/m^3, ao longo do ciclo de produção, sem que sua capacidade de suporte seja ultrapassada.

2º passo: *Calcular a quantidade de ração fornecida por peixe despescado*

Considerando que o FCA previsto é de 1,4:1, haverá o fornecimento de 1,4 kg de ração para obtenção de 1 kg de ganho em peso ou de 1,4 g de ração para 1 g de ganho em peso corporal. O peso corporal final dos peixes é de 40 g. Como o peso corporal inicial é de 1 g, o ganho em peso individual é de 39 g. Se para obter 1 g de ganho em peso, estima-se gastar 1,4 g de ração, para obter 39 g de ganho em peso serão gastos 1,4 × 39 = 54,6 g de ração/peixe. Assim, estima-se a utilização de 54,6 g de ração por tilápia de 40 g despescada, até o final da recria.

3º passo: *Calcular a entrada de fósforo no viveiro por meio da ração fornecida aos peixes*

A ração utilizada na alimentação dos animais contém 0,8% de fósforo. Logo, há 0,8 g de fósforo por 100 g de ração. Como haverá o fornecimento de 54,6 g de ração por peixe de 40 g despescado, basta fazer a regra de três, a seguir, para determinar a quantidade de fósforo que será adicionada ao viveiro por meio da ração:

0,8 g P → 100 g de ração

x ← 54,6 g de ração

∴ x = (54,6 * 0,8)/100 = 0,4368 g P/tilápia de 40 g

Portanto, haverá a entrada de 0,4368 g de fósforo no viveiro por peixe de 40 g despescado.

4º passo: *Calcular a saída de fósforo do viveiro por meio da despesca*

No passo anterior, calculamos a entrada total de fósforo no viveiro, por peixe, até a despesca. Entretanto, parte desse fósforo será recuperado na biomassa despescada. Em média, cada quilograma de tilápia contém 7,8 g de fósforo. Portanto, para determinarmos a quantidade de fósforo em cada tilápia de 40 g despescada, basta resolvermos a seguinte regra de três:

Tilápia 1000 g → 100 g de ração

Tilápia 40 g → 54,6 g de ração

∴ x = (7,8 * 40)/1000 = 0,312 g de fósforo/tilápia de 40 g

Em seguida, calculamos a quantidade de fósforo perdida para o viveiro pelo balanço entre o fósforo adicionado via arraçoamento e o fósforo recuperado na despesca. Nesse cálculo, é importante que as unidades sejam a mesma, em nosso caso "g de fósforo/tilápia de 40 g". Desse modo, teremos como segue:

0,4368 g P/tilápia de 40 g - 0,312 g de fósforo/tilápia de 40 g = 0,1248 g de fósforo/tilápia de 40 g

Portanto, estima-se que serão perdidos, até o final do ciclo de produção, 0,1248 g de fósforo para cada tilápia de 40 g produzida.

5º passo: *Calcular o incremento na concentração de fósforo total por m³/tilápia/ciclo*

Para estimarmos a estocagem máxima sustentável do viveiro com juvenis de tilápia, devemos calcular quanto de fósforo total cada tilápia aumentará por m^3 de água, até o final do ciclo de produção. Já sabemos que 0,1248 g de fósforo total serão perdidos para o meio, por tilápia de 40 g despescada. Considerando que a área do viveiro é de 2000 m^2 e sua profundidade média de 1 m, o volume do viveiro é de 2000 m^3. Para o cálculo do incremento de fósforo por m^3, basta dividirmos a quantidade de fósforo perdida para o meio pelo volume total do viveiro. Desse modo, teremos como segue:

0,1248 g de fósforo/2000 m^3 = 6,24 × 10^{-5} g fósforo/tilápia 40 g/m^3 ou 0,0624 mg de fósforo/tilápia 40 g/m^3/ciclo de produção

Logo, espera-se o incremento de 0,0624 mg de fósforo total por tilápia de 40 g produzida, por m^3 de água, até o final do ciclo de produção. Essa estimativa tem maior chance de se confirmar em tanques que tenham o fundo impermeável, como de alvenaria, concreto e lona. Em tanques escavados, grande parte do fósforo liberado no meio será adsorvido às partículas do solo. O fósforo preso ao solo está, ao menos temporariamente, indisponível ao fitoplâncton, não interferindo, desse modo, na capacidade de suporte do tanque. Logo, a capacidade de suporte de tanques escavados deveria ser superior à de tanques com fundo impermeável, mantidas as demais condições constantes. Entretanto, tanques com fundo impermeável suportam maior carga de aeração mecânica do que os tanques escavados e sem revestimento. A aeração suplementar é uma das formas mais eficientes para elevar a capacidade de suporte de um tanque de aquicultura.

6° passo: *Contabilizar o incremento de biomassa de peixe ou camarão devido à aeração mecânica da água*

O fornecimento de oxigênio para o tanque, via aeração mecânica, deve ser considerado no cálculo da capacidade de suporte. Um dos principais problemas de tanques de aquicultura, que operam acima de sua capacidade de suporte, é, justamente, a desoxigenação da água. Assim, a aeração mecânica da água previne a deterioração da qualidade da água por escassez de O_2.

Sabe-se que 1 hp/ha de aeração mecânica é capaz de sustentar até 500 kg de pescado. Existe 1 hp de aeração mecânica no viveiro do nosso problema e como ele é de 2000 m^2 (0,2 ha), temos 1 hp/0,2 ha ou 5 hp/ha. Como 1 hp/ha permite o incremento de 500 kg de biomassa, 5 hp/ha incrementariam 2500 kg. Portanto, a instalação e operação do aerador de 1 hp, em nosso exercício, permitiria a produção de 2500 kg de peixe *a mais*, com segurança.

7º passo: *Calcular o número máximo sustentável de juvenis de tilápia a ser estocado no viveiro*

O viveiro poderá receber até 510 mg de fósforo total/m^3/ciclo, com segurança limnológica, e a estimativa é de que ocorra o incremento de 0,0624 mg P-total/m^3/tilápia de 40 g produzida. Para obter-se o número máximo de juvenis de tilápia, que pode ser estocado no viveiro, sem desrespeitar sua capacidade de suporte, basta combinar essas duas informações como segue:

$$N°\ máximo\ sustentável\ de\ peixes = \frac{capacidade\ de\ suporte\left(mg\frac{P}{m^3}/ciclo\right)}{incremento\ de\ P\ por\ peixe\left(mg\frac{P}{m^3}/ciclo\right)}$$

∴ número máximo sustentável de peixes = 510 mg fósforo total/m³/ciclo ÷ 0,0624 fósforo total/tilápia 40 g/m³/ciclo = 8173 juvenis de tilápia de 1 g. Isso representa mais de 8 kg de biomassa viva inicial e 294 kg de peixe vivo na despesca, estimando-se uma sobrevivência de 90%.

Esse cálculo, entretanto, somente é válido para tanques sem aeração noturna da água. Como o viveiro do exercício possui um aerador de 1 hp, que permite a produção adicional de 2500 kg, a biomassa máxima sustentável passa de 294 kg para 2794 kg. Portanto, a capacidade de carga do viveiro, nas condições apresentadas, é de quase 2,8 t de peixe.

Em seguida, fazemos o cálculo de trás para frente para determinar a população final estimada de juvenis de tilápia de 40 g. Para isso, dividimos a biomassa total final, em gramas, pelo peso corporal final, em gramas, como segue:

2.794.000 g/40 g = 69.850 juvenis de tilápia de 40 g

Para chegarmos na estocagem inicial, dividimos 69.850 por 0,9 para contabilizar a mortalidade prevista de 10%, ou seja, 90% de sobrevivência. Com isso, o povoamento máximo sustentável do viveiro é:

69.850/0,9 = 77.611 juvenis de tilápia de 1 g (77 milheiros)

Um novo cálculo de capacidade de suporte deve ser feito se houver troca de ração, porque ocorrerá mudança nos valores de concentração de fósforo da ração e no FCA esperado.

RESUMO

Capacidade de suporte ou de carga em aquicultura é a "capacidade máxima de produção de um açude ou viveiro que ainda mantém a qualidade da água e do solo dentro de limites aceitáveis". Esses limites são 30 ou 50 mg P-total/m³ para açudes e represas; e 500 mg P-total/m³ para tanques e viveiros de aquicultura. Estima-se que ocorra a liberação de 15 a 30 kg de fósforo total para o meio ambiente, por tonelada de tilápia produzida em tanques-redes.

O produtor que trabalha de forma ambientalmente responsável deve prevenir a eutrofização de açudes e represas, já que a recuperação desses ecossistemas é bastante difícil. A capacidade de suporte aquícola de tanques e viveiros pode ser grandemente aumentada pelo emprego de aeração suplementar da água. O desenvolvimento de tecnologias inovadoras para aeração mecânica da água de grandes reservatórios traria grandes benefícios econômicos e sociais.

Segundo o modelo teórico fundamental, a capacidade de suporte é igual a diferença entre a [P-total] máxima aceitável e [P-total] inicial do corpo de água. Portanto, a capacidade de suporte é a variação máxima da concentração de fósforo total da água que não ultrapassa os limites de fósforo considerados seguros ao ecossistema aquático. Por considerar que a piscicultura não deve alterar o estado trófico do açude e que valores de índice de estado trófico (IET) superiores a 54 já classificam o manancial como eutrófico, o esforço de cultivo ambientalmente seguro é aquele que mantém o IET abaixo de 54, por longo período. O esforço de cultivo de peixes deve variar de forma inversamente proporcional às alterações do IET do açude, ao longo do tempo.

CAPÍTULO 12
Matéria orgânica na água

12.1 INTRODUÇÃO

Em aquicultura, há interesse na determinação da concentração de matéria orgânica (MO) na água de cultivo e, principalmente, nos efluentes dos tanques. Águas com excesso de MO, tanto na forma particulada como dissolvida, apresentam elevada demanda por oxigênio (O_2). Nessa situação, há risco de faltar oxigênio para respiração dos peixes e camarões no período noturno e, até mesmo, diurno. Efluentes de tanques de aquicultura, com elevada concentração de MO, podem impactar, fortemente e de modo negativo, os corpos de água receptores. A descarga de efluentes ricos em MO e compostos reduzidos, como a amônia (NH_3), pode levar à extinção total do O_2 nas áreas receptoras. Logo, o monitoramento sistemático da concentração de MO em aquicultura pode beneficiar o cultivo por prevenir estresse e mortandades e trazer sustentabilidade ambiental, preservando a qualidade e biodiversidade dos corpos de água receptores. O monitoramento da demanda bioquímica por oxigênio em 5 dias (DBO_5), explicado mais adiante, dos efluentes dos tanques pode ser exigido por agências reguladoras para emissão de licenças ambientais, assim como por agentes financiadores para concessão de empréstimos aos produtores. A DBO_5 é um dos métodos laboratoriais mais empregados para quantificação de MO em amostras de água.

Algumas medidas podem ser tomadas pelo produtor para diminuir a demanda da água por O_2. Essas medidas, em geral, estão baseadas no princípio de que tanques de cultivo de baixa DBO liberam efluentes com DBO também baixa. As medidas preventivas, listadas a seguir, contribuem para dar maior sustentabilidade ambiental ao cultivo:

1) Emprego de densidades de estocagem e taxas de arraçoamento moderadas;
2) Fertilização da água somente quando necessário, sem excessos;
3) Uso de rações balanceadas de alta qualidade nutricional, que possuam elevada digestibilidade;
4) Uso correto de aeração suplementar. Águas de cultivo de maior oxigenação e circulação apresentam maior taxa de mineralização da MO. Com isso, a DBO dos efluentes dos tanques é menor;
5) Exposição periódica do solo do viveiro ao sol para foto-oxidação da MO, bem como calagem para correção do pH.

Já de modo corretivo, isto é, para quando os efluentes dos tanques já apresentam alta carga de MO, pode-se proceder, como segue, para mitigar os impactos ambientais:

1) Drenar, lentamente, apenas a água superficial e a meia-água, no período da tarde, quando a concentração de O_2 da água é mais elevada;
2) Não drenar a água de fundo, mantendo-a dentro do tanque ou drenando-a, em separado, para bacia de tratamento;
3) Drenar a água eutrofizada para dentro de uma bacia de sedimentação com objetivo de tratá-la, por meios naturais e artificiais, até que recupere suas características limnológicas iniciais ou próximo disso.

12.2 DETERMINAÇÃO DA CONCENTRAÇÃO DE MATÉRIA ORGÂNICA EM AMOSTRAS DE ÁGUA

Existem métodos diretos e indiretos para determinar a concentração de matéria orgânica em amostras de água. De forma direta, pode-se determinar a concentração de matéria orgânica na água com o auxílio de equipamentos conhecidos como analisadores de carbono orgânico total (COT). Esses equipamentos realizam a foto-oxidação total da matéria orgânica contida na água pela exposição da amostra a raios ultravioletas, que possuem alta energia. Os raios UV transformam todas as formas orgânicas de carbono, isto é, proteínas, carboidratos, lipídios etc. em CO_2. A quantidade de CO_2 liberada é então mensurada no próprio equipamento. Quanto mais CO_2 for liberado nesse processo, maior será a concentração original de carbono orgânico na água. Embora o analisador de COT seja um equipamento de alta precisão e confiabilidade, o alto custo desse equipamento inviabiliza a sua aquisição pela maioria dos laboratórios de análise de água, ao menos no Brasil.

Os métodos indiretos para determinação da concentração de matéria orgânica em amostras de água, por sua vez, apesar de não serem tão precisos quanto o método direto, têm custo bem mais acessível e, dependendo do caso, produzem resultados confiáveis. Os métodos indiretos para determinação da matéria orgânica na água são os seguintes: oxigênio dissolvido, DBO, oxigênio consumido e demanda química de oxigênio (DQO). Em comum, esses métodos se baseiam no fato de que existe uma relação inversa entre a concentração de O_2, ou de outro agente oxidante, e a concentração de MO da água. Quando bactérias aeróbias heterotróficas decompõem a matéria orgânica da água, há consumo de O_2 do meio (↑MO, ↓ O_2); quando compostos químicos oxidantes, que geralmente contêm oxigênio em sua composição, degradam moléculas orgânicas, os compostos oxidantes são consumidos nesse processo (↑MO, ↓ composto oxidante). Dessa forma, a variação na concentração de O_2 na amostra de água, ou de compostos oxidantes que foram adicionados à amostra, pode ser utilizada para indicar, de modo indireto, a concentração de matéria orgânica na água.

12.3 QUANTIFICAÇÃO DA CONCENTRAÇÃO DE MATÉRIA ORGÂNICA EM AMOSTRAS DE ÁGUA POR MÉTODOS INDIRETOS

Os métodos existentes para quantificação indireta da concentração de matéria orgânica em amostras de água são os seguintes: oxigênio dissolvido, DBO, oxigênio consumido e DQO.

O método "oxigênio dissolvido" se baseia na simples leitura da concentração de O_2 na amostra de água; o teste DBO se baseia na oxidação biológica da matéria orgânica na água; já os testes de oxigênio consumido e DQO estão baseados na oxidação química da matéria orgânica.

12.3.1 OXIGÊNIO DISSOLVIDO

Águas limpas apresentam, geralmente, maiores concentrações de O_2 que águas poluídas. Essa constatação levou os pesquisadores a considerar a simples leitura da concentração de O_2 na água, como indicador indireto de concentração de MO. Existe, de fato, uma relação inversa entre a concentração de O_2 e a concentração de MO na água. Mais O_2, menos matéria orgânica; menos O_2, mais matéria orgânica. Entretanto, embora a relação inversa, existente entre o O_2 e a MO, seja geralmente válida, não é possível utilizar a simples leitura da concentração de O_2 como indicador de concentração de matéria orgânica na água porque existem outros fatores, além da matéria orgânica, que também interferem na concentração de O_2. Entre esses fatores, destacamos a temperatura da água e a fotossíntese.

Com o aumento na temperatura da água, a solubilidade dos gases, entre eles o O_2, cai. Logo, é esperado uma queda na concentração de O_2 com o aumento na temperatura da água, mantidas as demais condições constantes. A elevação na temperatura da água faz com que parte do O_2 saia da solução e escape para atmosfera por volatilização. Nesse caso, a menor concentração de O_2 na água não é devida à maior concentração de matéria orgânica, como seria esperado se a concentração de O_2 variasse, exclusivamente, em função da MO, mas sim devido à elevação na temperatura da água.

A fotossíntese realizada pelo fitoplâncton e demais vegetais aquáticos, como é de conhecimento geral, libera O_2 para água. Durante a fase luminosa do dia, isto é, enquanto houver luz, há liberação de O_2 para água, atingindo o pico da fotossíntese geralmente do meio para o final da tarde. Ocorre o inverso durante a noite, ou seja, diminuição na concentração de O_2 no decorrer da madrugada, alcançando o menor valor pouco antes do amanhecer. Caso a variação na concentração de O_2 fosse influenciada apenas pela matéria orgânica, o aumento na concentração de O_2, durante o dia, indicaria redução de matéria orgânica da água, já que mais O_2 sugeriria menos matéria orgânica. Nessa situação, entretanto, ocorre exatamente o contrário, pois mais fotossíntese implica em maior biomassa vegetal, ou seja, em mais matéria orgânica na água. O mesmo raciocínio também vale para o período noturno, ou seja, menos oxigênio à noite deveria indicar mais matéria orgânica na água, o que não corresponde à verdade. O teste do "oxigênio dissolvido", portanto, não se presta para avaliar a concentração de matéria orgânica na água.

12.3.2 DEMANDA BIOQUÍMICA DE OXIGÊNIO

O teste da DBO, demanda bioquímica de oxigênio, é um dos testes válidos para quantificação indireta da concentração de matéria orgânica (MO) na água, sendo bastante utilizado em trabalhos sobre poluição de corpos d'água. Além da MO, o teste da DBO também determina, de forma direta, o consumo de O_2 dissolvido na água, ou a chamada "respiração na coluna d'água", dentro de condições padronizadas. Dentro dos frascos DBO, o O_2 dissolvido na água é consumido pela decomposição bacteriana, nitrificação e respiração do plâncton. Portanto, o teste da DBO também é útil por indicar a demanda biológica da água por O_2, informação importante para o ajuste dos manejos produtivos, isto é, fertilização, manejo alimentar e aeração. Tanques com DBO elevada pedem suspensão da fertilização, restrição alimentar e maior carga ou reposicionamento da aeração mecânica.

Método-padrão da DBO (DBO_5)

O método-padrão da DBO se baseia na variação da concentração de O_2 dissolvido, em amostras de água de ≈ 300 mL, após 5 dias. Daí o nome DBO_5. Após a coleta, os frascos DBO contendo as amostras de água devem ser resfriados até 20 °C. Para isso, os frascos são mantidos na incubadora DBO até que a temperatura da água seja igual a 20 °C. Incubadora DBO é um equipamento de laboratório que lembra uma geladeira doméstica, com a diferença de que a temperatura interna é mantida constante. Logo após a temperatura das amostras ter estabilizado em 20 °C, determina-se a concentração inicial de O_2, ou seja, a concentração de O_2 antes do início da incubação. Os frascos DBO são então mantidos fechados por 5 dias, protegidos do ar e da luz, dentro da incubadora. Ao final dos cinco dias, os frascos são retirados da incubadora para determinação das concentrações finais de O_2.

Embora seja possível a utilização do clássico método de Winkler, é preferível o uso de oxímetro calibrado para leitura das concentrações de O_2 nos frascos DBO. Aliás, existem sondas de oxímetro especialmente desenhadas para uso em frascos DBO. Por rigor de análise, seria importante fazer, se possível, a incubação de brancos, isto é, de frascos DBO contendo apenas água destilada, inóculo bacteriano e premix de nutrientes, juntamente com os frascos contendo as amostras de água que foram coletadas. A DBO do branco é descontada da DBO das amostras para obtenção do resultado de DBO_5. Deve-se substituir a fonte de água destilada utilizada se a DBO_5 do branco for maior que 0,2 mg/L.

Nesse tempo de incubação de 5 dias, bactérias heterotróficas presentes na amostra realizam a decomposição, parcial ou total, da MO contida na água, consumindo parte do O_2 dissolvido. Logo, haverá menos O_2 no frasco, ao final da incubação. A variação na concentração de O_2 dissolvido na amostra de água será diretamente proporcional à concentração de MO presente na água. Quanto maior a variação na concentração de O_2, maior a concentração de matéria orgânica existente na água. Para a obtenção do resultado, calculamos como segue:

$$DBO_5\ (mg/L) = (O_{2\ inicial} - O_{2\ final}),\ \text{na amostra},\ - (O_{2\ inicial} - O_{2\ final}),\ \text{no branco}$$

No teste da DBO, como o agente responsável pela decomposição da matéria orgânica é biológico, apenas a matéria orgânica biodegradável é quantificada. Para amostras de água ricas em matéria orgânica não biodegradável, como polissacarídeos de alta complexidade, deve-se recorrer ao teste da DQO.

Caso a concentração de matéria orgânica na água seja elevada, como comumente acontece em águas poluídas ou eutrofizadas, deve-se, previamente à incubação, diluir a amostra bruta com água destilada. Amostras de efluentes de tanques de aquicultura geralmente são diluídas de 2 a 3 vezes para realização do teste DBO, isto é, ½ amostra bruta, ½ água destilada (2x); ou ⅓ amostra bruta, ⅔ água destilada (3x). No frasco DBO, a demanda microbiana por O_2 não deve exceder a concentração de saturação de O_2 na água a 20 °C, igual a 9,1 mg/L, em água doce, e 7,4 mg/L, em água marinha. Portanto, a amostra de água somente não necessitaria de diluição se sua demanda por O_2 fosse inferior a 9,1 mg/L, em água doce, e menor que 7,4 mg/L, em água do mar. Para DBO acima desses valores, situação bastante frequente, a diluição das amostras brutas com água destilada é indispensável. Uma alternativa é a realização do método DBO sem diluição, que será detalhado a seguir.

Como a DBO_5 de efluentes de aquicultura geralmente está compreendida entre 5 e 20 mg/L, é comum haver necessidade de diluição das amostras. Por não ser possível saber, de antemão, a diluição necessária para determinada amostra de água, prepara-se uma série de diluições da amostra bruta. Como série inicial, sugere-se diluições de 2, 3, 4 e 6 vezes, o que representa o uso de volumes de amostra bruta iguais a 150, 100, 75 e 50 mL, respectivamente, para frascos DBO de 300 mL. Para determinar o volume de amostra a ser diluído, basta dividir o volume total do frasco DBO pelo fator de diluição desejado. Se, por exemplo, o volume do frasco é de 320 mL e a diluição desejada é de 4 vezes, o volume necessário de amostra bruta será igual a 320 mL/4 = 80 mL. À medida que se vai ganhando experiência, é possível diminuir o número de diluições e trabalhar com apenas duas diluições, como, por exemplo, 2x e 6x. Nesse caso, os volumes iniciais de amostra bruta seriam de 150 e 50 mL, para amostras com abundância moderada e alta de plâncton, respectivamente.

A diluição de amostras ricas em matéria orgânica é necessária porque a concentração de O_2 na amostra deve ser maior que zero, ao final da incubação, para que o resultado do teste seja válido. Recomenda-se que a concentração final de O_2 seja igual ou maior que 1 mg/L, nos frascos DBO. Quando não diluídas, a concentração de O_2 de amostras de água ricas em matéria orgânica é zerada, antes do final da incubação. Caso isso ocorra, não é possível dizer quanto de matéria orgânica deixou de ser quantificada por ausência de O_2, invalidando, dessa forma, o teste realizado.

Recomenda-se a aplicação de nutrientes e de inóculo bacteriano na amostra diluída, quando o fator de diluição for igual ou maior que 3. A amostra pode ser diluída já com uma solução nutritiva, que é uma mistura de nutrientes com água destilada para, em seguida, receber o inóculo bacteriano. Caso não se faça a fertilização e a inoculação das amostras mais diluídas, os resultados do teste DBO podem ser subestimados, ou seja, serem falsamente baixos. Lojas de material para laboratório comercializam cápsulas com bactérias e suplementos nutricionais para aplicação em frascos DBO. A fertilização da amostra, entretanto, pode alterar o resultado por adicionar compostos reduzidos à água, como o cloreto de amônio, que consome O_2 na sua oxidação. Essa alteração é indesejável e, por isso, deve ser evitada. O ideal seria não adicionar nada na amostra bruta, ou seja, diluir a amostra apenas com água destilada. Como a solubilidade do O_2 muda com a salinidade da água, é importante corrigir a salinidade das amostras diluídas para a mesma salinidade da amostra original. Para isso, basta adicionar sal comum aos frascos, na dosagem necessária. Para obter a DBO_5, basta multiplicar o resultado pelo fator de diluição empregado. O exemplo, a seguir, ajuda a ilustrar esse cálculo:

Dados

Volume da amostra bruta	=	30 mL
Volume da amostra após diluição[1]	=	300 mL
O_2 inicial da amostra diluída	=	8 mg/L

[1] Como a amostra foi diluída mais de 3 vezes, recomenda-se a adição de solução nutritiva e inóculo de bactérias na amostra, antes da incubação.

O_2 final da amostra diluída	=	3 mg/L
O_2 inicial do branco[2]	=	8 mg/L
O_2 final do branco	=	7,8 mg/L

a) Como a amostra foi diluída mais de 3 vezes, recomenda-se a adição de solução nutritiva e inóculo de bactérias na amostra, antes da incubação;

b) Após a incubação a 20 °C, em frascos DBO protegidos da luz, por cinco dias;

c) Branco = água destilada + solução nutritiva e inóculo de bactérias (se necessário).

Para determinação do fator de diluição empregado, divide-se o volume final da solução diluída pelo volume inicial da amostra bruta. Logo, 300 mL/30 mL = 10 vezes. Em seguida, determina-se as variações nas concentrações de O_2 nos frascos DBO com a amostra e com o branco. Assim,

DBO com amostra = 8 mL – 3 mL = 5 mg/L

DBO com branco = 8 mL – 7,8 mL = 0,2 mg/L

Finalmente, subtrai-se a variação de O_2 do frasco branco da variação de O_2 do frasco com a mostra, multiplicando-se o resultado pelo fator de diluição empregado. Portanto,

$DBO_5 = (5 - 0{,}2) \times 10 = 48$ mg/L

Esses cálculos estão apresentados na fórmula a seguir, onde FD é o fator de diluição empregado:

$$DBO_{5\ (mg/L)} = [(O_{2\ \text{inicial amostra}} - O_{2\ \text{final amostra}}) - (O_{2\ \text{inicial branco}} - O_{2\ \text{final branco}})] \times FD$$

É importante fazer o controle de qualidade das determinações da DBO. Para isso, os testes devem ser feitos em duplicata ou triplicata, ou seja, cada amostra deve ser dividida em duas ou três subamostras, respectivamente. Com isso, é possível determinar a precisão dos procedimentos de análise. Caso haja uma diferença considerável entre os resultados de duas subamostras, o resultado da terceira subamostra indicará qual dos dois valores é o correto. Quando as diferenças entre os resultados das subamostras forem grandes, deve-se revisar todos os procedimentos de análise para descobrir, e eliminar, a fonte de erro. Quando se trabalha com um grande número de amostras,

2 Branco = água destilada + solução nutritiva e inóculo de bactérias (se necessário).

pode-se realizar, por conveniência, a análise em duplicata ou triplicata de apenas 10 a 20% do número total de amostras.

Método DBO_5 alternativo

Os procedimentos do método DBO_5 padrão para diluição das amostras de água são trabalhosos e exigem materiais que, muitas vezes, não estão disponíveis. Assim, Boyd (2013) sugeriu um método DBO_5 alternativo que dispensa a diluição da amostra original. A determinação da DBO_5 de efluentes aquícolas, pelo método alternativo, está apresentada a seguir:

1) Coletar 2 litros de efluente de cada tanque e manter as amostras em isopor com gelo ou geladeira por, no máximo, 12 h;
2) Manter no laboratório, as garrafas dentro da incubadora DBO até que a temperatura da água se estabilize em 20 °C;
3) Transferir a água entre dois recipientes abertos, de 20 a 30 vezes, ou agitar a água em recipiente fechado, preenchido apenas pela metade, para saturar as amostras com O_2;
4) Preencher completamente, frascos DBO identificados com as amostras de água da etapa anterior. Para cada frasco DBO contendo uma amostra de água, deve existir seu respectivo branco, isto é, um frasco DBO com água destilada. Frascos plásticos comuns de 50 a 100 mL, que possuam tampa e identificação, também devem ser preenchidos com as amostras e com água destilada;
5) Certificar-se de que a temperatura das amostras de água está correta, isto é, 20 ± 0,5 °C. Fazer as leituras iniciais das concentrações de O_2 nos frascos DBO, com oxímetro calibrado. Se necessário, repor o volume de água perdido com a água contida nos respectivos frascos plásticos. Fechar os frascos DBO com suas tampas originais. Aplicar as respectivas águas dos plásticos, no entorno da tampa de cada frasco DBO, até preencher completamente o espaço existente. Manter os frascos DBO, bem como os frascos plásticos, na incubadora DBO, protegidos da luz, por cinco dias;
6) Diariamente, fazer a leitura da concentração do O_2 em cada frasco DBO, inclusive do branco. Os frascos que contiverem menos de 4 mg O_2/L devem ser aerados e novamente incubados. Sempre que for feita a aeração de algum frasco DBO contendo uma amostra de água, deve-se aerar também o frasco DBO com o respectivo branco, pelo mesmo tempo. Anotar as concentrações de O_2, antes e após aeração, na amostra e no branco. Para fazer a aeração, utilizar pequenas pedras porosas e tubos plásticos ou de silicone, conectadas a um compressor de ar. Aerar suavemente, de modo a não perder nenhum volume de amostra. Manter a aeração no frasco DBO até a concentração de O_2 da amostra subir para 7 a 7,5 mg/L. Fazer a leitura final do O_2 com sonda para certificar-se de que o $O_2 \geq 7$ mg/L. Se necessário, voltar a aerar por

mais alguns minutos. Antes da nova incubação, repetir os procedimentos do passo anterior. Repetir essas operações diariamente;

7) Após os cinco dias de incubação, fazer a leitura final da concentração de O_2, em cada frasco DBO, contendo as amostras e os respectivos brancos;
8) Para aquelas amostras que não foram aeradas durante a incubação, proceder o cálculo da DBO_5, como feito no método da DBO_5 padrão, exceto pela multiplicação do fator de diluição que, nesse caso, não existe;
9) Para cada amostra que foi aerada durante a incubação, somar as reduções de O_2, ao longo dos 5 dias de incubação. Fazer o mesmo com os brancos. Calcular a DBO_5, em mg/L, pela diferença entre o somatório das reduções de O_2, na amostra, e o somatório das reduções de O_2, no branco.

Os resultados, a seguir, exemplificam o monitoramento realizado no método DBO_5 alternativo, para um frasco DBO contendo uma amostra de água e seu respectivo branco.

Tempo	Temp (°C)	Obs	O_2 (mg/L)		Variação O_2 (mg/L)	
			Amostra	Branco	Amostra	Branco
Inicial	20	Após saturação	9.0	9.0	–	–
Após 1 dia	20		7.0	8.9	2.0	0.1
Após 2 dias	20		5.0	8.8	2.0	0.1
Após 3 dias	20	Antes da aeração	3.0	8.7	2.0	0.1
		Após aeração	7.2	9.0	–	–
Após 4 dias	20		5.2	8.9	2.0	0.1
Após 5 dias	20		3.2	8.8	2.0	0.1
Variação total O_2 (mg/L)					10.0	0.5

$\therefore$ Δ total O_2 amostra – Δ total O_2 branco = DBO_5 alternativo

10 mg/L – 0,5 mg/L = 9,5 mg/L.

Limitações do teste da DBO_5

O método da DBO_5, apesar de válido, especialmente para amostras de água ricas em matéria orgânica (MO) biodegradável, como aquelas provenientes de tanques de aquicultura, apresenta a limitação de não indicar a concentração total de matéria orgânica na água. Por conta disso, Boyd e Gross (1999) sugeriram a alteração do período de incubação das amostras de efluentes aquícolas de 5 para 10 dias. Normalmente, entre 70% e 80% da MO total de esgotos domésticos é decomposto pelas bactérias nos frascos DBO após 5 dias, a 20 °C. Portanto, a oxidação biológica da matéria orgânica na água, nesse caso, é incompleta. Para amostras de esgotos domésticos, é necessário aplicar um fator de correção para ajustar a DBO final para 100% da matéria orgânica. Apesar dessa limitação, os resultados de DBO_5 são importantes em análises comparativas, já que se trata de um teste realizado em condições padronizadas.

Existe uma variação do teste DBO_5, denominada *DBO total*, no qual não se limita o tempo para encerramento do teste. Na DBO total, o teste somente é concluído quando 100% da MO presente na amostra de água é digerida pelas bactérias. Como a oxidação biológica total da MO em amostras de água demora, em média, 30 dias para acontecer, a 20 °C, o teste da DBO total passou a ser conhecido como DBO_{30}. Visto que a DBO_{30} é um teste de longa duração, é provável que falte O_2 no frasco DBO durante a incubação das amostras, mesmo com a diluição prévia da amostra. Para evitar que isso aconteça, aera-se as amostras de água nos frascos, uma ou mais vezes, durante o período de incubação. A DBO total de efluentes aquícolas pode ser, razoavelmente, estimada por se multiplicar o resultado de DBO_5 pelo fator 3,17. Por conta das dificuldades inerentes ao método, a começar pela morosidade, o teste DBO_{30} é pouco realizado nos laboratórios, dando-se preferência ao teste DBO_5.

Outra limitação do teste da DBO_5 é a redução na concentração de O_2 dissolvido na água pela oxidação de compostos *inorgânicos*. Entre esses compostos, destaca-se a amônia, composto comumente encontrado em águas de tanques de aquicultura. A oxidação biológica de 1 mg/L de $N\text{-}NH_3$ consome 4,6 mg/L O_2 dissolvido na água. O consumo de O_2 dissolvido, por conta da oxidação biológica da amônia, entretanto, nada tem a ver com a concentração de matéria orgânica na água, que é o objetivo do teste. Portanto, quanto maior for a concentração de amônia na água, mais superestimado, ou falsamente elevado, será a indicação de MO pelo teste da DBO. Em amostras de viveiros de aquicultura, a nitrificação responde por 30 a 40% do resultado da DBO_5. Percebe-se, portanto, que o peso da oxidação da matéria inorgânica, no resultado da DBO, pode ser considerável.

O efeito da nitrificação sobre o resultado da DBO pode ser minimizado pela diluição da amostra de água. Com a diluição da amostra, diminui a concentração de bactérias nitrificantes na água, fazendo com que a atividade nitrificante demande certo tempo para recuperar sua eficiência. Como esse tempo é geralmente superior a 5 dias, o teste da DBO, em amostra diluídas, é concluído antes que as bactérias nitrificantes possam se restabelecer no meio. Uma alternativa à diluição da amostra de água é a aplicação de um composto inibidor ao frasco DBO. Esses inibidores de bactérias nitrificantes podem ser adquiridos em lojas especializadas. Quando se adiciona um composto inibidor ao frasco DBO, determina-se a chamada "DBO carbonácea ou carbonada" (DBO_C). Nesse caso, a parcela da DBO total devida à nitrificação, a qual podemos denominar de DBO nitrogenada (DBO_N), não entra no resultado da DBO_5. Essas relações estão apresentadas na expressão a seguir:

$DBO_5 = DOB_C + DBO_N$

Onde:

DBO_5: demanda bioquímica de oxigênio após 5 dias (total);

DBOc: demanda bioquímica de oxigênio de origem carbonácea (parcial; orgânica; bactérias heterotróficas);

DBO_N: demanda bioquímica de oxigênio de origem nitrogenada (parcial; inorgânica; bactérias nitrificantes).

Referências de DBO_5 para aquicultura

Recomenda-se DBO_5 entre 5 e 20 mg/L para águas de cultivo de peixe e camarão em tanques e viveiros. Quando a água de cultivo apresenta DBO_5 bem acima de 20 mg/L, o tanque está hipereutrofizado, condição perigosa por conta do O_2 baixo, gases tóxicos e florações de cianobactérias. Já água de cultivo com DBO_5 abaixo de 5 mg/L sugere tanque oligotrófico, condição inapropriada para o cultivo de peixes e camarões por escassez de fitoplâncton e excessiva luminosidade aquática. Nesse último caso, há indicação para fertilização da água.

Resultados de DBO_5 acima de 30 mg/L são considerados inadequados para efluentes de tanques aquícolas. Acima dessa concentração de DBO_5, os efluentes aquícolas são potencialmente danosos ao meio ambiente, podendo causar significativa perda de qualidade e biodiversidade nos corpos de água receptores. A descarga de esgotos domésticos, entretanto, pode ser muito mais nociva à natureza do que os efluentes aquícolas. Enquanto a DBO_5 de efluentes aquícolas geralmente não ultrapassa 50 mg/L, a DBO_5 de esgotos domésticos varia entre 250 e 500 mg/L, podendo até superar 1000 mg/L. O volume diário de efluentes drenados para o meio receptor também deve ser levado em conta. Assim, muito embora a DBO dos efluentes aquícolas não seja tão elevada quando comparada a dos efluentes domésticos, pode haver considerável dano ambiental se a drenagem do tanque for feita de forma rápida.

A referência de DBO_5 máxima de 30 mg/L para efluentes aquícolas somente é válida para testes realizados sem a utilização de inibidores. Como uma parte importante da demanda da água por O_2 se deve à nitrificação, o uso de inibidores mascararia a DBO, apresentando um valor falsamente baixo.

Concentração DBO x carga DBO

É importante diferenciar concentração DBO de carga DBO. A concentração DBO é o resultado obtido no teste DBO, em mg/L. Já carga DBO é igual a concentração DBO multiplicada pela vazão de drenagem, em m^3 por hora ou dia. Considere a seguinte questão:

- DBO_5 dos efluentes do tanque = 52 mg/L (= 52 g/m^3);
- Vazão de drenagem = 500 m^3/dia.

$\therefore$ carga DBO = 52 g/m^3 × 500 m^3/dia = 26 kg DBO/dia.

Como a descarga máxima aceitável é de 100 kg DBO/dia, a carga de 26 kg/dia não deve impactar negativamente o corpo receptor.

Portanto, o importante é a carga DBO lançada sobre o corpo receptor e não a concentração DBO dos efluentes do tanque. Como a carga DBO varia em função do volume drenado, é possível minimizar o impacto ambiental causado pela aquicultura por controlar a vazão de drenagem. Assim, quando a DBO dos efluentes estiver elevada, recomenda-se reduzir o volume drenado para não ultrapassar a liberação de 100 kg DBO/dia. Já quando a DBO dos efluentes está baixa, é possível drenar um maior volume de água, com segurança ambiental.

12.3.3 OXIGÊNIO CONSUMIDO

Assim como a DQO, o teste do oxigênio consumido é um dos métodos existentes para quantificação indireta da concentração de matéria orgânica em amostras de água. O teste do oxigênio consumido está baseado na oxidação química da matéria orgânica. No oxigênio consumido, o agente oxidante da matéria orgânica não é O_2, como acontece no teste da DBO, mas o permanganato de potássio, $KMnO_4$. O permanganato de potássio reage com a matéria orgânica da água, oxidando-a completamente até CO_2 e H_2O, ou até compostos orgânicos intermediários, em caso de oxidação incompleta. Logo, existe uma relação direta entre a concentração de matéria orgânica na água e o consumo de permanganato de potássio. Logo, quanto maior a concentração de matéria orgânica na água, maior será o consumo de permanganato de potássio. Assim, a quantidade de permanganato de potássio residual, isto é, o permanganato que restou após a oxidação da matéria orgânica, pode ser utilizado como indicador da concentração de matéria orgânica na água.

O teste do oxigênio consumido, entretanto, somente é indicado para águas oligotróficas, isto é, com concentrações reduzidas de matéria orgânica. Os reagentes e as condições empregadas no teste do oxigênio consumido são consideradas fracas. Nesse teste, a amostra de água é deixada reagir com o permanganato, em temperatura ambiente, sem a adição de ácidos fortes. Com isso, a concentração total de matéria orgânica da água é subestimada, caso se realize o teste do oxigênio consumido em amostras de água poluída. Nesse caso, parte da matéria orgânica deixaria de ser oxidada por conta das baixas condições energéticas do método. A solução encontrada pelos cientistas para aplicar o teste do oxigênio consumido em amostra de águas eutrofizadas, como de tanques de aquicultura, foi prolongar a duração do teste para 24h. Contudo, a oxidação completa da matéria orgânica pode não ter ocorrido, mesmo após 24 h.

Princípio do método

O permanganato de potássio, $KMnO_4$, ao ser adicionado à amostra de água, oxida a matéria orgânica, particulada e dissolvida, sendo consumido nesse processo. A quantidade de $KMnO_4$ gasta na oxidação da matéria orgânica é diretamente proporcional à concentração inicial de matéria orgânica na água. O permanganato consumido é igual ao permanganato inicial menos o permanganato final ou residual. Assim, a concentração de permanganato residual é inversamente proporcional à concentração inicial de matéria orgânica na água. Para se assegurar de que haja permanganato residual, deve-se aplicar uma quantidade de $KMnO_4$ que seja suficiente para isso, ou seja, moderadamente em excesso.

O volume residual de $KMnO_4$ ou MnO_4^- é determinado pela reação do MnO_4^- com o oxalato de amônio, $(NH_4)_2C_2O_4$ ou $(COO)_2^-$, como pode ser visto a seguir:

$$(COO)_2^-{}_{\text{em excesso}} + 2MnO_4^- + 16H^+ \rightarrow 2CO_2 + 2Mn^{+2} + 8H_2O + (COO)_2^-{}_{\text{residual}}$$

O íon oxalato $(COO)_2^-$, que foi adicionado em excesso à solução, reage com o íon permanganato residual MnO_4^-, havendo o consumo de ambos nessa reação. Como o oxalato de amônio foi adicionado em excesso à solução, ainda restará oxalato mensurável ao final, isto é, oxalato residual. Se a concentração inicial de matéria orgânica na amostra de água for baixa, sobrará mais permanganato residual, que consumirá uma maior quantidade de oxalato. Nesse caso, restará pouco oxalato residual na solução final. Ao contrário, se houver muita matéria orgânica na amostra de água, ocorrerá grande consumo de permanganato e sobrará uma maior quantidade oxalato residual. Quando houver pouca matéria orgânica na amostra de água, a adição de pequeno volume de solução de permanganato de potássio, durante a titulação, já tornará a solução levemente rosa, que é o ponto final da titulação. Por outro lado, quando houver uma maior concentração de matéria orgânica na amostra de água, será necessária a adição de um maior volume de solução de permanganato, durante a titulação, para que a solução se torne rosa. Portanto, o volume da solução de permanganato de potássio gasto na titulação da amostra será diretamente proporcional à concentração de matéria orgânica originalmente presente na água.

Reagentes

- *Solução de permanganato de potássio*

Dissolver 400 mg de $KMnO_4$ p.a. em 1 L de água destilada.

- *Solução de hidróxido de sódio 12 N*

Dissolver 480 g de NaOH p.a. em 1 L de água destilada.

- *Solução de ácido sulfúrico 1:3*

Acrescentar lentamente 100 mL de ácido sulfúrico (H_2SO_4) concentrado em 300 mL de água destilada.

- *Solução de oxalato de amônia*

Dissolver 888 mg de $(NH_4)_2C_2O_4$ em 1 L de água destilada.

Procedimento analítico e cálculo do resultado

1) Pôr 100 mL da amostra de água bruta, que tenha sido recentemente coletada, em frasco Erlenmeyer de 250 mL. Adicionar 0,5 mL da solução de hidróxido de sódio e 10 mL da solução de permanganato de potássio;
2) Adicionar mais 10 mL de solução de permanganato de potássio se, após 30 minutos, houver desaparecimento ou enfraquecimento da característica cor roxa do permanganato. Em caso contrário, manter a solução inalterada;
3) Deixar reagir, à temperatura ambiente, por 24h;
4) Após 24h, adicionar 5 mL da solução de ácido sulfúrico 1: 3;
5) Adicionar a solução de oxalato de amônia em igual volume da solução de permanganato de potássio anteriormente utilizada, isto é, 10 ou 20 mL. Deixar reagir por 15 minutos;
6) Titular, lentamente, com a solução de permanganato de potássio até o aparecimento de leve coloração rosa que permaneça por 20 segundos ou mais.
7) *Cálculo do resultado*:

   Oxigênio consumido (mg/L) = volume da solução de permanganato de potássio gasto na titulação (mL) x 10.

Como ainda não existe recomendação de oxigênio consumido para tanques de aquicultura, utiliza-se, nesse caso, a referência de DQO, que é de 40 a 80 mg/L. Portanto, resultados de oxigênio consumido inferiores a 40 mg/L indicam águas de cultivo oligotróficas, carentes de fertilização; já resultados acima de 80 mg/L indicam águas supereutróficas, carentes de troca d'água e mais aeração.

12.3.4 DEMANDA QUÍMICA DE OXIGÊNIO

O teste da demanda química de oxigênio (DQO) está baseado no mesmo princípio do teste do oxigênio consumido, ou seja, na oxidação química da matéria orgânica presente na água. Entretanto, as condições energéticas empregadas no teste da DQO são bem mais fortes do que aquelas do teste do oxigênio consumido. Dessa forma, a matéria orgânica presente na amostra é completamente oxidada no teste da DQO. Além disso, diferentemente do teste da DBO, o teste da DQO quantifica tanto a matéria orgânica biodegradável como a não biodegradável. Por essas características, o teste da DQO se presta para a análise de qualquer tipo água, desde oligotróficas até hipereutróficas, desde efluentes agrícolas e agropecuários até despejos industriais. O teste da DQO é especialmente útil para determinar a concentração de matéria orgânica em efluentes industriais, visto que essas águas apresentam substâncias orgânicas complexas, que resistem ao ataque biológico. Por conta disso, grande parte da matéria orgânica em efluentes industriais pode não ser quantificada caso se utilize apenas o teste da DBO.

Para saber se determinado efluente é suscetível ao tratamento biológico, calcula-se a relação DQO/DBO_5. Caso a relação DQO/DBO_5 seja menor que 2,5, a água conterá considerável fração de matéria orgânica biodegradável, podendo ser tratada, com sucesso, de forma biológica. Já se a relação DQO/DBO_5 estiver compreendida entre 2,5 e 3,5, a concentração de matéria orgânica biodegradável é classificada como intermediária. Nesse caso, testes adicionais devem ser realizados para determinar a biodegradabilidade da água. Finalmente, se a relação DQO/DBO_5 for maior que 3,5, o conteúdo de matéria orgânica biodegradável na água será pequeno, não havendo recomendação para tratamento biológico. Nessa última situação, deve-se recorrer a métodos físico-químicos para reduzir a concentração de matéria orgânica.

Recomenda-se que a DQO da água de tanques de aquicultura esteja compreendida entre 40 e 80 mg/L. Nesse caso, resultados de DQO abaixo de 40 mg/L indicam águas oligotróficas, impróprias para aquicultura por escassez de plâncton; já DQO acima de 80 mg/L sugerem águas supereutróficas, também impróprias para aquicultura por conta do excesso de matéria orgânica. Ainda não se tem referência de DQO para efluentes aquícolas. Entretanto, por considerar que a referência de DBO para efluentes de aquicultura é de 20 – 30 mg/L, a referência provisória de DQO seria 40 – 60 mg/L, isto é, duas vezes maior (Claude Boyd, comunicação pessoal). A seguir, a metodologia do teste DQO para amostras de água.

Princípio do método

O teste da DQO determina a quantidade de oxigênio do dicromato de potássio que foi utilizada na oxidação completa da matéria orgânica da água. A DQO da água, portanto, eleva-se à medida que aumenta a concentração de matéria orgânica. Como esperado, existe uma relação direta entre os resultados de DBO e DQO, de modo que uma amostra com DBO alta terá DQO também elevada. Por isso, o resultado da DQO pode ser utilizado para estimar a DBO de uma mesma amostra de água.

Na metodologia DQO, os compostos orgânicos contidos na amostra de água são completamente oxidados, até CO_2 e H_2O, pela ação de agentes oxidantes fortes. O dicromato de potássio, $K_2Cr_2O_7$, é o agente oxidante empregado no método DQO. Uma quantidade de dicromato de potássio, moderadamente em excesso, é adicionada à amostra de água, a qual também recebe ácido sulfúrico. A amostra de água é então aquecida a 150 °C para que a toda a matéria orgânica seja oxidada até CO_2 e H_2O. Nesse processo, o íon dicromato ($Cr_2O_7^{-2}$) é reduzido para Cr^{+3}, de acordo com a seguinte reação:

Matéria orgânica + $Cr_2O_7^{-2} + H^+ \rightarrow 2Cr^{+3} + CO_2 + H_2O + Cr_2O_7^{-2}$ (dicromato residual)

A quantidade de dicromato residual, ou seja, o dicromato que não foi reduzido para Cr^{3+}, pode ser determinada pela titulação da amostra com solução de sulfato de ferro e amônio, $Fe(NH_4)_2(SO_4)_2$, utilizando o indicador de ferroína para detecção do ponto de viragem. A reação entre o dicromato residual e o íon ferro do sulfato de ferro e amônio, pode ser vista a seguir:

$$Cr_2O_7^{2-} + 6Fe^{2+} + 14H^+ \rightarrow 6Fe^{3+} + 2Cr^{3+} + 7H_2O$$

A quantidade de dicromato de potássio que foi consumida na oxidação da matéria orgânica é igual ao dicromato inicial menos o dicromato residual. A quantidade de dicromato residual, por sua vez, é igual ao sulfato de ferro e amônio gasto na titulação. Como pequenas quantidades de matéria orgânica podem estar presentes nos reagentes e na vidraria utilizados, recomenda-se correr um branco, juntamente com as amostras de água.

Para determinação da DQO, utiliza-se um condensador West, com entrada de água fria, preso ao suporte universal e acoplado a um frasco Erlenmeyer de 125 mL, mantido sobre placa aquecedora.

Reagentes

- *Solução estoque de dicromato de potássio 1 N*

Secar uma quantidade suficiente de $K_2Cr_2O_7$ p.a., padrão primário, a 103 °C, por 2 h; resfriar em dessecador. Dissolver 49,036 g de $K_2Cr_2O_7$ em água destilada, completando o volume para 1 L.

- *Solução de dicromato de potássio 0,025 N*

Diluir 25 mL da solução de dicromato de potássio 1 N e 100 mg de ácido sulfâmico para 1 L, com água destilada (diluição de 40 vezes).

Obs: caso a concentração de matéria orgânica seja elevada, com DQO $\geq$ 70 mg/L, deve-se trabalhar com uma solução de dicromato de potássio mais concentrada (> 0,025 N). Para isso, basta fazer uma diluição menor da solução-estoque de 1 N (< 40x).

• *Solução de sulfato de ferro e amônio - SFA*

Dissolver 9,8 g de $Fe(NH_4)_2(SO_4)_2.6H_2O$ em água destilada; adicionar 20 mL de ácido sulfúrico concentrado. Após resfriar, diluir para 1 L. Manter a solução armazenada no escuro. Esta solução deve ser padronizada sempre antes do uso.

Padronização da solução de sulfato de ferro e amônio (SFA)

- Diluir 10 mL da solução de dicromato de potássio 0,025 N para 50 mL com água destilada. Como a solução é diluída 5 vezes, sua nova normalidade é igual a 0,005 N. Adicionar 30 mL de ácido sulfúrico concentrado;
- Aguardar que esfrie. Em seguida, adicionar 3 gotas do indicador de ferroína e titular com a solução de SFA até a viragem do indicador para vermelho-amarronzado;
- Calcular a normalidade da solução de SFA por meio da expressão NV = N'V'. Se, por exemplo, se gasta 9,5 mL de solução de SFA durante a titulação, a normalidade é igual a:

$0{,}005 \text{ N} \times 50 \text{ mL (dicromato de potássio)} = \text{N'} \times 9{,}5 \text{ mL (SFA)}$

$\therefore \text{N'} = 0{,}0263 \text{ N}$

Observação

Caso se tenha preparado uma solução de dicromato de potássio mais concentrada, com normalidade maior que 0,025 N, deve-se aumentar a concentração de solução de SFA na mesma proporção.

• *Indicador ferroína*

Dissolver 1,8877 g de 1,1 fenantrolina monohidrato e 0,7 g de sulfato de ferro hepta-hidratado, $FeSO_4.7H_2O$, em 100 mL de água destilada. O indicador também pode ser adquirido já pronto em lojas especializadas.

• *Cristais de sulfato de prata, $AgSO_4$, e cristais de sulfato de mercúrio, $HgSO_4$*

Observação

Utilizar somente água destilada na preparação dos reagentes e na limpeza da vidraria. A água deionizada, por conter traços de matéria orgânica, deve ser evitada.

Procedimento analítico e cálculo do resultado

1. Preparação da vidraria

   i) Antes do uso, o condensador de West e o frasco Erlenmeyer devem ser colocados de molho na solução de limpeza ácido sulfúrico-dicromato, por 15 – 20 minutos;

   A solução de limpeza ácido-sulfúrico-dicromato é preparada por se dissolver 120 g de dicromato de sódio ($Na_2Cr_2O_7$) em 1 L de água da torneira; em seguida, adicionar, lentamente, 1600 mL de ácido sulfúrico concentrado;

   ii) Após isso, lavar 20 vezes o interior do condensador e do frasco Erlenmeyer, com água corrente, e 3 vezes, com água destilada;

   iii) Quando não estiver sendo utilizado, as pontas do condensador de West devem ser cobertas com papel alumínio para evitar contaminação por poeira;

   iv) O uso de vidraria limpa é muito importante para obtenção de resultados acurados.

2. Digestão da amostra

   i) Transferir, com pipeta volumétrica ou automática, 20 mL da amostra de água para o frasco Erlenmeyer de 125 mL. A ponta da pipeta deve ser larga o suficiente, de modo a permitir a passagem da matéria orgânica;

   ii) Adicionar, com pipeta volumétrica ou automática, 10 mL da solução de dicromato de potássio 0,025 N, ao frasco contendo a amostra;

   iii) Adicionar 0,4 g de cristais de $AgSO_4$, 0,4 g de cristais de $HgSO_4$ e várias pérolas de vidro. Os cristais de prata agem como catalisadores da digestão de matéria orgânica refratária; os cristais de mercúrio eliminam a interferência de íons cloreto;

   iv) Adicionar com cuidado, 30 mL de ácido sulfúrico concentrado. Misturar a solução com movimentos circulares do frasco; acoplar o frasco ao condensador e ligar a placa aquecedora; deixar em operação a 150 °C, por 2h;

   v) Aguardar que resfrie; enxaguar o interior do condensador com 20 mL de água destilada, fazendo com que a água de lavagem caia dentro do frasco Erlenmeyer; desacoplar o frasco do condensador; diluir a solução final para 80 mL, com água destilada.

Observação

Para cada bateria de amostras sendo digeridas, deve-se correr, em paralelo, um branco. O branco recebe os mesmos procedimentos anteriores, exceto pela substituição da amostra por água destilada.

3. Titulação das amostras e do branco

Adicionar 3 gotas do indicador ferroína à solução contendo a amostra e 3 gotas ao branco. Titular com a solução-padrão de SFA até o ponto de viragem do indicador para vermelho-amarronzado.

4. Cálculo do resultado

$$DQO\left(\frac{mg}{L}\right) = \frac{(B-A)*N*8000}{V}$$

Onde:

B: Volume da solução de SFA gasto na titulação do branco (mL);

A: Volume da solução de SFA gasto na titulação da amostra (mL);

N: Normalidade da solução de SFA;

V: Volume da amostra (mL).

5. Interferentes

Além da matéria orgânica, outros elementos e compostos podem reagir com o dicromato. Quando isso acontece, os resultados de DQO são superestimados, ou seja, são falsamente elevados. Um desses interferentes é o íon cloreto (Cl^-) que é oxidado pelo dicromato até cloro (Cl). Para eliminar a interferência dos íons cloretos, cristais de sulfato de mercúrio são adicionados à amostra para formação de cloreto de mercúrio. Outro interferente é o nitrito. Nesse caso, o íon dicromato oxida o nitrito até nitrato. Para eliminar a interferência do nitrito, adiciona-se ácido sulfâmico na preparação da solução de dicromato de potássio.

RESUMO

Na aquicultura, há interesse em se determinar a demanda biológica da água por O_2 e o impacto ambiental do lançamento dos efluentes dos tanques e viveiros. A liberação de efluentes ricos em matéria orgânica e de outros compostos consumidores de O_2, como NH_3, NO_2^-, H_2S, pode zerar a concentração de O_2 dissolvido nas áreas receptoras.

De forma direta, pode-se determinar a concentração de matéria orgânica, em amostras de água, com o auxílio dos analisadores de carbono orgânico total (COT), equipamentos sofisticados projetados para isso. Os métodos que estimam, de forma indireta, a concentração da matéria orgânica em amostras de água são os seguintes: DBO, oxigênio consumido e DQO. Em comum, esses métodos se baseiam no fato de que há relação inversa entre a concentração de O_2 dissolvido ou de algum composto oxidante e a concentração de matéria orgânica em uma amostra de água.

O teste da DBO_5, demanda bioquímica de oxigênio, estima a concentração de matéria orgânica, de forma indireta, e determina o consumo de O_2, de forma direta, realizado a partir da atividade biológica, em condições padronizadas (20 °C; frascos hemerticamente fechados, no escuro; 5 dias). Na metodologia DBO, a variação do O_2 dissolvido está diretamente relacionada com a concentração de matéria orgânica. Quanto maior é a variação na concentração de O_2 no frasco DBO, maior é a concentração inicial de matéria orgânica na água. A metodologia DBO, apesar de válida, especialmente para amostras ricas em matéria orgânica biodegradável, como as obtidas em tanques de aquicultura, apresenta a limitação de não quantificar a matéria orgânica total. Outra limitação do teste da DBO, como indicador de matéria orgânica na água, é o consumo de O_2 devido à oxidação de compostos inorgânicos, com destaque para a amônia (NH_3), composto comum em tanques de aquicultura. Com isso, o teste da DBO superestima a concentração de matéria orgânica da água. Efluentes de aquicultura com DBO_5 acima de 30 mg/L são potencialmente danosos ao meio ambiente, podendo causar perda de biodiversidade nos corpos de água receptores, se não tratados antes do descarte. Efluentes de tanques de aquicultura podem causar dano ambiental se houver a liberação de mais de 100 kg DBO/dia.

Na metodologia do "oxigênio consumido", utiliza-se o permanganato de potássio ($KMnO_4$) como agente oxidante da matéria orgânica. Ele reage com a matéria orgânica presente na água, oxidando-a até CO_2 e H_2O ou até algum composto intermediário, em caso de oxidação incompleta. O teste do "oxigênio consumido" deve ser aplicado somente em amostras de águas não poluídas ou oligotróficas porque as condições energéticas empregadas no teste são fracas (temperatura ambiente, ausência de ácidos fortes). O teste da DQO, demanda química de oxigênio, estima a concentração da matéria orgânica total da água, tanto a biodegradável como a não biodegradável. Por essa característica, o teste da DQO se presta para a análise de qualquer tipo água, desde oligotróficas até hipereutróficas, desde efluentes agrícolas até despejos industriais. A metodologia DQO está baseada na oxidação completa da matéria orgânica presente na amostra de água até CO_2 e H_2O, pela aplicação de agentes oxidantes fortes (dicromato de potássio), em condições fortemente ácidas e temperatura elevada (150 °C).

CAPÍTULO 13
Produtividade primária fitoplanctônica

13.1 INTRODUÇÃO

13.1.1 A IMPORTÂNCIA DO FITOPLÂNCTON PARA TANQUES DE AQUICULTURA

O produtor de peixes e camarões sabe que as águas verdes são as melhores para a criação em viveiros e tanques convencionais. Para isso, o produtor fertiliza a água com diferentes fertilizantes, quando as águas de cultivo estão muito claras. Mas, afinal, qual a importância do fitoplâncton para tanques de aquicultura?

Fitoplâncton, zooplâncton e bacterioplâncton servem como alimento natural aos animais cultivados. Plâncton é alimento vivo de alto valor nutricional para peixes e camarões, de alta digestibilidade e rico em proteína e nutrientes essenciais. Esse rico alimento natural é obtido pelo produtor a custo geralmente baixo, bastando fertilizar a água, de forma correta, para estimular as florações algais. O plâncton é especialmente importante, sendo muitas vezes indispensável, como fonte de nutrientes para as fases iniciais de vida de peixes e camarões cultivados. O fitoplâncton, além disso, ao realizar fotossíntese, libera oxigênio para água enquanto houver luz. A fotossíntese fitoplanctônica é, muitas vezes, a principal fonte de oxigêncio (O_2) para tanques de aquicultura. Logo, a correta densidade algal leva a concentrações satisfatórias de oxigênio dissolvido na água.

Com o crescimento fitoplanctônico, há redução nas concentrações de dióxido de carbono (CO_2), amônia e nitrito na água. O CO_2, quando acima de 15 mg/L, causa estresse respiratório nos animais. Amônia e nitrito, mesmo em baixas concentrações, também causam estresse aos peixes e camarões. Para as microalgas, a amônia é um nutriente, que é absorvido da água para desenvolvimento desses organismos. A amônia é utilizada pelo fitoplâncton como fonte de nitrogênio inorgânico para síntese de aminoácidos e de outros compostos nitrogenados. Como o nitrito surge a partir da amônia, menos amônia implica em menos nitrito na água. Assim, a manutenção de adequada densidade algal permite reduzir as concentrações de compostos tóxicos aos animais, como amônia e nitrito.

A formação de uma capa verde de fitoplâncton, na superfície da água, atua como um "guarda-sol" natural que protege os animais cultivados da ação direta dos raios solares. Os raios ultravioletas (UV) podem causar danos consideráveis aos animais, com o aparecimento de diferentes doenças. As lesões na pele do peixe, causadas pela radiação UV, são portas de entrada para bactérias e vírus, que podem infectar o organismo animal de forma secundária. A massa fitoplanctônica formada na água superficial absorve grande parte dos raios luminosos que atingem o espelho d'água, atenuando, com isso, a sua intensidade. Abaixo da capa verde, há uma quantidade de luz bem menor do que aquela que atingiu a superfície da água, fazendo com que os peixes se posicionem abaixo da camada fitoplanctônica. Além de proteger os animais dos efeitos dos raios UV do sol, o escurecimento da coluna d'água também impede a germinação de sementes de macrófitas aquáticas enraizadas que possam estar presentes no solo do viveiro.

13.1.2 CONSEQUÊNCIAS DO EXCESSO DE FITOPLÂNCTON NA ÁGUA

Apesar dos indiscutíveis benefícios do fitoplâncton para aquicultura, uma série de problemas podem surgir quando há excesso de microalgas no tanque. A seguir, discutimos os principais problemas de concentrações muito elevadas de algas no tanque.

Hipóxia e anóxia noturna

A fotossíntese fitoplanctônica ocorre apenas na presença de luz. Logo, não há fotossíntese no período noturno. Durante o dia, a produção de oxigênio pelas microalgas geralmente supera o consumo, havendo, com isso, aumento nas concentrações de O_2 na água. Durante a noite, por outro lado, como somente há consumo de O_2, a concentração de oxigênio dissolvido na água cai progressivamente, atingido os menores níveis ao amanhecer. Em águas com densidade algal elevada, um dos maiores consumidores de O_2, juntamente com as bactérias decompositoras, são as próprias microalgas. Logo, os benefícios alcançados pela fotossíntese durante o dia podem ser anulados pela respiração durante a noite, quando a densidade algal é muito elevada.

Águas com baixa transparência, por conta do excesso de fitoplâncton, quando não servidas por aeração suplementar, geralmente apresentam níveis muito reduzidos de O_2 durante a madrugada e ao amanhecer.

Alcalose vespertina

Com a remoção de CO_2 da água pela fotossíntese, o pH se eleva. A elevação do pH é contrabalançada pela liberação de CO_2 pela respiração e decomposição da matéria orgânica. Com isso, o pH da água sobe apenas de forma moderada durante o dia. Entretanto, quando há excesso de fitoplâncton na água, combinado com relação alcalinidade: dureza desequilibrada, com alcalinidade bem maior que a dureza, a elevação do pH pode alcançar valores perigosos à vida aquática. Nessas condições, não é raro observar valores de pH acima de 10, no meio para o final da tarde. Excesso de microalgas no tanque, portanto, pode estressar, ou até mesmo matar os animais cultivados por alcalose. Estresse animal por alcalose também pode ser observado no início do ciclo de produção em viveiros novos ou em viveiros antigos, cujo solos tenham passado por rigorosa ou longa secagem. Nesses casos, a taxa fotossintética pode superar muito as taxas respiratória e decompositora, fazendo com que o pH da água se eleve acima de 9.

Temperaturas subletais

No período da tarde, águas com densidade algal elevada são mais quentes que águas de menor turbidez algal. Do ponto de vista da radiação, fitoplâncton representa partículas em suspensão na água, capazes de absorver a luz e produzir calor. O fitoplâncton possui cloroplastos que são organelas especializadas na absorção luminosa. As águas muito verdes, portanto, podem apresentar temperaturas altas e estressantes aos animais, no meio e final da tarde. Não é raro observar águas com mais de 34 °C, nessas condições. Mesmo a tilápia não suporta essas temperaturas, perdendo a vitalidade e tornando-se mais suscetível às doenças em águas com mais de 32 °C.

Off-flavor do pescado

Em águas eutrofizadas e supereutrofizadas, isto é, águas com excesso de nutrientes e que recebam luminosidade satisfatória, ocorre o florescimento e estabelecimento de densas massas algais. Entre as espécies de algas que podem surgir nessas condições, é comum a dominância por cianobactérias que liberam compostos químicos de mau odor e sabor para água, com destaque para a geosmina e o metilisoborneol (MIB). Esses compostos acabam impregnando e depreciando a carne do peixe e do camarão cultivado. Esse problema foi batizado de *off-flavor* do pescado que pode inviabilizar totalmente sua comercialização. A carne contaminada com geosmina e MIB fica com gosto de terra ou mofo. Certas cianobactérias podem liberar também toxinas na água que prejudicam o desenvolvimento dos animais. Essas cianotoxinas causam alterações patológicas no hepatopâncreas dos camarões que fazem com que a cabeça dos animais afetados escureça durante o cozimento. Imaginem que situação: a cauda vermelha e a cabeça preta do camarão... Como consumir?

Viveiros de aquicultura infestados com cianobactérias podem ser tratados com sulfato de cobre ou simazina, que são eficientes algicidas. Na dosagem recomendada de 1 mg/L, a aplicação desses produtos não causa malefícios aos animais cultivados. Recomenda-se aplicações semanais de sulfato de cobre, de forma preventiva, para evitar a dominância de cianobactérias no tanque. A morte em massa de populações de cianobactérias já instaladas no tanque pode levar a concentração de O_2 na água a cair perigosamente. Por isso, o controle químico de cianobactérias com algicidas, especialmente as ações corretivas, somente deve ser realizado em tanques servidos por aeração mecânica.

O controle de cianobactérias em viveiros de aquicultura também pode ser realizado por meio biológico. A instalação de cercados com macrófitas aquáticas flutuantes, como aguapés, pode reduzir as concentrações de algas dentro do viveiro pelo sombreamento e absorção de nutrientes. O uso de gaiolas com peixes filtradores, como a carpa prateada e a tilápia-do-Nilo, como espécies secundárias em policultivos com *catfish* e camarões, pode reduzir as concentrações de cianobactérias na água. Nesse caso, os peixes filtradores não recebem rações balanceadas, ou qualquer outro alimento artificial, durante todo o ciclo de produção.

Die-off do fitoplâncton

O *die-off* pode ocorrer quando há excessiva biomassa de algas no viveiro ou tanque. *Die-off* é a morte súbita da biomassa algal presente no tanque que, repentinamente, flocula e precipita até o fundo. Quando isso acontece, a concentração de matéria orgânica em decomposição no fundo, ou seja, a DBO da água, aumenta muito, poucas horas após o *die-off*. Como consequência, o O_2 dissolvido na água se esgota em pouco tempo, podendo levar a mortalidades em massa no tanque. Com o desaparecimento do O_2, inicia-se a decomposição anaeróbia da matéria orgânica que passa a acumular gases tóxicos, como o sulfídrico e a amônia, no meio.

Os gatilhos do *die-off* do fitoplâncton ainda não foram elucidados pela ciência. Não obstante, verifica-se que esse fenômeno geralmente ocorre em dias muito quentes, com poucos ventos, do meio para o final da tarde. É por isso que se supõe que o *die-off* do fitoplâncton esteja associado a valores elevados de temperatura e pH da água. Além disso, especula-se que a escassez de nutrientes na água também seja responsável pelo *die-off* do fitoplâncton. Essas suposições têm apoio experimental: uma das formas mais eficientes para flocular e precipitar microalgas em laboratório é elevar bruscamente a temperatura ou o pH do meio de cultivo, ou seja, fazer um choque de temperatura e pH.

Embora qualquer família de microalga possa sofrer *die-off*, esse fenômeno é mais comum entre as cianobactérias. O adensamento das cianobactérias filamentosas na superfície do tanque, aquece a água superficial de forma demasiada e faz o pH subir para níveis perigosos. O sombreamento da coluna d'água pela massa verde prejudica a oxigenação da coluna d'água pela fotossíntese. Após certo tempo, não é raro ocorrer o *die-off* do fitoplâncton. A desestratificação da coluna d'água, realizada pelo trabalho dos aeradores mecânicos, impede que o fitoplâncton se concentre na superfície do tanque. O *die-off* do fitoplâncton, portanto, pode ser prevenido pela circulação total da água, no período da tarde.

Estratificação térmica rasa

O excesso de fitoplâncton facilita a estratificação térmica da coluna d'água. A grande biomassa algal, que está concentrada na camada superficial da coluna, absorve grande parte da radiação luminosa. Com isso, há bem menos luz e calor na camada de água localizada logo abaixo da massa fitoplanctônica superficial. Formam-se estratos verticais de água com diferentes densidades: água de superfície, mais leve, posicionada sobre a água de subsuperfície, mais pesada. A diferença de densidade entre as camadas sucessivas dificulta a mistura e circulação total das massas de água. Como consequência, verifica-se uma redução progressiva e rápida na concentração de O_2 na água de fundo, que passa a acumular gases tóxicos. Muito embora as profundidades dos viveiros e tanques de peixes e camarões sejam pequenas (< 2 m), a excessiva biomassa fitoplanctônica superficial é capaz de formar camadas verticais de água que não se misturam. É o que se chama de *estratificação térmica rasa.*

A aplicação diária de pequenas doses de cal virgem ou cal hidratada na água é uma prática adotada por alguns carcinicultores para controlar a produtividade fitoplanctônica nos tanques. Com essa finalidade, aplica-se até 38 kg de cal virgem e 50 kg de hidratada/ha/dia. A eficácia dessa prática, entretanto, ainda carece de confirmação científica.

13.1.3 A CONFIABILIDADE DAS LEITURAS DO DISCO DE SECCHI

Um dos equipamentos mais úteis já inventados para avaliar e manejar a qualidade da água de viveiros e tanques de aquicultura é o disco de Secchi. Por sua simplicidade de uso e baixo custo, este é um equipamento indispensável em toda fazenda de peixe e camarão. A simples imersão do disco de Secchi nos informa a transparência da água, que pode ser correlacionada com a produtividade primária. Existe, aliás, uma expressão matemática que calcula a DBO da água em função da transparência (Boyd, 1979). Águas de viveiro com leitura de Secchi maior que 60 cm são pobres em fitoplâncton; águas com distância de Secchi menor que 20 cm são ricas em fitoplâncton, isto é, se não forem barrentas. Essas informações estão resumidas na Tabela 13.1.

Tabela 13.1 – Interpretação da leitura de transparência da água de cultivo (D_S), quando devida ao fitoplâncton, e sugestões de manejo para cada caso

Leitura de Secchi (cm)	Interpretação	Sugestão de manejo
< 20	Excesso de turbidez algal. [Clorofila *a*] > 100 µg/L. Grande risco ambiental	Troca de água superficial, restrição alimentar, aeração noturna
20 – 30	Turbidez algal moderadamente alta. [Clorofila *a*] entre 80 e 100 µg/L	Os mesmos manejos sugeridos para D_S < 20 cm, mas em níveis menores
30 – 45	Transparência ideal. [Clorofila *a*] entre 20 e 80 µg/L	–
45 – 60	Turbidez algal moderadamente baixa. [Clorofila *a*] entre 5 e 20 µg/L	Os mesmos manejos sugeridos para D_S > 60 cm, mas em níveis menores
> 60	Turbidez algal muito reduzida. [Clorofila *a*] < 5 µg/L. Deficiência de fitoplâncton	Suspender troca de água, fertilização da água

Fonte: Adaptado de Boyd (2011a).

A correspondência entre leitura de Secchi e densidade algal é geralmente correta para as águas mais transparentes, indicativas de escassez de fitoplâncton. Uma exceção é a leitura de Secchi logo após um episódio de *die-off* de fitoplâncton. Nessa situação, as águas são transparentes não por falta de fitoplâncton, mas porque toda ou grande parte da biomassa algal se depositou no fundo do viveiro. Por outro lado, não é possíver afirmar que a densidade algal é alta sempre que as leituras de Secchi são baixas. Além do plâncton, existem outras partículas em suspensão na água, de origem mineral e orgânica, que também interferem na transparência da água. A reduzida leitura de Secchi pode ser atribuída, equivocadamente, à elevada densidade algal quando, na verdade, se deve à presença de detritos orgânicos e minerais em suspensão na água. A turbidez não algal será elevada quando houver, por exemplo, grande concentração de partículas do solo em suspensão na água. Nesse caso, a turbidez predominante será de origem mineral.

O uso do disco de Secchi, na rotina da fazenda, deve ser padronizado quanto ao local, horário e modo de operação. Recomenda-se, se possível, que seja sempre o mesmo colaborador a fazer as leituras de transparência da água. Sem essa padronização, as leituras obtidas são de difícil ou até mesmo impossível interpretação. Portanto, apesar de sua grande utilidade em aquicultura, as leituras do disco de Secchi devem ser vistas com algumas ressalvas pelos produtores. Seria importante associar as leituras de Secchi a outras observações, como a concentração de clorofila *a*, para que se possa manejar corretamente a produtividade primária de tanques de aquicultura. Além das limitações já citadas, o disco de Secchi também não é passível de utilização em corpos de água muito rasos, como em tanques-berçários e de larvicultura; nem em ecossistemas lóticos, como em córregos e rios.

13.1.4 USO DO TURBIDÍMETRO EM AQUICULTURA

Turbidez é a grandeza física que expressa a capacidade da água em dispersar a radiação luminosa. Partículas em suspensão na água, isto é, plâncton e detritos minerais e orgânicos, são os principais responsáveis pela turbidez da água. Compostos dissolvidos na água, como as substâncias húmicas, também causam turbidez, mas em menor grau. Enquanto a turbidez algal é desejável, até certo ponto, a turbidez não algal é indesejável. Turbidez não algal, isto é, aquela causada por detritos minerais e orgânicos em suspensão na água, prejudica a fotossíntese, aumenta a demanda da água por O_2 (DBO) e causa estresse respiratório nos animais cultivados. A turbidez mineral, aquela que geralmente confere cor de barro à água, é devida tanto a partículas mais grosseiras, como areias e siltes, como, mais frequentemente, a partículas mais finas, as argilas. Enquanto as areias e os siltes precipitam, por sua maior massa, as argilas tendem a permanecer suspensas na coluna d'água. Para remover a turbidez mineral da água causada por argilas, aplica-se sulfato de alumínio ou sulfato de cálcio na água. A turbidez está inversamente relacionada com a transparência da água. Assim, águas de turbidez elevada têm baixa transparência, ou seja, são turvas. Ao contrário, águas de baixa turbidez têm transparência elevada, são claras. A turbidez de uma amostra de água pode ser determinada por meio de um equipamento chamado nefelômetro ou, como é mais conhecido, *turbidímetro*.

O turbidímetro mede a quantidade de luz dispersa por partículas suspensas e dissolvidas na amostra de água. Quanto maior o grau de dispersão da luz, maior é a concentração de partículas em suspensão e dissolvidas na água, e maior é a sua turbidez. Em águas verdes, a turbidez deve-se, principalmente, ao fitoplâncton. Nesse caso, maior turbidez indica mais microalgas; menor turbidez, menos microalgas. Embora a turbidez da água nem sempre seja devida ao fitoplâncton, a turbidimetria é um método mais objetivo para estimar a densidade do fitoplâncton do que a leitura da transparência da água. Contudo, como o disco de Secchi é um instrumento de custo bem menor que o turbidímetro, dá-se preferência ao uso do disco de Secchi nas fazendas de peixe e camarão. Uma alternativa bem mais econômica ao turbidímetro comercial é o tubo de turbidez, embora a precisão dos resultados seja menor (Falcade, Mannich e Colombo, 2017). Além disso, o tubo de turbidez não pode ser utilizado quando a turbidez da água está muito baixa.

A turbidez da água é medida em unidade nefelométrica de turbidez (UNT). A água potável não pode ter mais de 5 UNT de turbidez. A turbidez da água de criação de peixes e camarões, em tanques e viveiros, deve estar compreendida entre 25 e 50 UNT. Logo, se a turbidez da água do tanque estiver bem acima de 50 UNT, haverá excesso de algas na água ou ela estará barrenta. Em ambos os casos, o crescimento e a saúde dos animais cultivados estarão em risco. Já para açudes e represas de Classe 2 (Conama, 2005), que são aqueles utilizados para aquicultura, a turbidez da água não deve ser maior que 100 UNT. Lagos com turbidez elevada são impróprios, por exemplo, ao lazer. Percebe-se, portanto, que turbidez excessiva indica poluição da água.

13.1.5 DIFERENÇA ENTRE PRODUÇÃO E PRODUTIVIDADE PRIMÁRIA

Antes de discutirmos os métodos para determinação da produtividade primária na água, devemos diferenciar produção de produtividade primária em aquicultura. A produção primária aquática corresponde ao total de biomassa fitoplanctônica, de macrófitas aquáticas e de bactérias autotróficas que foi produzido por unidade de área ou de volume. A produção primária, portanto, se refere a um evento ocorrido no passado. No conceito de produção primária, o verbo "ser" foi empregado no tempo passado. Logo, a produção primária aquática se refere a um evento histórico, que talvez não se repita no futuro. A produção primária, em determinado viveiro de peixe, pode ter sido igual a 30 g de carbono orgânico por m^3 de água, no mês de agosto de 2019. Já produtividade primária aquática se refere ao total de biomassa fitoplanctônica, de macrófitas aquáticas e de bactérias autotróficas que é produzida por unidade de área ou volume, em determinada unidade de tempo. Note que, no caso da produtividade primária, o tempo do verbo "ser" passou para o presente. Trata-se de um resultado atual e corrente que pode se repetir no futuro breve. A produtividade primária de determinado viveiro de camarão pode ser igual a 1 g de carbono orgânico/m^3/dia.

O resultado de produtividade primária pode ser obtido a partir de uma única observação ou, o que seria melhor, a partir do monitoramento sistemático realizado ao longo de determinado período. Essa questão é de importância porque o crescimento de microrganismos na água, como de microalgas, não é constante, nem linear, mas por fases e cíclico. O desenvolvimento fitoplanctônico, quando em condições favoráveis, apresenta duas fases bem distintas: fase de crescimento exponencial e fase de estabilização e posterior declínio. O resultado de produtividade primária, portanto, revelará apenas a taxa de crescimento exponencial, se a observação se restringiu apenas à primeira fase, ou à média das duas fases, se as observações abrangeram um período de tempo maior. Pelo exposto, conclui-se que há maior interesse em se conhecer a produtividade primária em aquicultura do que a produção primária. Com o monitoramento da produtividade primária, é possível conhecer as variações de densidade algal no viveiro e, com isso, adotar as medidas, preventivas e corretivas, apropriadas a cada situação.

Os produtores primários aquáticos são o fitoplâncton, macrófitas aquáticas e certas bactérias autotróficas. Geralmente, o fitoplâncton é o principal produtor primário aquático em tanques e viveiros de aquicultura. As macrófitas aquáticas são organismos indesejáveis em tanques de aquicultura, sendo, por isso, combatidos pelos produtores. A biomassa das bactérias autotróficas, por sua vez, é muitas vezes menor do que das microalgas. Daí o porquê do interesse na determinação da produtividade primária fitoplanctônica (PPF), em aquicultura, ou seja, aquela devida às microalgas. Nesse caso, as unidades mais usuais de PPF são mg de C orgânico/L/h ou g de C orgânico/m^3/dia. Pode-se trabalhar, ainda, com mg de clorofila *a*/L/h.

13.2 DETERMINAÇÃO DA PRODUTIVIDADE PRIMÁRIA FITOPLANCTÔNICA

Existem métodos diretos e indiretos para determinação da produtividade primária fitoplanctônica (PPF). A seguir, os princípios e as limitações de cada um dos dois tipos de métodos.

13.2.1 MÉTODO DIRETO

O método direto para determinação da PPF se baseia na diferença simples entre duas observações de densidade algal, realizadas em dois tempos distintos, o inicial e o final. Inicialmente, realiza-se a contagem do número de células algais ou a determinação da concentração de clorofila *a* de uma amostra de água. Após certo tempo, algumas horas, por exemplo, realiza-se uma nova coleta de amostra de água, no mesmo ponto. Faz-se uma nova contagem de células ou determinação de clorofila. De posse desses dois resultados, determina-se a PPF usando as seguintes fórmulas:

PPF = (nº final de células algais – nº inicial de células algais) ÷ intervalo de tempo transcorrido entre as amostragens.

ou

PPF = (concentração final de clorofila *a* – concentração inicial de clorofila *a*) ÷ intervalo de tempo transcorrido entre as amostragens.

Considere os seguintes dados obtidos em um viveiro de peixes:

- Contagem inicial de microalgas: 1×10^4 células/mL;
- Contagem final de microalgas: 1×10^5 células/mL;
- Intervalo de tempo transcorrido entre as duas amostragens: 4 h (inicial: 8 h; final: 12 h).

O cálculo da PPF, para os dados anteriores, pode ser visto a seguir:

$(1 \times 10^5 - 1 \times 10^4$ células)/mL/4 h = 22.500 células/mL/h ou $2{,}25 \times 10^4$ células/mL/h.

É evidente que essa PPF somente vale para o período do dia em que as amostras de água foram coletadas, no caso, 8 a 12 h. Além disso, a realização de uma única determinação de PPF tem pouco valor prático. Seria importante fazer várias determinações de PPF, no período estipulado (8 a 12 h), para que se pudesse obter a PPF média. Esse último resultado representaria melhor a PPF real para aquele viveiro ou tanque, naquele horário específico. Vejamos outro exemplo, desta vez considerando a concentração de clorofila *a* da água:

- Concentração inicial de clorofila *a*: 50 mg/L;
- Concentração final de clorofila *a*: 80 mg/L;
- Intervalo de tempo entre as amostragens: 6 h (inicial: 7 h; final: 13 h).

Assim, temos que:

PPF = (80 mg clorofila *a*/L – 50 mg clorofila *a*/L)/6 h = 5 mg clorofila *a*/L/h

O método direto da PPF, apesar de ser bastante claro, possui alguns questionamentos que podem tornar seus resultados incorretos. Quando se faz a subtração simples do número de células de fitoplâncton, nos tempos inicial e final, e apresenta-se esse resultando como sendo a PPF, desconsidera-se, indevidamente, as perdas de fitoplâncton ocorridas durante o período de observação, tanto por sedimentação como herbivoria. Após a coleta inicial da amostra de água e até o momento da coleta final, a coluna de água perderá, inevitavelmente, parte do fitoplâncton por sedimentação e herbivoria. As microalgas que sofreram sedimentação e que foram pastadas pelo zooplâncton, no intervalo de tempo compreendido entre as duas amostragens, foram úteis ao ecossistema aquático porque liberaram O_2 para água e serviram de alimento para o zooplâncton. Logo, o importante seria determinar não apenas a PPF líquida, mas a PPF bruta ou total.

As microalgas perdidas por sedimentação e herbivoria são, indevidamente, desconsideradas do cálculo da PPF realizado pelo método direto, já que não estão presentes na segunda amostragem. As microalgas que "sumiram" da coluna d'água, seja por sedimentação ou herbivoria do zooplâncton, foram produzidas, mas não contabilizadas. Logo, a sedimentação e as perdas de fitoplâncton por herbivoria são fontes de erro na determinação da PPF pelo método direto, que levam a subestimação da PPF total. O tamanho desse erro depende das taxas efetivas de sedimentação e de herbivoria fitoplanctônica, ocorridas no período de amostragem. Para determinação da PPF total ou bruta, desenvolveu-se o método do frasco claro e escuro que considera as perdas de fitoplâncton ocorridas entre as amostragens, seja por sedimentação, herbivoria ou respiração algal.

Além das perdas por sedimentação e herbivoria, parte da matéria algal produzida durante o período de observação também é perdida pela respiração algal. As microalgas utilizam parte de suas reservas orgânicas para produzir ATP. Portanto, parte da matéria orgânica produzida pela microalga será utilizada para atender suas necessidades biológicas, não estando disponível aos consumidores primários e demais elos da cadeia trófica.

É importante destacar ainda que a contagem de microalgas é um método trabalhoso e de difícil execução. Nem sempre uma alta contagem algal equivale à elevada biomassa de fitoplâncton, como acontece quando o tamanho individual das microalgas é muito reduzido. Portanto, interpretações de produtividade primária aquática, baseadas apenas na contagem de microalgas, podem levar a conclusões equivocadas. Nessa questão, a determinação da concentração de clorofila *a* seria um indicador mais confiável na avaliação da PPF. Por outro lado, a contagem de algas é indispensável nas avaliações quali-quantitativas do fitoplâncton, nas quais se deseja determinar as abundâncias relativas dos diferentes grupos e espécies. Em trabalhos sobre *off-flavor* e cianotoxinas, também é necessário fazer a contagem diferencial das espécies de fitoplâncton. A determinação da concentração de clorofila *a* em amostras de água, como descrito a seguir, embora também desconsidere as perdas de matéria algal por herbivoria e sedimentação, é um método mais prático que o da contagem de células algais.

13.2.2 DETERMINAÇÃO DA CONCENTRAÇÃO DE CLOROFILA A

Princípio do método

Inicialmente, a amostra de água é filtrada para separar o fitoplâncton. Os pigmentos contidos no fitoplâncton são então extraídos com acetona e a concentração de clorofila *a* do extrato é determinada em espectrofotômetro. A concentração de clorofila *a* se correlaciona fortemente, de modo direto, com a abundância de fitoplâncton na água. Embora tenha sido proposto o uso de outros solventes, o método de extração dos pigmentos fitoplanctônicos com acetona é o padrão para determinar a concentração de clorofila *a* em amostras de água.

Materiais especiais necessários

1) Filtro de membrana, porosidade 0,45 μm;
2) Sistema laboratorial para filtragem de água: bomba de vácuo ou trompa de água, funis de Buchner, rolhas de borracha, frascos kitassato;
3) Macerador de tecidos de 10 mL e pistilo com Teflon acoplado a uma pequena furadeira elétrica;
4) Centrífuga;
5) Espectrofotômetro.

Reagentes

• *Acetona a 90%*

Adicionar 50 mL de água destilada em 450 mL de acetona p.a.

• *Suspensão de carbonato de magnésio a 1%*

Macerar uma quantidade suficiente de carbonato de magnésio p.a., $MgCO_3$. Pôr 1 g do pó em balão volumétrico de 100 mL. Adicionar água destilada até completar o volume do balão. Misturar. Apenas uma pequena quantidade de $MgCO_3$ se dissolve na água.

Procedimento analítico e cálculo do resultado

1) Montar o sistema de filtragem de amostras de água. Colocar o filtro de membrana no funil de Buchner;
2) Agitar o frasco contendo a suspensão de carbonato de magnésio. Retirar 1 mL da suspensão e pipetar sobre o filtro. Aplicar vácuo para remover a suspensão depositada sobre o filtro;
3) Agitar a amostra de água para ressuspender o fitoplâncton. Imediatamente após, transferir entre 50 e 100 mL para o copo do funil de filtragem. Registrar o volume de amostra efetivamente transferido. Filtrar a vácuo;
4) Remover o filtro de membrana do funil. Cortar as partes do filtro que não estão impregnadas com resíduo;
5) Dobrar e introduzir o filtro no macerador de tecidos. Adicionar 2 mL da solução de acetona a 90%. Macerar com o pistilo, acoplado a furadeira, por 1 minuto. Adicionar mais 8 mL da solução de acetona e macerar por mais 30 segundos;
6) Transferir o macerado para um tubo de centrífuga. Deixar os tubos em *rack*, sob refrigeração na geladeira, por 8 a 12 h, geralmente durante uma noite;
7) Centrifugar os tubos a 2000 – 3000 rpm, por 10 minutos. Transferir, com cuidado, o sobrenadante para a cubeta do espectrofotômetro. Zerar a absorbância do aparelho a 665 nm e, posteriormente, 750 nm, com cubeta contendo apenas solução de acetona a 90% (branco). Medir a absorbância do teste em cada comprimento de onda (665 nm e 750 nm);

8) Calcular a concentração de clorofila *a* da amostra de água por meio da seguinte fórmula:

$$Clorofila\ a\left(\frac{\mu g}{L}\right) = 11{,}9 * \left(A_{665} - A_{750}\right) * \frac{Act}{CO} * \frac{1000}{Am}$$

Onde:

A_{665}: absorbância a 665 nm;

A_{750}: absorbância a 750 nm;

Act: volume de acetona a 90% utilizado na extração (mL);

CO: caminho ótico da cubeta do espectrofotômetro (cm);

Am: volume filtrado da amostra de água (mL).

Limpeza da vidraria

Os funis de filtragem, assim como toda a vidraria utilizada, devem ser cuidadosamente limpos, antes de serem reutilizados. Para isso, lavar os materiais com os produtos a seguir, obedecendo a ordem apresentada:

1) Acetona;
2) Solução detergente morna;
3) Água da torneira;
4) Acetona;
5) Água destilada.

13.2.3 MÉTODO INDIRETO – FRASCO CLARO E ESCURO

O método indireto para determinação da produtividade primária fitoplanctônica (PPF), ou método do frasco claro e escuro, surge como uma solução plausível para os problemas do método direto. O método do frasco claro e escuro determinada a desejada PPF bruta ou total, assim como a PPF líquida e a taxa de respiração na coluna d'água. O método indireto para determinação da PPF está baseado na reação da fotossíntese:

$$6CO_2 + 6H_2O \rightarrow C_6H_{12}O_6 + 6O_2$$

Observe que existe uma relação direta entre a quantidade de glicose produzida e a quantidade de O_2 liberada para água. Quanto maior for a produção de matéria orgânica, na fotossíntese, maior será a liberação de O_2 pelas microalgas. Portanto, a liberação de O_2 para água, durante a fotossíntese, varia de forma diretamente proporcional com a taxa de produtividade primária. Verifica-se também uma relação inversa entre a matéria orgânica produzida e o CO_2 consumido pelas microalgas. Quanto maior a produção de matéria orgânica, menor será a concentração de CO_2 na água. A partir dessas observações, constatou-se que seria possível quantificar, de forma indireta, a produtividade primária aquática pelo monitoramento das concentrações de O_2 ou CO_2 da água. Das duas alternativas existentes, isto é, O_2 e CO_2, optou-se pelo monitoramento do O_2 para determinação da PPF, pela maior confiabilidade das leituras realizadas com o oxímetro. Desse modo, surgiu o famoso método do "frasco claro e escuro".

Como o método do frasco claro e escuro determina a PPF bruta?

No método do frasco claro e escuro, são utilizados frascos fechados e com fundo (frascos DBO c/tampa). Logo, a sedimentação de microalgas, que tenha ocorrido no interior do frasco durante o perído de incubação, não compromete a mensuração do O_2 dissolvido na água. Além disso, considera-se que a parte das microalgas que foi consumida pelo zooplâncton no interior do frasco, durante o período de incubação, liberou O_2 para água, antes de sofrer herbivoria. Logo, o método do frasco claro e escuro também contabiliza o O_2 que foi produzido pelas microalgas posteriormente pastadas, dentro do período de incubação. Por fim, a incubação do frasco escuro na água considera o O_2 liberado pela fotossíntese, mas posteriormente consumido pela respiração planctônica, no cálculo da PPF bruta.

Metodologia do frasco claro e escuro

O método do frasco claro e escuro utiliza duas garrafas de coleta, sendo uma com paredes transparentes e outra totalmente escura. O procedimento, a ser realizado em campo, é o seguinte:

1) Determinar a concentração de O_2 dissolvido na água subsuperficial, *in loco*, com a utilização de oxímetro calibrado. Essa leitura inicial de O_2 é o f_i a ser utilizado nas fórmulas;

2) Incubar dois frascos DBO, totalmente preenchidos com água do local de incubação, na coluna d'água eufótica. Incubar, nesse contexto, significa posicionar os frascos na coluna d'água, de tal forma que os frascos fiquem totalmente submersos na zona eufótica. Os dois frascos devem ser incubados na mesma profundidade. Um dos frascos é transparente (frasco claro – f_c) e o outro escuro (frasco escuro – f_e). O frasco DBO escuro não deve permitir que a luz atravesse suas paredes. Para isso, pode-se pintar o frasco de preto, revestir com fita isolante e, por fim, cobrir com papel laminado. As tampas dos frascos devem ficar a cerca de 20 a 30 cm abaixo da superfície d'água ou a uma profundidade que corresponda a 25% da distância de Secchi. Caso se

deseje realizar um estudo mais completo, pode-se incubar mais de um par de frascos na coluna d'água, em diferentes profundidades. Para isso, é necessário construir e montar um suporte específico, que mantenha os frascos nas profundidades desejadas (Figura 13.1);

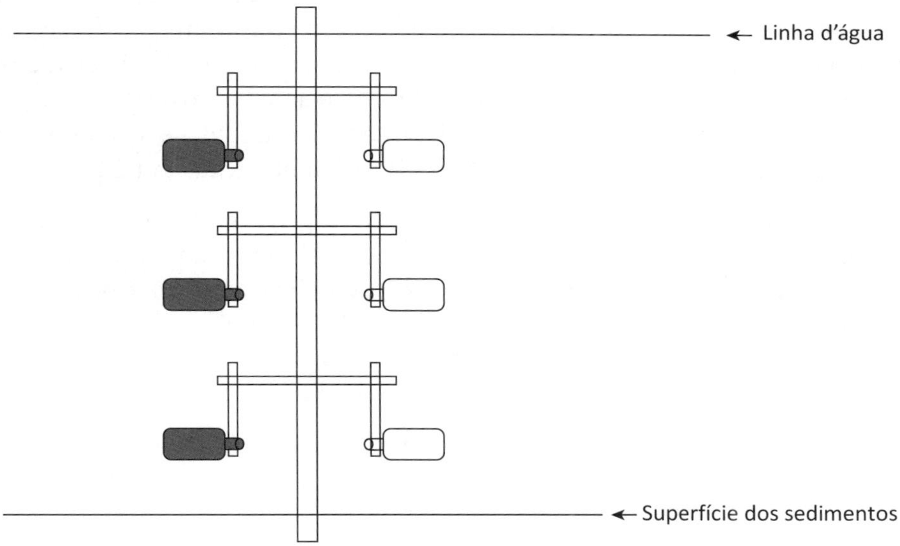

Figura 13.1 – Suporte para incubação de vários frascos claros e escuros na coluna d´água.

3) Os frascos devem permanecer incubados na coluna d'água por um período compreendido entre 2 e 24 h. Os intervalos de incubação mais usuais são do amanhecer ao meio-dia (6 h), do meio-dia ao final da tarde (6 h) e do amanhecer ao final do dia (12 h). Um tempo de incubação de 24 h também é comum. O resultado de PPF somente é válido para o período do dia no qual a incubação foi realizada. Assim, a PPF pode se referir apenas ao período luminoso do dia (6 – 18 h), compreender tanto a noite como o dia (24 h) ou a diferentes condições de luminosidade durante o dia (manhã, meio-dia, tarde);

4) Concluído o período de incubação, retira-se os frascos da água para determinação das concentrações finais de O_2 (f_c e f_e). As leituras das concentrações de O_2 em cada frasco devem ser realizadas *in loco*, com uso de oxímetro calibrado. Existe no mercado uma sonda de oxímetro especialmente adaptada para uso em frascos DBO;

5) Com os valores de f_i, f_c e f_e, calcula-se a produtividade primária fitoplanctônica bruta (PPF bruta), a produtividade fitoplanctônica líquida (PPF líquida) e a taxa de respiração na coluna d'água, usando as fórmulas apresentadas a seguir. Os resultados são expressos em mg O_2/L/h.

▷ PPF bruta = (f_c – f_e)/nº de horas de incubação

▷ PPF líquida = (f_c – f_i)/nº de horas de incubação

▷ Tx respiração = (f_i – f_e)/nº de horas de incubação

No frasco claro, a fotossíntese e a respiração ocorrem simultaneamente. Como a fotossíntese supera a respiração durante o dia, a concentração final de O_2, no frasco claro, será maior que a concentração inicial. Isso vale para frascos incubados acima do ponto de compensação, que é a profundidade na qual a liberação de O_2 pela fotossíntese se equipara ao consumo de O_2 pela respiração. A profundidade do ponto de compensão é aproximadamente igual à leitura de Secchi multiplicada por 2,7.

No frasco escuro ocorre apenas respiração. Logo, a concentração final de O_2 dissolvido na água, no frasco escuro, será menor que a concentração inicial. Assumindo que a taxa de respiração no frasco claro é a mesma do frasco escuro, é possível determinar o efeito isolado da fotossíntese na produção de O_2. Para isso, basta somar a PPF líquida com a taxa de respiração na coluna d'água (Figura 13.2). As demonstrações, a seguir, ajudam a esclarecer os cálculos de PPF bruta, PPF líquida e da taxa de respiração na coluna d'água.

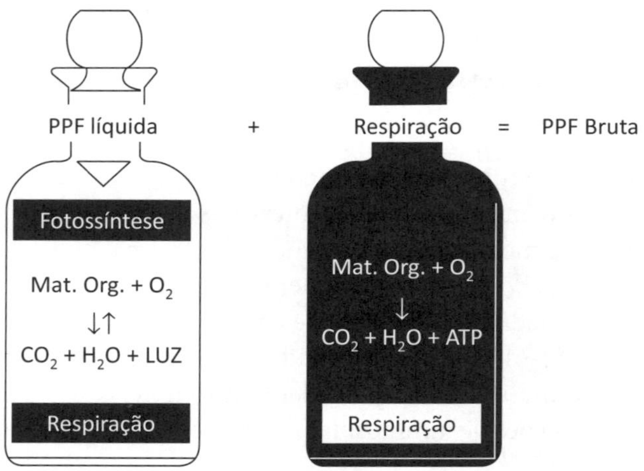

Figura 13.2 – Fotossíntese e respiração no frasco claro e escuro. PPF: produtividade primária fitoplanctônica.

A variável f_i representa a concentração inicial de O_2 no local de incubação dos frascos (O_2 i). No frasco claro (f_c), após o período de incubação, a concentração inicial de O_2 na água (O_2 i) é alterada positivamente pela fotossíntese (O_2 fot) e negativamente pela respiração (O_2 resp). No frasco escuro (f_e), após o período de incubação, parte do O_2 inicial presente na garrafa (O_2 i) é consumido pela respiração (O_2 resp). As expressões algébricas apresentadas a seguir resumem esses fatos:

$f_i = O_2 i$

$f_c = O_2 i + O_2 fot - O_2 resp$

$f_e = O_2 i - O_2 resp$

Aplicando essas expressões nas fórmulas de PPF bruta, PPF líquida e taxa de respiração, vistas anteriormente, teremos como segue:

PPF bruta = $f_c - f_e = (O_2 i + O_2 fot - O_2 resp) - (O_2 i - O_2 resp)$

$\therefore$ PPF bruta = $O_2 i + O_2 fot - O_2 resp - O_2 i + O_2 resp$

PPF bruta = $O_2 fot$

A PPF bruta, portanto, apresenta a quantidade total de O_2 que foi liberado pelas microalgas, em mg/L, no intervalo de tempo considerado.

PPF líquida = $f_c - f_i = (O_2 i + O_2 fot - O_2 resp) - O_2 i$

$\therefore$ PPF líquida = $O_2 i + O_2 fot - O_2 resp - O_2 i$

PPF líquida = $O_2 fot - O_2 resp$

Logo, a PPF líquida aponta a diferença entre a produção de O_2, pelas microalgas, e o consumo de O_2, pela respiração (algas, zooplâncton e bactérias), em determinado intervalo de tempo. Esse é o O_2 disponível para respiração dos macrorganismos (peixes e camarões).

Taxa de respiração = $f_i - f_e = O_2 i - (O_2 i - O_2 resp)$

$\therefore$ Taxa de respiração = $O_2 i - O_2 i + O_2 resp$

Taxa de respiração = $O_2 resp$

A taxa de respiração indica, portanto, o consumo de O_2 realizado pelo plâncton e bactérias na água, no intervalo de tempo considerado.

Para melhor fixação do conteúdo anterior, considere os seguintes dados:

$\mathbf{f_i}$ = 4 mg O_2/L

$\mathbf{f_c}$ = 8 mg O_2/L

$\mathbf{f_e}$ = 2 mg O_2/L

Tempo de incubação = 6 h (6 a 12 h)

Com base nesses dados, calcule a PPF bruta, PPF líquida e a taxa de respiração na coluna d'água.

Utilizando-se das expressões vistas anteriormente, temos como segue:

PPF bruta = $f_c - f_e$ = 8 mg/L – 2 mg/L = (6 mg/L)/6 h = 1 mg O_2/L/h

PPF líquida = $f_c - f_i$ = 8 mg/L – 4 mg/L = (4 mg/L)/6 h = 0,67 mg O_2/L/h

Tx respiratória = $f_i - f_e$ = 4 mg/L – 2 mg/L = (2 mg/L)/6 h = 0,33 mg O_2/L/h

Houve, portanto, a liberação de 1 mg de O_2/L/h, por efeito da fotossíntese, no período em que os frascos estiveram incubados na coluna d'água (6 – 12 h). Logo, a liberação total de O_2 para água foi de 6 mg/L, no período considerado. Entretanto, a taxa respiratória do plâncton e bactérias, nesse mesmo período, foi de 0,33 mg O_2/L/h ou 2 mg/L, no período total. Com isso, o saldo de O_2 na água, ou seja, a PPF líquida foi igual a 1 – 0,33 = 0,67 mg O_2/L/h ou 6 – 2 = 4 mg/L, no período total.

Aplicação do método do frasco claro e escuro em aquicultura

Considere que se determinou a PPF líquida de dois viveiros de camarão, valendo-se do método do frasco claro e escuro, em condições padronizadas. Os resultados obtidos foram os seguintes: viveiro A, PPF líquida = 0,5 mg/L/h; viveiro B, PPF líquida = 1,0 mg/L/h. Logo, a produtividade primária do viveiro B é duas vezes maior que do viveiro A. Como o plâncton é importante fonte de alimento natural para os camarões, é provável que a produtividade aquícola, ou seja, a taxa de crescimento dos camarões, mantidos no viveiro B, também seja maior que a do viveiro A. O viveiro A pode necessitar de fertilização ou o viveiro B de troca d'água. Com o monitoramento sistemático da PPF, o responsável técnico pela fazenda passa a conhecer a produtividade primária de cada um dos tanques da propriedade. A PPF será, sem dúvida, mais um indicador que pode ser utilizado para detectar, precocemente, alterações significativas de qualidade de água que exijam manejo preventivo.

RESUMO

O plâncton, compreendido pelo fitoplâncton, zooplâncton e bacterioplâncton, é um importante alimento natural para peixes e camarões. Durante a fase luminosa do dia, o fitoplâncton realiza fotossíntese, produz matéria orgânica e libera O_2 para água. Com o crescimento fitoplanctônico, há diminuição das concentrações de CO_2, amônia e nitrito na água, compostos estressantes ou tóxicos aos animais. A comunidade fitoplanctônica atua como um "guarda-sol" natural, que protege os animais cultivados da ação direta dos raios solares (UV). Por outro lado, águas de baixa transparência, por conta do excesso de fitoplâncton, geralmente apresentam níveis muito reduzidos de O_2 dissolvido ao amanhecer. Quando há excesso de fitoplâncton na água, combinado com relação alcalinidade:dureza desequilibrada, com alcalinidade bem maior que a dureza, a elevação do pH da água no período vespertino pode atingir valores perigosos à vida aquática. Águas muito verdes podem se aquecer demais e apresentar temperaturas estressantes aos animais.

Em águas hipereutrofizadas, é comum o desenvolvimento de densas biomassas de cianobactérias filamentosas, que podem causar *off-flavor* e toxicidade ao pescado. O *die-off*, ou a morte súbita do fitoplâncton, geralmente acontece quando há excessiva biomassa algal no viveiro ou tanque.

Excesso de fitoplâncton na água também facilita a estratificação térmica da coluna d'água, que compromete a qualidade da água de fundo. Águas de viveiro de alta transparência ($D_S > 60$ cm) são pobres em fitoplâncton; águas de baixa transparência ($D_S <$ 20 cm) são, provavelmente, ricas em fitoplâncton. Entretanto, não se pode assegurar que haverá grande densidade algal, sempre que as leituras de Secchi forem baixas.

Enquanto a turbidez algal é desejável pelo aquicultor, até certo ponto, a turbidez não algal, ou seja, mineral, é indesejável. Recomenda-se que a turbidez da água de tanques e viveiros de aquicultura esteja compreendida entre 25 e 50 UNT. Já para açudes e represas utilizados para aquicultura em tanques-redes, a turbidez da água deve ser menor que 100 UNT.

As unidades mais usuais de produtividade primária fitoplanctônica (PPF) são mg de C orgânico/L/h ou g de C orgânico/m^3/dia. Pode-se trabalhar também com mg de clorofila *a*/L/h. O método direto utilizado na determinação da PPF se baseia na diferença simples entre duas observações de densidade algal (número de células ou clorofila *a*), realizadas em dois tempos distintos. Por desconsiderar as perdas de fitoplâncton por sedimentação, herbivoria e autoconsumo, o método direto subestima a PPF total, sendo considerado, por isso, um método inapropriado. Já adotando o método do frasco claro e escuro, consegue-se determinar a PPF bruta ou total, a PPF líquida e a taxa de respiração na coluna d'água.

CAPÍTULO 14
Gás sulfídrico na água

14.1 INTRODUÇÃO

14.1.1 CICLO DO ENXOFRE NA ÁGUA[1]

O enxofre (S) é um elemento químico essencial à vida aquática, tanto vegetal como animal, por estar presente em importantes moléculas orgânicas. O fitoplâncton obtém o enxofre de que necessita para seu metabolismo por meio da absorção do sulfato (SO_4^{-2}) dissolvido na água. O sulfato, uma vez absorvido, é então utilizado na síntese de diferentes compostos orgânicos (1). Os animais aquáticos, por sua vez, somente conseguem obter enxofre via alimentação, ou seja, na forma de enxofre orgânico (2). Entre os compostos orgânicos que contêm enxofre, destaca-se a metionina, que é um aminoácido essencial na dieta de peixes e camarões, estando presente em muitas proteínas corporais.

Diferentemente do N e P, em geral não há necessidade de fertilizar a água com compostos de enxofre para estimular a produtividade primária. As águas naturais, bem como o solo, já contêm concentrações suficientes de S para satisfazer às exigências do fitoplâncton. A preocupação do produtor não deve ser com a escassez de S,

---

[1] A Figura 14.1 resume os principais processos físico-químicos e biológicos do ciclo do enxofre em tanques de aquicultura. Os números que aparecem entre parênteses, ao longo do texto, correspondem às rotas ilustradas na Figura 14.1.

mas sim com seu excesso no meio, uma vez que sua forma reduzida, mais comumente encontrada na água, isto é, o gás sulfídrico (H_2S), é um composto extremamente tóxico aos animais aquáticos, assim como ao ser humano.

Existem diferentes formas de enxofre presentes em viveiros e tanques de aquicultura. Essas formas podem ser separadas em quatro classes distintas, a saber:

1) Enxofre orgânico particulado;
2) Enxofre orgânico dissolvido;
3) Enxofre inorgânico particulado;
4) Enxofre inorgânico dissolvido.

O enxofre orgânico particulado abrange o enxofre contido na biomassa do plâncton e nos detritos orgânicos, em suspensão na água. O enxofre orgânico dissolvido compreende o enxofre presente na matéria orgânica dissolvida e coloidal, com tamanho de partícula menor que 1 µm, que não tende a sedimentar. O enxofre inorgânico particulado está presente em fragmentos de rochas sulfatadas, que estejam em suspensão na água, como a gipsita. O enxofre inorgânico dissolvido se refere aos diferentes compostos químicos inorgânicos de enxofre, que estão em solução na água, com destaque para o sulfato (SO_4^{-2}) e o gás sulfídrico (H_2S).

A decomposição da matéria orgânica proteica, ou seja, de plantas e animais mortos, geralmente libera enxofre para a água (5 e 6). Desse modo, quanto mais matéria orgânica houver na água e no solo (3 e 4), especialmente matéria orgânica rica em proteína, mais enxofre haverá na água, na forma de sulfato e gás sulfídrico. Se a decomposição da matéria orgânica acontecer em meio aeróbio, haverá a liberação de sulfato para água (5). Por outro lado, se a decomposição da matéria orgânica acontecer em meio anaeróbio, o gás sulfídrico será liberado na água (6). Nesse último caso, bactérias anaeróbias dos gêneros *Proteus* e *Desulfovibrio* fazem a decomposição da matéria orgânica. Essas bactérias, especialmente as *Desulfovibrio*, são capazes de oxidar a matéria orgânica com a utilização do sulfato no lugar do O_2. Quando isso acontece, o sulfato é reduzido para gás sulfídrico (8). Por isso, as bactérias *Desulfovibrio* são conhecidas como "bactérias redutoras de sulfato". *Proteus* e *Desulfovibrio* podem crescer, de forma abundante, em sedimentos de viveiros hipereutrofizados, que apresentem excesso de matéria orgânica e água de fundo anóxica ou com concentrações muito reduzidas de O_2.

Depois de formado, o H_2S pode se acumular no meio, se as condições anaeróbias persistirem (10), ou pode ser oxidado até sulfato, se houver entrada de O_2 (7). Quando surge O_2 na água, bactérias aeróbias quimiossintetizantes, dos gêneros *Beggiatoa*, *Thiothrix* e *Thiobacillus*, utilizam o gás sulfídrico como doador de hidrogênios para a síntese de glicose. Nesse processo, o H_2S é convertido em enxofre elementar (S^0) que dá origem, posteriormente, ao sulfato. Trata-se, portanto, de uma atividade biológica purificadora, já que o H_2S tóxico é transformado em SO_4^{-2} atóxico.

Com o acionamento dos aeradores mecânicos, especialmente os de pás, consegue--se levar O_2 até a água de fundo e a superfície dos sedimentos de tanques e viveiros de aquicultura. Com a entrada de O_2 na água de fundo, o gás sulfídrico é oxidado, química e biologicamente, até sulfato. Em caso contrário, ou seja, se a água de fundo se mantiver hipóxica, ou mesmo anóxica, haverá acúmulo de H_2S na água e no solo, pondo em risco a saúde e a vida dos animais cultivados (10). Em sedimentos anóxicos, sulfetos metálicos insolúveis, como o sulfeto ferroso (FeS) e o sulfeto manganoso (MnS; 11), também podem ser produzidos. Esses compostos metálicos, entretanto, diferentemente do gás sulfídrico, não são nocivos aos animais cultivados.

Além de estimular a oxidação química e biológica do H_2S, os aeradores mecânicos também são capazes de reduzir a concentração de H_2S da água por difusão atmosférica (9), especialmente no período noturno.

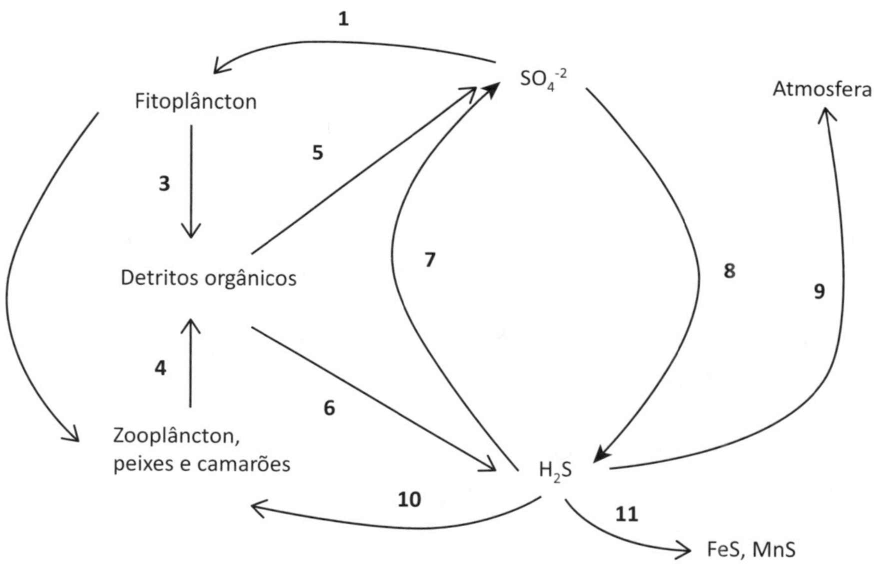

Figura 14.1 – Ciclo do enxofre na água.

1: Absorção fitoplanctônica: microalgas retiram sulfato da água para seu crescimento;

2: Pastagem e predação: enxofre orgânico é transferido entre diferentes organismos pertencentes a uma mesma cadeia alimentar;

3 e **4**: Morte e excreção: morte do fitoplâncton e zooplâncton; eliminação de fezes na água pelos peixes e camarões libera enxofre orgânico para o meio;

5: Decomposição bacteriana aeróbia: haverá liberação de SO_4^{-2} para água quando a concentração de O_2 na água de fundo for maior que 2 mg/L;

6: Decomposição bacteriana anaeróbia: bactérias saprofíticas que vivem nos sedimentos liberam H_2S para água. As concentrações de O_2 no fundo estão abaixo de 2 mg/L;

7: Quimiossíntese: bactérias aeróbias autotróficas oxidam o H_2S em SO_4^{-2};

8: Redução do sulfato: bactérias anaeróbias heterotróficas reduzem o SO_4^{-2} em H_2S;

9: Difusão gasosa: difusão de gás sulfídrico da água para atmosfera pela movimentação da água, especialmente a noite;

10: Intoxicação gasosa: respiração e envenenamento de animais por gás sulfídrico levam a estresse e morte;

11: Formação de compostos metálicos insolúveis: ocorre nos sedimentos anaeróbios; reduz a concentração de H_2S na coluna d'água.

14.1.2 ACÚMULO DE ENXOFRE EM ÁGUAS LITORÂNEAS

As águas oceânicas são naturalmente ricas em enxofre, apresentando concentrações elevadas de sulfatos. O sulfato, SO_4^{-2}, após o cloreto, com 19.000 mg/L, e o sódio, com 10.500 mg/L, é o terceiro íon mais abundante na água do mar, com 2.700 mg/L. Logo, corpos hídricos localizados em áreas costeiras, como lagunas, estuários, áreas de manguezais e viveiros de camarão, geralmente apresentam concentrações elevadas de enxofre no solo e na água. A concentração de enxofre desses solos pode chegar a níveis tão elevados quanto 6%. Essa condição, aparentemente inofensiva, pode levar à formação de ácido sulfúrico (H_2SO_4) com o passar do tempo, fazendo o pH do meio cair para 4 ou menos. Forma-se, desse modo, um dos tipos de solo mais temidos por agricultores e aquicultores, que são os solos ácido-sulfatados. O Capítulo 15, "Ferro na água", deste livro, apresenta uma discussão mais pormenorizada sobre a problemática dos solos ácido-sulfatados em aquicultura.

Além do ácido sulfúrico, outro composto de enxofre nocivo à vida aquática, e comum em áreas costeiras, é o gás sulfídrico (H_2S). O H_2S se forma e se acumula no meio quando há excesso de matéria orgânica proteica em decomposição na água e no solo. Os ecossistemas aquáticos costeiros, que são naturalmente ricos em S, tendem a acumular H_2S na água e no solo, em situação de anaerobiose. O acúmulo de H_2S é maior quando todas as condições anteriores estão presentes, isto é, em águas eutrofizadas, ricas em S e anaeróbias. Nessa situação, as concentrações de H_2S podem se elevar muito, sendo percebido forte e característico cheiro de "ovo podre" no ar. Portanto, mantidas as demais condições constantes, haverá maior risco de toxicidade de gás sulfídrico em viveiros de camarão marinho, preenchidos com águas estuarinas, do que em viveiros de tilápia, preenchidos com água doce. Em ambos os casos, deve-se adotar boas práticas de manejo que previnam o excesso de matéria orgânica no meio, como, por exemplo, a restrição alimentar e o respeito à capacidade de suporte. Essas medidas contribuem para evitar o acúmulo de H_2S na água.

14.1.3 EFEITO DO PH DA ÁGUA NA TOXICIDADE DO GÁS SULFÍDRICO

Assim como o nitrogênio amoniacal total (NAT), que apresenta duas formas químicas distintas, sendo uma tóxica, NH_3, e outra de baixa toxicidade, NH_4^+, o sulfeto dissolvido total (SDT) também é constituído por diferentes formas químicas, a saber: H_2S, HS^- e S^{-2}. Logo, a concentração de SDT na água é a soma das concentrações individuais dessas três formas, ou seja,

$$SDT = H_2S + HS^- + S^{-2}$$

Do mesmo modo que a forma não ionizada do NAT é a tóxica, a forma não ionizada do SDT, isto é, H_2S, é a forma tóxica. Diferentemente do que ocorre com as formas químicas não ionizadas, isto é, NH_3 e H_2S, as formas ionizadas de NAT e SDT, isto é, NH_4^+; HS^- e S^{-2}, não têm livre passagem branquial. Desse modo, NH_4^+, HS^- e S^{-2}, mesmo quando em elevadas concentrações na água, não conseguem se difundir para dentro do sangue e da hemolinfa dos peixes e camarões, respectivamente.

As proporções relativas (%) de cada uma das formas químicas de SDT, isto é, H_2S, HS^- e S^{-2}, dependem do pH e da temperatura da água. Há maior proporção de gás sulfídrico em águas ácidas e quentes do que em águas neutras, alcalinas e frias (Tabela 14.1). As três formas químicas de SDT formam um equilíbrio dinâmico entre si, como pode ser visto a seguir:

$$H_2S \leftrightarrows HS^- + H^+ \leftrightarrows S^{-2} + 2H^+$$

Com a diminuição no pH da água, ou seja, aumento nas concentrações de íons H^+ no meio, o equilíbrio se desloca no sentido da formação do H_2S, isto é, deslocamento para esquerda. O inverso ocorre com a elevação do pH da água, ou seja, quando há diminuição nas concentrações de íons H^+ no meio. Nesse caso, o equilíbrio se desloca no sentido da formação de HS^- e S^{-2}, isto é, para direita. Portanto, a queda no pH da água aumenta o percentual de gás sulfídrico na concentração de SDT. Assim, as águas ácidas apresentam maiores riscos de estresse e mortalidades de peixes e camarões por gás sulfídrico do que as águas neutras e alcalinas. A calagem, portanto, previne estresse e mortalidade de organismos aquáticos por H_2S. Como o pH da água cai naturalmente à noite e em dias nublados e chuvosos, deve-se dar maior atenção ao monitoramento do H_2S, ou ao pH da água, nesses períodos.

Tabela 14.1 – Percentual de gás sulfídrico (H_2S) na concentração de sulfeto dissolvido total (SDT), em amostras de água doce[1]

pH da água	Temperatura da água (°C)								
	16	18	20	22	24	26	28	30	32
5.0	99.3	99.2	99.2	99.1	99.1	99.0	98.9	98.9	98.9
5.5	97.7	97.6	97.4	97.3	97.1	96.9	96.7	96.5	96.3
6.0	93.2	92.8	92.3	92.0	91.4	90.8	90.3	89.7	89.1
6.5	81.2	80.2	79.2	78.1	77.0	75.8	74.6	73.4	72.1
7.0	57.7	56.2	54.6	53.0	51.4	49.7	48.2	46.6	45.0
7.5	30.1	28.9	27.5	26.3	25.0	23.8	22.7	21.6	20.6
8.0	12.0	11.4	10.7	10.1	9.6	9.0	8.5	8.0	7.6
8.5	4.1	3.9	3.7	3.4	3.2	3.0	0.029	2.7	2.5
9.0	1.3	1.3	1.2	1.1	1.0	1.0	0.9	0.9	0.8

[1] Para amostras de água salgada, multiplicar os percentuais da tabela por 0.9.

Fonte: Boyd (2000).

Embora a forma S^{-2} também faça parte do equilíbrio químico do SDT, sua ocorrência é bastante improvável em tanques e viveiros de aquicultura. Somente haverá a formação de S^{-2} quando o pH da água atingir 11 ou mais. Esse pH extremo dificilmente é visto em unidades de cultivo de peixes e camarões, até porque poucos organismos sobreviveriam a essa condição. O efeito do pH da água sobre as proporções das diferentes formas químicas de SDT pode ser visto na Figura 14.2.

Quando o pH da água é 5 ou menos, todo o SDT está na forma de H_2S. Na faixa de pH da água entre 5 e 7, há uma mistura das formas H_2S e HS^-, com predomínio da forma H_2S. Em pH da água igual a 7, aproximadamente metade do SDT é H_2S e metade é HS^-. Entre o pH da água 7 e 9, há uma mistura das formas H_2S e HS^-, com predomínio da forma HS^-. Na faixa de pH da água entre 9 e 11, todo o SDT está como HS^-. Finalmente, quando o pH da água é maior que 11, há uma mistura de HS^- e S^{-2}, com predomínio da forma HS^- (Figura 14.2). Como a forma H_2S é tóxica e a forma HS^- é atóxica, percebe-se que há aumento no risco de envenenamento de peixes e camarões pelo gás sulfídrico em águas ácidas. Essa situação se agrava muito quando o pH da água fica abaixo de 5. Embora não haja gás sulfídrico quando o pH da água está entre 9 e 11, é importante lembrar que nessa faixa de pH há formação de amônia tóxica (NH_3). Assim, a faixa de pH da água que não favorece nem a formação de H_2S nem de NH_3 vai de 6 a 8.

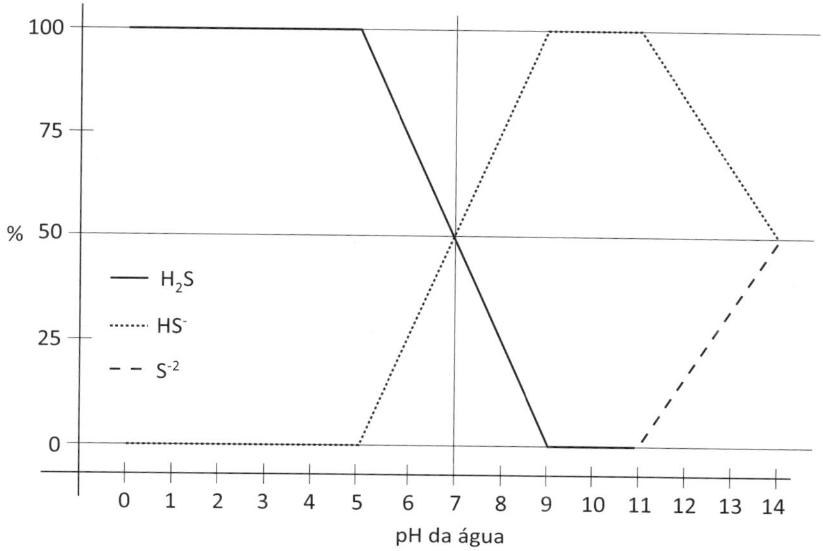

Figura 14.2 – Efeito do pH da água sobre o % de H_2S, HS^- e S^{-2} (Boyd, 2000).

14.1.4 NÍVEIS SEGUROS, ESTRESSANTES E LETAIS DE GÁS SULFÍDRICO EM AQUICULTURA

O gás sulfídrico é um composto tóxico aos organismos aquáticos porque interfere negativamente no metabolismo oxidativo celular, que é aquele responsável pela produção de ATP. Ao ser absorvido pelo animal, o gás sulfídrico impede a respiração celular por bloquear o normal funcionamento do sistema citocromo, que realiza o transporte de elétrons na cadeia respiratória. Com isso, os tecidos animais começam a asfixiar. Além disso, o gás sulfídrico inativa a molécula de hemoglobina, impedindo o transporte de oxigênio até os tecidos. Logo, a ação do gás sulfídrico na respiração animal é duplamente maléfica por dificultar a obtenção de oxigênio nas brânquias e o seu transporte até os tecidos; e por desorganizar o sistema enzimático responsável pela produção de ATP nas células. Desse modo, o gás sulfídrico impede que o O_2 chegue até os tecidos e perturba a correta utilização do pouco O_2 que foi transportado. Percebe-se, portanto, que o gás sulfídrico é um composto muito perigoso à vida, não só aquática, mas também humana.

A metodologia mais utilizada nos estudos de toxicidade aguda é a LC_{50}. Essa metodologia determina a *lethal concentration* 50%, ou seja, a concentração do composto que levou metade da população experimental à óbito, em determinado período. Geralmente, o período de exposição dos animais de laboratório ao composto é de 96 h. Nesse caso, o teste é denominado de LC_{50} 96-h. O resultado de LC_{50} 96-h, entretanto, não tem aplicação direta em aquicultura, servindo apenas como referência para definição dos níveis estressantes e letais do composto. Para isso, diferentes fatores são aplicados sobre o resultado de LC_{50} 96-h, como segue:

- **Nível de segurança:** concentração do elemento ou composto abaixo de 1% do LC_{50} 96-h. Nesse caso, a concentração do composto na água não causa nenhum dano aos animais;
- **Faixa de estressante crônico:** concentração do elemento ou composto entre 1 e 10% do LC_{50} 96-h. Nessa faixa de concentração, ocorre perda de apetite, redução na taxa de crescimento corporal e maior susceptibilidade às doenças, se a exposição for mais longa, como vários dias;
- **Nível de estresse agudo:** concentração do elemento ou composto acima de 10% do LC_{50} 96-h. A partir dessa concentração, o animal pode adoecer e vir a óbito, mesmo após curta exposição, como após algumas horas ou poucos dias.

Os resultados de LC_{50} 96-h para o gás sulfídrico vão de 20 a 50 µg H_2S/L, para peixes e camarões de água doce, e de 50 a 500 µg H_2S/L, para peixes e camarões marinhos. Os peixes e camarões marinhos, portanto, são mais tolerantes ao gás sulfídrico do que os peixes e camarões de água doce. Observe que a unidade do H_2S é o µg/L (ppb) e não mg/L (ppm), como no caso da amônia e do nitrito. Portanto, as concentrações tóxicas de H_2S podem ser até 1000 vezes menores do que as de NH_3 e NO_2^-. As concentrações seguras de gás sulfídrico, na água de cultivo de salmonídeos e tilápias, estão abaixo de 0,2 e 0,5 µg/L; faixa de estressante crônico entre 0,2 e 2 mg/L e 0,5 e 5 mg/L; estresse agudo > 2 e > 5 µg/L, respectivamente (Figura 14.3).

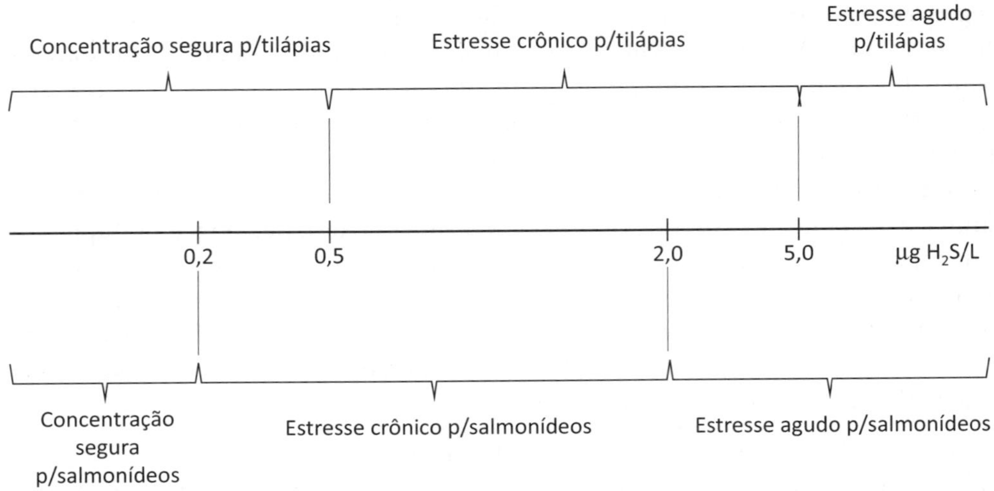

Figura 14.3 – Faixas seguras, estressantes crônicas e estressantes agudas de gás sulfídrico na água de cultivo de peixes de água doce. As tilápias e os salmonídeos representam, respectivamente, espécies de peixe tolerantes e sensíveis ao gás sulfídrico.

Para os animais marinhos, as concentrações seguras de H_2S estão abaixo de 0,5 e 5 μg/L, para as espécies mais sensíveis e rústicas; faixa de estressante crônico 0,5 a 5 μg/L e 5 a 50 μg/L; faixa de estresse agudo > 5 e > 50 μg/L, respectivamente (Figura 14.4).

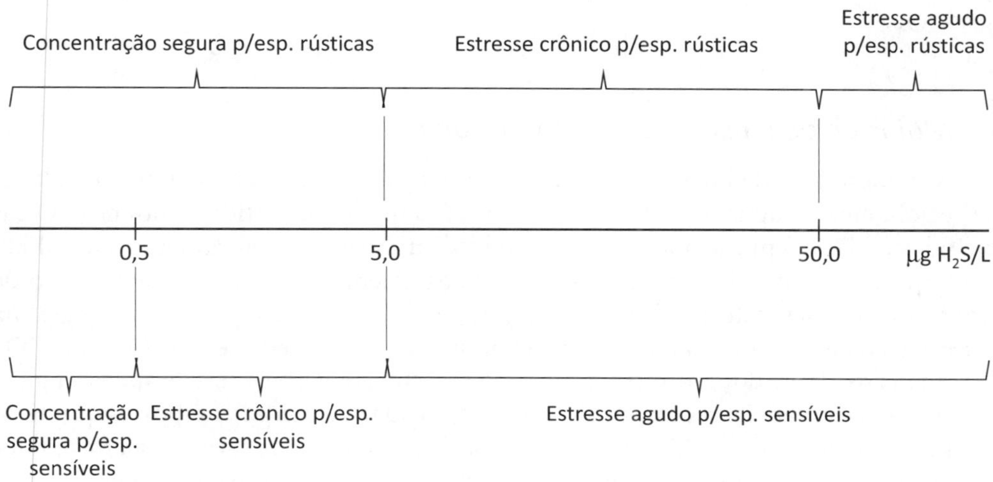

Figura 14.4 – Faixas seguras, estressantes crônicas e estressantes agudas de gás sulfídrico na água de cultivo de peixes e camarões marinhos.

14.2 CONTROLE DA CONCENTRAÇÃO DE GÁS SULFÍDRICO EM AQUICULTURA

Existem diferentes maneiras de se prevenir e remediar problemas com gás sulfídrico em tanques de aquicultura, a saber:

1) Aumento do potencial redox dos sedimentos;
2) Aplicação emergencial de cal hidratada na água;
3) Neutralização do H_2S pela aplicação de compostos ferrosos.

Vejamos a seguir, como esses procedimentos funcionam.

14.2.1 AUMENTO DO POTENCIAL REDOX DOS SEDIMENTOS

É possível prevenir a ocorrência de concentrações estressantes de gás sulfídrico na coluna d'água por aumentar o potencial redox (E*h*) dos sedimentos. O potencial redox do solo é a propriedade físico-química que indica se o solo é oxidante, quando o E*h* do solo é positivo, ou redutor, quando o E*h* do solo é negativo. O potencial redox é expresso em milivolts (mV), sendo determinado com a utilização do medidor ORP. Em aquicultura, deseja-se que o potencial redox da camada superficial dos sedimentos seja igual ou maior que 220 mV. Nessa condição, os gases tóxicos acumulados no solo, como o gás sulfídrico, não conseguem se difundir para a coluna d'água. Para isso, basta que os primeiros centímetros da superfície dos sedimentos tenham E*h* ≥ 220 mV. O potencial redox dos sedimentos superficiais pode ser elevado de duas formas: pelo uso de aeração mecânica da água e pela aplicação de compostos oxidantes à água e ao solo.

Maior E*h pelo uso de aeração mecânica*

A manutenção de boas concentrações de oxigênio dissolvido na água de cultivo, especialmente na água de fundo, previne o acúmulo de gás sulfídrico no meio. O gás sulfídrico (H_2S), em meio aeróbio, é oxidado, química e biologicamente, até sulfato (SO_4^{-2}), que é inofensivo aos animais aquáticos. Além disso, com a manutenção de concentrações satisfatórias de O_2 *na água de fundo*, iguais ou superiores a 2 mg/L, há a formação de uma fina camada oxidada na superfície dos sedimentos (COS). A COS – camada oxidante dos sedimentos, quando presente, tem espessura de apenas alguns milímetros e potencial redox positivo, ou seja, é capaz de oxidar compostos químicos reduzidos, como o H_2S. Abaixo da fina COS, o potencial redox do solo cai, tornando-se cada vez menor à medida que se penetra no solo. Caso se consiga manter, *ao longo de todo o ciclo de produção*, uma concentração satisfatória de O_2 na água de fundo, meta exequível em sistemas aquáticos rasos, tal como em tanques escavados de aquicultura, haverá duas camadas distintas no solo quanto ao potencial redox: uma superficial e oxidante (COS), com E*h* positivo, e outra redutora, logo abaixo da primeira, com E*h* negativo ou baixo.

O gás sulfídrico somente se forma e se acumula em águas desoxigenadas ou dentro da camada reduzida dos sedimentos. Como se trata de um gás, ou seja, de uma molécula com grande mobilidade física, a tendência natural é que o H_2S, uma vez formado nos sedimentos, escape e suba a coluna d'água, movimentando-se para cima, em direção à atmosfera. Entretanto, enquanto a COS estiver presente na superfície dos sedimentos, haverá uma barreira físico-química que impedirá a passagem do gás sulfídrico da camada reduzida do sedimento para a coluna d'água. Desse modo, o gás sulfídrico permanecerá retido no solo, não causando nenhum mal aos animais cultivados, mesmo os *bentônicos*, como os camarões.

Deve-se tomar cuidado para não perturbar a integridade física da COS. Caso a COS apresente rachaduras ou fissuras, haverá a liberação de gás sulfídrico para a coluna d'água, por via dessas passagens. O emprego excessivo de aeração mecânica, ou o posicionamento incorreto dos aeradores em áreas muito rasas do viveiro, pode erodir a COS. Espécies de peixe com comportamento de "fuçar" os sedimentos, como a carpa comum, por exemplo, podem igualmente destruir a COS. Finalmente, o manejo de "passar a rede" no tanque, realizado nas operações de despesca parcial, perturba muito a integridade da COS, podendo liberar grandes quantidades de gases para água.

Como a camada oxidante dos sedimentos (COS) funciona? De que modo a COS é capaz de proteger os animais dos gases tóxicos existentes no solo? Os solos são constituídos por partículas minerais, partículas orgânicas e espaços intersticiais. Nos solos compactados, os espaços intersticiais são mínimos ou inexistentes. Os sedimentos de viveiros de aquicultura são caracteristicamente frouxos, existindo, por isso, uma grande quantidade de espaços entre as partículas do solo. Os espaços intersticiais dos sedimentos aquáticos estão preenchidos com água. A água que preenche os espaços dos sedimentos é chamada "água intersticial" ou "água dos sedimentos". A água intersticial é geralmente rica em íons, substâncias dissolvidas e gases. Quando compostos químicos oxidantes, como nitratos, estão abundantemente dissolvidos na água intersticial, diz-se que o sedimento tem potencial redox alto ou positivo. Nessa situação, ou seja, sedimentos com potencial redox positivo, os elementos metálicos presentes na água intersticial estão na forma química oxidada, que é insolúvel em água. Tal é o que acontece com o elemento ferro, que se encontra como ferro férrico (Fe^{+3}) em meio com E*h* positivo. O composto de ferro férrico mais encontrado na natureza é o hidróxido férrico, cuja fórmula química é $Fe(OH)_3$. Assim, sendo o E*h* positivo, os espaços intersticiais da COS estarão preenchidos com hidróxido férrico que vedará a passagem de H_2S e outros gases por essas aberturas do solo. Desse modo, forma-se uma barreira física que impedirá à movimentação vertical de gases tóxicos dos sedimentos reduzidos até a coluna d'água.

Na camada oxidante dos sedimentos (COS), como o potencial redox é positivo, estão presentes compostos oxidantes, como nitratos, sulfatos e permanganatos. Nitratos (NO_3^-), sulfatos (SO_4^{-2}) e permanganatos (MnO_4^-), por serem compostos que apresentam átomos de oxigênio na sua composição, removem elétrons dos compostos com os quais interagem quimicamente. Quando o gás sulfídrico sai da camada reduzida do solo e se difunde até a COS, o H_2S reage com o nitrato, por exemplo, sendo oxidado à enxofre elementar (S^0), que é atóxico aos animais. A COS, portanto, também atua como uma barreira química que converte gases tóxicos do solo em compostos inofensivos aos animais. Que não restem dúvidas: a COS é extremamente benéfica ao cultivo e deve, por isso, ser alvo da atenção dos produtores de peixes e camarões em tanques escavados.

Maior E*h pela aplicação de compostos oxidantes ao solo*

A elevação do potencial redox (E*h*) dos sedimentos pode ser alcançada pela aplicação de compostos oxidantes à água ou ao solo. Nitratos de cálcio ($Ca(NO_3)_2$), de sódio ($NaNO_2$) e de potássio (KNO_3), quando aplicados aos sedimentos, aumentam a capacidade oxidante do solo. Entre os nitratos, o produto mais empregado é o nitrato de sódio. Como esses produtos são solúveis em água, recomenda-se a aplicação diretamente no solo e não sobre a água. Quando aplicados diretamente na água superficial, ou seja, estando o viveiro cheio, a dissolução de nitratos e permanganatos na coluna d'água prejudica a elevação do potencial redox dos sedimentos, que é o objetivo final desse manejo.

A aplicação de compostos oxidantes no solo, na fase de preparação do viveiro, e o uso de aeradores mecânicos, ao longo do cultivo, são manejos que podem ser combinados para obtenção de uma maior elevação do potencial redox dos sedimentos. Ao longo do ciclo de produção, a integridade da COS será mantida pela aeração correta da água. Já entre os ciclos de produção, após a drenagem total do viveiro, o aumento do potencial redox dos sedimentos será conseguido pela aplicação de nitrato de sódio, diretamente no solo.

A aplicação de nitrato de sódio ao solo pode ser feita de acordo com o seguinte protocolo:

1) Encerrado o ciclo de produção, após a despesca total dos animais, drenar completamente o viveiro para expor o solo ao sol;
2) Aguardar até que o solo rache para que ocorra a entrada de O_2 nas camadas mais profundas do solo;
3) Aplicar cal ou calcário ao solo para corrigir o pH e promover a desinfecção do solo;
4) Aplicar nitrato de sódio ao solo, na taxa de 1 kg/100 m^2, distribuindo igualmente o produto em toda a área do viveiro;
5) Fazer a aragem rasa para misturar o calcário e o nitrato ao solo;
6) Aguardar 2 a 3 dias, para que os produtos possam agir no solo;
7) Encher o viveiro para iniciar o novo ciclo de produção.

14.2.2 CALAGEM DA ÁGUA E DO SOLO

Como há menor proporção de H_2S em águas neutras e alcalinas, uma forma bastante simples e eficaz de se diminuir a toxicidade do gás sulfídrico é a calagem. Nesse caso, o produto mais indicado é a cal hidratada por reagir mais prontamente com a água e elevar o pH. Com a elevação do pH da água e do solo pela calagem, o equilíbrio químico entre o gás sulfídrico e o sulfeto de hidrogênio ionizado (HS^-) é deslocado no sentido da formação de HS^- que é atóxico. Desse modo, embora não se tenha removido o enxofre do meio, haverá menor risco de envenenamento dos peixes e camarões pelo H_2S, em águas e solos submetidos à calagem. Esse é mais um dos benefícios da calagem, isto é, o controle da toxicidade do gás sulfídrico. Assim, caso as concentrações de H_2S na água sejam estressantes aos animais cultivados, pode-se aplicar a cal hidratada na água para transformar, instantaneamente, a forma tóxica de enxofre em atóxica. Após a aplicação da cal, o pH da água deverá estar em 8,5 e 9 para que esse manejo seja bem-sucedido. A partir daí, pode-se fazer novas calagens da água de cultivo, sempre que se fizer necessário (pH < 7).

14.2.3 NEUTRALIZAÇÃO DO H2S PELO FERRO

O gás sulfídrico também pode ser eliminado pela aplicação de compostos ferrosos à água, como pode ser visto a seguir. O gás sulfídrico (H_2S) é formado quando o íon sulfeto (S^{-2}) se liga a dois íons H^+, de acordo com a seguinte reação:

$2H^+ + S^{-2} \rightarrow H_2S$

A depender do pH da água (Figura 14.2), o gás sulfídrico se ioniza, total ou parcialmente, passando a existir sob duas formas químicas distintas: a forma não ionizada (H_2S), também denominada sulfeto de hidrogênio não ionizado, e a forma ionizada (HS^-), ou sulfeto de hidrogênio ionizado. Essas duas formas de enxofre estabelecem um equilíbrio dinâmico entre si, no qual coexistem diferentes proporções de H_2S e HS^-. Haverá maior proporção da forma tóxica (H_2S) em águas ácidas. O envenenamento pelo H_2S explica, em parte, porque peixes e camarões cultivados sofrem estresse em águas ácidas ($pH < 6$). Já quando o pH da água é alcalino, há predomínio da forma ionizada de enxofre (HS^-), que não é tóxica aos animais cultivados.

O íon sulfeto (S^{-2}) apresenta grande afinidade química pelo íon Fe^{+2}, chamado de "ferro ferroso". Pela forte atração existente entre as cargas opostas dos íons Fe^{+2} e S^{-2}, o ferro ferroso e o íon sulfeto reagem prontamente entre si, formando o composto sulfeto ferroso:

$Fe^{+2} + S^{-2} \rightarrow FeS$

O sulfeto ferroso, uma vez formado, precipita até os sedimentos do viveiro, por ser insolúvel em água. A reação que ocorre entre o sulfeto e o ferro ferroso, com a formação de sulfeto ferroso, tem uma interessante aplicação prática em aquicultura. Como o sulfeto ferroso é um composto atóxico aos animais cultivados, é possível neutralizar a toxicidade do sulfeto de hidrogênio (H_2S) pela aplicação de compostos ferrosos à água. A formação e sedimentação do FeS removerá, dessa forma, gás sulfídrico da coluna d'água e impedirá sua ação nociva sobre os animais cultivados.

Embora existam óxidos de ferro disponíveis no mercado, como a hematita (Fe_2O_3), o preço elevado desses materiais inviabiliza a sua utilização em larga escala na aquicultura. Recomenda-se, por isso, a utilização de solos que sejam naturalmente ricos em ferro. Existem solos como a "terra-roxa" e o "sangue-de-tatu" que apresentam concentrações elevadas de ferro. O preço desses solos, por ser bem inferior aos praticados para os óxidos de ferro, permite a sua utilização em escala comercial na aquicultura. Sugere-se a aplicação de 1 kg de solo rico em ferro por m^2 para controle do gás sulfídrico em viveiros de aquicultura. O solo deve ser aplicado durante a fase de preparação do viveiro, estando o tanque vazio. Espera-se, com esse manejo, que os íons sulfetos, presentes na camada reduzida dos sedimentos, formem FeS, composto atóxico, ao invés de H_2S, composto tóxico.

Nessa questão, uma pergunta que se poderia fazer é a seguinte: a aplicação de ferro ao viveiro não traria riscos aos animais cultivados? Esse questionamento é, sem dúvida, pertinente porque concentrações excessivas de ferro são prejudiciais à vida aquática (ver Capítulo 15: "Ferro na água"). A resposta para essa pergunta, como para muitas outras, senão para todas, é "depende...". Em primeiro lugar, é importante seguir a orientação técnica quanto à taxa de aplicação do material, devendo-se evitar o uso de quantidades excessivas de compostos ferrosos. Além disso, o ferro que foi adicionado ao solo não causará toxicidade aos animais cultivados porque forma um composto químico *extremamente insolúvel* em água, que é o sulfeto ferroso (FeS). Uma vez formado, o FeS permanecerá retido ao solo, por longo período.

Existe a possibilidade de o FeS formar, após certo tempo, dissulfeto ferroso (FeS_2), composto conhecido como "pirita de ferro". Embora a pirita de ferro também seja atóxica aos seres vivos, esse composto pode formar ácido sulfúrico, caso entre em contato com o O_2. Isso pode acontecer quando o viveiro for totalmente drenado e seu solo exposto ao ar. Nessa situação, a pirita de ferro reagirá com o O_2, formando ácido sulfúrico. Quando o produtor voltar a encher o viveiro, o ácido sulfúrico passará do solo para a água, fazendo com que o pH da água caia muito e fique abaixo de 4. Portanto, muito embora a aplicação de compostos ferrosos elimine H_2S de modo eficiente e econômico, esse manejo pode trazer problemas ao produtor, no médio ou no longo prazo. Por isso, a elevação do potencial redox do solo, pela aplicação inicial de nitrato de sódio e posterior aeração mecânica da água, nos parece a melhor alternativa para o controle do gás sulfídrico em viveiros de aquicultura, já que não há efeitos colaterais indesejáveis nesse caso. Já de modo corretivo e emergencial, a aplicação de cal hidratada é a melhor opção para combater estresse e mortalidades de animais pelo H_2S.

14.3 TESTE RÁPIDO PARA DETECTAR SULFETOS NA ÁGUA

Sulfetos são geralmente encontrados em águas anaeróbias, onde são formados pela redução microbiológica de íons sulfatos. A forma não ionizada de sulfeto, isto é, o gás sulfídrico, é altamente tóxica para os peixes e outros animais aquáticos. A concentração de gás sulfídrico pode ser obtida por meio de cálculo, desde que se conheça a concentração de sulfeto dissolvido total, o pH e a temperatura da água. As três formas químicas de sulfeto dissolvido total, isto é, H_2S, HS^- e S^{-2}, estabelecem um equilíbrio entre si, sensível às variações de pH, como pode ser visto a seguir:

$$H_2S \leftrightarrows H^+ + HS^- \leftrightarrows 2H^+ + S^{-2}$$

A presença de gás sulfídrico na água pode ser detectada pelo característico odor de ovo podre. Em águas claras, concentrações de H_2S tão baixas quanto 0,25 mg/L já podem ser detectadas pelo olfato humano. Para determinação da concentração de sulfeto dissolvido total ($H_2S + HS^- + S^{-2}$), as formas particuladas devem ser inicialmente removidas da amostra de água por algum método válido, isto é, filtragem, floculação e sedimentação. Entretanto, como a metodologia para determinação do sulfeto dissolvido total é laboriosa, apresentamos, a seguir, apenas o teste rápido para detecção de sulfetos na água, por sua maior simplicidade.

Teste rápido para detecção de sulfetos na água

Esse teste indica se as concentrações de sulfetos dissolvidos na água estão acima de 0,5 mg/L. Trata-se, portanto, de um teste qualitativo, isto é, que mostra apenas se a amostra de água possui ou não concentração de sulfetos igual ou superior a 0,5 mg/L. Caso a concentração de sulfetos dissolvidos totais seja menor que 0,5 mg/L, a água pode ser considerada segura para criação de organismos aquáticos, quanto à toxicidade do H_2S. Essa suposição, todavia, não será válida se o pH da água for menor que 7. Inicialmente, deve-se adicionar 0,5 mL de solução saturada de tartarato de potássio e antimônio e 0,5 mL de solução HCl 6N, em 200 mL de amostra de água filtrada. Em seguida, agita-se a solução. Se houver 0,5 mg/L ou mais de sulfetos na amostra de água, a formação de sulfeto de antimônio conferirá característica cor amarela à amostra.

- *Solução saturada de tartarato de potássio e antimônio*

Em um frasco Becker, contendo 50 mL de água destilada, adicionar uma colherinha de café de tartarato de potássio e antimônio. Misturar bem com bastão de vidro. Caso não se observe corpo de fundo, adicionar uma segunda colherinha de café com o reagente. Caso necessário, repetir o procedimento anterior até que seja observado, claramente, a presença do corpo de fundo.

- *Solução de ácido clorídrico 6 N*

Diluir 130 mL de HCl concentrado para 250 mL, com água destilada, em balão volumétrico. Para isso, adicionar 50 mL de água destilada ao balão e, em seguida, ir adicionando, aos poucos, o ácido. Completar o volume do balão para 250 mL.

RESUMO

O enxofre é um elemento essencial à vida aquática por estar presente em importantes compostos ao metabolismo vegetal e animal. As águas naturais geralmente contêm concentrações suficientes de enxofre para satisfazer às exigências do fitoplâncton, que é a base da cadeia alimentar aquática. No caso do enxofre, a atenção não é quanto à escassez desse elemento no meio, mas com o excesso. Solos ricos em enxofre, com mais de 0,75% desse elemento, são solos denominados "potencialmente ácidos-sulfatados" ou "potencialmente piríticos". Esses solos são impróprios para aquicultura, porque podem desenvolver acidez extrema pela formação de ácido sulfúrico (H_2SO_4) no meio. Caso não seja possível determinar a concentração de enxofre, pode-se, alternativamente, coletar várias amostras do solo, fazer uma amostra composta, pôr para secar e aguardar alguns dias. Em seguida, adicionar água destilada, misturar bem e fazer a leitura do pH. Se o pH for menor que 4, trata-se de um solo potencialmente ácido-sulfatado.

A forma reduzida de enxofre mais comumente encontrada na água é o gás sulfídrico (H_2S), um composto extremamente tóxico aos animais aquáticos. As águas oceânicas são naturalmente ricas em enxofre, apresentando concentrações elevadas de sulfatos (SO_4^{-2}). Logo, os corpos hídricos localizados em áreas costeiras, como as lagunas e os estuários, podem apresentar concentrações elevadas de enxofre no solo e na água. É por isso que, em geral, há um maior risco de toxicidade de gás sulfídrico nos viveiros de camarão marinho, preenchidos com águas estuarinas, do que em viveiros de tilápia. A queda no pH da água aumenta a proporção de gás sulfídrico na concentração de sulfeto dissolvido total. Assim, as águas ácidas apresentam maiores riscos de estresse e mortalidades de peixes e camarões cultivados por gás sulfídrico do que as águas neutras e alcalinas.

As concentrações seguras de gás sulfídrico na água de cultivo de salmonídeos e tilápias são aquelas abaixo de 0,2 e 0,5 μg/L, respectivamente. Os níveis de estresse agudo estão acima de 2 e 5 μg/L para salmonídeos e tilápias, respectivamente. Para os animais marinhos, as concentrações seguras de H_2S são aquelas abaixo de 0,5 μg/L, para espécies mais sensíveis, e 5 μg/L, para espécies mais rústicas. Estresse agudo do H_2S para espécies marinhas somente ocorrerá a partir de 5 μg/L, para as espécies mais sensíveis, e acima de 50 μg/L, para as espécies mais rústicas.

Existem diferentes maneiras de se prevenir e remediar problemas com gás sulfídrico em aquicultura. Esses manejos podem ser agrupados em três categorias, a saber: aumento do potencial redox dos sedimentos, elevação rápida do pH da água pela aplicação de cal e neutralização do H_2S pelo ferro.

O aumento do potencial redox dos sedimentos pode ser alcançado pelo uso de aeração mecânica e pela aplicação de compostos oxidantes à água e ao solo. A elevação do potencial redox do solo, pela aeração mecânica da água, é uma boa alternativa para o controle do gás sulfídrico em viveiros de aquicultura, já que não há efeitos colaterais indesejáveis nesse caso.

Como há menor proporção de H_2S em águas neutras e alcalinas do que em águas ácidas, uma forma simples de se diminuir a toxicidade do gás sulfídrico é a calagem da água e do solo. Nesse caso, a melhor opção é a cal hidratada, por sua maior solubilidade em água. Existe um teste colorimétrico para detecção rápida de concentrações de sulfetos dissolvidos na água acima de 0,5 mg/L.

CAPÍTULO 15
Ferro na água

15.1 INTRODUÇÃO

Ferro na litosfera e na hidrosfera

O ferro é o terceiro metal mais abundante na crosta terrestre, constituindo 5,6% do peso total da crosta. Apenas o silício e o alumínio são mais abundantes do que o ferro, constituindo 28,2% e 8,2% da crosta da Terra, respectivamente. Na crosta, o ferro está combinado com outros elementos, formando hidróxidos e óxidos como o hidróxido férrico ($Fe(OH)_3$), a hematita (Fe_2O_3) e a magnetita (Fe_3O_4). Esses minerais de ferro, entretanto, apresentam solubilidade em água muito reduzida. Com isso, as concentrações de ferro nas águas naturais superficiais são baixas. Em geral, as concentrações de ferro nas águas doces estão compreendidas entre 50 e 100 µg/L. Já as águas oceânicas apresentam, em média, apenas 10 µg Fe/L. Portanto, o elemento ferro, assim como o silício, é mais abundante nas águas doces que nas águas marinhas.

Importância do ferro para os vegetais aquáticos

Ferro é essencial à vida em geral, seja vegetal ou animal, terrestre ou aquática. Nos vegetais, o elemento ferro é constituinte de diferentes compostos orgânicos de grande importância para o metabolismo desses seres vivos. Na matéria seca, os vegetais aquáticos apresentam de 100 a 200 mg Fe/kg. O ferro é necessário para síntese de clorofila pela célula vegetal, uma vez que a enzima clorofila-sintetase exige o elemento ferro como cofator indispensável. O ferro está presente também na molécula de ferredoxina, que é uma proteína transportadora de elétrons da fotossíntese. A ferredoxina é exigida na produção de NADPH que, por sua vez, é utilizado na síntese de glicose. Logo, a clorofila-sintetase e ferredoxina teriam sua síntese e atividade prejudicadas, caso houvesse deficiência de ferro na água. Com isso, a realização da fotossíntese pelas microalgas ficaria comprometida. As enzimas nitrato-redutase e nitrogenase são outras hemoproteínas vegetais, ou seja, proteínas que apresentam ferro na sua composição ou necessitam de ferro como cofator indispensável para seu funcionamento. A nitrato-redutase, como o nome já indica, atua na redução do nitrato até amônia. A amônia, assim formada, pode ser utilizada pela célula vegetal como fonte de nitrogênio na síntese de aminoácidos. Portanto, caso não haja ferro na água, na concentração mínima exigida pelos vegetais aquáticos, o crescimento do fitoplâncton será prejudicado pela impossibilidade de utilizar o nitrato como fonte de N. Já a nitrogenase faz parte do sistema enzimático que transforma o nitrogênio gasoso (N_2) em amônia (NH_3), em certos microrganismos. Nesse sistema, há a participação de diferentes metaloenzimas de ferro, ou seja, enzimas que têm ferro na sua composição química ou que necessitam de ferro para funcionar corretamente. Nesse caso, insuficiência de ferro na água prejudicaria o crescimento de cianobactérias, por impossibilitar o processo de fixação do nitrogênio gasoso.

Importância do ferro para os animais aquáticos

Na matéria seca, os animais aquáticos apresentam de 100 a 500 mg Fe/kg. Nos animais vertebrados, o ferro está presente na molécula de hemoglobina, ocupando posição central na estrutura química. Logo, os peixes devem obter certa quantidade de ferro na dieta ou na água para síntese de hemoglobina. Deficiência de ferro na dieta, portanto, pode tornar o peixe anêmico. Nessa condição, o peixe não cresce bem, converte menos o alimento em biomassa e está mais suscetível ao aparecimento de enfermidades. Já os crustáceos apresentam a hemocianina como pigmento respiratório, que têm o cobre como elemento constituinte. No caso dos camarões, apesar de o ferro não ser exigido na síntese de hemocianina, ele é utilizado em outras atividades do metabolismo animal. O ferro, portanto, assim como para os peixes, também é essencial à vida dos camarões.

Fontes de ferro para vida aquática

A fonte de ferro utilizada pelos vegetais aquáticos é a água em que esses organismos vivem. As microalgas absorvem o ferro de que necessitam para seu metabolismo diretamente da água. As concentrações típicas de ferro existentes nas águas doces, isto é, 0,05 a 0,1 mg/L, já satisfazem as necessidades dos vegetais dulcícolas. Já os vegetais marinhos, por conta das concentrações ainda menores de ferro do ecossistema oceânico, podem necessitar de fertilização férrica para seu crescimento regular. Os animais aquáticos têm na dieta a sua principal fonte de ferro, sendo a água uma fonte secundária. Para os animais aquáticos, portanto, a absorção intestinal é a principal rota para obtenção de ferro para o organismo. Por isso, os peixes e camarões buscam obter, no alimento ingerido, o ferro necessário ao seu metabolismo e crescimento.

Ferro ferroso e ferro férrico

O elemento ferro pode se apresentar na água sob duas formas químicas distintas: ferro ferroso (Fe^{+2}) e ferro férrico (Fe^{+3}). O ferro total é a soma de Fe^{+2} e Fe^{+3}. Os compostos químicos com o Fe^{+2} apresentam maior solubilidade em água, como o bicarbonato ferroso ($Fe(HCO_3)_2$); sulfato ferroso ($FeSO_4$) e o óxido ferroso (FeO). Já os compostos químicos com Fe^{+3} são insolúveis em água, como o $Fe(OH)_3$ e o fosfato férrico ($FePO_4$). Existem métodos de análise laboratorial para determinação da concentração apenas de ferro dissolvido na água (Fe^{+2}) e para concentração de ferro total (Fe^{+2} + Fe^{+3}).

Fertlização férrica de tanques de aquicultura

Recomenda-se que a água de cultivo de peixes e camarões contenha entre 0,05 e 1 mg/L de ferro dissolvido. Concentrações de ferro dissolvido, dentro dessa faixa, suprem os vegetais aquáticos com ferro, bem como não causam toxicidade aos animais. Em geral, não há escassez de ferro nas águas doces para o desenvolvimento do fitoplâncton. Já em águas marinhas, pode haver restrição à produtividade primária por escassez de ferro. Nesse caso, a fertilização da água com composto de ferro estimularia as desejadas florações algais. Atualmente, alguns cientistas defendem que a água do mar deveria ser fertilizada com quelato de ferro para incrementar a produtividade primária oceânica e, com isso, reduzir as concentrações de CO_2 da atmosfera. O objetivo, nesse caso, seria diminuir a intensidade do efeito estufa na Terra e desacelerar o aquecimento global.

Águas com excesso de ferro

Não é raro a ocorrência de concentrações excessivas de ferro nas águas doces. O ferro, não obstante a sua baixa solubilidade na água, liga-se a compostos orgânicos dissolvidos, formando quelatos que permanecem em solução na água. Em águas ricas em substâncias húmicas, que são compostos orgânicos remanescentes da decomposição de matéria vegetal terrestre, as concentrações de ferro na água, geralmente, ultrapassam 1 mg/L, que é o limite máximo aceitável. Além disso, as águas subterrâneas podem apresentar concentrações elevadas de Fe^{+2} pela condição anaeróbica e, muitas vezes, ácida dessas águas, características que solubilizam os compostos férricos. Mas, quais seriam os problemas do excesso de ferro na água e no solo para a vida aquática? Vejamos logo a seguir.

15.2 DINÂMICA DO FERRO NA ÁGUA E NOS SEDIMENTOS

O padrão de circulação da água, em lagos e assemelhados, afeta a formação de $Fe(OH)_3$. Em reservatórios estratificados termicamente, ou seja, aqueles sem ocorrência de circulação total, a formação de $Fe(OH)_3$ ocorre de modo cíclico (Figura 15.1). A acidez dos sedimentos promove a dissolução e difusão de ferro do solo para a água de fundo. Esse processo de mobilização faz com que o hipolímnio se torne rico em ferro. Com o desaparecimento da camada oxidante dos sedimentos, por conta do hipolímnio anaeróbio, o ferro se difunde do solo, que é o meio mais concentrado, para a água de fundo. Quando o ferro dissolvido alcança as camadas mais oxigenadas da coluna d'água, o ferro se oxida e forma $Fe(OH)_3$. Como o $Fe(OH)_3$ é insolúvel em água, ocorre a precipitação desse composto até os sedimentos. Lá, o $Fe(OH)_3$ é novamente dissolvido pela acidez do solo e volta a se difundir para coluna d'água, reiniciando, desse modo, o ciclo.

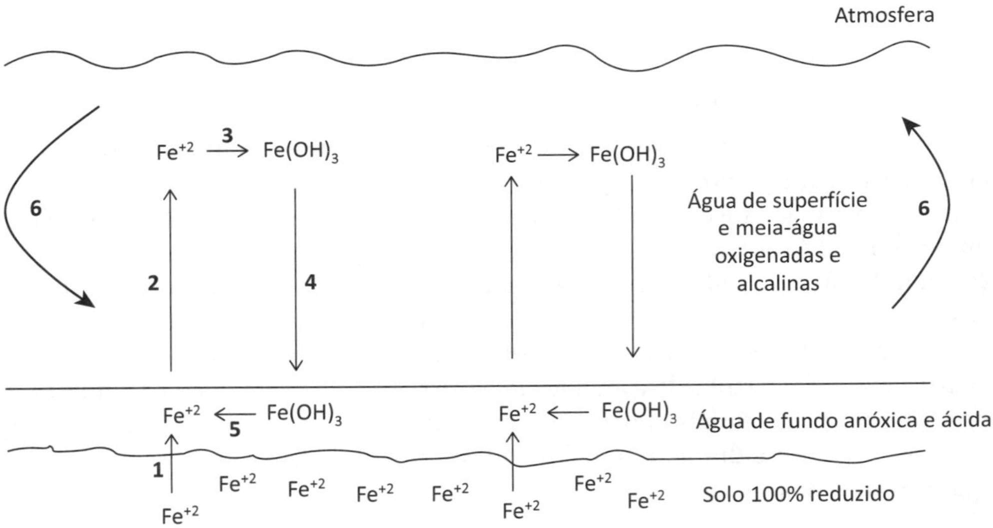

Figura 15.1 – Dinâmica do ferro em corpos de água estratificados termicamente.

1. Difusão do ferro dissolvido do solo reduzido para a água de fundo;

2. Difusão do ferro dissolvido da água de fundo para meia-água e água superficial;

3. Oxidação de Fe^{+2} para Fe^{+3}, com formação do composto insolúvel $Fe(OH)_3$;

4. Precipitação de $Fe(OH)_3$, da água superficial e meia-água, até a água de fundo;

5. Solubilização de $Fe(OH)_3$ com liberação de ferro dissolvido para água de fundo;

6. Mistura ou circulação parcial da coluna d'água superficial. Água de fundo permanece estagnada.

Os aeradores de pás podem eliminar a estratificação térmica de ecossistemas aquáticos rasos, como tanques e viveiros de peixe e camarão, e levar O_2 até os sedimentos. Caso isso ocorra, a camada oxidante dos sedimentos (COS) será reconstituída e impedirá a difusão de Fe^{+2} do solo para coluna d'água. A regeneração do ferro dissolvido será interrompida e não haverá mais a fertilização da água a partir do solo (Figura 15.2). Uma medida para reter ferro aos sedimentos, tão eficaz quanto o uso de aeradores mecânicos e ainda mais prática, é a calagem da água e do solo. Com a elevação do pH da água e do solo, pela aplicação de calcário ou cal, o Fe^{+2} é oxidado até Fe^{+3}, havendo a formação de hidróxido férrico, $Fe(OH)_3$. Como o $Fe(OH)_3$ é insolúvel em água, esse composto precipita e preenche os poros existentes na camada superficial do solo, impedindo que haja a difusão do Fe^{+2} que se encontra na camada reduzida, que está logo a seguir.

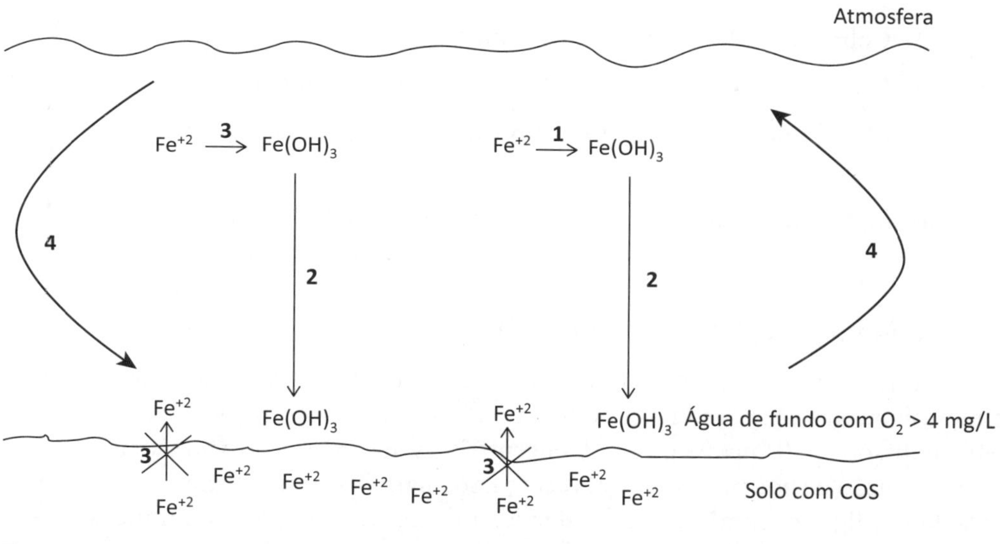

Figura 15.2 – Ciclo do ferro em corpos de água homeotermos (não estratificados).

1. Oxidação do ferro dissolvido para ferro trivalente, formando o composto insolúvel $Fe(OH)_3$;

2. Precipitação do $Fe(OH)_3$ da água superficial e meia-água até os sedimentos;

3. A presença da camada oxidante na superfície dos sedimentos (COS) impede a difusão do Fe^{+2} do solo para água de fundo;

4. Mistura ou circulação total de massas d'água, isto é, superfície, meia-água e água de fundo.

Em águas homeotermas, ou seja, águas não estratificadas termicamente, a COS está intacta porque as águas de fundo recebem o O_2 que foi transportado do epilímnio.

Nesse caso, não há difusão de ferro dos sedimentos para coluna d'água. A concentração de ferro na coluna d'água diminui porque não ocorre a ressolubilização do hidróxido de ferro, após sua precipitação até os sedimentos. Assim, o risco da colmatação das brânquias dos animais e da formação de depósitos de ferro sobre o exoesqueleto dos crustáceos é mínimo em águas desestratificadas termicamente, nas quais as concentrações de O_2 na água de fundo são suficientes para manutenção da COS.

15.3 MALEFÍCIOS DO EXCESSO DE FERRO PARA A VIDA AQUÁTICA

Concentrações elevadas de ferro na água, isto é, acima de 1 mg Fe^{+2}/L, podem causar os seguintes malefícios ao meio de cultivo e aos peixes e camarões:

1) Queda na produtividade primária;
2) Colmatação das brânquias dos animais;
3) Formação de ácido sulfúrico (H_2SO_4) e acidez extrema;
4) Menor concentração de O_2 dissolvido na água.

A seguir, faremos breves comentários sobre cada um desses pontos.

Queda na produtividade primária

O nutriente mais limitante à produtividade primária dulcícola é o fósforo. A fotossíntese é, muitas vezes, reduzida por conta das baixas concentrações de fósforo inorgânico dissolvido (P-orto) na água. Concentrações mínimas de P-orto são necessárias para obtenção de boa turbidez algal e, com isso, mais O_2 e alimento natural. O P-orto, entretanto, liga-se, com grande facilidade, a diferentes compostos químicos comumente presentes na água, denominados de "ligantes de fosfato". Quando isso acontece, o fósforo se torna indisponível ao fitoplâncton e a fotossíntese é reduzida. Muitos dos ligantes de fosfato se precipitam e, dessa forma, removem fósforo da água. Uma vez nos sedimentos, o fósforo geralmente permanece retido ao solo, sendo excluído do metabolismo aquático.

Um dos principais ligantes ou imobilizadores de P na água é o ferro, presente nos compostos hidróxido de ferro e fosfato férrico. O hidróxido de ferro, adsorve fosfatos à sua superfície, precipita, remove P da água e transporta-o até os sedimentos. O fosfato férrico é formado pela ligação do íon Fe^{+3} com o íon PO_4^{-3}, como pode ser visto a seguir:

$$Fe^{+3} + PO_4^{-3} \rightarrow FePO_4^{-}$$

Por ser insolúvel em água, o fosfato férrico precipita até os sedimentos, removendo, desse modo, P da zona eufótica da coluna d'água. Assim, o P pode se tornar indisponível aos produtores primários aquáticos quando as concentrações de Fe na água forem elevadas. Águas com concentrações de Fe^{+2} acima de 1 mg/L respondem mal às fertilizações e, consequentemente, não oferecem as condições propícias ao cultivo de animais aquáticos.

Colmatação das brânquias

Compostos férricos (Fe^{+3}), como o hidróxido férrico, $Fe(OH)_3$, ocorrem como partículas em suspensão na água. Essas partículas metálicas prejudicam a respiração dos animais aquáticos pela colmatação ou entupimento de suas brânquias. A colmatação branquial é mais estressante para os estágios iniciais do ciclo de vida de peixes e camarões, como alevinos e pós-larvas. Concentrações elevadas de ferro na água podem causar estresse respiratório e mesmo a morte dos animais por asfixia. Ovos de peixes, quando cobertos por uma fina película de $Fe(OH)_3$, podem morrer nos tanques ou incubadoras. Ferro pode se depositar sobre a carapaça dos camarões, formando manchas avermelhadas que depreciam o produto, por alterar a sua aparência normal. Os organismos bentônicos, como os camarões, estão mais sujeitos à toxicidade do ferro porque a água de fundo contém mais ferro do que a água superficial.

Formação de ácido sulfúrico

Existem solos que são, naturalmente, ricos em enxofre. Muitos desses solos estão localizados próximos à costa, em áreas estuarinas, que recebem sulfato (SO_4^{-2}) proveniente do ecossistema marinho. Esses solos sulfatados tendem a se tornar, com o tempo, solos ácido-sulfatados, sendo um dos tipos de solo mais temidos por agricultores e aquicultores. O solo ácido-sulfatado é rico em pirita de ferro.

O processo biogeoquímico que leva à formação do ácido sulfúrico nesses solos é, resumidamente, o seguinte: na camada reduzida do solo, localizada logo abaixo da fina camada superficial, o sulfato (SO_4^{-2}) é reduzido, biológica e quimicamente, a sulfeto (S^{-2}); bactérias heterotróficas anaeróbias se utilizam da hematita (Fe_2O_3) como aceptor de elétrons no lugar do O_2, para oxidação da matéria orgânica. Nesse metabolismo, há liberação de Fe^{+2} para o meio. O Fe^{+2} reage fortemente com o S^{-2}, formando o composto insolúvel sulfeto ferroso, FeS, que se acumula no solo. Em seguida, o sulfeto ferroso reage com o enxofre elementar (S^0) para formar o composto dissulfeto de ferro (FeS_2), vulgo pirita de ferro; se a FeS_2 entrar em contato com o O_2, haverá a produção de H_2SO_4 no meio, que poderá reduzir o pH do solo e da água para valores tão baixos quanto 3.

A formação da pirita de ferro, em solos costeiros, pode ser muito intensa. Já se detectou a ocorrência de pirita de ferro em camadas localizadas 1 m abaixo da superfície do solo. Além disso, existem solos costeiros que possuem mais de 5% de pirita de ferro. Onde há pirita de ferro, pode ocorrer ácido sulfúrico.

Esgotamento do O_2 da água

Quando a concentração de ferro dissolvido (Fe^{+2}) é elevada, a água de fundo está provavelmente, desoxigenada e ácida. O ferro é liberado do solo para água quando o hipolímnio se torna ácido e anóxico. Na coluna d'água aeróbia, isto é, no epilímnio, o íon Fe^{+2}, ao ser oxidado para Fe^{+3}, consome O_2 da água. Assim, viveiros que apresentam ferro em excesso na água tendem a hipóxia e anoxia, ou seja, águas ricas em ferro tendem a ser desoxigenadas. Para quebrar esse ciclo vicioso, ou seja, mais ferro, menos O_2; menos O_2, mais ferro, pode-se fazer uso intensivo de aeração mecânica. A forte incorporação de O_2 na água, realizada a partir do trabalho dos aeradores, consegue eliminar o Fe^{+2} da água e, simultaneamente, elevar a concentração de O_2.

15.4 MANEJOS PARA REDUZIR A CONCENTRAÇÃO DE FERRO NA ÁGUA

Como reduzir a concentração de ferro na água? A recomendação básica, nesse caso, é deslocar ou transferir o ferro dissolvido da água para os sedimentos. Esse deslocamento pode ser feito pela alteração da valência dos compostos de ferro de +2, que são solúveis, para +3, que são insolúveis, através da aeração mecânica, calagem e aplicação de compostos oxidantes à água. Desses três manejos, a calagem é o que apresenta a melhor relação custo-benefício. Com a elevação do pH da água, promovida pela aplicação de calcário ou cal, ocorre a transformação de ferro solúvel em insolúvel. Nessa condição, o ferro precipita até os sedimentos. Portanto, a calagem, apesar de não eliminar o ferro do meio, faz com que ele "mude de endereço", ou seja, saia da água e vá para os sedimentos. Após a precipitação do ferro da água, a manutenção do pH do solo entre 7 e 8, pela realização de calagens periódicas, não permitirá a ressolubilização do ferro no solo. Alternativamente, a água tratada pode ser filtrada em filtro de areia para rápida remoção do hidróxido de ferro.

Com o uso de aeradores mecânicos e compostos oxidantes, é possível obter os mesmos resultados alcançados com a calagem, isto é, a remoção de ferro da água. A diferença, nesse caso, é que a transformação do ferro solúvel em insolúvel se dá pelo aumento na concentração de O_2 na água, quando se usa aeração mecânica, ou pela ação oxidante do composto químico que foi aplicado na água. Logo, a remoção de ferro solúvel da água é mais um dos benefícios da aeração mecânica. Já os compostos oxidantes, como o permanganato de potássio e o hipoclorito de cálcio, além do custo elevado, apresentam ainda o problema do efeito residual dos íons hipoclorito (ClO^-) e permanganato (MnO_4^-) sobre os animais cultivados. Os íons hipoclorito e permanganato podem causar danos e lesões nos peixes e camarões, por oxidar sua pele, olhos, brânquias e mucosas.

Independentemente do método utilizado na redução do ferro dissolvido na água, há uma consequência indesejada comum aos três manejos: a remoção de fósforo. Na coluna d'água, o fosfato se liga facilmente às formas insolúveis de ferro, sendo arrastado até os sedimentos. Desse modo, a coluna d'água se torna pobre em fósforo dissolvido, com prejuízo direto para a produtividade primária aquática. Portanto, recomenda-se a fertilização fosfatada da água de cultivo, após a conclusão do manejo de remoção de ferro dissolvido na água, para o reestabelecimento da densidade algal desejada.

As águas subterrâneas, por serem naturalmente desoxigenadas, apresentam, em regra, concentrações elevadas de ferro dissolvido. Não é incomum encontrar concentrações de ferro dissolvido, em águas de poço, acima de 20 mg/L. Lembre que concentrações de Fe^{+2} acima de 1 mg/L já são consideradas inadequadas para aquicultura. Por isso, as águas subterrâneas devem ser tratadas para remoção do ferro excessivo, antes da sua utilização no abastecimendo dos tanques de cultivo. Um teste simples que permite verificar se a água de poço contém muito ferro é colocar uma amostra da água, em um béquer de vidro de 1 L, e promover a aeração vigorosa da água. A aeração da água, dentro do frasco, pode ser feita pela mistura com bastão ou com uso de bombinha de ar. Na presença de ferro excessivo na água, ocorre a formação e precipitação de uma substância vermelha-amarronzada no fundo do recipiente. A quantidade de material precipitado é proporcional à concentração inicial de ferro da amostra.

A simples exposição da água de poço ao ar, deixando-a descansar por certo tempo em tanque apropriado, já é capaz de remover ferro da água. Uma boa medida, para esse caso, é a movimentação e agitação da água através de anteparos, obstáculos e telas que promovam sua oxigenação. A Figura 15.3 ilustra um equipamento que pode ser construído pelo próprio produtor para eliminar ferro da água. A aeração mecânica da água, sem dúvida, acelera o processo de remoção de ferro. Com sse método, a água subterrânea se torna adequada para aquicultura por, simultaneamente, elevar sua concentração de O_2 e diminuir a de Fe^{+2}.

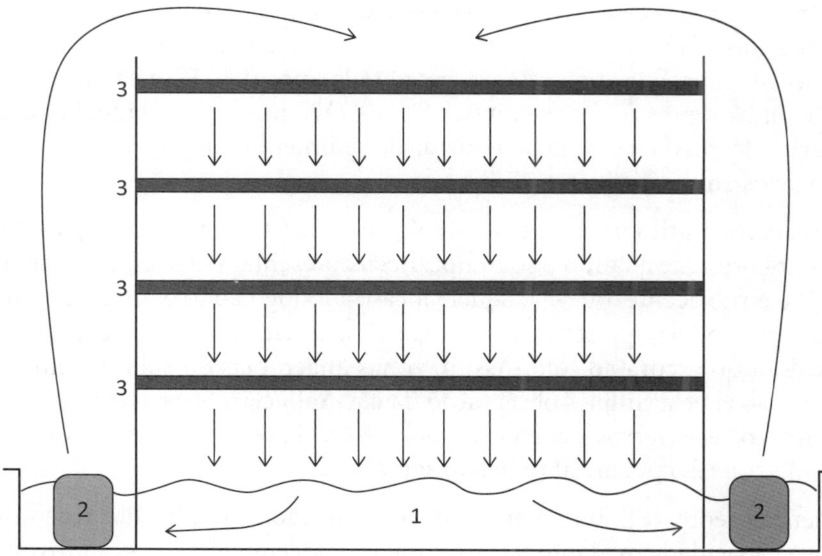

Figura 15.3 – Remoção de ferro da água em coluna removedora de gases (aerador por gravidade). 1. Tanque para tratamento da água. 2. Bomba d'água para elevação da água até o topo da coluna. 3. Prancha com tela de nylon ou outro material. As setas indicam o sentido de movimentação da água.

15.4 FERTILIZAÇÃO FÉRRICA EM AQUICULTURA

Como as águas marinhas e oceânicas são, em geral, pobres em ferro, a fertilização férrica de tanques abastecidos com essas águas pode beneficiar à produtividade primária. Para isso, pode-se suplementar os fertilizantes mais utilizados em aquicultura, isto é, ureia e superfosfatos, com 0,05% de sulfato ferroso ($FeSO_4$), óxido ferroso (FeO) ou algum quelato de ferro. Alguns produtores dão preferência aos quelatos de ferro por serem formas protegidas de ferro. Os compostos mais utilizados para produção de quelatos de ferro são o ácido cítrico, o EDTA e a trietanolamina. As águas doces, por apresentarem concentrações de ferro dissolvido acima de 0,05 mg/L, geralmente não necessitam de fertilização férrica.

A solubilidade de compostos de ferro no meio aquático aumenta com a diminuição no pH e queda do potencial redox do solo. Por isso, o sucesso da fertilização férrica é maior em águas que ainda não tenham recebido a calagem. Além disso, o uso de aeradores mecânicos tem como efeito a remoção de ferro solúvel da água. Por isso, os aeradores somente deveriam ser acionados algum tempo após a aplicação do fertilizante férrico na água.

15.5 CONTROLE DA CONCENTRAÇÃO DE GÁS SULFÍDRICO PELA APLICAÇÃO DE COMPOSTOS FERROSOS

O gás sulfídrico (H_2S) é um composto extremamente tóxico aos animais aquáticos, podendo causar grande letalidade. Bactérias heterotróficas anaeróbias, dos gêneros *Proteus* e *Vibrio*, liberam H_2S para a água e solo. A meta em aquicultura é que não haja gás sulfídrico na água de cultivo, ou seja, que a concentração de H_2S na água seja zero. Para tanto, a medida mais importante é a manutenção de uma fina camada na superfície dos sedimentos, que apresente potencial redox positivo. Essa camada é denominada *camada oxidante do sedimento* (COS). A COS, quando presente, impede que o gás sulfídrico, formado na camada reduzida do sedimento, suba a coluna d'água e seja respirado pelos animais aquáticos.

Uma maneira prática para saber ser o solo possui a COS é pela avaliação de sua cor. A COS estará presente quando o solo superficial apresentar cor mais clara do que a do solo que lhe é subjacente, ou seja, aquele localizado logo abaixo. Quando em condições anaeróbias, o ferro presente nos poros dos sedimentos é reduzido para Fe^{+2}, que confere coloração escura ao solo. Assim, zonas anaeróbias do solo podem ser facilmente detectadas pela simples observação da cor. Solo claro, ferro férrico, zona aeróbia; solo escuro, ferro ferroso, zona anaeróbia. A COS possui potencial redox positivo. Mas, afinal, o que é o potencial redox do solo?

O potencial redox (E_h), ou potencial de oxirredução, é o indicador físico-químico que mede a capacidade oxidante ou redutora do solo, em volts (V) ou milivolts (mV). Esses dois aspectos da físico-química do solo estão inversamente relacionados entre si, ou seja, uma maior capacidade oxidante significa uma menor capacidade redutora e vice-versa. Se o solo apresentar $E_h > 0$, o solo é predominantemente oxidante, isto é, suas espécies químicas são fortemente eletronegativas. Nessa condição, os compostos químicos presentes no solo, como CO_2, NO_3^- e SO_4^{-2}, são inofensivos à vida animal. Já se o solo apresentar $E_h < 0$, o solo é predominantemente redutor, ou seja, os compostos químicos presentes no solo, como os gases CH_4, NH_3 e H_2S, são perigosos à vida aquática. Esses gases, além de tóxicos, apresentam grande mobilidade física, característica que os torna ainda mais perigosos, uma vez que podem subir a coluna d'água de forma rápida. O E_h de amostras de água ou solo pode ser determinado com o auxílio de um equipamento denominado sonda ORP.

Para aumentar o potencial redox da camada superficial dos sedimentos, pode-se aplicar compostos oxidantes e fazer a calagem do solo; e realizar a aeração mecânica da água de fundo. Os compostos oxidantes mais empregados com essa finalidade são os sais de nitrato, como o nitrato de sódio, cálcio e potássio. O permanganato de potássio é outro composto que pode ser utilizado na elevação do E_h do solo. A aplicação desses produtos ao solo pode, com sucesso, elevar o E_h do sedimento e, desse modo, formar e manter a desejada COS. A aplicação de compostos oxidantes ao solo, entretanto, é um método caro, especialmente quando realizado em grandes áreas.

A aeração mecânica da água de cultivo, em particular quando realizada com aeradores de pás, transfere, de forma bastante eficiente, O_2 da atmosfera para a camada superficial de água. Como os viveiros de aquicultura são ecossistemas aquáticos rasos, com coluna d'água raramente superior a 2 m, o uso de aeradores de pás promove, além da oxigenação, a circulação total da coluna d'água. Com isso, a água oxigenada superficial é transportada até o fundo do viveiro e a água de fundo segue até a superfície para ser oxigenada. Com a entrada de água oxigenada no fundo, o potencial redox da camada superficial dos sedimentos aumenta, prevenindo, desse modo, o escape de gases tóxicos do solo para coluna d'água. Portanto, o uso de aeração mecânica é um manejo válido na prevenção de toxicidade por gás sulfídrico em aquicultura. Nesse caso, entretanto, os aeradores devem trabalhar de modo ininterrupto, ou seja, 24 h/dia. Durante o dia, caso ocorra a estratificação térmica da coluna d'água, a água de fundo se tornará anóxica. Com isso, a COS desaparecerá e haverá a difusão de gás sulfídrico dos sedimentos para coluna d'água.

Uma alternativa válida para prevenir e controlar problemas com gás sulfídrico em viveiros de aquicultura, tão eficiente quanto o uso de compostos oxidantes, calagem e aeradores mecânicos, é a aplicação de compostos de ferro ao solo ou à água. O elemento ferro, na camada reduzida do solo, apresenta valência +2, isto é, ocorre na sua forma solúvel. Esses íons Fe^{+2} reagem, com facilidade, a íons sulfetos (S^{-2}), por conta da grande afinidade eletroquímica existente entre eles. Desse modo, forma-se o sulfeto ferroso (FeS) que, por ser um composto extremamente insolúvel, permanece retido ao solo do viveiro. O íon sulfeto, uma vez preso ao ferro no composto FeS, já não é mais capaz de formar H_2S. Além disso, por conta da maior força de atração eletroquímica existente entre os íons Fe^{+2} e S^{-2}, quando comparado à força dos íons H^+ e S^{-2}, parte do H_2S é transformado em FeS, de acordo com o equilíbrio a seguir:

$$H_2S + Fe^{+2} \leftrightarrows FeS + 2H^+$$

A aplicação de ferro, portanto, é capaz de prevenir e eliminar o H_2S da água e do solo. Para tanto, pode-se aplicar solos que sejam naturalmente ricos em ferro ao viveiro, como *terra-roxa* e *sangue-de-tatu*, na concentração de 1 kg/m^2. Uma opção seria a aplicação de compostos purificados de ferro, como o $FeSO_4$ e o FeO, ao solo. Nesse caso, entretanto, embora as taxas de aplicação sejam menores, quando comparado ao uso dos solos naturalmente ricos em ferro, os preços desses produtos são mais elevados. Assim, torna-se necessário a determinação da relação custo-benefício da aplicação de cada produto para se fazer a escolha correta.

15.6 TRATAMENTO DE EFLUENTES AQUÍCOLAS COM FERRO

Os efluentes de tanques aquícolas, por serem geralmente ricos em fosfatos, podem causar grande eutrofização dos corpos receptores. A área receptora desses efluentes se enriquece com fósforo, tanto de forma direta, como indireta. Diretamente, pela entrada de P a partir da descarga dos efluentes aquícolas, ou seja, pelo fósforo de origem alóctone; indiretamente, pela liberação do P existente nos sedimentos do corpo receptor, ou seja, pelo fósforo de origem autóctone. Como a entrada de efluentes aquícolas causa queda no potencial redox dos sedimentos, o ferro dos sedimentos é reduzido de +3 (insolúvel) para +2 (solúvel). Com isso, ocorre a liberação de fosfatos que, anteriormente, estavam presos ao ferro insolúvel, nos sedimentos. Logo, o lançamento de efluentes aquícolas não tratados, na natureza, deve ser evitado pelos produtores. A retenção do efluente em bacia de sedimentação, por certo tempo, embora traga grandes benefícios à qualidade da água, não é capaz de reduzir as concentrações de fósforo solúvel. Somente a realização de tratamentos secundários[1], com a aplicação de métodos biológicos e químicos específicos, conseguiria eliminar o fósforo dissolvido na água. Esses métodos, entretanto, são complexos e caros, geralmente inacessíveis ao aquicultor.

Uma forma de reduzir a concentração de fósforo de efluentes aquícolas é aplicação de materiais ricos em ferro, como rejeitos estabilizados de mineradoras e solos naturalmente ricos em ferro. Esses materiais possuem custo mais baixo e, quando aplicados na água, eliminam o fósforo de modo semelhante ao realizado pelos métodos tradicionais. O ferro atrai e se liga aos fosfatos, formando complexos químicos insolúveis, que se precipitam até o fundo. Desse modo, ocorre a eliminação do fosfato que estava dissolvido na água, pela formação de precipitados insolúveis, ricos em ferro e fósforo. O pH da água, na bacia de tratamento, deve ser ≥ 7 para que ocorra a precipitação dos compostos metálico-fosfatados. Para isso, recomenda-se a calagem da água, antes ou logo após a aplicação dos materiais ferrosos. Posteriormente, é necessário remover e dar uma destinação adequada ao lodo acumulado no fundo da bacia. Uma possibilidade a ser considerada é o uso desse material como adubo.

[1] Níveis de tratamento de efluentes. Tratamento primário: métodos físicos simples (sedimentação, decantação etc.); tratamento secundário: métodos biológicos e químicos simples (filtros biológicos, precipitação química etc.); tratamento terciário: métodos físico-químicos avançados (osmose reversa, troca catiônica etc.).

15.7 PIRITA DE FERRO, CAPA ROSA E ÁCIDO SULFÚRICO

Recomenda-se fazer a calagem do solo após a aplicação de materiais ricos em ferro, como manejo preventivo da toxicidade do H_2S. A formação de sulfeto ferroso (FeS), embora previna concentrações elevadas de gás sulfídrico na água, acidifica o meio, como pode ser visto a seguir:

$$Fe^{+2} + H_2S \rightarrow FeS + 2H^+$$

Logo, é necessário aplicar o calcário ou a cal para neutralizar a acidez liberada na formação do FeS. A construção de viveiros em solos ricos em enxofre (≥ 1%), denominados solos sulfatados, é um problema bem mais sério do que o relatado. Os solos sulfatados podem se tornar, com o tempo, solos piríticos e, em seguida, solos ácido-sulfatados. Solos piríticos são aqueles ricos em FeS_2, vulgarmente chamada de "ouro dos tolos", por seu brilho e cor lembrarem a do ouro. Quando a pirita de ferro é exposta ao O_2 atmosférico, ocorre a formação e liberação de ácido sulfúrico, com forte acidificação do meio, como pode ser visto na reação a seguir:

$$FeS_2 + 3\frac{1}{2}\, O_2 + H_2O \rightarrow FeSO_4 + H_2SO_4 \rightarrow 2H^+$$

A reação entre a pirita de ferro e o O_2 é a base da produção industrial de ácido sulfúrico. A oxidação da pirita de ferro pode ser realizada por bactérias *Thiobacillus*, que são microrganismos aeróbios quimiossintetizantes. Essas incríveis bactérias utilizam a pirita de ferro como fonte de energia. A energia obtida da oxidação da pirita pode ser utilizada na síntese da glicose, utilizando o H_2S como doador de prótons, no lugar da água.

Em áreas novas, a leitura do pH de amostras do solo já denuncia a presença da pirita de ferro. Um teste rápido que pode ser realizado é a aplicação de peróxido de hidrogênio a 10% (água oxigenada) sobre uma amostra de solo. Se for observada a formação de muitas bolhas de gás, o solo será, provavelmente, ácido-sulfatado. Em se confirmando a natureza pirítica do solo, o melhor a fazer, nesse caso, seria não utilizar a área para construção de viveiros de aquicultura. Entretanto, caso a fazenda já tenha sido instalada, é necessário manejar a acidez do solo para que se consiga produzir de modo satisfatório. A pirita de ferro presente nos sedimentos, isto é, na lama do fundo, entra em contato com o O_2 nas seguintes situações: quando o viveiro é totalmente drenado, entre os ciclos de produção, para despesca total; quando há entrada de O_2 na água de fundo, a partir do trabalho dos aeradores mecânicos. Nesses momentos, ocorre a formação e a liberação de ácido sulfúrico e o pH do solo pode cair fortemente, no intervalo de poucos dias. Além disso, há formação de H_2SO_4 quando o nível da água baixar e os diques do viveiro forem expostos ao ar.

O manejo para controlar a acidez da água e do solo é a calagem. Os programas usuais de calagem, entretanto, são ineficientes para neutralizar a acidez extrema de solos piríticos. Além disso, a neutralização da acidez desses solos com calcário agrícola ou cal hidratada pode ser economicamente inviável. Embora ainda se deva fazer a calagem do solo com a cal dolomítica previamente diluída em água (1 – 2 t/ha), outras medidas devem ser tomadas para que se consiga produzir com sucesso em solos piríticos, como as seguintes:

1) Reconstruir os diques do viveiro com a utilização da mistura entre a cal dolomítica (1 – 2 kg cal/m^3) e solo não pirítico;
2) Proteger os diques com grama;
3) Aplicar nitrato de cálcio ao solo para oxidar a pirita de forma segura;
4) Cobrir o solo original com uma camada de solo não pirítico;
5) Revestir o solo e os diques com geomembrana impermeável e de boa resistência física.

Durante o período em que o viveiro está seco, formas químicas reduzidas de ferro, como o $FeSO_4$ e o FeO, são oxidadas e formam outros compostos, como o hidróxido de ferro, que possui cor vermelha. Nesse processo, ocorre a formação da chamada "capa rosa". Capa rosa é uma camada de hidróxido férrico que se forma na superfície do solo. Por ocasião do reenchimento do viveiro, a capa rosa é transportada do solo até a superfície da água. Para eliminar a capa rosa, bastaria aguardar alguns dias até que a suspensão de ferro precipitasse até o fundo. Após isso, o povoamento do viveiro com os juvenis já seria possível. A observação de capa rosa na água, todavia, pode indicar acidez extrema pela provável ocorrência de ácido sulfúrico. Por isso, recomenda-se a calagem de solos com capa rosa, antes do enchimento do viveiro. Além disso, o pH da água deve ser cuidadosamente monitorado para que se possa verificar qualquer anormalidade. Em solos com menos de 0,5% de enxofre total, a formação de pirita de ferro é baixa, havendo pequena produção de H_2SO_4 (acidez mineral). Nesses solos, a acidez proveniente da oxidação da pirita de ferro pode ser facilmente controlada pela calagem regular do solo.

15.8 MONITORAMENTO DA CONCENTRAÇÃO DE FERRO DISSOLVIDO NA ÁGUA

Embora existam testes comerciais para determinação da concentração de ferro na água, assim como é possível realizar o método laboratorial para ferro sem maiores dificuldades, não há a necessidade de se monitorar, rotineiramente, a concentração de ferro em tanques de aquicultura. A atenção quanto a ocorrência de níveis mínimos de ferro dissolvido na água, tendo em vista o estímulo à produtividade primária, restringe-se apenas aos cultivos realizados em águas marinhas e oceânicas. Para essas águas, cabe apenas determinar a concentração inicial de ferro, para verificar se a água contém mais de 0,05 mg/L. Caso isso não ocorra, ou seja, quando há menos de 0,05 mg Fe^{+2}/L, recomenda-se a fertilização férrica da água. Como as águas doces são geralmente suficientes em ferro, não há a necessidade de se determinar a concentração inicial de ferro.

De igual modo, não se faz necessário monitorar a concentração de ferro da água para descobrir se concentrações excessivas estão presentes. Os manejos que reduzem a concentração de ferro da água, isto é, calagem e aeração mecânica, já fazem parte da rotina produtiva da fazenda. Assim, o monitoramento sistemático do pH, alcalinidade e O_2 da água, e a realização dos manejos cabíveis, já previnem, indiretamente, concentrações excessivas de ferro na água. Um caso particular, entretanto, é o das águas subterrâneas, que são naturalmente ricas em ferro. Nessa situação, é importante checar a concentração de ferro dissolvido, após o tratamento inicial da água, isto é, calagem e aeração. A água somente deveria ser utilizada no abastecimento dos tanques se a concentração inicial de Fe^{+2} for inferior a 1 mg/L.

15.9 DETERMINAÇÃO DA CONCENTRAÇÃO DE FERRO DISSOLVIDO EM AMOSTRAS DE ÁGUA

Princípio do método

O íon tiocianato (SCN^-), em meio ácido, se liga ao ferro dissolvido na água e forma um composto de cor avermelhada. A intensidade da cor vermelha é diretamente proporcional à concentração de ferro dissolvido na água, que pode ser determinada em fotocolorímetro ou espectrofotômetro a 510 nm (verde).

Reagentes

- *Solução de ácido clorídrico 1:1*

Dissolver 50 mL de HCl concentrado em 50 mL de água destilada.

- *Solução de permanganato de potássio a 0,6%*

Dissolver 0,6 g de permanganato de potássio p.a. ($KMnO_4$) em 100 mL de água destilada.

- *Solução de tiocianato de potássio a 2%*

Dissolver 2 g de tiocianato de potássio (KSCN) em 100 mL de água destilada.

- *Solução-padrão de ferro (100 mg Fe^{+2}/L)*

Dissolver 0,702 g de sulfato de ferro II e amônio p.a. hexa-hidratado ($Fe(NH_4)_2(SO_4)_2.6H_2O$) ou 0,498 g de sulfato de ferro II hepta-hidratado p.a. ($FeSO_4.7H_2O$) em água destilada; completar o volume para 1 L em balão volumétrico.

Procedimento de análise

1) Pôr 50 mL da amostra de água, recentemente coletada e filtrada em papel-filtro, em frasco Erlenmeyer de 250 mL. Transferir 50 mL de água destilada para outro frasco para preparar do branco;
2) Adicionar 5 mL da solução de ácido clorídrico 1:1 e 5 gotas da solução de permanganato de potássio a 0,6%, em cada frasco (amostra e branco);
3) Deixar os frascos em repouso durante 5 minutos;
4) Adicionar 5 mL da solução de tiocianato de potássio, em cada um dos frascos, agitando-os em seguida. Na presença de ferro dissolvido na água, há o desenvolvimento de cor vermelho-tijolo;
5) Ajustar a transmitância óptica do fotocolorímetro ou espectrofotômetro a 510 nm para 100% com o branco. Fazer a leitura da transmitância da solução-teste. Determinar a concentração de ferro dissolvido na água usando a curva de calibração.

Obtenção da curva de calibração

Usar a solução-padrão de ferro de 100 mg/L para preparar uma série de soluções de calibração, de acordo com o quadro a seguir:

Volume, em mL, da solução-padrão de ferro (100 mg/L) a ser diluído para 100 mL	Fe^{+2} (mg/L)
0,0	0,0
0,5	0,5
1,0	1,0
2,0	2,0
3,0	3,0
4,0	4,0
5,0	5,0

Realizar o procedimento analítico descrito anteriormente, em cada uma das soluções de calibração, para obtenção dos respectivos valores de transmitância.

Plotar os pontos Fe^{+2} (mg/L) *x* transmitância (%), no gráfico "dispersão" da planilha eletrônica, para obter a curva de calibração desejada, utilizando análise de regressão linear.

RESUMO

O elemento ferro é essencial à vida em geral, seja vegetal ou animal, seja terrestre ou aquática. A principal fonte de ferro para os vegetais aquáticos é a água e o solo. Os animais aquáticos têm na dieta a sua principal fonte de ferro, e na água, uma fonte secundária. O ferro, na água, pode se apresentar sob duas formas químicas distintas: ferro ferroso (Fe^{+2}) e ferro férrico (Fe^{+3}). Os compostos químicos, nos quais o ferro tem valência +2, apresentam maior solubilidade em água. Já os compostos químicos, em que o ferro tem valência +3, são insolúveis em água. Recomenda-se que a água de cultivo de peixes e camarões contenha entre 0,05 e 1 mg/L de ferro dissolvido. Em geral, não há escassez de ferro nas águas doces para o desenvolvimento do fitoplâncton. Já em águas marinhas, pode haver restrição à produtividade primária por escassez de ferro. Nesse caso, a fertilização da água com composto de ferro estimularia as florações algais. Não é raro a ocorrência de concentrações excessivas de ferro nas águas continentais, particularmente nas águas subterrâneas. O ferro, não obstante a sua baixa solubilidade em água, se liga a compostos orgânicos dissolvidos na água, formando quelatos solúveis.

Concentrações excessivas de ferro dissolvido na água (> 1 mg/L) podem trazer as seguintes consequências adversas ao cultivo de peixes e camarões: queda na produtividade primária, colmatação das brânquias, formação de ácido sulfúrico (H_2SO_4) e depleção do O_2 da água. A calagem é o manejo para redução nas concentrações de ferro na água que apresenta a melhor relação custo: benefício.

As águas subterrâneas, por serem naturalmente desoxigenadas, apresentam, muitas vezes, elevadas e perigosas concentrações de ferro dissolvido. Por isso, as águas subterrâneas devem ser tratadas, antes da sua utilização no cultivo de organismos aquáticos.

Para aumentar o potencial redox da camada superficial dos sedimentos e, com isso, prevenir a liberação de gás sulfídrico do solo para coluna d'água, pode-se aplicar compostos oxidantes ao solo e/ou realizar aeração mecânica da água. Uma alternativa para prevenir e controlar a concentração de gás sulfídrico em viveiros de aquicultura é a aplicação de compostos de ferro ao solo ou à água. Essa solução também pode ser utilizada para reduzir a concentração de fósforo em efluentes aquícolas. O ferro, quando aplicado à água, atrai e se liga aos fosfatos, formando complexos químicos insolúveis que precipitam até o fundo.

Capa rosa é uma camada de hidróxido férrico, de cor avermelhada, que se forma na superfície do solo e da água. A ocorrência de capa rosa no solo e na água indica concentração excessiva de ferro e acidez. Desaconselha-se a construção de fazendas de aquicultura em áreas nas quais a concentração de enxofre total exceda 1%. Não há necessidade de se monitorar, sistematicamente, a concentração de ferro dissolvido na água, em tanques de aquicultura.

CAPÍTULO 16
Salinidade da água

16.1 INTRODUÇÃO

A salinidade da água é a grandeza física que indica a quantidade total de sais dissolvidos em 1 L de água. Na água, os sais geralmente se dissociam e liberam diferentes íons, como pode ser visto a seguir:

- $NaCl \rightarrow Na^+ + Cl^-$;
- $CaSO_4 \rightarrow Ca^{+2} + SO_4^{-2}$;
- $KNO_3 \rightarrow K^+ + NO_3^-$;
- $NaHCO_3 \rightarrow Na^+ + HCO_3^-$.

Logo, a soma das concentrações de todos os íons, provenientes da dissociação dos sais, é igual à salinidade da água. Os principais íons presentes nas águas naturais, isto é, nos oceanos, rios, lagos e aquíferos, responsáveis pela salinidade, são cálcio, magnésio, sódio e potássio (cátions); cloreto, sulfato, bicarbonato e carbonato (ânions). Portanto, a salinidade da água mostra a massa total de sais dissolvidos em 1 litro de água, mas não discrimina quais são esses sais, nem quais as concentrações individuais de cada um deles.

As unidades de salinidade mais usuais são as seguintes: ppt (*parts per thousand*), %, ‰, g/L e mg/L. Assim, a salinidade das águas oceânicas é, aproximadamente, igual a 35 ppt, 3,5%; 35‰, 35 g/L, 35.000 mg/L. Se considerarmos que 1 litro de água do mar pesa um quilograma, a salinidade oceânica também pode ser descrita como 35 g/kg. As representações 35 g/L e 35.000 mg/L são as melhores, por indicarem, claramente, a quantidade de sais dissolvidos em 1 litro de água e por seguirem as normas do Sistema Internacional de Unidades. Na década de 1980, a Organização das Nações Unidas para a Educação, a Ciência e a Cultura (UNESCO) sugeriu que as determinações de salinidade fossem realizadas de modo indireto, por se mensurar a condutividade elétrica da água. Nesse caso, a salinidade da água deveria ser expressa em unidade prática de salinidade (UPS). A UPS das águas oceânicas, portanto, é igual a 35. Também seria possível apresentar a salinidade da água, como uma grandeza adimensional, caso se adotasse o quilograma como a unidade padrão das massas de sais dissolvidos e de água. Com isso, a salinidade média dos oceanos seria igual a 0,035, ou seja, haveria 0,035 kg de sais dissolvidos em 1 kg de água.

A salinidade dos oceanos e mares é bem maior que das águas interiores ou continentais, em geral. Enquanto a salinidade dos oceanos está próxima a 35 g/L, a salinidade dos rios mundiais não passa de 0,2 g/L. Além disso, existem diferenças qualitativas importantes entre esses ecossistemas aquáticos. Nos oceanos, os íons mais abundantes na água são Na^+ e Cl^-; já nos rios, os íons principais são HCO_3^- e Ca^{2+}.

Além dos efeitos diretos da salinidade da água sobre a vida aquática, como sobre a flutuabilidade do fitoplâncton e a osmorregulação dos animais aquáticos, a salinidade também afeta, de modo indireto, os organismos aquáticos por interferir em importantes variáveis de qualidade de água, como nas concentrações de O_2 e NH_3. Com a elevação da salinidade, cai a solubilidade dos gases dissolvidos na água e, com isso, ocorre redução nas concentrações de O_2 e NH_3. Portanto, em águas salinas, ganha-se por um lado, por se ter menos NH_3, mas perde-se por outro, por haver menos O_2. Os efeitos indiretos da salinidade da água, sobre outras importantes variáveis limnológicas, como alcalinidade e dureza, serão vistos em seção posterior deste capítulo.

As principais espécies de peixe e camarão, criadas comercialmente no mundo, apresentam algumas características favoráveis ao cultivo, como crescimento rápido, rusticidade ao manejo e fácil reprodução em cativeiro. Essas espécies também são eurihalinas, ou seja, toleram bem grandes variações na salinidade da água em que vivem. Os peixes e camarões eurihalinos conseguem realizar, eficientemente, o trabalho osmorregulatório, de modo a manter a sua saúde, em ampla faixa de salinidade da água. Enquanto a salinidade da água estiver dentro da faixa de conforto osmótico para a espécie, não há maiores motivos para preocupação. Entretanto, uma vez que a salinidade da água fique abaixo do limite inferior ou ultrapasse o limite superior da faixa de conforto osmótico, o produtor deve agir para evitar estresse e retardo no crescimento animal. Em ambos os casos, a medida geralmente mais empregada é a troca de água, ou seja, a substituição de parte da água com salinidade inadequada, por água que tenha a salinidade desejada. Seria possível adicionar água doce para reduzir a salinidade da água; e sal de salina para elevá-la. Esses manejos, todavia, não são aceitáveis se causarem a salinização de coleções de água doce.

Além dos problemas causados pelo afastamento da salinidade da água da faixa de conforto osmótico da espécie, há que se prevenir, ainda, mudanças bruscas de salinidade. O animal sofre estresse e poderá, até mesmo, morrer, se ele for transferido, bruscamente, de uma salinidade para outra, que seja bem distinta da primeira. O estresse acontece mesmo quando a nova salinidade da água está dentro da faixa de conforto osmótico da espécie. Se transferirmos, bruscamente, juvenis de tilápia-do-nilo, da água doce para água com salinidade de 10 g/L, por exemplo, os animais sofrem considerável estresse osmorregulatório, podendo não resistir e vir a óbito. Por outro lado, juvenis de tilápia podem viver em água com salinidade de 10 g/L, se, anteriormente, tiver sido feita a aclimatação gradual dos animais a essa salinidade. O estresse animal causado pela mudança de salinidade da água, quando se transfere o organismo de água de maior salinidade para outra, menos salina, será menor se a dureza da água receptora for alta. Esse, aliás, é um dos pontos críticos para o sucesso da criação do *L. vannamei* em águas oligohalinas, ou seja, a dureza da água, como será comentado posteriormente.

A água pode ser classificada quanto a sua salinidade e condutividade elétrica de acordo com a Tabela 16.1.

Tabela 16.1 – Classificação de ecossistemas aquáticos com base na salinidade e condutividade elétrica da água

Salinidade da água (g/L)	Condutividade elétrica (µS/cm)	Classificação
≤ 0,5	≤ 725	Doce
0,5 – 3	726 – 4.350	Oligohalina
3,1 – 16,5	4.351 – 23.900	Mesohalina
16,6 – 30	23.901 – 43.480	Polihalina
30,1 – 40	43.481 – 57.900	Euhalina
> 40	> 57.900	Hiperhalina

Fonte: modificado de Esteves (2011)

As águas doces não são isentas de sais dissolvidos, contendo, entretanto, concentrações bem reduzidas de sais, abaixo de 0,5 g/L. Água destilada e água deionizada são exemplos de águas sem sais dissolvidos. O valor máximo permitido (VMP) de sólidos dissolvidos totais para uma água ser considerada potável é 1000 mg/L. Portanto, águas com salinidades acima de 1 g/L já não são potáveis.

16.2 SALINIDADE DA ÁGUA E PONTO ISOSMÓTICO

Quanto à regulação osmótica, os animais aquáticos podem ser classificados em osmorreguladores e osmoconformadores. Os osmorreguladores são aqueles animais que conseguem controlar, até certo ponto, as concentrações de sais de seus fluidos corporais, independentemente da salinidade da água em que vivem. Os peixes são animais osmorreguladores. É por isso que os peixes de água doce e os peixes marinhos são hiperosmóticos e hiposmóticos, em relação ao meio em que vivem, respectivamente. Logo, a concentração de sais, no sangue dos peixes dulcícolas, é maior do que a salinidade da água em que vivem; já os peixes marinhos têm concentração sanguínea de sais abaixo da salinidade do meio. Existe também a situação na qual a concentração iônica do animal está próxima igual à concentração salina da água. Nesse caso, os animais são isosmóticos em relação ao meio e não realizariam trabalho de regulação osmótica. Os animais osmorreguladores, portanto, podem ser hiperosmóticos, hiposmóticos e isosmóticos. Já os animais osmoconformadores são sempre isosmóticos.

Os organismos osmoconformadores têm a concentração salina de seus fluidos corporais em equilíbrio com o meio, ou seja, são animais estritamente isosmóticos. Portanto, a concentração de sais dos fluidos corporais dos animais osmoconformadores é igual à salinidade da água em que vivem. Os invertebrados aquáticos, de uma maneira geral, são animais osmoconformadores. Entretanto, embora a concentração salina da hemolinfa do camarão seja igual à concentração salina da água, a composição iônica dos fluidos corporais do animal é distinta da composição do meio.

Sempre que houver trabalho osmorregulatório, haverá gasto energético pelo organismo animal. Logo, quanto maior o trabalho de osmorregulação, maior será a energia (ATP) gasta nessa atividade. A taxa metabólica dos animais aquáticos aumenta por conta do trabalho de osmorregulação. A vida em meio hiposmótico ou hiperosmótico faz com que o organismo animal gaste mais ATP do que gastaria em meio isosmótico. Como é frequente o uso de aminoácidos como fonte energética pelos animais aquáticos, observa-se maior excreção amoniacal em águas com salinidade distante do ponto isosmótico. Portanto, a excreção de amônia pelo peixe será mínima quando o animal for mantido em água com salinidade igual, ou próxima, à osmolaridade dos seus fluidos corporais, isto é, no ponto isosmótico.

Parte da energia gasta pelo organismo com osmorregulação poderia ser utilizada em outras finalidades, como manutenção do sistema imunológico e crescimento corporal. Assim, é possível que parte da energia, necessária às defesas corporais e ao crescimento somático, tenha sido desviada para atender as exigências do trabalho osmorregulatório. A osmorregulação é uma atividade biológica que tem alta prioridade na fisiologia de peixes e camarões, por ser fundamental para a sua adaptação e sobrevivência ao meio aquático. Desse modo, quanto maior forem as diferenças entre a salinidade e a composição iônica da água da concentração; e a composição de eletrólitos dos fluidos corporais dos peixes e camarões, maior será o desvio de energia metabólica da imunidade e crescimento corporal para a osmorregulação. Assim, peixes e camarões, mantidos em águas com salinidade e composição iônica próximas das observadas em seus fluidos corporais, gastam menos ATP com osmorregulação. Com isso, esses animais possuem defesas corporais em pleno funcionamento, bem como podem apresentar taxas máximas de crescimento. As concentrações iônicas na hemolinfa do *L. vannamei* e no sangue do *O. niloticus* são iguais a 24,7 g/L e 11 g/L, respectivamente.

Como a concentração iônica do sangue da tilápia-do-nilo é de 1,1%, existem 1,1 g de sais dissolvidos em 100 mL de sangue ou 11 g/L. Logo, os fluidos corporais da tilápia serão isotônicos com o meio quando a salinidade da água for igual a 11 g/L. Caso não existissem diferenças entre as composições iônicas do sangue e da água, o peixe não realizaria nenhum trabalho osmorregulatório. Nessa situação ideal, as reservas energéticas do peixe poderiam ser integralmente canalizadas para outros fins, que não a osmorregulação. Se as demais condições de cultivo forem favoráveis, o animal, em isosmose com o meio, expressaria completamente seu potencial genético para crescimento corporal. Por outro lado, haveria queda na taxa de crescimento corporal e maior susceptibilidade às doenças com o afastamento da salinidade e da composição iônica da água (Figura 16.1).

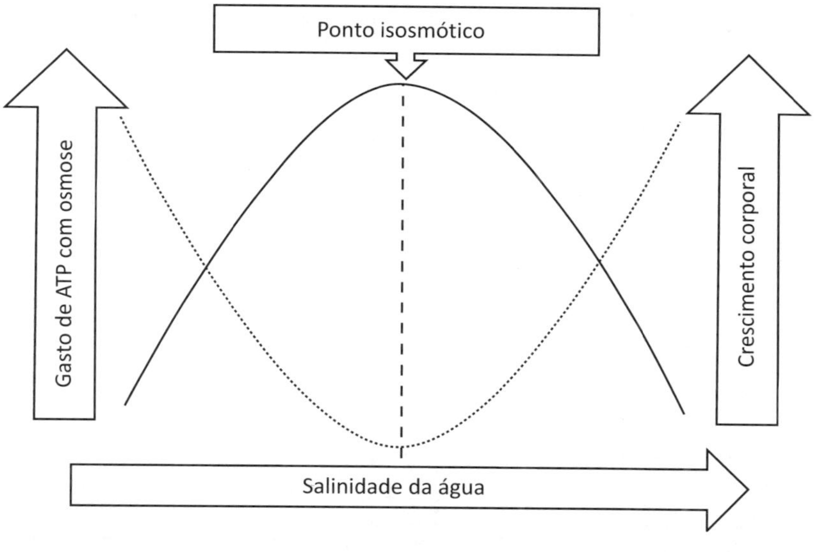

Figura 16.1 – Relações existentes entre a salinidade da água, a atividade osmorregulatória e o crescimento corporal de peixes cultivados. A curva pontilhada representa os gastos do organismo com osmorregulação; a curva contínua representa o crescimento corporal do peixe.

Likongwe et al. (1996), todavia, não observaram diferença significativa no crescimento corporal de juvenis de tilápia-do-nilo, quando mantidos em água com salinidade de 12 g/L ou cultivados em água doce. Segundo a teoria do ponto isosmótico, seria esperado um maior crescimento das tilápias mantidas na salinidade de 12 g/L, o que não aconteceu. Nesse mesmo trabalho, verificou-se que os juvenis de tilápia, mantidos em água doce, aproveitaram melhor o alimento ofertado do que os animais em água salobra. Concluiu-se, portanto, que a criação da tilápia-do-Nilo, em água doce, foi superior ao cultivo na salinidade de 12 g/L, contradizendo, desse modo, a teoria do ponto isosmótico. Esse tema de pesquisa mereceria novos estudos para esclarecer essas questões.

16.3 *OREOCHROMIS* E SALINIDADE DA ÁGUA

A tilápia-do-Nilo (*Oreochromis niloticus*), por sua rusticidade, crescimento rápido, fácil reprodução em cativeiro e boa aceitação da carne pelo mercado consumidor, é a principal espécie de peixe cultivada comercialmente no Brasil e no mundo. Outra característica da tilápia, favorável ao seu cultivo, é sua boa tolerância a uma ampla faixa de salinidade da água. A tilápia, portanto, é uma espécie eurihalina de peixe de água doce.

Apesar de ser originária do rio Nilo, no Egito, a tilápia-nilótica tem habilidade para crescer bem desde águas doces até o início da faixa polihalina, isto é, em água com até 18 g/L de salinidade. Entretanto, o fator de conversão alimentar tende a piorar quando os animais são mantidos em águas com salinidade acima de 8 g/L. Já quando em salinidades acima de 24 g/L, a tilápia-do-Nilo não resiste ao estresse osmótico e morre. Os melhores índices reprodutivos da tilápia-do-Nilo são observados em água doce, havendo maior produção de ovos, maior taxa de eclosão e sobrevivência larval. Com o aumento na salinidade da água, há deterioração nos índices reprodutivos da tilápia-do-Nilo. Acima de 14 g/L de salinidade, não ocorre mais reprodução da tilápia nilótica (Figura 16.2). Logo, a reprodução da tilápia-do-Nilo em cativeiro deve ser realizada em água doce para, posteriormente, se houver interesse nisso, adaptar os juvenis para vida em águas de maior salinidade, quando seu comprimento corporal for igual ou superior a 5 cm.

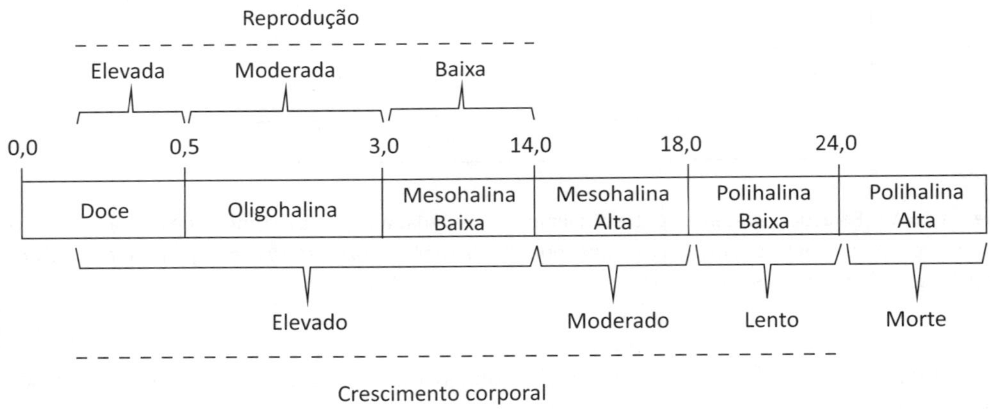

Figura 16.2 – Faixas ideais, subótimas e letais de salinidade da água para crescimento e reprodução da tilápia-do-nilo. As concentrações salinas estão em g/L (ppt).

Além da tilápia do Nilo, existem outras espécies de tilápia que são cultivadas comercialmente no mundo, como a tilápia azul, *Oreochromis aureus*; a tilápia de Zanzibar, *Oreochromis urolepis hornorum*; e a tilápia de Moçambique, *Oreochromis mossambicus*. Quando se compara a tolerância dessas quatro espécies de tilápia à salinidade da água, constata-se que a menos resistente é, justamente, a nilótica, que, por sua vez, já é bem tolerante. A tilápia azul apresenta crescimento satisfatório mesmo quando mantida em águas com salinidade de 35 g/L, que é a salinidade da água dos oceanos. Das quatro espécies citadas, a tilápia azul é a mais resistente ao frio, havendo interesse na sua criação, ou de seu híbrido com a tilápia do Nilo, em áreas com clima subtropical. A tilápia de Zanzibar se reproduz naturalmente em águas com salinidade de até 30 g/L. O grande interesse zootécnico pela tilápia de Zanzibar, entretanto, não se deve a sua grande resistência à salinidade da água, mas ao fato de seu híbrido com a tilápia nilótica produzir a geração F1 sendo 100% macho. Por fim, temos a tilápia de Moçambique, que é um verdadeiro "tanque" de tolerância a águas salinas. Apesar de também fazer parte do gênero *Oreochromis*, o mesmo da tilápia do Nilo, a tilápia de Moçambique se reproduz melhor em águas salobras, com salinidade entre 9 e 15 g/L. Além disso, a tilápia de Moçambique cresce bem em águas com salinidade de até 70 g/L e sobrevive em águas com salinidade de até 120 g/L! Assim, não é demais perguntar: a tilápia de Moçambique é, de fato, um peixe de água doce?

Embora a tilápia do Nilo seja a espécie de *Oreochromis* menos tolerante a salinidades elevadas, a tilápia nilótica é aquela que apresenta as maiores taxas de crescimento corporal quando mantida em condições adequadas. Daí surgiu o interesse em se obter híbridos da tilápia do Nilo com as outras espécies de tilápia, buscando reunir, em um mesmo indivíduo, as características favoráveis encontradas nos progenitores. O caso de maior sucesso foi obtido pelo cruzamento do macho de *O. mossambicus* com a fêmea de *O. niloticus*. Desse cruzamento surgiu um híbrido que reunia a maior resistência da tilápia de Moçambique à salinidade da água com a maior taxa de crescimento corporal da tilápia do Nilo. Adicionalmente, para surpresa dos pesquisadores, o híbrido desse cruzamento apresentava pele de coloração avermelhada, de forte apelo ao consumidor. Surgiu, desse modo, a chamada tilápia vermelha de Taiwan. Outro cruzamento de sucesso foi entre *O. mossambicus* x *O. hornorum*, que deu origem à tilápia vermelha da Flórida. É importante ressaltar, entretanto, que a tilápia vermelha, embora mais resistente à criação em águas salinas, não cresce tão bem quanto a tilápia do Nilo, em águas de menor salinidade. Apesar disso, a tilápia vermelha é a melhor escolha para os produtores interessados em criar tilápia em águas estuarinas, com salinidade maior que 10 g/L, como as utilizadas na carcinicultura marinha.

Apesar de a tilápia vermelha se reproduzir normalmente em cativeiro, sua prole perde, em parte, as características desejáveis dos pais, principalmente quanto à cor vermelha da pele. Esse processo de deterioração genética é progressivo, ou seja, intensifica-se a cada geração. Logo, os juvenis de tilápia vermelha devem ser produzidos a partir do cruzamento de linhagens puras de *O. mossambicus* e *O. niloticus*.

16.4 *LITOPENAEUS VANNAMEI* E SALINIDADE DA ÁGUA

Assim como a tilápia do Nilo, o camarão marinho *Litopenaeus vannamei*, espécie de camarão mais cultivada no Brasil e no mundo, também é um organismo aquático eurihalino. Essa característica biológica do *L. vannamei* é importante porque a salinidade da água dos tanques de cultivo pode sofrer grandes variações durante o ciclo de produção. Ao longo das estações seca e chuvosa do ano, ocorrem elevação e queda na salinidade da água dos tanques de cultivo, respectivamente. Caso o *L. vannamei* não fosse eurihalino, seu desempenho zootécnico poderia sofrer bastante com essas alterações na salinidade da água. As principais informações sobre o *L. vannamei* e a salinidade da água estão apresentadas na Figura 16.3.

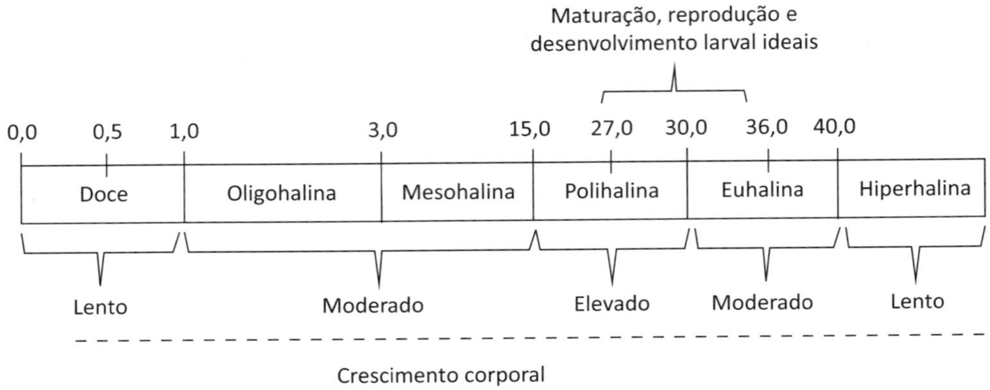

Figura 16.3 – Faixa ideal, subótimas e letais de salinidade da água para crescimento e reprodução do camarão marinho, *Litopenaeus vannamei*. As concentrações salinas estão em g/L (ppt). A sobrevivência dos animais pode ser bastante afetada em águas com salinidades abaixo de 1 g/L.

O *L. vannamei* apresenta crescimento máximo quando criado em águas com salinidade entre 15 e 30 g/L, ou seja, em águas polihalinas. Entretanto, taxas satisfatórias de crescimento corporal podem ser obtidas em salinidades abaixo de 15 g/L, inclusive em águas oligohalinas. Há grande interesse no cultivo do *L. vannamei* em águas interiores por conta da menor competição com outras atividades econômicas, como o turismo, e a percepção da ocorrência de menores danos ambientais. Além disso, as águas de baixa salinidade, utilizadas no cultivo do *L. vannamei*, seriam, naturalmente, mais oxigenadas porque a solubilidade do O_2 aumenta com a queda na salinidade da água. Argumenta-se, por fim, que haveria menor incidência de doenças em camarões mantidos em tanques de baixa salinidade.

A sobrevivência, taxa de crescimento e eficiência alimentar de juvenis de *L. vannamei* tendem a diminuir à medida que a salinidade da água se afasta da faixa ideal para espécie. A queda na taxa de crescimento do *L. vannamei*, em águas de baixa salinidade, pode ser devida ao maior uso da proteína alimentar como fonte energética para manutenção da homeostase osmótica do organismo. Segundo essa teoria, o *L. vannamei*, quando mantido em águas de baixa salinidade, substituiria parte dos lipídios e carboidratos, utilizados como fontes energéticas, pelas proteínas. De fato, há maior excreção amoniacal em camarões mantidos em águas de baixa salinidade. Como essas proteínas poderiam ter sido utilizadas como fonte de aminoácidos para o crescimento corporal, alguns pesquisadores têm sugerido o uso de rações mais proteicas na alimentação do *L. vannamei* cultivado em águas de baixa salinidade. Nesse caso, entretanto, a lucratividade do negócio tende a cair, já que rações com mais proteína são mais caras. Somente o cálculo da relação custo-benefício pode dizer se dita estratégia valeria a pena.

A composição química do camarão marinho produzido em águas de baixa salinidade, no que se refere aos percentuais de umidade, proteínas e lipídios de sua biomassa, também deve ser considerada pelo produtor. Algumas pesquisas têm mostrado que camarões marinhos produzidos em tanques de baixa salinidade possuem maior umidade corporal, quando comparados a animais criados em águas com salinidade ideal. Logo, um maior percentual do peso corporal do camarão produzido em águas de baixa salinidade seria, simplesmente, água... Com o aumento no nível de água no corpo, diminuiriam, por consequência, os percentuais de proteínas e lipídios do animal. Essa constatação, entretanto, não é consensual entre os especialistas.

É comum a produção de pós-larvas de camarão marinho, em água com salinidade ideal (27 – 36 g/L) e a posterior criação dos juvenis em águas de baixa salinidade (< 5 g/L). Para que isso seja possível, as pós-larvas de camarão marinho são, lentamente, aclimatadas até a salinidade da água da fazenda. Geralmente, esse trabalho começa na larvicultura e é concluído na fazenda. Recomenda-se que a taxa de aclimatação de pós-larvas de *L. vannamei*, a águas oligohalinas, não exceda 2 g/L/h. Portanto, a salinidade do tanque de aclimatação das PLs não deve ser reduzida em mais de 2 g/L, a cada hora. Como regra geral, a velocidade de aclimatação deve cair à medida que a salinidade final da água é menor. Logo, a aclimatação de animais à salinidade de 1 g/L, por exemplo, deve ser mais lenta do que aquela realizada até a salinidade final de 3 g/L. Além disso, o perfil iônico do tanque de aclimatação das pós-larvas deveria ser ajustado para os íons principais, em especial cálcio, magnésio e potássio, tendo como referência as concentrações iônicas observadas na água do mar diluída para mesma salinidade. Portanto, durante o trabalho de aclimatação das PLs de camarão não se deveria atentar apenas para a salinidade da água, mas também para sua composição iônica.

Águas de mesma salinidade podem apresentar resultados zootécnicos bastante diversos na criação do *L. vannamei*, em função de diferenças existentes em suas composições iônicas. Nessa questão, destaca-se a importância da concentração de potássio da água. As águas subterrâneas, independentemente de sua salinidade, são, muitas vezes, deficientes em potássio, que é um íon essencial para a osmorregulação dos camarões. Concentrações mínimas de potássio de 50 mg/L deveriam ser asseguradas pelos produtores para obtenção de sucesso na criação do *L. vannamei*, em águas interiores.[1] Havendo deficiência de potássio, a água do tanque de cultivo pode ser fertilizada com muriato de potássio (KCl) ou sulfato de potássio (K_2SO_4).

Como o método-padrão para determinação da concentração de potássio em amostras de água é a fotometria de chama, que é um método laboratorial mais sofisticado, recomenda-se o envio das amostras de água da fazenda para algum laboratório espe-

---

1 A concentração típica de K^+ nas águas oceânicas é de 380 mg/L.

cializado. Em geral, os laboratórios de análises de solo também recebem amostras de água para determinação de sódio e potássio. Além do potássio, também seria importante checar a concentração de magnésio da água, a ser utilizada na criação do *L. vannamei*. É desejável que a concentração de magnésio da água seja igual ou superior a 100 mg/L. A concentração de magnésio da água pode ser elevada pela aplicação de calcário dolomítico e sulfato de magnésio. A alcalinidade e a dureza da água são também variáveis importantes para o sucesso da criação do *L. vannamei*, em águas de baixa salinidade. Na carcinicultura marinha, melhores resultados zootécnicos são obtidos em águas oligohalinas que apresentam concentrações de alcalinidade e dureza total iguais ou superiores 100 e 600 mg/L, respectivamente.[2]

Enquanto o produtor de *L. vannamei*, em tanques com salinidade acima de 10 g/L, monitora, com mais atenção, apenas a concentração de amônia da água, o criador em águas de baixa salinidade deve observar, também, o nitrito. Em águas de baixa salinidade, o camarão ser torna mais vulnerável ao nitrito por conta das menores concentrações de cloretos na água. Recomenda-se que as concentrações de $N\text{-}NO_2^-$, em águas oligohalinas utilizadas para o cultivo do *L. vannamei*, não ultrapassem 0,5 mg/L. Atenção especial deve ser dada ao monitoramento da amônia em águas de baixa salinidade porque há maior excreção de amônia pelos camarões mantidos nessas águas. Nesse caso, ocorre aumento na excreção de amônia devido ao maior uso de aminoácidos como fonte energética e ao maior volume de urina produzido pelos camarões mantidos em águas de baixa salinidade. Água de baixa salinidade é um meio hiposmótico que força o animal a produzir mais urina. Portanto, o monitoramento e os ajustes das concentrações de amônia e nitrito da água devem ser prioridades no manejo do cultivo do *L. vannamei*, em águas interiores.

16.5 EFEITOS DA SALINIDADE SOBRE OUTRAS VARIÁVEIS DE QUALIDADE DE ÁGUA

Além dos efeitos diretos da salinidade da água sobre a atividade osmorregulatória dos animais aquáticos, a salinidade também afeta os peixes e camarões cultivados de modo indireto. Importantes variáveis limnológicas podem ser alteradas pela salinidade da água. Com isso, a vida aquática será beneficiada ou prejudicada, a depender dos efeitos observados. Discutimos, a seguir, os efeitos da salinidade da água sobre algumas variáveis de importância para aquicultura.

Oxigênio dissolvido

A solubilidade do O_2 diminui com o aumento na salinidade da água. Com isso, há menos O_2 dissolvido em águas salgadas do que em águas doces, mantidas as demais

[2] As concentrações típicas de alcalinidade e dureza das águas oceânicas são de 140 mg/L e 6500 mg/L, respectivamente.

condições constantes. Por isso, o *L. vannamei* criado em águas de baixa salinidade está sujeito a menor estresse por O_2 do que animais cultivados em águas de maior salinidade. Assim, o monitoramento das concentrações de O_2 na água deveria ser mais frequente e cuidadoso na carcinicultura marinha, quando realizada em águas estuarinas, do que na piscicultura dulcícola, por exemplo. Durante a estiagem, com o aumento natural na salinidade da água dos viveiros de camarão, ocorre diminuição nas concentrações de O_2 dissolvido na água. Portanto, maior atenção ao monitoramento do O_2 deve ser dada durante a estação seca do ano, período no qual os camarões cultivados estão mais sujeitos ao estresse respiratório.

Alcalinidade

As águas mais salinas possuem, em geral, maior alcalinidade total do que as águas doces. Essa regra, entretanto, nem sempre se verifica. É possível ter-se águas salinas de baixa alcalinidade e águas doces de alta alcalinidade. Por isso, não se deveria pressupor que águas de maior salinidade também possuem alcalinidade elevada. Assim, a alcalinidade da água de cultivo de camarões marinhos deveria ser monitorada, frequentemente, não obstante tenha maior salinidade. A salinidade da água interfere, de modo significativo, nos efeitos da calagem sobre a alcalinidade (Sá e Boyd, 2017). As taxas de dissolução do calcário agrícola e da cal hidratada são menores em águas salgadas do que em águas doces, mantidas as demais condições constantes. Portanto, o manejo da alcalinidade da água deveria mudar entre tanques de aquicultura de água salgada e de água doce.

Em viveiros de camarão preenchidos com água de salinidade $\geq$ 10 g/L, somente se justificaria a aplicação do calcário, ou mesmo da cal, se a alcalinidade total da água estivesse abaixo de 80 mg/L. O calcário não se dissolve em águas salgadas com alcalinidade acima de 80 mg/L. Já em viveiros de aquicultura preenchidos com águas doces e oligohalinas, ainda seria possível obter boa dissolução do calcário até 150 mg/L de alcalinidade inicial.

Dureza

Embora seja esperado um aumento na dureza da água (Ca^{+2}, Mg^{+2}) com o incremento na salinidade, essa correspondência nem sempre é verdadeira. É possível ter-se águas salinas de baixa dureza e águas doces de dureza elevada. Portanto, a dureza da água de cultivo deveria ser determinada, de modo regular, pelo aquicultor, independentemente de sua salinidade. Essa recomendação só não é válida para as águas marinhas e oceânicas, para as quais a dureza total é muito elevada. Nessa questão, especial atenção deve ser dada à dureza cálcica e magnesiana das águas de baixa salinidade, utilizadas no cultivo do *L. vannamei*. Não é raro encontrar águas salobras, utilizadas para abastecer viveiros de camarão, que necessitam de calagem para corrigir as concentrações de Ca^{2+} e, principalmente, de Mg^{2+}. O Mg^{2+} é o componente da dureza total que tem se mostrado mais deficitário nas águas de poços. Nessa situação, o calcário dolomítico e o sulfato de magnésio seriam os produtos mais indicados para elevar a concentração de Mg^{2+} da água. Como a solubilidade do calcário agrícola cai com o aumento na salinidade da água, recomenda-se a utilização de uma quantidade maior de calcário no ajuste da dureza da água, em viveiros de camarão preenchidos com água salobra. Uma alternativa ao calcário é a aplicação da cal hidratada dolomítica.

Amônia

A forma gasosa da amônia total, isto é, o NH_3, é a forma química tóxica aos animais aquáticos. Por ser um gás, o NH_3 tem sua solubilidade reduzida com o aumento na salinidade da água. Assim, as águas doces tendem a acumular mais NH_3 do que as águas salgadas, mantidas as demais condições constantes. Logo, o monitoramento do nitrogênio amoniacal total, pH e temperatura da água de cultivo, que são as informações necessárias para o cálculo do NH_3 (ver Capítulo 7, "Amônia na água", deste livro), deveria ser realizado, com mais atenção, pelos produtores de espécies dulcícolas, como a tilápia-do-Nilo, e de espécies marinhas adaptadas às águas oligohalinas, como o *L. vannamei*. Esse cuidado deveria ser maior na criação do *L. vannamei* em água de poço, já que a taxa de excreção amoniacal dos camarões aumenta em águas oligohalinas.

Nitrito

Provavelmente, o efeito mais conhecido da salinidade sobre outras variáveis de qualidade de água seja sobre o nitrito. Como visto no Capítulo 8, "Nitrito na água", deste livro, o grau de toxicidade do nitrito em animais aquáticos dependerá, em grande parte, da salinidade da água. O íon cloreto, que ocorre naturalmente em maior quantidade em águas salinas, protege, até certo ponto, peixes e camarões do nitrito. Isso tanto é verdade que a aplicação de sal comum à água de cultivo é o principal manejo para prevenir a formação de meta-hemoglobina e meta-hemocianina, em peixes e camarões, respectivamente. A hemoglobina e a hemocianina, quando alteradas pelo nitrito, se tornam incapazes de transportar o O_2 até os tecidos. Meta-hemoglobina e meta-hemocianina são, portanto, compostos prejudiciais à saúde de animais aquáticos, que surgem no organismo pela ação danosa do nitrito.

Nitrato

O nitrato é um composto nitrogenado que somente se torna tóxico aos animais aquáticos quando em concentrações muito elevadas na água. A toxicidade do nitrato, entretanto, aumenta à medida que a salinidade da água de cultivo se afasta da faixa ideal para espécie. Assim, além da amônia e do nitrito, seria também interessante monitorar as concentrações de nitrato em águas de baixa salinidade utilizadas no cultivo do *L. vannamei*.

16.6 MÉTODOS PARA DETERMINAÇÃO DA SALINIDADE DA ÁGUA

Existem diferentes métodos para determinação da salinidade da água, que diferem entre si em precisão e custo. A seguir, discutiremos, brevemente, os principais métodos utilizados na determinação da salinidade da água, a saber: densitometria, refratometria, titulação com nitrato de prata, condutivimetria e concentração de sólidos dissolvidos totais.

16.6.1 DENSITOMETRIA

Os densímetros permitem estimar a salinidade da água, já que existe uma relação direta entre salinidade e densidade da água. Quanto maior a salinidade da água, maior é sua densidade. A densidade da água doce, a 4 °C, é igual a 1 g/cm³. Já a densidade da água do mar, a 20 °C, é de, aproximadamente, 1,027 g/cm³. O valor da densidade da água deve vir acompanhado da respectiva temperatura, já que a temperatura da água afeta a densidade, de modo inverso, na grande maioria dos casos.

Os densímetros mais tradicionais são feitos de vidro, possuem escala dupla na parte superior e pequeno lastro na parte inferior. A escala do densímetro marca a gravidade específica (SG), ou densidade relativa, de um lado, e a correspondente salinidade da água, do outro. Gravidade específica é uma variável adimensional que relaciona a densidade da água com uma densidade de referência. A densidade de referência mais utilizada é a da água destilada a 20 °C. Assim, o densímetro de vidro é calibrado de tal forma que, ao ser colocado em água destilada (20 °C), marque a gravidade específica igual a 1, que corresponde à salinidade de 0 g/L.

Os aquariofilistas marinhos usam bastante o densímetro para checar a salinidade da água de seus aquários e costumam referir o resultado apenas como gravidade específica. Apesar da sua grande simplicidade, os densímetros de vidro têm como inconveniente o fato de quebrar com facilidade. Mais recentemente, surgiram no mercado densímetros de acrílico com ponteiro que lembram um relógio.

16.6.2 REFRATOMETRIA

Os refratômetros de salinidade, popularmente conhecidos por salinômetros, são equipamentos práticos e de fácil uso. Trata-se de uma pequena "luneta", na extremidade da qual há um sistema óptico formado por um conjunto de prismas. Antes do uso, deve-se calibrar o refratômetro por se colocar algumas gotas de água destilada sobre a superfície de pequeno vidro, que existe na ponta do equipamento. Em seguida, observa-se, através de uma ocular, a linha de intersecção existente com a escala de salinidade, que aparece no campo visual do observador. Na calibração, essa linha deve estar interceptando o zero da escala. Caso isso não ocorra, deve-se girar um pequeno parafuso existente na parte superior do refratômetro, até posicionar a leitura no zero. Feito isso, o aparelho estará pronto para determinação da salinidade de amostras de água.

Para determinação da salinidade da água, basta seguir o mesmo procedimento realizado durante a calibração, com a diferença de se adicionar algumas gotas da amostra de água em teste. Apesar de ser um equipamento prático e bem resistente à manipulação constante, o refratômetro de salinidade não se presta para uso em águas doces, que possuem 1 g/L ou menos de salinidade. Nesse caso, não é possível apontar com precisão o resultado obtido, relatando-se, equivocadamente, os resultados de salinidade como "zero" ou "um" grama por litro. Por outro lado, os refratômetros são equipamentos de uso diário em carciniculturas e pisciculturas marinhas.

16.6.3 TITULAÇÃO COM NITRATO DE PRATA

A salinidade de amostras de águas oceânicas, marinhas e estuarinas pode ser determinada a partir da concentração de íons cloreto ou de sua clorinidade. Para isso, basta multiplicar a clorinidade por 1,8 para obtenção da salinidade da água. A relação existente entre a concentração de íons cloretos, nas águas oceânicas, e sua salinidade explica o fator 1,8. A concentração média de cloretos (Cl^-), na água do mar, responde por 55% da salinidade. Considerando que a salinidade típica dos oceanos é de 35 g/L, sua clorinidade será, aproximadamente, igual a 35 g/L x 0,55 ou 19,25 g/L. Se dividirmos a salinidade de 35 g/L, pela clorinidade de 19,25 g/L, chegaremos ao fator 1,8.

Na determinação da clorinidade, emprega-se uma solução indicadora de cromato de potássio, que deixa a amostra de água com cor amarelada. Em seguida, a amostra de água com cromato de potássio é titulada com solução-padrão de nitrato de prata. À medida que a solução de nitrato de prata vai sendo adicionada à amostra, forma-se cloreto de prata. Quando não restar mais íons cloreto em solução, a próxima gota da solução de nitrato de prata forma cromato de prata, que tinge a solução de vermelho-telha. A mudança na cor da amostra de amarelo para telha indica o ponto final da titulação. Logo, existe uma relação direta entre o volume gasto de solução de nitrato de prata e a clorinidade da água.

Reagentes

- *Solução de nitrato de prata 0,0141 N*

Dissolver 2,40 g de $AgNO_3$ p.a. em 1 L de água destilada.

- *Solução indicadora de cromato de potássio*

Dissolver 5 g de K_2CrO_4 em 100 mL de água destilada

Procedimento analítico e cálculo do resultado

1) Pôr 10 mL da amostra de água em proveta graduada e completar o volume para 50 mL, com água destilada. Transferir para frasco Erlenmeyer;
2) Adicionar 5 gotas da solução indicadora de cromato de potássio. Misturar. Observar a formação da cor amarela;
3) Titular com a solução de nitrato de prata até a viragem da cor do amarelo para a cor telha.

$$Clorinidade\ da\ água\left(\frac{mg}{L}\right)=\left(vol.\ gasto\ de\ sol.\ \mathrm{AgNO3}-0,2\right)\times 50$$

$$Salinidade\ da\ água\left(\frac{g}{L}\right)=\frac{30+\left(1,805*clorinidade,mg/L\right)}{1000}$$

16.6.4 CONDUTIVIMETRIA

A condutividade elétrica é o indicador físico-químico que expressa a capacidade da água em conduzir a corrente elétrica. Os condutivímetros são aparelhos que medem a condutância específica (CE), a qual é definida como a condutividade elétrica por centímetro. A unidade de CE é S/cm, isto é, Siemens/cm. Entretanto, as unidades de CE mais utilizadas em Limnologia e Limnocultura são frações de S/cm, isto é, mS/cm e µS/cm. Há ainda a antiga unidade mhos/cm. As relações existentes entre essas unidades são as seguintes:

1 S/cm = 1 mhos/cm = 1000 mS/cm = 1.000.000 µS/cm.

Portanto, 1 mS/cm = 1000 µS/cm e 1 µS/cm = 1 µmhos/cm. Os elementos responsáveis pela CE da água são íons dissolvidos, ou seja, a salinidade. O aumento na salinidade da água implica em aumento na CE e vice-versa. Água destilada apresenta CE < 2 µS/cm. Água potável possui CE entre 50 e 1000 µS/cm e água com CE maior que 1500 µS/cm já não é mais doce.

O condutivímetro possui uma sonda que faz a leitura da CE da água de forma instantânea, diretamente no display do aparelho. Antes do uso, o condutivímetro deve ser calibrado com solução-padrão de KCl 0,01M cuja CE = 1,413 mS/cm, isto é, 1413 mS/cm. Para preparar a solução-padrão de KCl 0,01M, basta dissolver 0,7455 g de KCl p.a. em 1 L de água destilada. Os condutivímetros são equipamentos que fornecem informações precisas sobre a CE da água quando devidamente calibrados.

Por conta da forte correlação existente entre a CE e a salinidade da água, é possível determinar a salinidade da água através da CE. Para isso, são utilizadas duas expressões matemáticas bem simples, como pode ser visto a seguir:

- Salinidade de águas interiores (rios, lagos e poços) = CE a 25 °C (mS/cm) * 0,0006;
- Salinidade de águas litorâneas (mar, estuário) = CE a 25 °C (mS/cm) * 0,0007.

Para transformar a CE da água, em qualquer temperatura, para CE a 25 °C, utilizar a seguinte expressão matemática:

$$CE\ 25°C\left(\frac{\mu S}{cm}\right) = \frac{CE\left(\frac{\mu S}{cm}\right)}{\left[(temp.-25)*0,0191\right]+1}$$

Se, por exemplo, a CE da água a 30 °C é igual a 3000 mS/cm, a CE a 25 °C será igual a 2738 mS/cm = 3000 ÷ [(30-25)*0,0191]+1. Logo, a salinidade será igual a 1,64 g/L, se a amostra for de água interior; ou 1,92 g/L, se for de água litorânea.

16.6.5 SÓLIDOS DISSOLVIDOS TOTAIS

Uma grande variedade de compostos orgânicos, inorgânicos e elementos minerais pode estar dissolvida nas águas naturais. Genericamente, essa matéria é designada como *sólidos dissolvidos totais* (SDT). Para a partícula ser considerada "dissolvida" em Limnologia, basta apresentar tamanho inferior a 0,45 µm, não importando sua natureza química. Mais recentemente, a abertura do filtro para determinação do SDT foi reduzida para 0,2 µm com o objetivo de reter, inclusive, as bactérias menores. Nas águas claras ou não poluídas, a quase totalidade do SDT é representada por sais minerais. Logo, é possível estimar a salinidade dessas águas por se conhecer sua concentração de SDT. Esse método, entretanto, é considerado inadequado para águas de maior salinidade (> 5 g/L) porque água de hidratação permanece retida nos cristais de sal, após a evaporação da água. Nesse caso, o valor da salinidade seria superestimado.

Metodologia

1) Imergir os filtros de fibra de vidro em água destilada por 24 h. Secar em seguida. Manter cápsulas de evaporação em porcelana limpas, por 30 minutos, em forno-mufla a 550 °C. Em seguida, resfriar em dessecador. Obter as taras das cápsulas em miligramas (C);
2) Filtrar de 125 a 150 mL de cada amostra de água, com a utilização do sistema de filtragem a vácuo;

3) Transferir 100 mL de cada filtrado para uma das cápsulas de evaporação;
4) Pôr as cápsulas na estufa a 95 °C para evaporação da água. Antes de remover as cápsulas da estufa, elevar a temperatura para 103 °C e manter as cápsulas na estufa por mais 1 h;
5) Transferir e resfriar as cápsulas contendo os resíduos (R) em dessecador até temperatura ambiente. Em seguida, obter o peso final das cápsulas e dos resíduos (C + R), em miligramas;
6) A concentração de sólidos dissolvidos totais (SDT) pode ser determinada pela expressão a seguir:

$$SDT\left(\frac{mg}{L}\right)=\left[\left(C+R\right)-C\right]*10$$

É possível determinar a concentração de sólidos dissolvidos totais da água com o uso do condutivímetro. Isso, entretanto, somente é válido para amostras de água marinha ou estuarina, isto é, amostras que possuem perfis iônicos constantes. Como os perfis iônicos das águas interiores variam muito entre si, não é possível obter a concentração de SDT pela condutância específica. Águas interiores de mesma concentração de sólidos dissolvidos, isto é, de mesma salinidade, podem apresentar diferentes valores de CE. Amostras de água com maiores proporções de íons Ca^{+2} e K^{+} apresentam maior CE.

RESUMO

A salinidade indica a concentração de sais dissolvidos na água. Na água, os sais sofrem hidrólise e liberam íons para o meio. Os principais íons presentes nas águas naturais são cálcio, magnésio, sódio, potássio, cloreto, sulfato, bicarbonato e carbonato.

A salinidade da água afeta, diretamente, a osmorregulação de peixes e camarões. Ao osmoregular, o organismo animal gasta ATP. Logo, quanto maior o trabalho de osmorregulação, maior será a quantidade de energia utilizada nessa atividade. Parte da energia gasta na osmorregulação poderia ter sido usada em outras finalidades, como na manutenção da integridade do sistema imunológico e no crescimento corporal. Se as demais condições de cultivo, isto é, nutrição, manejo e outros aspectos de qualidade de água, forem adequadas, espera-se que, em isosmose com o meio, o animal expresse, completamente, seu potencial genético para crescimento corporal.

A tilápia nilótica tem habilidade para crescer desde águas doces até o início da faixa polihalina, isto é, 18 g/L de salinidade. Os melhores resultados reprodutivos da *O. niloticus* se verificam em água doce, isto é, maior número de ovos, maior taxa de eclosão e maior sobrevivência larval. Já o camarão *L. vannamei* tem crescimento máximo na salinidade de 15 a 30 g/L. Apesar disso, taxas satisfatórias de crescimento do

L. vannamei podem ser obtidas em salinidades abaixo de 15 g/L, inclusive em águas oligohalinas.

É muito comum a produção de pós-larvas de camarão marinho na faixa ideal de salinidade (27 a 36 g/L) e posterior criação dos juvenis em águas de baixa salinidade. Para que isso seja possível, as pós-larvas devem ser aclimatadas à salinidade da água de destino, isto é, da fazenda. A físico-química de outras importantes variáveis de limnocultura, como O_2, alcalinidade, dureza, amônia, nitrito e nitrato, pode ser afetada pela salinidade da água. Com isso, peixes e camarões podem ser beneficiados ou prejudicados pelos efeitos diretos e indiretos das alterações na salinidade da água.

Existem diferentes métodos para determinação da salinidade da água, que diferem entre si em precisão e custo. Os principais métodos para determinação da salinidade da água são os seguintes:

1) Densitometria;
2) Refratometria;
3) Titulação com nitrato de prata;
4) Condutivimetria;
5) Sólidos dissolvidos totais.

A condutivimetria é o método mais indicado para águas doces e oligohalinas. Já para águas salinas e salobras, a refratometria é a melhor opção.

CAPÍTULO 17
Relação C:N e qualidade de água na aquicultura

17.1 INTRODUÇÃO

As primeiras experiências de manipulação da comunidade microbiana de tanques de aquicultura foram realizadas pelos americanos Steve Serfling e Dominick Mendola, nos anos 1970. No final dos anos 1990, o pesquisador israelense Yoram Avnimlech apresentou os princípios da tecnologia bioflocos para produção intensiva de peixes e camarões cultivados, posteriormente denominada de sistemas BFT para aquicultura. Em seu trabalho, Avnimelech aplicou a tecnologia de lodos ativados em tanques de aquicultura. Essa tecnologia é utilizada no tratamento biológico de águas residuárias, principalmente de esgotos domésticos.

Nos sistemas BFT, é possível aliar alta produtividade aquícola com sustentabilidade ambiental. Enquanto a carcinicultura convencional produz, em média, 0,5 kg camarão/m^3/ciclo, os sistemas BFT podem produzir até 10 vezes mais, ou seja, 5 kg camarão/m^3! O recorde de produtividade da carcinicultura brasileira foi alcançado em 2003, quando se produziu 6 t/ha, isto é, aproximadamente 0,6 kg camarão/m^3. Nos sistemas BFT para aquicultura, a enorme produtividade animal pode ser alcançada com mínimo impacto ambiental. Como os camarões têm acesso ininterrupto a abundante alimento natural nos tanques BFT (bioflocos), o crescimento corporal é bastante acelerado. É possível obter, na despesca, indivíduos bem maiores que os cultivados tradicionalmente ou animais de mesmo tamanho, mas em menor tempo de criação.

Bioflocos são agregados microbianos que se desenvolvem sobre detritos orgânicos e inorgânicos em suspensão na água, sendo formados por bactérias, protozoários, zooplâncton e outros microrganismos. Estima-se que haja a produção de 1 kg de bioflocos para cada 10 kg de detritos em suspensão na água. Logo, o "FCA dos bioflocos" é 10:1. Parece alto? Lembre-se, entretanto, que se trata da transformação de "lixo orgânico" em proteína alimentar que pode ser utilizada na alimentação dos animais cultivados.

Não foi por acaso que o sistema BFT foi desenvolvido em Israel, país com escassez de terra e água para a agricultura e aquicultura convencionais. Como os sistemas BFT são superintensivos, isto é, empregam altíssimas densidades de estocagem, as exigências de terra e de água são bem menores quando comparadas aos cultivos convencionais de peixes e camarões. Assim, os sistemas BFT se ajustaram perfeitamente à geografia de Israel, país pequeno, do tamanho do Estado de Sergipe, que tem boa parte de seu território ocupada por desertos e montanhas e apresenta escassez de água doce. Atualmente, os sistemas BFT são alvo de interesse de todos os países que praticam aquicultura comercial no mundo.

Nas unidades BFT de aquicultura, como a manutenção da qualidade da água depende do desenvolvimento de abundante comunidade microbiana, as elevadas densidades de estocagem são, ao mesmo tempo, oportunas e necessárias. A elevada biomassa animal estocada nos tanques BFT faz com que a entrada de matéria orgânica, na forma de rações balanceadas, seja proporcionalmente alta. Com isso, atende-se a um dos requisitos básicos para o florescimento microbiano, qual seja, a presença de abundante substrato orgânico que seja mantido, permanentemente, *em suspensão na água*. Sublinhamos "em suspensão na água" porque esse é um dos pontos importantes para o sucesso dos sistemas BFT, como será visto a seguir.

Em tanques BFT, a oferta de rações comerciais ou o teor proteico das rações podem ser reduzidos, porque uma parte importante da nutrição animal pode vir da ingestão dos bioflocos. Com isso, é possível obter valores de FCA próximo a 1, geralmente menor que 1,3, especialmente para a tilápia, que aproveita melhor os bioflocos como alimento quando comparada ao *L. vannamei*. Com menor uso de rações balanceadas, as despesas operacionais da fazenda poderiam ser reduzidas de modo significativo.

Outro requisito exigido para o sucesso dos sistemas BFT, e que se tornou um dos seus pontos fortes, é a troca mínima ou zero de água, nos tanques de produção. Ocorrerá queda na capacidade autolimpante do sistema BFT se for feita a retirada de água rica em bioflocos e substituição por água limpa. Por isso, a liberação de efluentes eutrofizantes para o meio ambiente é mínima nos sistemas BFT para aquicultura. Os sistemas BFT são, portanto, sistemas produtivos de baixo impacto ambiental. Com isso, a ocorrência de surtos de doenças é baixa, visto ser um sistema fechado, isto é, que quase não recebe a entrada de água nova ao longo de todo o ciclo de produção.

Além dos sistemas BFT, outra tecnologia de produção de peixes e camarões cultivados que impacta minimamente o meio ambiente são os sistemas de recirculação de água (SRA). Nos sistemas SRA para aquicultura, a água passa, de modo ininterrupto, por filtragem mecânica e biológica, sendo reutilizada nos tanques de produção. Trata-se, de igual modo, de sistemas fechados de produção, ou seja, que operam quase sem entrada de água nova nos tanques. Apesar da sua inquestionável eficiência técnica, os sistemas SRA para aquicultura são mais caros que os sistemas BFT, especialmente para produção em larga escala de peixes e camarões.

17.2 RELAÇÃO C:N EM AQUICULTURA

A primeira dúvida que se tem quando se fala em relação C:N em aquicultura é a seguinte: afinal, relação C:N do quê? Da água de cultivo? Da ração dos peixes e camarões? Da matéria orgânica presente nos tanques? Dos bioflocos? Dos camarões e peixes? Para que se possa responder devidamente a essa questão, é necessário, de início, entender um pouco sobre o crescimento microbiano na água, em particular das bactérias heterotróficas e seus efeitos sobre a qualidade da água em que vivem.

As bactérias são seres vivos microscópicos, geralmente unicelulares, capazes de se desenvolver em qualquer meio que lhes forneça as condições necessárias ao seu crescimento. As atividades das bactérias aeróbias afetam a qualidade da água, especialmente quanto às concentrações de O_2 dissolvido, que diminuem, e de amônia, *que podem aumentar ou diminuir*. O efeito do crescimento bacteriano sobre a concentração de amônia da água dependerá da *relação C:N dos detritos orgânicos*, ou seja, da matéria orgânica sobre a qual as bactérias se desenvolvem. A relação C:N da matéria orgânica detrital, por sua vez, é influenciada pela relação C:N da ração fornecida aos animais.

Se as relações C:N da ração e dos detritos orgânicos forem menores que 10:1, ou seja, se as respectivas concentrações de N forem elevadas, as bactérias heterotróficas crescem rapidamente, mas com *liberação de amônia para água*. Nesse caso, o consumo de O_2 dissolvido é intenso, indicando que a taxa de decomposição bacteriana é bastante acelerada (Figura 17.1). Para que o crescimento bacteriano libere amônia para água, basta que a concentração de proteína bruta (PB) da ração seja maior que 20% (N > 3,2%). Como as rações comerciais para aquicultura têm mais de 26% de PB (N > 4,16%), os tanques de criação de peixe e camarão são unidades produtoras de amônia.

Já se as relações C:N da ração e dos detritos orgânicos estiverem entre 10 e 20:1, as bactérias decompositoras aeróbias crescerão ativamente, *mas com retirada de amônia da água*! É isso mesmo, se forem dadas as condições corretas, as bactérias auxiliarão na melhoria da qualidade da água, ao invés de degradá-la. Para isso, a concentração de proteína da ração deveria ser menor que 20% (N < 3,2%), o que, como sabemos, não acontece. Alternativamente, seria possível usar as rações disponíveis no mercado, mas aplicar ao tanque, de forma suplementar, alguma fonte de C orgânico, que fosse praticamente isenta de N.

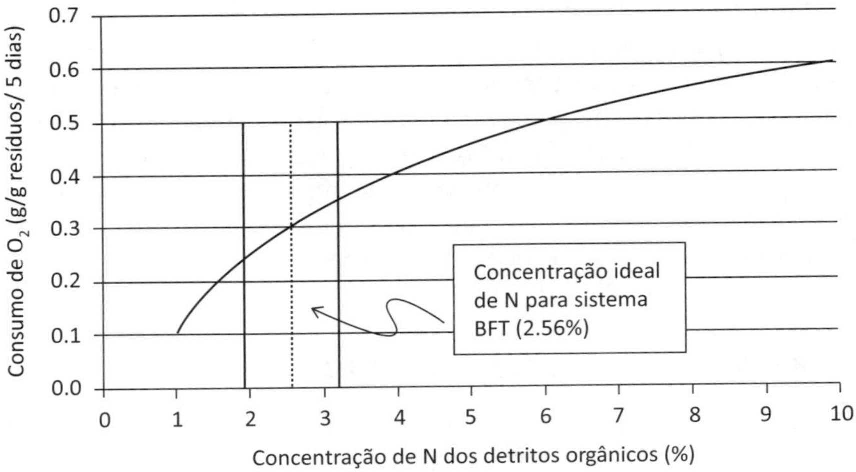

Figura 17.1 – Relação entre a concentração de proteína (N) da matéria orgânica e o consumo de O_2 pelas bactérias decompositoras (taxa de decomposição). Para calcular a concentração de proteína, basta dividir a concentração de N por 0,16. As duas linhas verticais contínuas apontam o limite inferior (1,9%) e superior (3,2%) de N para crescimento bacteriano com remoção de amônia da água.

Fonte: Boyd (2009), modificado.

Finalmente, quando a relação C:N dos detritos orgânicos é muito elevada, maior que 30:1, o crescimento bacteriano é bastante lento. Nesse caso (N < 1,9%), o consumo de O_2 dissolvido na água pelas bactérias decompositoras é bastante reduzido (Figura 17.1). Quando a relação C:N da matéria orgânica é maior que 30:1, os detritos orgânicos são muito fibrosos e contêm pouca proteína (< 12%), sendo de difícil decomposição microbiana. Essa situação não interessa ao produtor de peixes e camarões em tanques BFT porque não permite o desenvolvimento dos bioflocos na água.

Portanto, a relação C:N, em sistemas BFT para aquicultura, refere-se à relação C:N da matéria orgânica, isto é, da ração ofertada aos animais, bem como dos detritos orgânicos presentes na água, isto é, fezes dos animais, ração não consumida e plâncton morto.

17.2.1 CARBONO ORGÂNICO TOTAL E NITROGÊNIO TOTAL KJELDAHL

A matéria orgânica, na água de tanques de criação de peixes e camarões, pode ser particulada, ou seja, estar em suspensão, ou pode estar dissolvida. Em limnologia, essas frações da matéria orgânica total são denominadas de carbono orgânico particulado – COP e carbono orgânico dissolvido – COD, respectivamente. A matéria orgânica total na água, denominada carbono orgânico total – COT, será, portanto, igual ao COP + COD. Assim, o carbono da relação C:N é a concentração de COT da água. No cálculo do carbono, não se considera as formas de carbono inorgânico dissolvido na água porque as bactérias heterotróficas não são capazes de aproveitar CO_2, HCO_3^- e CO_3^{-2} como fonte de carbono para seu crescimento.

Além do carbono, falta ainda determinar a concentração de nitrogênio na água, para encontrarmos a relação C:N. Nesse caso, o nitrogênio é obtido pela soma do nitrogênio orgânico total (NOT) com o nitrogênio amoniacal total (NAT). O NOT compreende o nitrogênio orgânico particulado, em suspensão na água (NOP) e o nitrogênio orgânico dissolvido (NOD). O NAT é acrescentado porque as bactérias heterotróficas também podem utilizar a amônia como fonte de N para seu crescimento. Assim, a relação C:N da água é, tecnicamente falando, igual à relação COT:NOT + NAT.

O analisador de COT é o equipamento que determina a concentração de carbono orgânico total em amostras de água. No início, o analisador oxida completamente a matéria orgânica presente na água por bombardeá-la com radiação ultravioleta. Desse modo, o equipamento transforma todo o carbono orgânico em CO_2. Em seguida, o analisador de COT determina, com a utilização de radiação infravermelha, a quantidade de CO_2 que foi produzida durante a combustão total da matéria orgânica. Essa quantidade de CO_2 é diretamente proporcional à concentração inicial de carbono orgânico presente na amostra de água. O resultado da determinação é expresso em miligramas de COT por litro de água.

Apesar da inquestionável eficácia do analisador de COT, o preço elevado desse equipamento inviabiliza seu uso pelas fazendas de peixe e camarão. Trata-se de um equipamento de alta tecnologia, empregado em laboratórios de universidades e institutos de pesquisa. Mesmo que se faça o envio das amostras de água para determinação do COT, a demora na entrega dos resultados comprometeria as atividades da fazenda. Faz-se necessário, portanto, o emprego de uma metodologia mais simples que permita a determinação rápida da concentração de COT da água, na fazenda. Essa metodologia, todavia, ainda não foi desenvolvida até a data de publicação deste livro.

A solução proposta por Avnimelech (1999) para o ajuste prático da relação C:N da água, em tanques de aquicultura, não prevê o uso do COT. Segundo esse pesquisador, não há necessidade de se saber a concentração de COT para ajustar a relação C:N e remover a amônia da água. Para isso, basta definir a quantidade de C orgânico, via fonte suplementar a ser aplicada ao tanque, em função da concentração de amônia que se deseja remover da água, como veremos a seguir.

O nitrogênio da relação C:N da água é o NOT – nitrogênio orgânico total, acrescido do NAT – nitrogênio amoniacal total. A soma das concentrações de NOT e NAT é igual ao nitrogênio total Kjeldahl - NTK. Logo, a relação C:N da água é, a rigor, a relação COT:NTK. O NTK representa as diferentes formas químicas de nitrogênio que podem ser utilizadas pelas bactérias heterotróficas para seu crescimento, seja como fonte de matéria ou energia. Na determinação do NTK, a amostra de água passa por digestão ácida a 400 °C para, posteriormente, ter sua absorbância lida em espectrofotômetro. Percebe-se que assim como na determinação do COT, a determinação do NTK também requer equipamentos caros, inviáveis para uso em fazendas de peixe e camarão. Por isso, o ajuste prático da relação C:N da água de tanques de aquicultura, como apresentado por Avnimelech (1999), também dispensa a determinação do NTK.

Em aquicultura, leva-se em consideração apenas a concentração de NAT e a relação C:N da biomassa bacteriana para se fazer o ajuste da relação C:N da água, como veremos a seguir. Apesar dessas simplificações, o ajuste da relação C:N de tanques de aquicultura, conforme proposto por Avnimelech (1999), alcança os efeitos esperados pelo produtor, isto é, a *remoção total* de amônia da água.

17.2.2 RELAÇÃO C:N IDEAL PARA AQUICULTURA

De modo didático, a relação C:N de tanques de aquicultura pode ser classificada como segue:

a) Ideal: 10 – 20:1;

b) Desbalanceada para baixo < 10:1;

c) Desbalanceada para cima: > 30:1.

No desbalanceamento para cima, quando a relação C:N é maior que 30:1, o desenvolvimento microbiano na água é muito lento. Já quando a relação C:N da matéria orgânica está desbalanceada para baixo, isto é, C:N < 10:1, verifica-se intenso e rápido desenvolvimento bacteriano na água, mas com liberação de amônia para o meio. Essa é a situação mais comum na aquicultura comercial. Finalmente, haverá grande formação de biomassa bacteriana (bioflocos), com remoção de amônia da água, quando a relação C:N estiver entre 10 e 20:1. Isso, obviamente, se as demais condições necessárias ao crescimento dos bioflocos também estiverem presentes, em especial quanto à aeração e circulação da água do tanque.

Uma matéria orgânica com relação C:N = 20:1 apresenta, aproximadamente, 50% de carbono e 2,5% de nitrogênio, isto é, 16% de proteína. Essa matéria orgânica seria ideal para o desenvolvimento de bioflocos porque, nesse caso, não haveria nem falta, nem excesso de N orgânico para as bactérias. O crescimento bacteriano seria rápido e não poluente, já que não haveria a liberação de amônia para água. Nessa situação, não seria necessário aplicar nenhuma fonte suplementar de C orgânico ao tanque porque a relação C:N da matéria orgânica já estaria ajustada.

Caso a relação C:N da água esteja distante da relação ideal de 10 a 20:1, fontes de C ou N podem ser adicionadas à água para fazer o ajuste necessário. Se a relação C:N estiver desbalanceada para cima, aplica-se na água alguma fonte de N para baixar a relação até próximo de 20:1. Nesse caso, poderia aplicar a ureia, $CO(NH_2)_2$, como fonte de N, já que as bactérias são capazes de crescer com a utilização do NH_3 liberado para água, como pode ser visto a seguir: $CO(NH_2)_2 + H_2O \rightarrow 2NH_3 + CO_2$. O objetivo é reduzir a concentração de matéria orgânica na água pelo aumento na taxa de decomposição. Já se o desbalanceamento da relação C:N da matéria orgânica for para baixo (< 10:1), é necessário adicionar alguma fonte suplementar de C orgânico na água, de alta biodegradabilidade, que seja praticamente isenta de N. A classe de compostos orgânicos que melhor preenche esses requisitos são os carboidratos solúveis, isto é, os amidos e açúcares. O objetivo, nesse caso, é elevar a relação C:N para algum valor entre 10 e 20:1. Uma das fontes de C orgânico mais empregadas na aquicultura com essa finalidade é o melaço de cana-de-açúcar.

17.2.3 MANEJO PRÁTICO DA RELAÇÃO C:N EM AQUICULTURA

Como as determinações das concentrações de COT e NTK, em amostras de água, não são viáveis aos produtores, a metodologia para ajuste da relação C:N foi simplificada ao máximo, de modo que fosse possível sua utilização na rotina das fazendas. Mesmo assim, os resultados obtidos são bastante satisfatórios, tanto em termos de qualidade de água, como de desempenho zootécnico. A metodologia mais utilizada em aquicultura para determinar as quantidades de melaço ou de outra fonte de C orgânico, a serem aplicadas ao tanque de cultivo para eliminação da amônia, foi proposta por Avnimelech (1999). Avnimelech apresentou, em seu já clássico trabalho de 1999, dois métodos para o ajuste da relação C:N da água, em tanques aquícolas: a partir da concentração de nitrogênio amoniacal total (NAT) da água ou a partir do percentual de proteína da ração utilizada na alimentação dos animais. Enquanto o método do NAT é corretivo, ou seja, elimina a amônia já presente na água, o método da proteína é preventivo, isto é, evita a formação e o acúmulo de NAT na água. Vejamos, a seguir, a utilização prática desses dois métodos, na aquicultura.

17.2.3.1 Método da amônia

O primeiro método proposto por Avnimelech (1999), para ajuste da relação C:N da água, está baseado em três fórmulas matemáticas bastante simples. A primeira das fórmulas é a seguinte:

$$\Delta C_{mic} = \Delta CH * \%C * E$$

Onde:

ΔC_{mic} = Quantidade de carbono orgânico suplementar imobilizado pelos bioflocos (g/m^3);[1]

ΔCH = Quantidade de melaço, ou de outra fonte suplementar de C orgânico, isenta ou quase isenta de N, aplicada ao tanque (g/m^3);

%C = Percentual de carbono na fonte suplementar de C orgânico, isenta ou quase isenta de N, aplicada ao tanque. Em seus cálculos, Avnimelech utiliza 50%;

E = Eficiência de conversão do C orgânico da fonte suplementar em C microbiano. Em seus cálculos, Avnimelech utiliza 40%.

---

1 Quanto do C do melaço, por exemplo, foi transformado em C bacteriano.

O ΔCH é a resposta do problema em questão, que somente será conhecida ao final dos cálculos. O valor de ΔC_{mic} não necessita ser determinado porque será substituído na segunda fórmula desse método. O %C varia de 30% a 50%, sendo 50% o valor adotado por Avnimelech (1999). Fontes puras de C, como a glicose ($C_6H_{12}O_6$), contêm 40% de C. Para chegar a esse valor, basta dividir o peso atômico de 6 carbonos (72 g) pelo peso molecular da glicose (180 g), multiplicando por 100. O *E*, isto é, a eficiência de conversão microbiana, varia de 40% a 60%, segundo Avnimelech (1999). Avnimelech adotou *E* = 40% em seus cálculos. Logo, se 100 g de melaço forem aplicados ao tanque, haverá a entrada de 50 g de C orgânico (50%), que serão imobilizados em 20 g de C bacteriano (40%).

A segunda fórmula apresentada por Avnimelech (1999) é a seguinte:

$$\Delta N_{mic} = \frac{\Delta C_{mic}}{C:N_{mic}}$$

Onde:

ΔN_{mic} = Concentração de amônia da água a ser removida pelos bioflocos (mg/L);

ΔC_{mic} = Quantidade de carbono orgânico suplementar imobilizado pelos bioflocos (g/m^3). Obs: g/m^3 = mg/L;

$C:N_{mic}$ = Relação C:N da biomassa bacteriana. Em seus cálculos, Avnimelech utiliza 4:1. Portanto, as bactérias dos bioflocos removem 1 N amoniacal da água para cada 4 C que foram imobilizados.

ΔN_{mic} é a concentração de amônia que se deseja remover da água; ΔC_{mic} é obtido na primeira fórmula dessa metodologia; $C:N_{mic}$ é igual a 4, segundo Avnimelech.

A terceira e última fórmula desse método, nada mais é do que a combinação das fórmulas anteriores em uma única expressão matemática:

$$\Delta CH = \Delta N_{mic} * \frac{C:N_{mic}}{\%C * E}$$

Onde:

ΔCH = Quantidade de melaço ou de outra fonte suplementar de C orgânico, isenta ou quase isenta de N, aplicada ao tanque (g/m^3);

ΔN_{mic} = Concentração de amônia a ser removida pelos bioflocos (mg/L);

$C:N_{mic}$ = Relação C:N da biomassa bacteriana;

%C = Percentual de carbono presente no melaço, ou em outra fonte suplementar de C orgânico, isenta ou quase isenta de N, aplicada ao tanque;

E = Eficiência de conversão do C orgânico da fonte suplementar em C microbiano.

O exemplo a seguir ajudará a compreender esses cálculos. Considere os seguintes dados:

Volume do tanque	300 m^3
Biomassa de peixe estocada no tanque	750 kg
Percentual de proteína bruta da ração	36%
Taxa de arraçoamento diário	3% da biomassa
Concentração de amônia na água (ΔN_{mic})	4 mg/L

Questões a serem respondidas

1) Qual é a relação C:N da ração utilizada na alimentação dos peixes? Essa relação C:N promove liberação ou remoção de amônia da água?
2) Quanto de melaço, ou de outra fonte de carboidratos, será necessário aplicar ao tanque para *remoção total* da amônia da água?

Resolução

A relação C:N da ração pode ser calculada como segue:

- % PB ração = 36% ∴ 100 kg ração → 36 kg PB;
- 36 kg PB → 5,76 kg N (16% N) ∴ 100 kg ração → 5,76 kg N;
- % C ração = 50% ∴ 100 kg ração → 50 kg C;
- Relação C:N da ração = 50 kg C/5,76 kg N ≈ **8,7:1**.

Como a relação C:N da ração é menor que 10:1, haverá liberação de amônia para água pela decomposição bacteriana. Nesse caso, deve-se aplicar alguma fonte de C orgânico à água, desprovida ou quase de N, para ajustar a relação C:N para cima e, com isso, zerar a concentração de amônia da água.

Para determinar a quantidade de melaço, ou de outra fonte de carboidratos (DCH), a ser aplicada na água, utilizaremos a última das três fórmulas apresentadas por Avnimelech (1999). Assim, temos como segue:

- ΔCH (g/m^3) = ?
- ΔN_{mic} = 4 mg/L; $C:N_{mic}$ = 4:1; %C = 50%; E = 40%

- $\Delta CH = \Delta N_{mic} * \dfrac{C:N_{mic}}{\%C * E}$

$$\therefore \Delta CH = 4 * \frac{4}{0,5 * 0,4} = \mathbf{80\ g/m^3}$$

Percebe-se, portanto, basta multiplicar a concentração de amônia por 20 para obter a quantidade de carboidrato, em g/m^3, que deve ser aplicada na água para remoção total da amônia. Como o volume do tanque é de 300 m^3, a aplicação total de melaço na água deve ser de 24 kg.

Após curto espaço de tempo, geralmente poucas horas após a aplicação do melaço, a depender do grau de desenvolvimento dos bioflocos no tanque e da temperatura da água, a concentração de amônia da água será zerada. Essas aplicações de melaço podem ser repetidas semanalmente, até o final do ciclo produtivo. Para isso, é necessário fazer um monitoramento sistemático das concentrações de amônia da água. Com os novos resultados de NAT, calcula-se a quantidade de melaço a aplicar em cada tanque. Recomenda-se fracionar a quantidade total de melaço, a ser aplicada à água, em duas ou três doses. Com isso, o impacto sobre a concentração de O_2 dissolvido na água é menor.

17.2.3.2 Método do manejo alimentar

Quando se emprega o método do manejo alimentar para ajustar a relação C:N da água, a concentração de amônia é obtida através de cálculo. Nesse método, portanto, não se faz necessário determinar as concentrações de amônia da água por análise química. As concentrações de amônia são estimadas a partir das seguintes informações sobre o manejo alimentar: percentual de proteína da ração; oferta diária de ração aos animais e percentual do N da ração que foi transformado em N amoniacal. A seguir, a resolução do exercício anterior, com a utilização do método do manejo alimentar.

A fórmula que determina a quantidade de amônia liberada para água, em função do manejo alimentar é a seguinte:

$$\Delta N_{mic} = Oferta\ ração * \%N\ ração * \%N\ convertido\ em\ NAT$$

Onde:

ΔN_{mic} = Concentração de amônia liberada para água, em kg/tanque/dia;

Of. ração = Quantidade de ração ofertada aos animais, em kg/tanque/dia;

%N ração = Percentual de N na ração ofertada. Como regra geral, 16% da proteína da ração é N;

%N convert. = Percentual de N da ração transformado em N amoniacal. Segundo Avnimelech (1999), esse percentual é de 50%.

Logo, quanto maior é a oferta e a concentração de proteína da ração, maior será a liberação de amônia para o tanque. Nessa fórmula, a unidade do ΔN_{mic} deve ser a mesma da oferta de ração, geralmente kg/tanque/dia. Como esse método estima a produção diária de amônia, deve-se aplicar o melaço no tanque também diariamente. Enquanto as aplicações de melaço, obtidas no método da amônia, são intervaladas, as aplicações de melaço são diárias quando o ajuste da relação C:N é feito pelo método do manejo alimentar.

Aplicando os dados do exercício na fórmula do manejo alimentar, temos como segue abaixo:

- ΔNmic = ?;
- Oferta ração = 3% de 750 kg de peixe = 22,5 kg ração/tanque/dia;
- N ração = 16% de 36% de proteína = 5,76% de N;
- %N convertido em NAT = 50%;

∴ ΔN_{mic} = 22,5 kg/tanque/dia x 0,0576 x 0,5 ≅ **0,648 kg NAT/tanque/dia**.

Em seguida, aplica-se o NAT liberado no tanque na última fórmula do método da amônia, como segue:

$$\Delta CH = \Delta N_{mic} * \frac{C:N_{mic}}{\%C * E}$$

$$\therefore \Delta CH = 0,648 * \frac{4}{0,5 * 0,4} \approx 13 \frac{kg\ melaço}{tanque} / dia$$

Um novo cálculo da quantidade de melaço a ser aplicada ao tanque deve ser feito quando houver mudança na ração anteriormente utilizada ou alteração na quantidade de ração ofertada, como geralmente ocorre após as biometrias dos animais.

Para determinar a nova relação C:N da água, obtida após a aplicação do melaço no tanque, fazer como segue. No nosso exercício, a oferta diária de ração é de 22,5 kg, a ração contém 36% de proteína e a aplicação diária de melaço é de 13 kg.

- 22,5 kg ração c/36% proteína → 8,1 kg de proteína;
- 8,1 kg proteína c/16% N → 1,296 kg N;
- 22,5 kg ração c/50% C → 11,25 kg C;

∴ **22,5 kg ração → 11,25 kg C e 1,296 kg N**;

- 13 kg melaço c/0% proteína → 0 kg N;
- 13 kg melaço c/50% C → 6,5 kg C;

∴ **13 kg melaço → 6,5 kg C e 0 kg N**.

Nova relação C:N = (11,25 kg C + 6,5 kg C)/(1,296 kg N + 0 kg N) = 17,75 kg/1,296 kg ≈ **13,7:1**.

Portanto, a aplicação de melaço elevou a relação C:N da água de 8,7 para 13,7:1. Perceba que a nova relação C:N da água está entre 10 e 20:1, como recomendado por Avnimelech (1999). Entretanto, pesquisas mais recentes demonstraram que bons resultados podem ser obtidos quando a relação C:N do tanque é ajustada para 10:1 (Zapata-Lovera et al., 2017). Isso significa remoção de NAT da água com o uso de menores quantidades de melaço.

Caso se deseje ajustar a relação C:N da água para 15:1, ou outro valor qualquer, proceder como demonstrado a seguir:

1) A relação C:N desejada ou final, isto é, aquela obtida após a aplicação da fonte suplementar de C orgânico, isenta de N, é igual a:

$$Relação\ C:N = \frac{C\ ração(kg) + C\ melaço(kg)}{N\ ração(kg)}$$

2) Para o nosso problema teríamos como segue:

$$15 = \frac{11,25\ kg + C\ melaço}{1,296\ kg}$$

Resolvendo a equação acima, descubrimos que a entrada de C, via melaço, é igual a 8,19 kg.

3) A quantidade de melaço a ser aplicada na água é igual ao C melaço multiplicado 2, já que 50% do melaço é C. Assim, 8,19 kg x 2 = 16,38 kg. Portanto, será necessário aplicar 16,4 kg de melaço/dia/tanque para ajustar a relação C:N da água para 15:1.

17.2.4 RELAÇÃO C:N E REMOÇÃO DE AMÔNIA DA ÁGUA

Nos tanques de cultivo, o crescimento das bactérias heterotróficas pode ocorrer com liberação ou remoção de amônia da água. No primeiro caso, a relação C:N da matéria orgânica é baixa, menor que 10:1. Essa é a situação comumente encontrada nos sistemas intensivos de aquicultura, por conta das elevadas concentrações de proteína bruta das rações comerciais (≥ 26% PB). Nesse caso, há intenso crescimento bacteriano, mas com efeito poluidor devido ao aumento nas concentrações de amônia e nitrito na água.

Já quando a relação C:N da água é ajustada para 10 a 20:1, ocorre bom crescimento bacteriano, mas com remoção de amônia da água. Nesse caso, o desenvolvimento dos bioflocos purifica o meio por remover compostos tóxicos da água, como amônia e nitrito. Entretanto, como a demanda por O_2 dissolvido aumenta muito, torna-se indispensável o fornecimento de intensa e contínua aeração mecânica, por conta das elevadas taxas de decomposição da matéria orgânica.

Quando manejados corretamente, os sistemas BFT para aquicultura são duplamente benéficos ao produtor porque purificam a água de cultivo e produzem e disponibilizam alimento natural (bioflocos) para os animais cultivados. As bactérias heterotróficas transformam a amônia, que foi absorvida da água, em diferentes compostos orgânicos, como aminoácidos. Logo, as bactérias heterotróficas conseguem transformar amônia em proteína microbiana, como fazem as microalgas, mas a uma taxa, ou seja, velocidade, muito superior. Os bioflocos servem como fonte de nutrientes aos peixes e camarões cultivados, como já demonstrado para tilápia do Nilo e *L. vannamei*. Com isso, a eficiência alimentar da aquicultura aumenta porque os desperdícios diminuem, já que uma maior parte do N fornecido aos animais, via proteínas da ração balanceada, é recuperada na biomassa despescada.

A absorção pelas microalgas e a nitrificação bacteriana são dois importantes sumidouros de amônia da água. Além desses, a absorção bacteriana heterotrófica também pode dar uma grande contribuição nesse sentido, a depender da relação C:N da água. Esses processos biológicos apresentam exigências ambientais específicas para máxima eficiência na remoção de amônia. A absorção vegetal exige luminosidade adequada; a nitrificação bacteriana exige concentrações elevadas de O_2 e de alcalinidade; já a absorção bacteriana heterotrófica exige, além de muito O_2, que a relação C:N da água seja maior que 10:1.

Remoção de amônia da água: absorção vegetal x absorção bacteriana

Existem diferenças marcantes entre a absorção vegetal e a absorção bacteriana de amônia. A absorção vegetal de amônia somente será significativa quando houver abundância de fontes inorgânicas de carbono dissolvido na água, isto é, CO_2 ou HCO_3^-, e adequada incidência luminosa. Já a absorção bacteriana de amônia demanda elevadas concentrações de carbono orgânico na água, já que as bactérias heterotróficas são incapazes de aproveitar CO_2 e HCO_3^- como fontes de C. Além disso, as bactérias heterotróficas não necessitam de luz para o seu desenvolvimento, crescendo bem em águas de elevada turbidez e até mesmo no escuro. Daí o porquê dos sistemas BFT serem uma boa opção para a aquicultura intensiva *indoor*, isto é, aquela em que os tanques de criação estão instalados dentro de galpões. Assim, há queda na absorção vegetal de amônia, à medida que a turbidez da água aumenta por conta do grande desenvolvimento de bioflocos em suspensão na água, no decorrer do cultivo BFT.

Remoção de amônia da água: nitrificação x absorção bacteriana heterotrófica

Quando a relação C:N da água está acima de 10 e as demais condições abióticas necessárias presentes, especialmente quanto ao O_2 dissolvido e à circulação da água, as bactérias heterotróficas são os microrganismos que mais removem amônia da água. Nessa situação, o papel das bactérias nitrificantes é secundário. Haverá maior remoção de amônia da água pelas bactérias heterotróficas quando a concentração de proteína da matéria orgânica for menor que 25% (Figura 17.2). Quando a concentração de proteína da matéria orgânica for igual a 25%, metade da remoção da amônia se deverá às bactérias heterotróficas e metade às bactérias nitrificantes. Já quando a concentração de proteína dos detritos orgânicos for maior que 25%, o peso das bactérias nitrificantes, na remoção de amônia da água, será maior, ao mesmo tempo em que diminuirá a atuação das bactérias heterotróficas. Essa última situação é a normalmente observada em tanques comerciais de aquicultura.

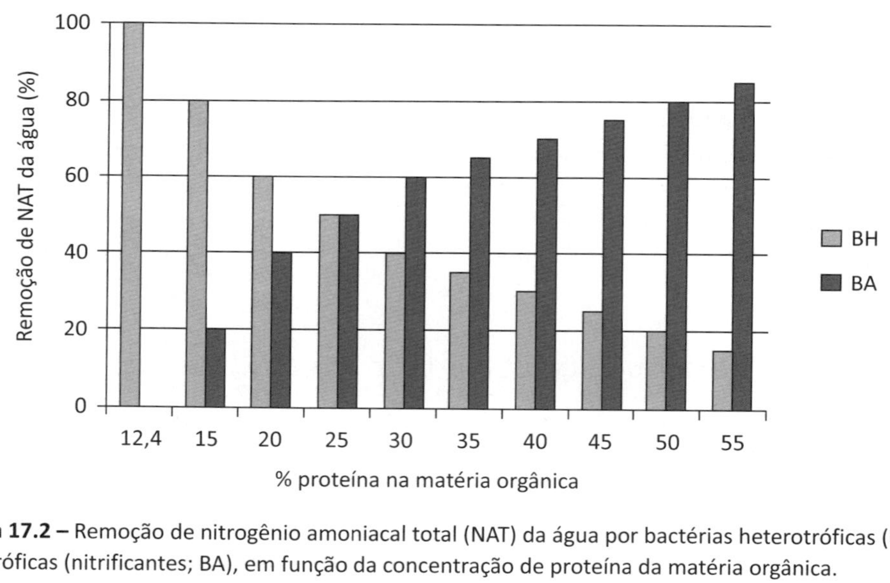

Figura 17.2 – Remoção de nitrogênio amoniacal total (NAT) da água por bactérias heterotróficas (BH) e autotróficas (nitrificantes; BA), em função da concentração de proteína da matéria orgânica.

Fonte: Ebeling e Timmons (2008).

Recomendou-se, no exercício anterior, a aplicação diária de 13 kg de melaço, quando havia a oferta diária de 22,5 kg de ração. Logo, a entrada total de matéria orgânica no tanque será de 35,5 kg por dia. Dessas duas fontes de matéria orgânica, isto é, ração e melaço, apenas a ração contém N. Como a ração utilizada contém 36% de proteína, haverá a entrada diária de 8,1 kg de proteína. Se 35,5 kg de matéria orgânica contêm 8,1 kg de proteína, 100 kg da mesma matéria orgânica contêm 22,8 kg de proteína. Logo, o percentual de proteína na matéria orgânica total (ração + melaço) será igual a 22,8%, após a aplicação do melaço. Como essa concentração de proteína é menor que

25%, a remoção de amônia da água ficará mais a cargo das bactérias heterotróficas (Figura 17.2). A aplicação de melaço reduziu o percentual de proteína da matéria orgânica de 36% para 22,8%.

Assim, não seria melhor que as rações utilizadas nos sistemas BFT para aquicultura contivessem menos de 25% de proteína? Antigamente, chegou-se a recomendar o uso de rações de baixa proteína, como as utilizadas na avicultura, na alimentação de peixes e camarões criados em tanques BFT. Com o uso dessas rações, nutria-se mais as bactérias do que propriamente os peixes e camarões. Essa ideia, entretanto, foi posteriormente abandonada porque a taxa de crescimento dos camarões era comprometida quando a qualidade nutricional dos bioflocos não era elevada, embora houvesse controle efetivo da qualidade da água.

A eficiência de remoção de amônia da água pelas bactérias heterotróficas é superior à observada para as nitrificantes. Como as bactérias heterotróficas crescem muito mais rapidamente do que as nitrificantes, as concentrações de bactérias heterotróficas na água podem ser até 40 vezes maiores do que as das nitrificantes (Ebeling et al., 2006). Além disso, as bactérias heterotróficas consomem menos O_2 para remover uma mesma quantidade de amônia. Por outro lado, a presença de bactérias nitrificantes, nos sistemas BFT para aquicultura, é necessária para que ocorra a remoção de nitrito da água.

Quando se utiliza uma ração contendo 55% de proteína na alimentação dos animais, mais de 80% da remoção da amônia ficará a cargo das bactérias nitrificantes e o papel das bactérias heterotróficas será mínimo (Figura 17.2). Nessa situação, as bactérias heterotróficas liberariam, e não removeriam, amônia da água. É importante destacar, entretanto que os 80% de remoção de amônia não se referem à quantidade total de amônia na água, mas à participação relativa desses dois grupos bacterianos na remoção de amônia. As bactérias nitrificantes não removem 80% de toda a amônia do tanque, mas 80% da amônia removida da água se deverá à atividade das bactérias nitrificantes. Já quando se considera a taxa de remoção de amônia da água, em termos absolutos, isto é, em mg NH_3/L/h, conclui-se que a taxa de remoção de amônia pelas bactérias nitrificantes é bem inferior, quando comparado às bactérias heterotróficas. Logo, a melhor conduta para rápida remoção de amônia da água é ajustar a relação C:N de tal modo a permitir abundante desenvolvimento de bactérias heterotróficas no tanque.

As bactérias heterotróficas e nitrificantes competem entre si pelos mesmos recursos ambientais, como O_2 e NH_3. Logo, o crescimento de um grupo implicará no decréscimo do outro. Quando a relação C:N da água de cultivo é $> 10:1$, o grande desenvolvimento das bactérias heterotróficas acaba por inibir o crescimento das nitrificantes.

17.2.5 USO DE FONTES DE CARBONO E NITROGÊNIO NA CORREÇÃO DA RELAÇÃO C:N

Em tanques BFT de aquicultura, aplica-se alguma fonte suplementar de carbono orgânico, de alta biodegradabilidade, que seja isenta (ou quase) de N, para corrigir a relação C:N da água. Quanto maior o percentual de proteína da ração balanceada, utilizada na alimentação dos animais, maior a quantidade de carbono orgânico necessária para corrigir a relação C:N da água (Figura 17.3).

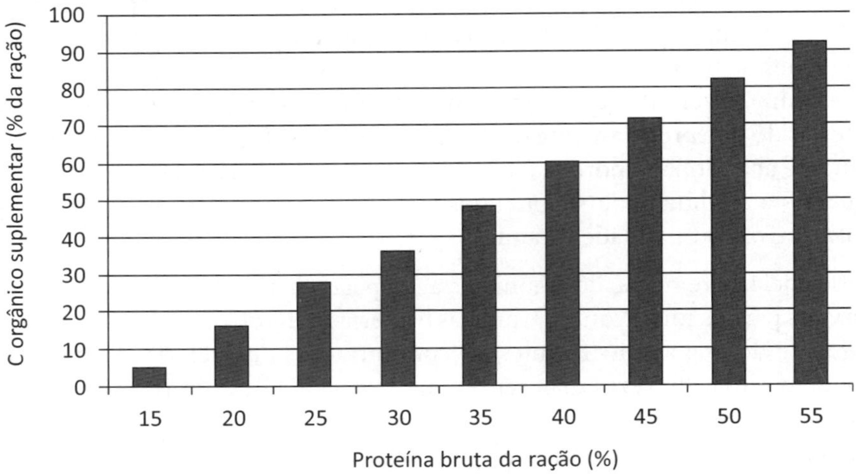

Figura 17.3 – Percentual de carbono orgânico a ser aplicado na água para correção da relação C:N, em função do percentual de proteína bruta da ração.

Fonte: Ebeling e Timmons (2008).

Se a ração dos animais contiver 15% de proteína, como ocorre em rações para frangos, haverá a necessidade de se aplicar uma quantidade de carbono orgânico que corresponda a 5% da ração ofertada. Nesse caso, seriam necessários 5 kg de C orgânico ou 12,5 kg de melaço, com 40% de C, para cada 100 kg de ração. Já se a ração dos animais contiver 55% de proteína, dever-se-ia aplicar uma quantidade de C orgânico que correspondesse a 92% da quantidade de ração. Assim, seriam necessários 92 kg de C orgânico, ou 230 kg de melaço, para cada 100 kg de ração. Portanto, a correção da relação C:N da água tem alto custo quando se utiliza rações muito proteicas na alimentação dos animais. Por outro lado, a aplicação de melaço seria mínima quando a concentração de proteína da ração fosse baixa. Assim, os sistemas BFT para aquicultura parecem não ser economicamente viáveis nas fases iniciais da criação, quando há o fornecimento de rações de alta proteína aos animais. Nessas fases, entretanto, como a oferta de ração ainda é baixa, as quantidades necessárias de melaço são proporcionalmente pequenas.

Ajuste da relação C:N da água para baixo

Caso se fornecesse aos animais alimentos com menos de 10% de proteína, como folhagens verdes, a situação do ajuste da relação C:N da água se inverteria. Aqui, ao invés de aplicar fontes de C orgânico, dever-se-ia introduzir fontes de N inorgânico na água para ajustar a relação C:N, sendo a ureia uma das melhores alternativas. A ureia é um composto químico que atende bem essa função porque é fonte de N e não contém C. Com a aplicação de ureia, a relação C:N poderia ser reduzida para algum valor menor que 20:1, o que permitiria um maior desenvolvimento das bactérias heterotróficas. Quando a relação C:N da água é alta, acima de 30:1, os detritos orgânicos se acumulam no fundo do tanque por se decomporem lentamente. A maior taxa de decomposição da matéria orgânica, obtida após a aplicação de fontes de N inorgânico na água, pode ser comprovada pelo aumento na taxa de respiração na coluna d'água (Figura 17.4).

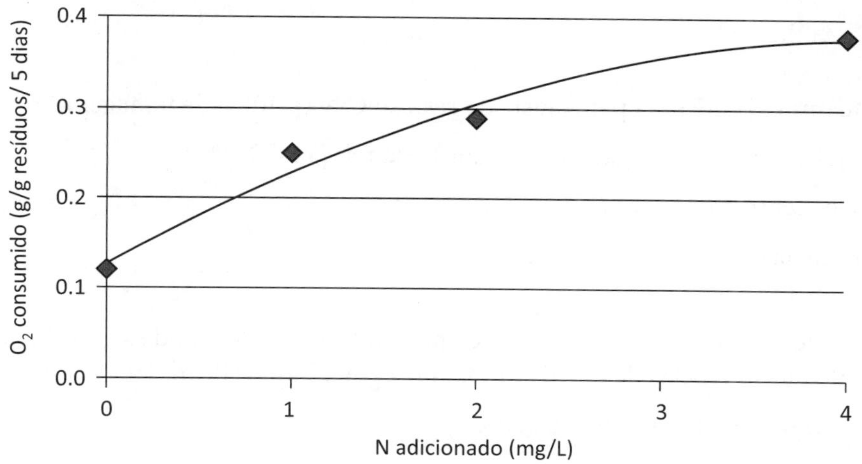

Figura 17.4 – Adição de N inorgânico na água e taxa de decomposição da matéria orgânica. A matéria vegetal utilizada como fonte de matéria orgânica nesse trabalho continha apenas 6.25% de proteína (1% N).

Fonte: Boyd (2009).

As melhores opções para reduzir a relação C:N da água são as seguintes: ureia (45% N), sulfato de amônio (20% N), nitrato de cálcio ou de sódio (15% N) e o nitrato de amônio (33% N). Apresentamos, a seguir, o método para ajustar a relação C:N da água para baixo. A primeira fórmula desse método é a seguinte:

$$\Delta N = N_{ideal} - N_{folhagem}$$

Onde:

ΔN = Aplicação de N inorgânico para ajuste da relação C:N da água (%);

$\mathbf{N}_{\mathbf{ideal}}$ = Concentração ideal de N na água para desenvolvimento bacteriano (%);

$\mathbf{N}_{\mathbf{folhagem}}$ = Concentração de N da matéria orgânica vegetal (%).

A concentração ideal de N na matéria orgânica para a decomposição bacteriana na água é de 2,56% (16% de proteína; Boyd, 2009). Nesse caso, a decomposição da matéria orgânica é rápida e não há liberação de amônia para água. A concentração de N na matéria orgânica vegetal (N folhagem) pode ser obtida pelo envio de uma amostra do material para algum laboratório de nutrição animal. A determinação do percentual de N em amostras de matéria orgânica é bastante simples, sendo realizada rotineiramente pelos laboratórios de nutrição animal. A segunda fórmula a ser utilizada é a seguinte:

$$F_N = \frac{\Delta N / N_{sup}}{E} * 100$$

Onde:

$\mathbf{F_N}$ = Quantidade de ureia para ajuste da relação C:N (g/100 g de folhagem);

$\mathbf{\Delta N}$ = Aplicação de N inorgânico para ajuste da relação C:N (%);

$\mathbf{N_{sup}}$ = Concentração de N na ureia (%);

E = Eficiência de conversão microbiana (%).

O ΔN dessa expressão é obtido na fórmula anterior. O N_{sup} pode ser obtido com o fabricante ou em tabelas de fertilizantes. O *E* é igual a 10% (Boyd, 2000).

Assim, considere os seguintes dados:

Volume do tanque de cultivo	200 m³
Biomassa de peixes estocada no tanque	200 kg
Proteína na folhagem	6,25%
Taxa de arraçoamento diário	6% da biomassa

Quanto de ureia deve ser adicionado ao tanque para acelerar a decomposição da folhagem e permitir a formação de bioflocos na água?

Solução

$\mathbf{N}_{\mathbf{ideal}}$ = 2,56%

$\mathbf{N}_{\mathbf{folhagem}}$ = 16% de 6,25% = 1%

$\therefore \Delta N = N_{ideal} - N_{folhagem} \Rightarrow 2{,}56 - 1 = \mathbf{1{,}56\%}$

$N_{sup} = 45\%$

$E = 10\%$

$\therefore F_N = [(1{,}56/45)/0{,}1] * 100 \approx 35$ g ureia/100 g de folhagem ou 350 g/kg.

Portanto, deve-se fazer a aplicação de 350 g de ureia por kg de folhagem para acelerar a decomposição da matéria orgânica e, com isso, propiciar a formação de bioflocos na água. Com o ajuste da relação C:N, as folhagens seriam mais facilmente utilizadas pelas bactérias decompositoras que, por sua vez, serviriam como alimento aos animais cultivados. Esse manejo, entretanto, ainda carece de pesquisas para que possa ser validado.

17.3 SISTEMA AUTOTRÓFICO *VERSUS* BFT PARA AQUICULTURA

17.3.1 COMPARATIVO ENTRE OS SISTEMAS AUTOTRÓFICO E BFT PARA AQUICULTURA

De modo geral, os sistemas BFT para aquicultura têm maior estabilidade físico-química que os sistemas autotróficos (águas verdes). Os tanques BFT, portanto, têm um maior equilíbrio limnológico do que tanques preenchidos com águas ricas em fitoplâncton. Em tanques autotróficos convencionais, não é raro a ocorrência da morte súbita (*die-off*) do fitoplâncton. Quando isso acontece, as concentrações de O_2 dissolvido na água caem muito rapidamente pela elevação exponencial da taxa de decomposição da matéria orgânica na água. Em tanques BFT, ao contrário, desde que se mantenha o fornecimento da aeração mecânica da água, não se verifica a morte brusca e imprevisível da microbiota aquática.

Em tanques ricos em fitoplâncton, ocorrem grandes variações nictimerais, ou seja, dentro do ciclo de 24 h, de pH e concentração de O_2, por conta da atividade fotossintética. Tanques autotróficos são também muito vulneráveis às alterações ambientais, como nebulosidade, chuvas e ventos, que afetam diretamente à biologia das microalgas. Essa instabilidade físico-química das águas verdes acaba por estressar os animais cultivados, levando-os a exibir menor crescimento corporal e apresentar maior susceptibilidade às doenças. Como os tanques BFT de cultivo quase não possuem comunidade fitoplanctônica e são providos por aeração mecânica ininterrupta, o meio de cultivo é mais estável e equilibrado. Com isso, os peixes e camarões crescem de forma mais acelerada e uniforme. A Tabela 17.1 resume as principais características desses dois tipos de sistemas de cultivo, comparando-os caso a caso.

Tabela 17.1 – Comparação entre os sistemas autotrófico e de bioflocos (BFT) em aquicultura

Fator	Sistema de cultivo	
	Autotrófico	BFT
Microrganismo predominante	Fitoplâncton	Bactérias
Relação C:N da água	Menor que 10:1	Maior que 10:1
Restrição ao crescimento microbiano	Aeração e movimentação insuficientes da água, assim como a renovação da água, impedem a formação de bioflocos	Alta turbidez da água impede o crescimento de microalgas
Fonte de C para o crescimento microbiano	Carbono inorgânico dissolvido: CO_2 e HCO_3^-	Carbono orgânico finamente particulado e dissolvido
Restrição de qualidade de água que impossibilita aumento na densidade de estocagem dos tanques	Baixas concentrações de O_2 e elevadas concentrações de amônia e nitrito na água	Concentrações elevadíssimas de sólidos suspensos na água
Balanço de O_2 dissolvido na água (fontes naturais de O_2)	Diurno: positivo Noturno: negativo	Diurno e noturno: negativo
Fonte de alimento natural	Fitoplâncton	Bioflocos
DBO (concentração de matéria orgânica na água)	De moderada a alta	De alta a muito alta
Estabilidade da produtividade primária aquática	Dependente da disponibilidade de luz natural. Sofre grandes variações ao longo do cultivo, em virtude das alterações atmosféricas (nebulosidade, chuvas). Sistema de cultivo limnologicamente instável	A produção de bioflocos não é dependente da luz. A formação de abundante biomassa bacteriana pode ocorrer mesmo no escuro.[6] Como as condições meteorológicas não afetam diretamente o crescimento bacteriano, o sistema de cultivo é limnologicamente estável

(*continua*)

[2] Mesmo que a falta de luz não afete o desenvolvimento dos bioflocos, os peixes e camarões cultivados, nessas condições afóticas, poderiam sofrer distúrbios fisiológicos que prejudicariam seu crescimento.

Tabela 17.1 – Comparação entre os sistemas autotrófico e de bioflocos (BFT) em aquicultura (*continuação*)

Fator	Sistema de cultivo	
	Autotrófico	**BFT**
Aeração suplementar da água	Não há necessidade de aeração mecânica até uma taxa de arraçoamento de 50 kg/ha/dia. A partir daí, emprega-se aeração no período noturno	Aeração mecânica ininterrupta, intensiva e homogênea é obrigatória do início ao final do cultivo
Principal local de decomposição da matéria orgânica	Sedimentos	Coluna d'água
Taxa de eficiência proteica (quanto da proteína da ração foi transformado em proteína corporal)	≈ 25%	≈ 45% Parte da proteína perdida nas fezes é recuperada pela biomassa bacteriana que, por sua vez, serve de alimento aos animais cultivados
Absorção de amônia da água	Absorção moderada pelas microalgas	Absorção elevada pelas bactérias

17.3.2 COMO TRANSFORMAR TANQUES CONVENCIONAIS EM TANQUES BFT?

No início do ciclo de produção, a concentração de matéria orgânica no tanque ainda é baixa, havendo maior transparência e luminosidade na água. Com isso, ocorre o florescimento do fitoplâncton, o que torna a água esverdeada. Caso o tanque seja BFT, a concentração de matéria orgânica na água se elevará rapidamente, já que o cultivo é superintensivo e não se faz renovação de água. A intensa aeração e movimentação da água fazem com que os detritos orgânicos permaneçam suspensos na coluna d'água. De modo progressivo, a comunidade bacteriana aeróbia se desenvolverá sobre os detritos orgânicos, formando os desejados "bioflocos". Com isso, a transparência da água diminuirá rapidamente, desfavorecendo o crescimento das microalgas. Em determinado momento, a turbidez da água, causada pelos bioflocos, se tornará tão elevada que já não haverá mais luminosidade para manter o fitoplâncton. Quando isso acontecer, a comunidade bacteriana nos tanques BFT estará madura.

Ocorrerá uma sucessão automática ou espontânea do sistema convencional ou autotrófico de cultivo para o BFT, desde que sejam fornecidas as condições necessárias para isso, especialmente quanto à aeração e movimentação da água. O principal fator que regula a conversão de tanques convencionais em BFT é a turbidez da água. No início do ciclo, a luminosidade aquática é suficiente para o desenvolvimento das microalgas. Com o passar do tempo, a luz na água vai se extinguindo, desfavorecendo a vida do fitoplâncton. Como as bactérias não necessitam de luz, podendo crescer até em meio afótico, ocorre uma sucessão natural das microalgas para as bactérias, como microrganismos predominantes.

A primeira providência a ser tomada para transformar um tanque escavado, que operava em águas verdes, em tanque BFT, é o revestimento do fundo e das paredes com geomembranas. Esse revestimento é necessário para prevenir a erosão do solo e das paredes do tanque, causada pelo trabalho intenso de aeração mecânica da água. Muitos aeradores devem ser instalados no tanque BFT com o objetivo de manter a matéria orgânica suspensa na coluna d'água. Geralmente, a carga de aeração mecânica da água para carcinicultura BFT é de 28 – 32 hp/ha ou 3 hp/1000 m^2. Portanto, o investimento em geomembranas (*liners*) e em equipamentos de aeração para montagem de tanques BFT comerciais é elevado.

Nos tanques BFT, as densidades de estocagem são geralmente muito elevadas, visto ser um sistema superintensivo de criação animal. Nos tanques de carcinicultura marinha, estoca-se a partir de 100 camarões/m^2. Nos sistemas BFT, as elevadas densidades de estocagem são necessárias tanto do ponto de vista técnico como econômico. Nesses sistemas, a remoção de amônia pelas bactérias somente será eficiente se as concentrações de bioflocos na água forem elevadas. Para isso, a entrada de matéria orgânica no tanque, via arraçoamento, deverá ser alta. As fezes dos animais, isto é, a fração não digerida da ração, servirá como substrato para o desenvolvimento bacteriano. Como nos cultivos superintensivos em aquicultura, existe grande oferta de rações balanceadas aos animais cultivados, a carga de matéria orgânica necessária para a formação dos bioflocos na água será elevada.

Após o revestimento do fundo e dos taludes dos tanques escavados com geomembranas, a instalação do sistema de aeração intensiva da água e o superpovoamento dos tanques com animais, passa-se aos manejos de rotina dos sistemas BFT. Entre esses manejos, destaca-se a aplicação de fontes suplementares de C orgânico de alta biodegradabilidade, quase isenta de N, para correção da relação C:N da água. As aplicações de melaço, mandioca, ou de outra fonte de C orgânico, devem ser rotineiras, de modo a manter a relação C:N da água sempre acima de 10:1.

17.3.3 POR QUE OS TANQUES BFT DE CULTIVO EXIGEM TANTA AERAÇÃO E MOVIMENTAÇÃO DA ÁGUA?

Nos tanques BFT de cultivo, existe a necessidade da aplicação de intensa aeração mecânica para manutenção dos bioflocos em suspensão na coluna d'água. Como esse é um dos pontos-chaves para o sucesso do sistema BFT para aquicultura, segue uma discussão mais aprofundada sobre esse tópico.

Os tanques BFT para aquicultura são unidades produtivas altamente consumidoras de O_2 dissolvido na água. Nesses tanques, a concentração de matéria orgânica na água, tanto particulada como dissolvida, é elevadíssima, fazendo com que o O_2 dissolvido seja consumido muito rapidamente pelas bactérias. Quando o sistema de aeração dos tanques BFT é subdimensionado, as perdas econômicas podem ser totais. Ao se comparar a demanda por aeração mecânica entre tanques convencionais (águas verdes) e tanques BFT (bioflocos), compreende-se melhor a dimensão desse problema. Enquanto os tanques convencionais de aquicultura exigem de 4 a 8 hp de aeração mecânica/ha, geralmente noturna, os tanques BFT para carcinicultura demandam de 28 a 32 hp/ha, 24 h por dia, 7 dias por semana. Em termos práticos, isso representa o uso de 2 a 4 aeradores de pás de 2 hp por hectare, trabalhando apenas à noite, em tanques convencionais, contra 14 a 16 aeradores de 2 hp por hectare, trabalhando ininterruptamente em tanques BFT de carcinicultura.

As concentrações de O_2 são geralmente menores na água de fundo do que na superfície de tanques de aquicultura. Não é raro se ter águas de fundo hipóxicas, ou seja, com baixas concentrações de O_2, ou mesmo anóxicas, isto é, com ausência total de O_2, e águas de superfície oxigenadas. Nessa situação, o tanque estará quimicamente estratificado, apresentando mais O_2 na superfície do que no fundo. Nesse tanque, a matéria orgânica, que está depositada no fundo, será decomposta de forma anaeróbia, havendo a liberação e o acúmulo de gases tóxicos para água, como amônia, gás sulfídrico e metano.

Para assegurar que a decomposição da matéria orgânica ocorra de modo aeróbio, sem o acúmulo de compostos tóxicos na água, deve-se manter suspensa *toda* a matéria orgânica particulada contida no tanque. Para isso, faz-se necessário o emprego intensivo de aeradores e circuladores mecânicos de água. Caso se consiga manter suspensa a matéria orgânica na coluna d'água, a decomposição se fará pelo bacterioplâncton, isto é, bactérias aeróbias que vivem na coluna d'água, e não por bactérias anaeróbias bentônicas, isto é, bactérias que vivem na lama de fundo. O objetivo é fazer com que a decomposição da matéria orgânica ocorra inteiramente na coluna d'água oxigenada, sem acúmulo de gases tóxicos no tanque de cultivo.

Como a movimentação da água é muito intensa, torna-se indispensável o revestimento do fundo e das paredes dos viveiros BFT com geomembrana, de modo a evitar a erosão do solo e a destruição dos taludes. Se o revestimento do solo não fosse feito, a turbidez mineral da água seria tão elevada que impediria a correta respiração dos animais.

17.3.4 RENOVAÇÃO DE ÁGUA EM TANQUES CONVENCIONAIS E TANQUES BFT

O manejo mais utilizado para controlar a qualidade da água de tanques de aquicultura é a troca parcial de água. Normalmente, troca-se parte da água velha e suja por água nova e limpa, sempre que a qualidade da água está ruim ou inadequada para os animais cultivados. Remove-se parte da água deteriorada, isto é, ácida, desoxigenada e hipereutrofizada, substituindo-a por água limpa, isto é, alcalina, oxigenada e oligotrófica. Nesse caso, a regeneração da qualidade da água dependerá da taxa de renovação que foi praticada pelo produtor.

Pode-se remover apenas a água superficial, rica em plâncton, ou apenas a água de fundo, rica em detritos orgânicos. Para isso, o tanque deve dispor de um sistema de drenagem que possibilite tal manejo, como o monge com tábuas e telas. Os produtores de peixes e camarões consideram que a produtividade dos tanques é diretamente proporcional à taxa de renovação da água praticada. Quanto maior o volume renovado e mais frequentes forem essas renovações, melhores serão os resultados zootécnicos obtidos, isto é, sobrevivência, ganho em peso animal e fator de conversão alimentar.

Naturalmente, a troca de água somente será um manejo eficiente na recuperação da qualidade da água dos tanques se a água de abastecimento for de boa qualidade, tanto do ponto de vista físico-químico, como microbiológico. Como a água da fonte de abastecimento, entretanto, pode ser barrenta, rica em matéria orgânica e possuir potenciais patógenos, o sucesso da troca de água, na recuperação limnológica do tanque pode ser limitado, inexistente ou até mesmo contrário ao desejado. Portanto, a troca da água do tanque nem sempre traz os resultados esperados pelo produtor, podendo até, agravar a situação inicial. Além disso, as despesas para movimentação da água e o correto descarte dos efluentes dos tanques também podem criar dificuldades ao produtor. Não se deveria fazer a descarga de efluentes não tratados diretamente nos corpos receptores de água. Os impactos do lançamento de efluentes ácidos, desoxigenados e eutrofizados sobre o meio ambiente podem ser expressivos, as vezes até dramáticos. Os efluentes dos tanques de produção devem ser transferidos para uma bacia de sedimentação ou tanque de tratamento para recuperação de sua qualidade limnológica. Somente após isso, a água poderia ser descartada com segurança ou, o que seria ainda melhor, ser reutilizada no abastecimento dos tanques de criação.

A afirmativa de que quanto maior a taxa de renovação da água, melhor é sua qualidade, somente é válida para tanques convencionais de aquicultura. Em tanques BFT de cultivo, a situação é completamente diferente. Como as bactérias heterotróficas necessitam de alta concentração de matéria orgânica para formação dos bioflocos, trocas frequentes de água em tanques BFT, ao invés de colaborar com a melhoria do meio de cultivo, iriam contra os interesses do produtor. Nesse caso, as trocas de água jogariam para fora, literalmente, os bioflocos. Com a remoção da matéria orgânica, seria eliminado o substrato sobre o qual a comunidade bacteriana se desenvolve. Por isso, recomenda-se trocar minimamente a água em tanques BFT – apenas o necessário para controlar as concentrações de sólidos suspensos na água. Com um tempo de residência da água longo, possibilita-se que ocorra o desenvolvimento de grande biomassa de bioflocos, capaz de remover ativamente a amônia do meio e servir como alimento aos animais cultivados.

17.4 VANTAGENS E LIMITAÇÕES DOS SISTEMAS BFT PARA AQUICULTURA

Os sistemas BFT de cultivo para aquicultura apresentam pontos fortes, ou vantagens, e pontos fracos, ou limitações, que devem ser bem compreendidas pelos produtores.

17.4.1 VANTAGENS DOS SISTEMAS BFT PARA AQUICULTURA

i. Maior eficiência alimentar de peixes e camarões

Quando se compara a eficiência alimentar entre animais mantidos em tanques convencionais e tanques BFT, constata-se que os peixes e camarões aproveitam melhor a ração ofertada nos últimos tanques. O fator de conversão alimentar (FCA), isto é, quanto da ração ofertada foi convertida em biomassa animal, e a taxa de eficiência proteica (TEP), isto é, quanto da proteína da ração foi convertido em ganho em peso animal, são melhores em tanques BFT do que em tanques convencionais. Em tanques BFT, ocorre uma maior reciclagem de resíduos orgânicos, como das fezes dos animais, que são transformados em alimento natural (bioflocos) para os peixes e camarões. Com isso, seria possível restringir a oferta do alimento artificial, ou reduzir o nível proteico das rações, sem prejuízo zootécnico, já que parte do ganho em peso animal viria da ingestão dos bioflocos. Desse modo, os resultados de FCA e TEP, que são indicadores de eficiência alimentar, melhorariam significativamente porque com a ingestão dos bioflocos, a retenção de N e P pelos animais aumentaria, uma vez que os desperdícios de nutrientes para água seriam menores, quando comparado aos tanques convencionais.

ii. Controle das concentrações de amônia da água

Uma vez que se tenha ajustado a relação C:N da água para ≥ 10, o crescimento da comunidade bacteriana heterotrófica ocorre com remoção de amônia da água. Assim, os sistemas BFT para aquicultura são capazes de conciliar duas realidades anteriormente tidas como incompatíveis: alta densidade de estocagem e baixas concentrações de amônia na água. Os sistemas BFT são, portanto, autolimpantes, nos quais as bactérias dos bioflocos removem parte dos metabólitos tóxicos da água.

iii. Mínimo impacto ambiental por lançamento de efluentes

Um dos grandes desafios da aquicultura moderna é conciliar o crescimento na produção de pescado, geralmente pelo aumento na produtividade, com a sustentabilidade ambiental. Como acontece em qualquer sistema produtivo, a aquicultura gera resíduos que, se descartados indevidamente, podem eutrofizar, poluir e degradar o meio ambiente. Em tanques convencionais de aquicultura, recomenda-se a troca frequente da água, bem como o esvaziamento total do tanque, durante e após a despesca, respectivamente. Essas renovações de água têm por objetivo manter os indicadores de qualidade da água e de solo dentro de limites desejados pelo produtor. Os efluentes de tanques de aquicultura, entretanto, são ricos em nutrientes, especialmente N e P, sendo ainda ácidos, desoxigenados e de elevada turbidez. Assim, o lançamento de efluentes aquícolas não tratados pode impactar negativa e significatvamente os corpos receptores de água, provocando deterioração ambiental e queda de biodiversidade de fauna e flora.

Situação bem diferente é aquela existente nos sistemas BFT para aquicultura. Os tanques BFT para aquicultura não necessitam e até podem até ser prejudicados pelas trocas frequentes de água. Nesses tanques, haveria diminuição da atividade bacteriana na coluna d'água, caso as trocas de água fossem frequentes. Com isso, diminuiria a formação dos bioflocos e, por consequência, a remoção de amônia da água. Embora as microalgas também removam amônia da água, a eficiência de remoção de amônia pelas bactérias heterotróficas supera, em muito, a do fitoplâncton. Portanto, os tanques BFT quase não liberam efluentes para o meio ambiente, porque a qualidade da água depende da manutenção de elevada biomassa bacteriana dentro do próprio tanque de criação.

iv. Obtenção de elevadas produtividades de pescado

Os sistemas BFT para aquicultura são classificados como superintensivos, ou seja, trabalham com um número muito elevado de indivíduos por m^2 ou m^3 de viveiro ou tanque. Entretanto, o emprego bem-sucedido de densidades de estocagem superintensivas somente é possível se as condições exigidas pelo sistema forem devidamente atendidas, especialmente quanto à taxa de aeração mecânica da água.

Os sistemas BFT para aquicultura comercial requerem considerável investimento para a sua implantação. Por isso, torna-se necessário o emprego de elevadas densidades de estocagem para remunerar, satisfatoriamente, o capital investido. Além disso, o valor econômico do produto, isto é, peixe ou camarão, deve ser elevado. Daí porque os sistemas BFT para carcinicultura marinha têm tido um maior desenvolvimento do que o observado para os sistemas BFT para piscicultura de água doce. Como o valor de mercado do camarão marinho é bem maior do que dos peixes de água doce, a carcinicultura marinha é, do ponto de vista econômico, uma melhor opção para o investidor interessado nos sistemas BFT para aquicultura.

O emprego de elevadas densidades de estocagem em tanques BFT é, ao mesmo tempo, uma necessidade econômica e técnica. Nesses tanques, a taxa de remoção de amônia dependerá da concentração de bioflocos na água. A formação dos bioflocos, por sua vez, dependerá das concentrações de matéria orgânica em suspensão na água, da concentração de O_2 e do correto balanceamento da relação C:N. Caso se empregue densidades moderadas de estocagem, as concentrações necessárias de matéria orgânica na água não seriam propícias ao surgimento de abundante biomassa de bioflocos.

v. Grande biossegurança

Em tanques BFT, as trocas mínimas de água aumentam consideravelmente a biossegurança do sistema. Biossegurança em aquicultura se refere ao grau de proteção ou de resiliência que as unidades de cultivo apresentam frente à ação de agentes patogênicos, como parasitas, fungos, bactérias e vírus. Uma fazenda ou laboratório para ser considerado biosseguro deve possuir barreiras físicas, químicas e biológicas que impeçam a entrada e a ocorrência de doenças. Para isso, diversas medidas podem ser tomadas, como: uso de juvenis certificados ou SPF (*specific patogen free*), restrição ao acesso de pessoas não autorizadas, emprego de boas práticas de manejo, como uso exclusivo de equipamentos nas diferentes unidades produtivas, emprego de protocolos de desinfecção, pedilúvio e rodolúvio, entre outros.

Nas pisciculturas e carciniculturas comerciais, uma das principais portas de entrada de doenças é a água de abastecimento dos tanques e viveiros. Nos sistemas convencionais, como são utilizados, rotineiramente, grandes volumes de água no manejo produtivo, torna-se difícil desinfectar toda a água que entra nos tanques. Como nos tanques convencionais a manutenção da qualidade da água se baseia em trocas frequentes de água, é inevitável a entrada de água bruta ou insuficientemente filtrada nos tanques de criação. Os sistemas convencionais para aquicultura, por isso, são considerados abertos. Na água de abastecimento, entretanto, diversos patógenos, potencialmente nocivos aos animais, podem estar presentes. Para deflagração da doença, basta que os parasitas, fungos, bactérias e vírus encontrem as condições necessárias para o seu desenvolvimento, isto é, má qualidade de água e baixa imunidade animal. Portanto, a renovação frequente da água dos tanques deveria ser minimizada pelos produtores, por razões econômicas, ambientais e sanitárias.

Em tanques BFT, por conta das trocas mínimas ou mesmo zero de água, o risco da entrada de patógenos é muito baixo ou, até mesmo, nulo. Após o enchimento das unidades que compõem o sistema BFT, a entrada de água nova é mínima. Com isso, a introdução de vetores de doenças, transportados pela água de abastecimento, é insignificante.

17.4.2 LIMITAÇÕES DO SISTEMA BFT PARA AQUICULTURA

Embora os sistemas BFT apresentem evidentes benefícios ao produtor e ao meio ambiente, existem algumas limitações que devem ser devidamente conhecidas e avaliadas para se evitar a ideia de que os sistemas BFT são uma panaceia para a aquicultura comercial.

i. Altíssima demanda por aeração mecânica ininterrupta

Em tanques BFT de aquicultura, deve-se fornecer aeração mecânica, intensa e ininterrupta, para manter os detritos orgânicos em suspensão na água e atender à demanda biológica por O_2. Em geral, a carga de aeração mecânica supera 28 hp/ha, mais de 7 vezes o que é exigido pelos tanques convencionais. Além disso, a aeração da água deve ser ininterrupta (24 h/dia) e contínua, ou seja, ocorrer durante todo o ciclo de produção. Como a demanda por O_2 dos tanques é muito elevada, bastam algumas horas sem ar forçado para perda total dos animais. Por isso, a instalação de um grupo gerador, que garanta o funcionamento dos equipamentos em caso de interrupção no fornecimento de energia elétrica, é obrigatória. Além disso, deve-se dispor de aeradores de reserva, em *stand-by*, prontos para entrar em ação em caso de necessidade. Portanto, o investimento necessário para a aquisição dos aeradores mecânicos e um grupo gerador de energia é muito alto, e as despesas mensais com energia elétrica são igualmente elevadas.

ii. Exigência de pessoal altamente capacitado

Os sistemas BFT para aquicultura têm um manejo produtivo bem mais complexo do que aquele necessário para gerenciar tanques convencionais. Essa questão é crítica, porque erros cometidos no manejo de tanques BFT podem resultar em prejuízos consideráveis, capazes até de levar a empresa à falência. Por isso, tanques BFT somente devem ser operados por pessoas experientes em aquicultura, que tenham formação técnica suficiente para monitorar o sistema e saber realizar, de modo rápido e apropriado, as intervenções necessárias em cada situação. O treinamento da equipe técnica da fazenda é vital para o sucesso dos sistemas BFT. Quanto maiores as densidades de estocagem, maior capacitação técnica a equipe de produção deve ter. Como as densidades de estocagem são muito elevadas em tanques BFT, necessita-se de pessoal altamente qualificado para operação desses sistemas.

iii. Investimento elevado em geomembranas para revestimento dos viveiros

O investimento em geomembranas (*liners*) utilizadas no revestimento do fundo e dos taludes dos viveiros é expressivo. Como a área total dos viveiros comerciais é grande, as despesas com a aquisição de *liners* são bem elevadas, mesmo que o preço do metro quadrado do produto seja razoável.

Como o regime de aeração da água é muito intenso, a falta de revestimento do fundo e dos taludes causaria sérios problemas de erosão e turbidez mineral da água em tanques BFT escavados. Logo, o revestimento dos tanques com as geomembranas permite o emprego de aeração pesada, sem que ocorram danos à estrutura física dessas unidades. Na carcinicultura marinha, em particular, o revestimento do viveiro impede a infiltração de água salgada no solo e posterior salinização dos aquíferos da região. Finalmente, as geomembranas permitem rápida limpeza e recondicionamento do viveiro para sua reutilização no ciclo subsequente. Com isso, é possível realizar um maior número de ciclos anuais. Portanto, o revestimento dos tanques escavados com geomembranas é uma medida indispensável para obtenção de sucesso em cultivos BFT. Obviamente, não haverá nenhum solo a ser revestido quando se trabalhar com tanques de alvenaria, concreto, polietileno ou outro material impermeável.

17.5 SISTEMAS BFT PARA AQUICULTURA COMERCIAL

17.5.1 A EXPERIÊNCIA PIONEIRA DA BELIZE AQUACULTURE

A primeira fazenda comercial de camarão marinho a operar dentro do sistema BFT foi a Belize Aquaculture Ltd. (BAL), que seguiu projeto idealizado pelo empresário e ambientalista Barry Bowen. A BAL foi instalada em Belize, país da América Central que faz fronteira com o México, ao norte, e com a Guatemala, a oeste. A costa de Belize é banhada pelo Mar do Caribe. A BAL iniciou suas operações em 1996, com dois objetivos principais: cultivar camarão marinho de forma sustentável, com mínimo impacto ambiental; e produzir pelo menos 1 kg de camarão/m^2 em cada ciclo ou até 30 t/ha no ano. Bowen desejava provar que era possível criar camarão marinho de forma intensiva, sem a destruição de manguezais, crítica mais frequente feita à carcinicultura comercial. Para alcançar o seu primeiro objetivo, isto é, a produção de camarão com sustentabilidade ambiental, Bowen isolou, ao máximo, as atividades produtivas da BAL dos manguezais da região. Para isso, a fazenda foi instalada longe desses ecossistemas, em áreas hipersalinas e quase sem vegetação, denominadas apicuns ou salgados. Na instalação da BAL, a água do mar foi captada e transferida para duas grandes bacias de armazenamento de 6,5 ha cada para desinfecção inicial. Em seguida, a água já desinfetada era utilizada para abastecer os viveiros de produção. A partir daí, a água era tratada e reutilizada inúmeras vezes nos ciclos posteriores, em sistemas fechados de produção. Portanto, ocorriam captações mínimas de água nova para reabastecimento dos viveiros.

No início das operações, a BAL contava com 8 viveiros de 0,5 ha e 16 viveiros de 0,1 ha. Nesta fase, a fazenda ainda não tinha objetivos comerciais, operando em modo piloto. Por sua reconhecida tolerância aos cultivos superintensivos, a espécie de camarão marinho escolhida para povoar os viveiros foi o *Litopenaeus vannamei*. No auge, que ocorreu em 2010, a BAL possuía 120 viveiros de 1,5 ha em atividade, que produziram 8000 t de camarão naquele ano, ou seja, uma produtividade média superior a 40 t/ha. Portanto, a BAL, sozinha, conseguiu despescar de seus viveiros mais de 10% de toda a produção brasileira de camarão naquele ano![3] Todos os viveiros de camarão da BAL eram revestidos, total ou parcialmente, com HDPE *(High-density polyethylene)*. Em 2010, a BAL contava com oito bacias de sedimentação para tratamento de todos os efluentes dos viveiros.

---

[3] A carcinicultura brasileira produziu 75 mil toneladas de camarão em 2010.

O reuso da água e o sistema BFT foram as tecnologias utilizadas pela BAL para conciliar a produção intensiva de camarão com a proteção ambiental. Após tratamento, reutilizava-se a mesma água inúmeras vezes pela fazenda, em sucessivos cultivos. Com isso, o lançamento de efluentes eutrofizantes nos corpos receptores era mínimo e havia considerável biossegurança na fazenda, uma vez que a entrada de água nova, potencialmente patogênica, era muito pequena.

Um ponto considerado fundamental para o sucesso da criação de camarões na BAL era o regime de aeração e circulação da água. Empregava-se de 30 a 60 hp/ha de aeração mecânica e o posicionamento dos aeradores de pás criava um padrão circular de movimentação da água. Com isso, a matéria orgânica particulada era transportada e se concentrava no centro do viveiro. Aeradores de turbina, estrategicamente posicionados no centro, ressuspendiam essa matéria orgânica para coluna d'água, fazendo com que sua decomposição fosse completamente aeróbia. Periodicamente, removia-se por sucção a matéria orgânica ainda remanescente no centro do tanque, que era transferida para uma bacia externa para tratamento.

A morte trágica de Barry Bowen, vítima de um acidente aéreo ocorrido em 2010,[4] quando o avião monomotor que ele próprio pilotava caiu, levou sua família a encerrar as atividades da Belize Aquaculture. Barry Bowen entrou para história da aquicultura ao provar a viabilidade técnica e econômica de se criar camarão marinho, intensivamente, com sustentabilidade ambiental.

17.5.2 O CASO DE SUCESSO DA CENTRAL PERTIWI BAHARI

Uma das maiores fazendas BFT de camarão marinho do mundo está localizada em Lampung, Indonésia. É a Central Pertiwi Bahari (CPB). A CPB emprega vários procedimentos operacionais que foram desenvolvidos na Belize Aquaculture, como o sistema de cultivo fechado com reuso da água; substratos artificiais para o desenvolvimento de perifíton; e realização de despescas parciais. A remoção dos animais maiores, por ocasião das despescas parciais dos viveiros, acelera o crescimento dos animais remanescentes. Com isso, consegue-se uma maior homogeneidade no peso corporal final, bem como aumento na produtividade do viveiro. Na CPB, é comum se alcançar produtividades tão altas quanto 25 t de camarão/ha/ano. A CPB faz a integração de todo o processo produtivo dentro da própria fazenda, realizando desde a larvicultura até o processamento do camarão.

Até pouco tempo atrás, a espécie de camarão marinho mais cultivada na Ásia era o *Penaeus monodon*, o camarão-tigre. Atualmente, o camarão-branco do Pacífico, *Litopenaeus vannamei*, é a principal espécie de camarão cultivada em países como China, Tailândia, Vietnã e Indonésia. Entre as vantagens do *L. vannamei* para aquicultura, destacam-se seu crescimento rápido, mesmo quando estocado em elevadas densidades, e a disponibilidade de larvas SPF (*specific pathogen free*), aos produtores. Existem também fazendas na Ásia que realizam o policultivo do *P. monodon* com o *L. vannamei*.

[4] Justamente o ano de maior sucesso da Belize Aquaculture!

A CPB possui 3,6 mil viveiros de produção de 0,5 ha, todos com formato quadrangular e revestidos com *liners*. O menor tamanho dos viveiros facilita o manejo produtivo, especialmente quanto à movimentação e circulação da água, que mantêm suspensos os detritos orgânicos e os bioflocos. Além disso, o formato quadrangular não convencional, ao facilitar a movimentação circular da água, a partir do trabalho mecânico dos aeradores (20 hp/ha), faz com que a matéria particulada se acumule no centro do viveiro. Com isso, a matéria orgânica pode ser rapidamente removida por sucção ou dreno central.

Na CPB, os viveiros de produção são organizados em módulos de 40 a 60 viveiros. Cada módulo possui sua própria bacia de sedimentação para tratamento dos efluentes e posterior reuso da água. Como a água recircula dentro de cada módulo, a descarga de efluentes para o meio ambiente é mínima. Não há compartilhamento de água entre os módulos. Logo, a biossegurança da fazenda aumenta porque, ao isolar os módulos, impede-se que patógenos, que porventura estejam em um dos módulos, infestem os demais. Essa característica é importante porque as doenças são a principal causa de falência de fazendas de camarão marinho ao redor de todo o mundo. A CPB somente migrou para o sistema BFT após sofrer significativas quebras de safra causadas pelo vírus da mancha branca.

Na CPB, além dos inúmeros viveiros de produção, existem ainda viveiros que se destinam, exclusivamente, à realização de testes. Esses viveiros experimentais são bem menores que os de produção, mas, afora isso, seguem o mesmo padrão dos demais. Dessa forma, os resultados satisfatórios, que tenham sido obtidos nos viveiros experimentais, podem ser replicados nos viveiros comerciais. Como o teste foi realizado dentro da própria fazenda, nas mesmas condições de solo, água e clima, as chances de se obter sucesso são muito grandes nos viveiros comerciais.

RESUMO

Sistemas de aquicultura em bioflocos (BFT) aliam altas produções de pescado com sustentabilidade ambiental. Bioflocos são agregados bacterianos que se desenvolvem sobre detritos orgânicos em suspensão na água, sendo formados por bactérias, protozoários, zooplâncton e outros microrganismos. Nos sistemas BFT para aquicultura, parte da nutrição dos organismos cultivados pode provir da ingestão dos bioflocos.

A relação C:N dos sistemas BFT se refere à relação C:N da matéria orgânica presente na água. Quando a relação C:N dos detritos orgânicos é maior que 10:1, as bactérias decompõem a matéria orgânica, *retirando amônia da água*. Quando a relação C:N é maior que 30:1, o desenvolvimento microbiano é lento. Já quando a relação C:N é menor que 10:1, situação mais comumente encontrada na aquicultura intensiva, ocorre rápida decomposição da matéria orgânica, mas com liberação de amônia para água. Diferentes fontes de N e C podem ser utilizadas para baixar ou elevar a relação C:N da água, respectivamente, aproximando-a da faixa ideal.

O cálculo para ajuste da relação C:N pode ser feito a partir da concentração de amônia na água ou da proteína bruta da ração (manejo alimentar). Os processos biológicos purificadores da água são a absorção vegetal, a nitrificação e a absorção bacteriana.

As exigências físico-químicas variam de acordo com o grupo microbiano considerado. As microalgas exigem luz e compostos inorgânicos de carbono para o seu desenvolvimento; as bactérias nitrificantes exigem O_2, alcalinidade e compostos nitrogenados inorgânicos; as bactérias heterotróficas exigem O_2 e compostos orgânicos. Quando se faz o ajuste da relação C:N, as bactérias heterotróficas removem amônia da água de modo mais eficiente e rápido que as bactérias nitrificantes. Quanto maior o percentual de proteína da ração, mais fonte suplementar de carbono orgânico será necessária para corrigir a relação C:N. A dependência do fitoplâncton da luz torna o sistema autotrófico de cultivo mais instável que o sistema BFT.

Para transformar um viveiro convencional em BFT, deve-se:

1) Revestir o fundo e taludes com geomembranas;
2) Instalar o sistema intensivo de aeração e movimentação da água;
3) Empregar densidades superintensivas de estocagem;
4) Realizar, periodicamente, os ajustes da relação C:N da água;
5) Não renovar, ou renovar minimamente, a água do tanque.

O uso intensivo de aeração mecânica se justifica pela necessidade de *manter suspensa toda a matéria orgânica particulada* que esteja presente no tanque. Diferentemente do que acontece nos sistemas autotróficos, as trocas de água devem ser evitadas em tanques BFT. A manutenção de elevadas concentrações de matéria orgânica auxilia na formação dos bioflocos.

As principais vantagens do sistema BFT para aquicultura são as seguintes:

1) Melhor FCA (maior lucratividade);
2) Controle da amônia;
3) Mínimo impacto ambiental;
4) Altíssima produtividade de pescado;
5) Grande biossegurança.

As principais limitações do sistema BFT para aquicultura são as seguintes:

1) Altíssima demanda por aeração mecânica ininterrupta;
2) Exigência de mão de obra altamente qualificada;
3) Investimento de capital elevado.

CAPÍTULO 18
Balanceamento iônico da água de criação do camarão marinho

18.1 INTRODUÇÃO

A criação comercial de camarão marinho em águas interiores, isto é, em áreas afastadas da costa, teve início na Tailândia, no final da década de 1980. Naquela época, os carcinicultores tailandeses aplicavam água hipersalina, obtida em tanques de salinas, em seus viveiros de água doce para elevar a salinidade até a concentração desejada, isto é, entre 4 e 5 g/L. Essas misturas entre água doce e água de salina preservavam as proporções iônicas da água do mar, já que ocorria uma simples diluição da água de salina. Com essa prática, os carcinicultores tailandeses obtiveram bons resultados zootécnicos em seus viveiros, bons índices de sobrevivência, ganho em peso animal e conversão alimentar. A aplicação de água salgada em coleções de água doce, entretanto, causa degradação ambiental, uma vez que saliniza corpos dulcícolas. Posteriormente, essa prática se tornou ilegal e foi banida no país.

Da Tailândia, a carcinicultura em águas interiores foi para o Equador. Diferentemente dos tailandeses, entretanto, os carcinicultores equatorianos utilizavam água salobra, obtida em poços profundos, para abastecer seus viveiros de criação, com salinidade igual ou superior a 4 g/L. Os resultados zootécnicos, todavia, foram muito decepcionantes, tendo-se observado mortalidades massivas e forte retardo no crescimento dos camarões. Perplexos, os produtores equatorianos enviaram amostras das águas de poços ao laboratório do dr. Claude Boyd, da Auburn University (Alabama, EUA), para análise.

Os resultados das análises laboratoriais mostraram que as águas de poços eram deficientes em alguns íons biologicamente importantes para o camarão, como potássio (K^+) e magnésio (Mg^{+2}), e que as proporções existentes entre os cátions principais, isto é, sódio (Na^+), K^+, cálcio (Ca^{+2}) e Mg^{+2}, eram muito distintas das observadas em água do mar diluída para a mesma salinidade. Em particular, verificou-se que as águas de poços do Equador eram fortemente deficientes em potássio. Dessa forma, recomendou-se a fertilização potássica dos viveiros de camarão abastecidos com águas de poço para ajustar a relação Na:K para próximo de 30:1. Além disso, os produtores equatorianos deveriam elevar a concentração de potássio na água para 50 mg K^+/L ou mais.

Os efeitos da fertilização potássica na sobrevivência e crescimento dos camarões nas fazendas do Equador foram muito positivos, até impressionantes. Ficou demonstrado, dessa forma, a importância da correção das deficiências iônicas e a realização do balanceamento iônico da água para obtenção de sucesso na carcinicultura marinha, quando realizada em águas interiores. Posteriormente, verificou-se que a deficiência de potássio não era exclusiva dos poços equatorianos. Amostras de água de aquíferos localizados nos Estados Unidos, Austrália e China também apresentavam baixas concentrações de K^+. Atualmente, considera-se que a deficiência potássica é um padrão geral das águas subterrâneas utilizadas na carcinicultura marinha.

A importância do balanço iônico da água para o organismo animal pode ser demonstrada nos protocolos de aclimatação salina de pós-larvas de camarão marinho. Mesmo que a temperatura e a salinidade do tanque de recepção estejam próximas do observado na água de transporte, as pós-larvas de camarão ainda deveriam passar pelo processo de aclimatação, por conta das prováveis diferenças existentes entre os perfis iônicos das duas águas.

Além das baixas concentrações de potássio, as águas de poços utilizadas na carcinicultura marinha também se mostraram moderadamente deficientes em magnésio, tendo como referência a concentração da água do mar diluída para a mesma salinidade. Assim, havia justificativa para aplicar sais de K^+ e Mg^+, como cloreto de potássio (KCl) e sulfato de magnésio ($MgSO_4$), nos viveiros de camarão abastecidos com águas de poços. Estudos posteriores, entretanto, demostraram que a correção potássica é a mais importante a ser realizada, por ser o ajuste que traz os maiores benefícios zootécnicos e ser economicamente viável.

18.2 REGULAÇÃO OSMÓTICA DO CAMARÃO MARINHO EM ÁGUAS OLIGOHALINAS

A capacidade osmorregulatória dos camarões marinhos é extraordinária. Os camarões peneídeos são organismos eurihalinos que conseguem se adaptar e viver bem dentro de uma ampla faixa de salinidade da água. É por isso que a qualidade das pós-larvas de camarão marinho é comumente avaliada pelo teste de estresse salino. Nesses testes, as pós-larvas de camarão são bruscamente transferidas entre águas com salinidades bem distintas, como 25 g/L e água doce. Poucas horas depois, é feita a contagem dos indivíduos que sobreviveram ao choque salino. O mais incrível é que as taxas de sobrevivência da PLs de camarão superam 80% nesses testes.

Em águas oligohalinas, como a concentração de sais da hemolinfa do camarão é maior que a do meio, o organismo recebe passivamente água por osmose. Para evitar que os tecidos literalmente estourem, o organismo animal põe em ação alguns mecanismos de osmorregulação para eliminar o excesso de água que entra ou diminuir a entrada da água. Inicialmente, o organismo do camarão diminui a permeabilidade das brânquias para reduzir o fluxo de entrada de água. Em seguida, o camarão aumenta a taxa de excreção para eliminar mais urina diluída, através das glândulas antenais e verdes. Finalmente, o camarão passa a excretar sais para água com objetivo de diminuir a osmolaridade da sua hemolinfa. Com isso, a concentração iônica do corpo do camarão se aproxima, progressivamente, da salinidade do meio. É por isso que os camarões, assim como os demais crustáceos, são classificados como animais osmoconformadores. Com a redução na osmolaridade da hemolinfa, a entrada de água no organismo cai bastante e o animal passa a ter, enfim, conforto osmótico.

Nesse processo de osmorregulação, entretanto, o camarão elimina para água, involuntariamente, íons que são importantes para sua sobrevivência, como Na^+, Cl^-, K^+ e Ca^{+2}. A insuficiência crônica desses íons levaria o organismo a sofrer graves disfunções fisiológicas, o que poria em risco sua vida. Para não morrer, o camarão, após ter alcançado a condição isosmótica com o meio, passa a tomar ativamente os íons Na^+, Cl^-, K^+ e Ca^{+2} da água, através das células de cloreto, localizadas nas brânquias. As entradas de Na^+, Cl^- e K^+ ocorrem por mecanismos de troca iônica, nos quais o Na^+ é trocado pelos íons NH_4^+ e H^+; e o Cl^- por íons HCO_3^-. Três íons Na^+ devem sair para que dois íons K^+ possam entrar no organismo, nesse caso com intervenção da enzima Na-K-ATPase.

O trabalho de osmorregulação do camarão marinho é maior nas águas doces e oligohalinas do que em águas estuarinas, já que as concentrações iônicas das águas interiores são muito baixas e distantes do ponto isosmótico do *L vannamei,* que é igual a 25 g/L. Logo, o camarão gasta mais energia para obter os íons necessários para manutenção de sua saúde nas águas doces e oligohalinas. Esse dispêndio extra de energia metabólica, gasta para homeostase iônica, pode retardar o crescimento animal e torná-lo mais vulnerável às doenças. Sugere-se, por isso, o uso de rações mais energéticas para criação de camarão marinho em águas oligohalinas, com níveis um pouco maiores de óleo. A maior concentração energética da ração atenderia o aumento nas exigências nutricionais do animal, quando mantido em águas de baixa salinidade. Com isso, haveria energia disponível para o maior trabalho osmorregulatório e manutenção de elevadas taxas de crescimento.

Aclimatação de pós-larvas de camarão marinho a águas de baixa salinidade

A capacidade osmorregulatória do camarão marinho se torna evidente durante a aclimatação dos animais a águas de baixa salinidade. Como as pós-larvas de *L. vannamei* de 15 a 20 dias possuem capacidade osmorregulatória máxima, os animais nessa fase são mais facilmente aclimatados do que indivíduos mais novos (< PL_{15}) ou mais velhos (> PL_{20}). Como regra geral, a aclimatação salina do camarão somente deveria ser iniciada quando as pós-larvas atingissem a fase PL_{15}. Além disso, seria importante que o balanço iônico da água para K e Mg fosse corrigido. Para isso, fazer aplicações de fontes de K e Mg na água, de acordo com as orientações apresentadas neste capítulo.

Protocolo para aclimatação de pós-larvas de camarão marinho em águas de baixa salinidade

1. Na primeira fase de aclimatação, reduzir a salinidade inicial da água em 4 g/L/h, até alcançar a salinidade de 4 g/L. Para isso, substituir os volumes necessários de água do tanque de aclimatação por água doce. Para calcular o volume de água a ser substituído por água doce, em cada etapa da aclimatação, utilizar a seguinte expressão:

$$= volume\ do\ tanque - \frac{salinidade\ desejada * volume\ do\ tanque}{salinidade\ inicial}$$

Para exemplificar, considere os seguintes dados:

- Salinidade inicial da água = 30 g/L;
- Salinidade final da água = 1 g/L;
- Volume do tanque de aclimatação = 250 L.

O volume de água do tanque de aclimatação a ser substituído por água doce para fazer a 1ª redução de salinidade, isto é, de 30 para 26 g/L, é igual a:

$$= 250 - \frac{(26 * 250)}{30} \approx 33\ L$$

O quadro, a seguir, apresenta as informações necessárias para aclimatar PLs de camarão da salinidade 30 para salinidade 4 g/L:

Salinidade da água (g/L)		Volume do tanque de aclimatação (L)	Volume de água a ser substituído por água doce (L)
Inicial	Desejada		
30	26	250	33,3
26	22	250	38,5
22	18	250	45,5
18	14	250	55,6
14	10	250	71,4
10	6	250	100,0
6	4	250	83,3

Como deve ser respeitado um intervalo de 1 h entre as reduções de salinidade, o protocolo acima demandaria 7 h para ser concluído;

2. Manter os animais na salinidade de 4 g/L por 72 h;

3. Na segunda e última fase, reiniciar o processo de aclimatação da PLs até a salinidade desejada, reduzindo a salinidade de forma mais lenta, na taxa de 1 g/L/h.

O quadro, a seguir, apresenta as informações necessárias para finalizar a aclimatação das PLs de camarão para salinidade de 1 g/L:

Salinidade da água (g/L)		Volume tanque de aclimatação (L)	Volume de água a ser substituído por água doce (L)
Inicial	Final		
4	3	250	62,5
3	2	250	83,3
2	1	250	125,0

Como deve ser respeitado um intervalo de 1 h entre cada redução de salinidade, o protocolo acima necessitaria de 3 h para ser concluído. Assim, o trabalho de aclimatação da PLs de camarão, em nosso exercício, exigiria um tempo total de 10 h para ser concluído, sem considerar os 3 dias de descanso na salinidade 4 g/L;

4. Após o término da aclimatação para salinidade, sugere-se fazer também a aclimatação das PLs para o perfil iônico da água. Para isso, trocar a água do tanque de aclimatação pela água da fazenda, de tal forma que o volume total seja substituído em 4 h.

18.3 BALANÇO IÔNICO DE ÁGUAS INTERIORES UTILIZADAS NA CARCINICULTURA MARINHA

Relação Na:K

Uma das proporções iônicas de maior importância para o sucesso da carcinicultura interior é a relação Na:K da água. Juntamente com o Cl^-, Na^+ e K^+ são os eletrólitos mais abundantes nos organismos aquáticos, atuando na osmorregulação e no equilíbrio ácido-básico. Como as concentrações de Na^+ e K^+ das águas oceânicas, cuja salinidade está próxima de 35 g/L, são iguais a 10.500 mg/L e 380 mg/L, respectivamente, a relação Na:K da água do mar é igual a 27,63 ou, aproximadamente, 28:1. Portanto, a massa de íons Na^+, em um determinado volume de água do mar, é quase 28 vezes maior que a massa de íons K^+. Quando a relação Na:K da água do viveiro de camarão está muito acima de 28:1, a absorção branquial de K^+ pelo animal é prejudicada, levando o organismo a sofrer deficiência de potássio e, consequentemente, distúrbio osmorregulatório.

Além da relação Na^+: K^+ está próxima de 28:1, a água de criação do camarão deve apresentar concentrações mínimas de sódio e potássio que atendam ao exigido pelo organismo animal. Como as exigências biológicas do *L. vannamei* para Na^+ e K^+ ainda não foram determinadas pela ciência, utiliza-se, como referência, as concentrações de Na^+ e K^+ na água do mar diluída para 5 g/L, que são iguais a 1500 mg/L e 54,3 mg/L, respectivamente. Na prática, considera-se que 1500 mg Na^+/L e 50 mg K^+/L são as concentrações iônicas mínimas de Na^+ e K^+ exigidas para o bom desenvolvimento do camarão marinho. Com isso, a relação Na^+:K^+ ideal da água para criação do *L. vannamei* é de 30:1. Assim, caso a concentração de Na^+ da água do viveiro fosse 2500 mg/L, seria necessário ajustar a concentração de K^+ para 83 mg/L para, com isso, obter uma relação Na:K $\approx$ 30:1. Além disso, veja que , as concentrações iônicas de Na^+ e K^+ na água, isto é, 2500 mg/L e 83 mg/L, respectivamente, atendem às exigências do *L. vannamei* para esses dois íons ($\geq$ 1500 mg Na^+/L e $\geq$ 50 mg K^+/L).

Entretanto, a eficiência de absorção de íons dissolvidos na água pelo camarão depende mais das concentrações molares de cada íon, do que de suas massas atômicas (Boyd, 2018). Nas brânquias, os íons interagem de acordo com as proporções molares existentes entre os elementos, isto é, as quantidades de cada íon, e não em função das massas. O potássio é absorvido da água pelo camarão por transporte ativo, utilizando-se de um mecanismo branquial de troca catiônica. Nesse caso, três íons Na^+ da hemolinfa são trocados por dois íons K^+ da água. Portanto, para que 2 mmol de K^+ sejam absorvidos pelo camarão, 3 mmol de Na^+ devem ser excretados. Na troca branquial, a interação entre Na^+ e K^+ é quantitativa ou numérica e não gravimétrica ou baseada em massas. Por isso, o balanceamento iônico da água deveria considerar as concentrações molares de cada elemento e não suas massas atômicas.

Para se obter as concentrações molares de Na^+ e K^+ na água, basta dividir a concentração do elemento, em g/L, por seu peso atômico. Desse modo, as concentrações molares de Na^+ e K^+ nas águas oceânicas são iguais a:

Na^+: 10,5 g/L ÷ 23 g = 0,456522 M

K^+: 0,38 g/L ÷ 39,1 g = 0,009719 M

Para simplificar esses cálculos, basta dividir as concentrações de Na^+ e K^+ na água, em mg/L, por 23.000 e 39.100, respectivamente (Figura 18.1). Assim, a relação Na:K da água do mar, em base molar, é igual a 0,456522 M/0,009719 M ≈ 47:1, ou seja, existem 47 íons Na^+ para cada íon K^+ dissolvido na água do mar. A diferença existente entre as relações Na:K da água do mar, obtidas a partir de diferentes bases de cálculo, é considerável: (1) Na:K = 28:1, quando se utiliza como referência as concentrações iônicas em mg/L; e (2) Na:K = 47:1, quando se utiliza as concentrações molares de Na e K.

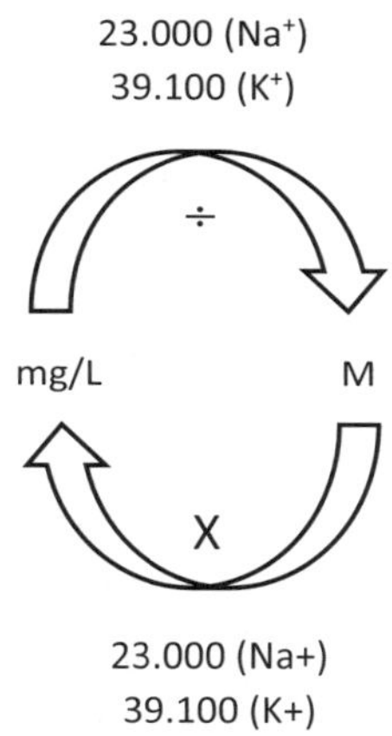

Figura 18.1 – Conversão das concentrações de Na^+ e K^+ na água, em mg/L, para concentração molar (M; mol/L) e vice-versa.

Qual das relações Na:K se deveria utilizar para fazer o balanceamento iônico da água, 28:1 ou 47:1? O melhor ajuste da relação Na:K da água considera as concentrações molares e não as concentrações iônicas de Na e K, em mg/L. Logo, recomenda-se o ajuste da relação Na:K da água de tanques de camarão marinho para 47:1, tendo como referência as concentrações molares de cada íon. Inicialmente, deve-se transformar as concentrações iônicas de Na^+ e K^+ na água, em mg/L, em concentrações molares (Figura 18.1). Em geral, a relação Na:K das águas subterrâneas é bem maior que 47:1 por conta de sua característica deficiência em potássio.

Para melhor compreensão desse conteúdo, considere os seguintes dados:

- Salinidade da água de poço = 5 g/L;
- Concentração de Na^+ da água de poço = 1800 mg/L;
- Concentração de K^+ da água de poço = 10 mg/L.

A partir das informações, responda as seguintes questões:

1) É necessário fazer o balanceamento iônico da água para ajustar a relação Na:K para carcinicultura marinha?
2) Em caso positivo, quais seriam as concentrações desejadas de Na^+ e K^+?
3) Quais fertilizantes deveriam ser aplicados na água? Quanto de cada fertilizante se deveria aplicar?

Solução

1. A relação Na:K ideal da água para carcinicultura do *L. vannamei*, tendo por base as concentrações iônicas, em mg/L, está compreendida entre 28 e 30:1. A água de poço apresenta relação Na:K bem acima disso, igual a 180:1 (1800 mg Na/L ÷ 10 mg K/L). Logo, a relação Na:K da água está bastante desajustada, havendo a necessidade de sua correção para baixo.

Todavia, como o ajuste mais correto é em base molar, e não gravimétrica, deve-se considerar, como relação Na:K ideal da água, 47:1. Inicialmente, é feita a conversão das concentrações de Na^+ e K^+, em mg/L, para concentrações molares (Figura 18.1). Assim, Na^+ = 1800 mg/L ÷ 23.000 ≈ 0,07826 M; K^+ = 10 mg/L ÷ 39.100 = 0,00025575 M. Assim, a relação Na:K da água, com base nas concentrações molares de cada íon, é igual 306:1 (0,07826 M ÷ 0,00025575 M). Portanto, a relação Na:K da água dos tanques de camarão deve ser reduzida de 306:1 para 47:1.

2. Para ajustar a relação Na:K para baixo, uma determinada quantidade de fonte de potássio deve ser adicionada à água, de modo que a relação Na:K passe de 306:1 (atual) para 47:1 (ideal). A concentração desejada de potássio na água, em mol/L, pode ser obtida pela seguinte fórmula:

$$K^+ desejado, M = \frac{Na^+ existente\ na\ água, M}{47}$$

Assim, K^+ desejado = 0,07826 M ÷ 47 = 0,001665 M. Para transformar a concentração de K^+ de M para mg/L, basta multiplicar por 39.100 (Figura 18.1). Logo, 0,001665 M * 39.100 = 65,1 mg/L.

Portanto, a concentração de K^+ da água deve ser elevada de 10 mg/L para 65,1 mg/L, ou seja, deve-se adicionar 55,1 mg K^+/L. Com isso, a relação Na:K da água, em base molar, será reduzida de 306 para 47:1, que é a relação ideal para carcinicultura marinha.

3. Não há necessidade de se adicionar Na^+ na água porque a concentração de sódio, isto é, 1800 mg/L, já atende à recomendação mínima de 1500 mg/L. Por outro lado, é necessário aplicar o fertilizante potássico para ajustar a relação Na^+: K^+ para próximo da ideal para o camarão, assim como atender a recomendação mínima de 50 mg K^+/L.

A quantidade de fertilizante potássico a ser aplicada na água depende da concentração de K no produto utilizado. O muriato de potássio (KCl) é o fertilizante potássico mais disponível no mercado, contendo 50% de potássio na sua composição. Desse modo, basta dobrar a adição necessária de K^+ para se obter a dosagem de aplicação do muriato. No exercício, como se deve adicionar 55,1 mg K^+/L, será necessário aplicar 110,2 mg de muriato de potássio/L ou 110,2 g/m^3. Como parte do potássio é perdida para o solo, recomenda-se aplicar 20% a mais de muriato de potássio na água. Com isso, a dosagem de aplicação do muriato de potássio fica em 132 g/m^3.

Além da relação Na:K, deve-se considerar ainda a concentração de potássio na água, em mg/L. As concentrações de K^+ devem satisfazer às exigências fisiológicas do camarão marinho para esse elemento. Em caso contrário, o organismo animal sofrerá deficiência de potássio, *mesmo que a relação Na:K esteja próxima da ideal.* Como a concentração de K^+ nas águas oceânicas é de 380 mg/L, sugere-se que a concentração mínima de K^+, em tanques de carcinicultura marinha, seja 10% da concentração marinha, isto é, 38 mg K^+/L. Daí surgiu a recomendação de que a concentração mínima de potássio na água do *L. vannamei* seja igual a 35 – 50 mg K^+/L ou, simplesmente, 50 mg K^+/L. Se, por exemplo, as concentrações de Na^+ e K^+ da água forem iguais a 553 mg/L e 20 mg/L, respectivamente, a relação Na:K, em base molar, nesse caso, será igual a 47, ou seja, a ideal. Essa água, entretanto, necessita de fertilização tanto sódica, com cloreto de sódio, como potássica, com muriato de potássio, porque suas concentrações de Na^+ e K^+ estão abaixo dos valores mínimos exigidos pelo camarão, iguais a 1500 mg/L e 50 mg/L, respectivamente.

Os procedimentos descritos a seguir podem ser utilizados pelos produtores de camarão para ajustar a relação Na:K da água dos tanques:

1) Encaminhar uma amostra da água para laboratório que faça a determinação das concentrações de Na^+ e K^+. Para isso, o laboratório deve possuir um fotômetro de chama;

2) Se a concentração de K^+ na água for igual ou maior que 50 mg/L, não haverá necessidade de se aplicar o muriato de potássio. Nesse caso, somente haveria justificativa para aplicar o muriato se o desajuste da relação Na:K fosse muito grande, acima de 140:1, em base molar, isto é, três vezes ou mais o valor da relação ideal (47:1). A concentração de potássio da água é mais importante do que o valor da relação Na:K porque, dentro de certos limites, o *L. vannamei* se adapta bem a diferentes relações Na:K. Por outro lado, o animal sofrerá estresse osmorregulatório e retardo no crescimento quando a concentração de K^+ da água for menor que 50 mg/L;

3) Se a concentração de K^+ da água for menor que 50 mg/L, aplicar muriato de potássio para elevar a concentração de K^+ para 50 mg/L ou mais e, *ao mesmo tempo*, ajustar a relação Na:K, em base molar, o mais próximo de 47:1.

O método adotado pelos produtores de camarão do Alabama (Chainark e Boyd, 2010) é ainda mais simples, porque dispensa a determinação das concentrações de Na^+ e K^+ da água, como pode ser visto a seguir:

1) A concentração desejada de K^+, em mg/L, é obtida pela multiplicação da salinidade da água por 11. Caso o resultado seja menor que 50 mg/L, deve-se considerar 50 mg/L como a concentração desejada de K^+ na água. Em nosso exercício: 5 g/L (salinidade) x 11 = 55 mg/L;
2) Subtrair a concentração de K^+ existente na água da concentração desejada. Esse passo é opcional e pode ser suprimido. Em nosso exercício: 55 mg/L ($K_{desejado}$) - 10 mg/L ($K_{inicial}$) = 45 mg K/L;
3) Multiplicar a concentração desejada de K^+, com ou sem a subtração da concentração inicial, por dois. O resultado é a aplicação recomendada de muriato de potássio na água, em g/m^3. Em nosso exercício: 45 mg/L x 2 = 90 g/m^3 ou 55 mg/L x 2 = 110 g/m^3.

O problema da adsorção de íons K^+ e Mg^{+2} ao solo

Os solos de viveiros de camarão, especialmente aqueles mais argilosos, têm grande capacidade de adsorver, reter diferentes íons às suas partículas. As argilas, por serem carregadas negativamente, atraem e retêm grande quantidade de cátions ao solo, como os íons K^+ e Mg^{+2}. É por essa razão que se deve fazer reaplicações periódicas dos fertilizantes potássicos na água. Em caso contrário, as concentrações de K^+ diminuem já após algumas semanas, ficando abaixo do mínimo necessário para o bom crescimento do camarão. Assim, seria importante fazer o monitoramento mensal das concentrações de K^+ dos tanques de produção para saber se há ou não necessidade de renovar a aplicação do muriato.

A capacidade de adsorção de K^+ ao solo é bem maior do que de Mg^{+2}. Após um tempo relativamente curto, o solo do viveiro se satura com Mg^{+2}, fazendo com que, a partir daí, as perdas de Mg^{+2} da água para o solo sejam mínimas. Já a adsorção de K^+ ao solo, entretanto, pode se prolongar por muitos anos, antes de começar a cair. Portanto, o solo do viveiro se satura mais rapidamente com Mg^{+2}, mas lentamente com K^+. Por conta dessa diferença, a fertilização inicial da água com Mg^{+2}, quando necessária, já atende, muitas vezes, o exigido pelos animais ao longo de todo o ciclo de produção. Já no caso do K^+, aplicações posteriores de muriato de potássio serão, provavelmente, necessárias para manter a concentração de K^+ acima de 50 mg/L.

Relação Mg:Ca

Por considerar que as concentrações típicas de magnésio e cálcio na água do mar são iguais a 1350 mg/L e 400 mg/L, respectivamente, a relação Mg:Ca ideal para a criação de camarão marinho é igual a 3,375:1 ou, em números mais redondos, 3,4:1.

Logo, a água para carcinicultura interior deveria ter 3,4 vezes mais Mg^{+2} que Ca^{+2}, em mg/L, tendo em vista o bom crescimento do camarão. Entretanto, como já discutido para relação Na:K, a absorção iônica nas brânquias está baseada em proporções molares e não gravimétricas. Em base molar, as concentrações de Mg^{+2} e Ca^{+2} das águas oceânicas são iguais a 0,055555 M (1,35 g/L ¸ 24,3 g/mol) e 0,009975 M (0,4 g/L ¸ 40,1 g/mol), respectivamente. Com isso, a relação Mg:Ca ótima para carcinicultura marinha, em base molar, é igual a 5,569:1 ou, simplesmente, 5,57:1.

Desses dois íons, isto é, Mg^{+2} e Ca^{+2}, aquele comumente encontrado em baixas concentrações nas águas interiores, em especial nas águas subterrâneas, é o Mg^{+2}, tendo em vista o sucesso da criação do *L. vannamei*. Assim, a relação Mg:Ca das águas interiores, particularmente de poços, está, em geral, desbalanceada para baixo por conta da deficiência de Mg^{+2}. Esse desequilíbrio entre as concentrações de Mg^{+2} e Ca^{+2} da água pode prejudicar a osmorregulação e, por consequência, o crescimento dos camarões. Para prevenir isso, aplica-se fonte de Mg na água para ajustar a relação Mg:Ca para próximo da ideal, isto é, 5,57:1, em base molar. Além disso, é importante que as concentrações de magnésio e cálcio na água sejam iguais ou maiores que 100 mg/L e 40 mg/L, respectivamente, para atender as exigências do *L. vannamei* para esses elementos. A seguir, um exercício sobre o balanceamento da relação Mg:Ca da água de criação do camarão marinho.

Considere os seguintes dados:

- Salinidade da água de poço = 3 g/L;
- Concentração de Ca^{+2} da água = 100 mg/L;
- Concentração de Mg^{+2} da água = 20 mg/L.

A partir dessas informações, responda as questões a seguir:

1) A relação Mg:Ca da água necessita de correção para carcinicultura marinha?
2) Em caso positivo, quais seriam as concentrações desejadas de Ca^{+2} e Mg^{+2} na água?
3) Quais fertilizantes deveriam ser aplicados na água para fazer o ajuste necessário? Quanto de cada fertilizante se deveria aplicar?

Solução

1. Observar, inicialmente, se a concentração de cálcio da água atende ao exigido pelo *L. vannamei* para normal crescimento ($\geq$ 40 mg/L). Como a água contém 100 mg Ca^{+2}/L, não há necessidade de aplicar fonte de cálcio para elevar a concentração para 40 mg Ca^{+2}/L ou mais. Uma vez que se tenha atendido a concentração mínima de cálcio na água, passa-se para o ajuste da relação Mg:Ca.

2. A relação Mg:Ca ideal da água para cultivo de camarões marinhos, em base gravimétrica, é de 3,4:1. A água do problema apresenta relação Mg:Ca = 0,2:1 (20 ÷ 100).

Logo, a relação Mg:Ca está desequilibrada para baixo, devendo ser elevada pela aplicação de fonte de Mg na água.

A relação Mg:Ca ideal para carcinicultura, em base molar, é igual a 5,57:1. Nesse caso, devemos transformar as concentrações de Mg^{+2} e Ca^{+2}, em mg/L, para concentrações molares (Figura 18.2). Assim, temos como segue: Mg^{+2} = 20 mg/L ÷ 24.310 = 0,0008227 M; Ca^{+2} = 100 mg/L ÷ 40.080 = 0,002495M. A relação Mg:Ca da água, em base molar, será igual a 0,0008227 ÷ 0,002495 = 0,3297:1. Portanto, a relação Mg:Ca da água, em base molar, deverá ser elevada de 0,3297:1 para 5,57:1.

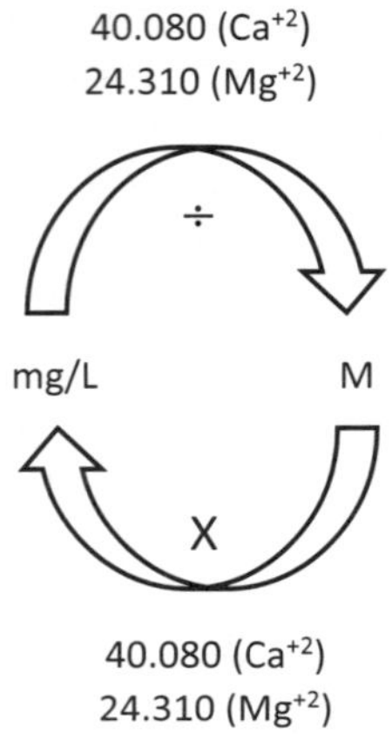

Figura 18.2 – Conversão das concentrações de Ca^{+2} e Mg^{+2}, em mg/L, para concentrações molares (M) e vice-versa.

3. Para ajustar para cima a relação Mg:Ca, uma determinada quantidade de fonte de magnésio deve ser adicionada à água, de modo que a relação Mg:Ca passe de 0,3297:1 (atual) para 5,57:1 (ideal). A concentração desejada de magnésio na água pode ser obtida pela seguinte fórmula:

$$Mg^{+2}\ desejado,\ M = \frac{Ca^{+2}\ existente\ na\ água,\ M}{0{,}18}$$

Logo, a concentração desejada de Mg^{+2} = 0,002495 M ÷ 0,18 = 0,01386 M. Para transformar a concentração de Mg^{+2} de M para mg/L, basta multiplicar o resultado por 24.310 (Figura 18.2). Logo, a concentração desejada de Mg^{+2} (mg/L) = 0,01386 M x 24.310 = 336,96 mg/L ou ≈ 337 mg/L.

Portanto, uma fonte de magnésio deve ser aplicada na água para elevar a concentração de Mg^{+2} de 20 mg/L para 337 mg/L. Logo, o incremento de Mg^{+2} por litro de água deverá ser de 317 mg, ou seja, 317 g/m^3. Após a aplicação da fonte de Mg, espera-se que relação Mg:Ca da água, em base molar, suba de 0,3297 para 5,57:1, que é a ideal para carcinicultura do *L. vannamei.*

4. A quantidade necessária de fertilizante magnesiano a ser aplicada na água dependerá do produto utilizado. Como o cloreto de magnésio contém 12% Mg na sua composição, a aplicação de 1 kg de cloreto de magnésio adiciona 120 g de Mg na água. Logo, será necessário aplicar 2,64 kg de cloreto de magnésio/m^3 para incrementar 317 g Mg^{+2}/m^3, após completa dissolução na água. Caso se utilize o sulfato de magnésio hepta-hidratado, a quantidade necessária seria ainda maior, já que o sulfato de magnésio contém somente 9% de Mg na sua composição.

Em geral, a quantidade necessária de fertilizante magnesiano para corrigir a relação Mg:Ca da água é elevada, sendo bem maior do que a de fertilizante potássico. Por isso, a correção da relação Mg:Ca da água pode ser economicamente inviável para os produtores. Boyd (2018) recomenda aplicar somente o fertilizante potássico na água e, em seguida, observar os efeitos sobre o desempenho animal. Frequentemente, apenas a fertilização potássica já é suficiente para obtenção de boas taxas de sobrevivência e crescimento dos camarões, podendo-se, desse modo, dispensar o oneroso ajuste da relação Mg:Ca da água.

O procedimento, a seguir, pode ser utilizado para ajustar, de forma prática, a relação Mg:Ca da água, se houver necessidade e viabilidade:

1) Obter uma amostra de água do tanque e determinar as concentrações de Ca^{+2} e Mg^{+2}. O Capítulo 6, "Dureza da água" deste livro apresenta essas metodologias;

2) Se a concentração de Mg^{+2} na água for maior que 100 mg/L, não haverá necessidade de aplicar nenhum fertilizante magnesiano. A satisfação da exigência do camarão por magnésio na água é mais importante do que a relação Mg:Ca. Dentro de certos limites, o *L. vannamei* consegue se adaptar bem a diferentes relações Mg:Ca da água, mas sofre estresse osmorregulatório se a concentração de Mg^{+2} estiver bem abaixo de 100 mg/L;

3) Em caso contrário, ou seja, se a concentração de Mg^{+2} da água for menor que 100 mg/L, aplicar sulfato de magnésio ou cloreto de magnésio para elevar a concentração de Mg^{+2} do tanque para 100 mg/L ou mais e, ao mesmo tempo e ser houver viabilidade econômica para isso, ajustar a relação Mg:Ca, em base molar, para 5,57:1.

O método adotado pelos produtores de camarão do Alabama, EUA também pode ser aplicado nesse caso, como pode ser visto a seguir:

1) Determinar a salinidade e a concentração de Mg^{+2} da água;

2) Multiplicar a salinidade da água por 39,1. O resultado é a concentração mínima de Mg^{+2} na água, em mg/L, para a salinidade em questão. Em nosso exercício: 5 g/L x 39,1 = 195,5 mg/L;

3) Subtrair a concentração inicial de Mg^{+2} da concentração necessária de Mg^{+2} na água. Esse passo é opcional. Assim, o Mg^{+2} a ser adicionado à água é igual a 195,5 – 20 = 175,5 mg/L;

4) Dividir a concentração de Mg^{+2} obtida no passo anterior ou no passo 2 pelo percentual de Mg^{+2} no fertilizante, multiplicando o resultado por 100. O resultado será à taxa de aplicação do fertilizante magnesiano na água, em g/m^3. Como fertilizante magnesiano, podem ser utilizados os seguintes produtos: calcário agrícola dolomítico (12% Mg), sulfato de magnésio hepta-hidratado (9% Mg), cloreto de magnésio (12% Mg) e o K-Mg (10% Mg). Se o fertilizante magnesiano utilizado for o calcário agrícola dolomítico, temos como segue: [(195,5 ou 175,5)/12] $\times$ 100 $\approx$ 1630 g/m^3 ou 1462 g/m^3 $\approx$ 1,63 kg/m^3 ou 1,46 kg/m^3.

O balanceamento iônico inicial da água pode ser feito de forma unificada, isto é, do mesmo modo em todos os viveiros. Já o balanceamento de mantença deve ser feito de forma individualizada, isto é, considerando cada viveiro separadamente. Tanques escavados, que foram abastecidos com a mesma água, podem apresentar, com o passar do tempo, diferenças consideráveis quanto à salinidade e composição iônica da água, em especial quanto à concentração de K^+. Diferentes processos podem alterar a composição iônica da água após o enchimento do viveiro, como a adsorção de íons ao solo e os manejos produtivos, como troca de água, fertilização, calagem, aeração e arraçoamento. A ação diferenciada desses fatores sobre a química da água e do solo ajuda a explicar como é possível viveiros vizinhos apresentarem composições iônicas tão diferentes entre si.

Na carcinicultura interior, os melhores resultados zootécnicos são obtidos quando se faz o balanceamento iônico da água pela aplicação direta dos fertilizantes no tanque. A suplementação das rações dos camarões com fontes de K e Mg tem mostrado resultados de campo inconsistentes. Por outro lado, rações suplementadas com maiores níveis de ácidos graxos altamente insaturados (DHA, EPA) e astaxantina podem aumentar a tolerância do *L. vannamei* a águas de baixa salinidade. Logo, o procedimento recomendado é fazer o balanceamento iônico da água e suplementar a ração do *L. vannamei* criado em águas interiores com mais óleo de peixe e astaxantina.

É importante que o produtor observe e corrija, quando necessário, não apenas as relações Na:K e Mg:Ca da água de criação do *L. vannamei*, mas também as concentrações iônicas, que devem satisfazer as exigências do organismo animal. As concentrações iônicas mínimas para água de criação do *L. vannamei* são as seguintes: Na^+: 1500 mg/L, K^+: 50 mg/L, Ca^{+2}: 40 mg/L e Mg^{+2}: 100 mg/L. A parábola, a seguir, procura ilustrar essa questão.

Considere que o pedreiro de uma determinada obra comunica ao proprietário que para construção do muro desejado serão necessários três tijolos furados para cada tijolo branco. Ao saber disso, o proprietário da obra fornece ao pedreiro, já no dia seguinte, 30 tijolos furados e 10 tijolos brancos. O profissional acha graça do que vê e diz ao proprietário que, embora a relação tijolo furado: tijolo branco esteja correta, isto é, 3:1, serão necessários 300 tijolos furados e 100 tijolos brancos para construção do muro desejado, isto é, 400 tijolos no total. O proprietário, portanto, não havia atendido às exigências mínimas de material para construção do muro e precisa voltar ao depósito para adquirir mais 270 tijolos furados e 90 tijolos brancos. O muro é, enfim, levantado.

Após certo tempo, outro cliente solicita, ao mesmo pedreiro, a construção de um muro semelhante ao do proprietário anterior, que era seu conhecido. Dessa vez, o profissional decide orientar o novo cliente de forma diferente, para evitar mal-entendidos, e comunica que serão necessários 400 tijolos no total, entre furados e brancos, para a construção do muro. No dia seguinte, o novo proprietário fornece ao pedreiro 200 tijolos furados e 200 tijolos brancos. Nesse caso, embora o número total de tijolos esteja correto, a relação tijolo furado: tijolo branco (1:1) está abaixo da ideal para realização da obra em questão (3:1). De igual modo, o muro do novo cliente também não poderá ser construído, agora por faltarem 100 tijolos furados. Além disso, existe uma sobra, ou seja, desperdício, de 100 tijolos brancos. O proprietário volta ao depósito, devolve os 100 tijolos brancos que comprou a mais e leva mais 100 tijolos furados para que o muro possa ser, enfim, levantado.

Nessa história, os tijolos brancos e furados são os íons Na^{+} e K^{+} ou Mg^{+2} e Ca^{+2}; e o muro é a realização das atividades biológicas que dependem desses elementos.

18.4 IMPACTO AMBIENTAL DA CRIAÇÃO DO CAMARÃO MARINHO EM ÁGUAS INTERIORES

O produtor de camarão em águas interiores deve evitar a salinização dos corpos de água doce, que estejam localizados dentro ou próximos à área da fazenda, sejam águas superficiais ou subterrâneas. Se a salinidade da água dos tanques de criação for maior que a do meio ambiente, não se deve descartar os efluentes dos tanques diretamente nos corpos receptores. As seguintes medidas podem ser tomadas para prevenir a salinização da área da fazenda: reuso da água em sistemas fechados de produção e revestimento do viveiro com geomembranas impermeáveis que previnam a infiltração da água no solo. O reuso prolongado da água, entretanto, eleva, progressivamente, sua salinidade. É comum observar tanques de camarão marinho, que operam em sistema de recirculação de água, com mais de 50 g/L de salinidade. Essa condição é indesejável por causar estresse osmótico nos animais e, com isso, retardar o ganho em peso corporal.

RESUMO

Nas águas subterrâneas, as proporções existentes entre os cátions principais, isto é, sódio, potássio, cálcio e magnésio (respectivamente Na^{+}, K^{+}, Ca^{+2}, Mg^{+2}), não são as mesmas observadas na água do mar. Em especial, as águas de poços são deficientes em potássio e magnésio, tendo em vista a criação do camarão marinho. Recomenda-se, por isso, a fertilização potássica e, em alguns casos, magnesiana da água para ajustar as relações Na:K e Mg:Ca para 47:1 e 5,6:1, em base molar, respectivamente.

Em águas oligohalinas, como a concentração de sais na hemolinfa do animal é maior do que a do meio, o camarão passa a receber, passivamente, água por osmose. Para sobreviver, o animal põe em ação alguns mecanismos de osmorregulação, com destaque para a redução da osmolaridade da hemolinfa até entrar em isosmose com o meio. Pós-larvas de *L. vannamei* com 15 a 20 dias são mais facilmente aclimatadas a águas de baixa salinidade do que PLs mais novas ou mais velhas.

Uma das proporções iônicas de maior importância para o sucesso da carcinicultura interior é a relação Na:K da água. A relação Na:K da água do mar está próxima a 47:1, em base molar. Entretanto, a relação Na:K das águas de poços geralmente é bem maior que 47:1, por conta da deficiência de potássio. Logo, a fertilização potássica é recomendada para reduzir a relação Na:K para próximo de 47:1, em base molar.

A concentração potássica mínima na água de criação do *L. vannamei* deveria ser de 50 mg/L. Os solos dos viveiros, especialmente aqueles mais argilosos, têm grande capacidade para adsorver K. Por isso, fertilizações periódicas devem ser realizadas para manter as concentrações de K^+ da água sempre acima de 50 mg/L.

A relação Mg:Ca ideal para a criação do camarão marinho é de 5,57:1, em base molar. Logo, a água para carcinicultura interior deveria apresentar quase 6 vezes mais íons Mg^{+2} que Ca^{+2}. Além disso, recomenda-se que a concentração de Mg^{+2} da água seja $\geq$ 100 mg/L. Por questões econômicas, entretanto, realiza-se, muitas vezes, apenas a fertilização potássica da água dos viveiros de camarão.

Após o balanceamento iônico inicial da água de abastecimento, os ajustes posteriores, isto é, aqueles realizados ao longo do ciclo, devem ser individualizados, considerando cada viveiro separadamente. A aplicação direta de fertilizantes na água traz resultados melhores do que a suplementação mineral da dieta. Se a salinidade da água dos tanques de criação for maior que a do meio ambiente, deve-se evitar a drenagem e o descarte dos efluentes diretamente nos corpos receptores.

Referências

Alcaraz, G. & Rangel, L. (2004). Early signs of nitrite toxicity in juvenile grass carp Ctenopharyngodon idella. *Journal of the World Aquaculture Society, 35*(1) 94-99.

Agência Nacional De Águas. (2010). *ATLAS Brasil.* Abastecimento urbano de água, Panorama nacional (Vol. 1). ANA/MMA. www.ana.gov.br.

Agência Nacional De Águas. (2013). *Manual de procedimentos técnicos e administrativos de outorga de direito de uso de recursos hídricos.* ANA/MMA.

American Public Health Association. (1992). *Standard methods for the examination of water and wastewater* (18th ed). APHA.

Arana, L. V. (1997). *Princípios químicos da qualidade da água em aqüicultura: uma revisão para peixes e camarões.* https://portalbiblioteca.ufra.edu.br/images/Ebook/engpesca/Princpios_Qumicos_da_Qualidade_da_gua_em_Aquicultura_-_vinatea.pdf. Editora da UFSC.

Atwood, H. L., Tomasso, J.R., & Smith, T.I.J. (2001). Nitrite toxicity to Southern flounder Paralichthys lethostigma in fresh and brackish water. *Journal of the World Aquaculture Society, 32*(3), 348-351.

Avnimelech, Y. (1999). Carbon/nitrogen ratio as a control element in aquaculture systems. *Aquaculture, 176 (3-4)*, 227-235.

Barbieri, E., Bondioli, A. C. V., Melo, C. B., & Henriques, M. B. (2016). Nitrite toxicity to *Litopenaeus schmitti* (Burkenroad, 1936, Crustacea) at different salinity levels. *Aquaculture Research, 47(4)*, 1260-1268.

Beveridge, M. (1996). *Cage aquaculture* (2a ed.). Fishing News Books.

Boyd, C. E. (1979). *Water quality in warmwater fish ponds.* Auburn University.

Boyd, C. E., & Tucker, C.S. (1992). *Water quality and pond soil analyses for aquaculture.* Auburn University.

Boyd, C.E., & Tucker, C.S. (1998). *Pond aquaculture water quality management.* Kluwer Academic Publishers.

Boyd, C. E. (1998). *Water quality for pond aquaculture.* Auburn University.

Boyd, C. E., & Gross, A. (1999) Biochemical oxygen demand in Channel catfish *Ictalurus punctatus* pond waters. *Journal of the World Aquaculture Society, 30*(3), 349-356.

Boyd, C. E. (2000). *Water quality. An introduction.* Kluwer Academic Publishers.

Boyd, C. E. (2001a). Water quality standards: pH. *Global Aquaculture Advocate*, 42–44.

Boyd, C. E. (2001b). Water quality standards: total phosphorus. *Global Aquaculture Advocate*, 70–71.

Boyd, C. E. (2001c). Water quality standards: total ammonia nitrogen. *Global Aquaculture Advocate*, 84-85.

Boyd, C. E. (2001d). Water quality standards: biochemical oxygen demand. *Global Aquaculture Advocate*, 71-72.

Boyd, C. E. (2002). Understanding pond pH. *Global Aquaculture Advocate*, 74-75.

Boyd, C. E., Wood, C. W., & Thunjai, T. (2002). *Aquaculture pond bottom soil quality management.* Oregon State University.

Boyd, C. E. (2003a). Mineral salts correct ionic imbalances in culture water. *Global Aquaculture Advocate*, 56-57.

Boyd, C. E. (2003b). Alternate measurement of biochemical oxygen demand. Technical report. *Global Aquaculture Advocate*, 10-11.

Boyd, C. E. (2005). Copper treatments control phytoplankton. *Global Aquaculture Advocate*, 69–70.

Boyd, C. E. (2007). Nitrification important process in aquaculture. *Global Aquaculture Advocate*, 64–66.

Boyd, C. E. (2008a). Dissolved oxygen management in aquaculture. *Global Aquaculture Advocate*, 60–62.

Boyd, C. E. (2008b). Iron important to pond water, bottom quality. *Global Aquaculture Advocate*, 59–60.

Boyd, C. E. (2008c). Carbon dioxide: waste, nutrient. *Global Aquaculture Advocate*, 62–65.

Boyd, C. E. (2009). Carbon-nitrogen ratio management. *Global Aquaculture Advocate*, 82–84.

Boyd, C. E. (2011a). Multiple methods for phytoplankton assessment. *Global Aquaculture Advocate*, 32-33.

Boyd, C. E. (2011b). Dissolve-oxygen requirements in aquatic animal respiration. *Global Aquaculture Advocate*, 20-21.

Boyd, C. E. (2013). Manage pH cycles to maintain animal health. *Global Aquaculture Advocate*, 28–30.

Boyd, C. E. (2018). Revisiting ionic imbalance in low-salinity shrimp aquaculture. *Global Aquaculture Advocate*. https://www.globalseafood.org/advocate/revisiting-ionic-imbalance-in-low-salinity-shrimp-aquaculture/.

Casillas-Hernández, R., Arévalo-Sainz, K. J., Gonzalez-Galaviz, J. R., Rodríguez-Jaramillo, M. del C., Bórquez-López, R. A., Gil-Núñez, J. C., Flores-Perez, M. B., Lares--Villa, F., Ibarra-Gámez, J.C. & Barrios, R. M. M. (2021). The effects of high concentration of carbon dioxide on performance and tissue histology of shrimp Litopenaeus vannamei. *Aquaculture Research*, *52*(8), 3991-3996. http://doi.org/10.1111/are.15198

Chainark, S., & Boyd, C. E. (2010). Evaluation of a meter for testing potassium concentration in low-salinity aquaculture ponds. *Journal of the World Aquaculture Society*, *41*(S1), 102-106.

Chen, J. C., & Chin, T. S. (1988). Joint action of ammonia and nitrite on tiger prawn *Penaeus monodon* postlarvae. *Journal of the World Aquaculture Society*, *19*(3), 143-148.

Chen, J. C., & Lei, S.-C. (1990). Toxicity of ammonia and nitrite to *Penaeus monodon* juveniles. *Journal of the World Aquaculture Society*, *21*(4), 300-306.

Colt, J., & Tchobanoglous, G. (1976). Evaluation of the short-term toxicity of nitrogenous compounds to channel catfish, *Ictalurus punctatus*. *Aquaculture*, *8*(3), 209–224.

Conselho Nacional Do Meio Ambiente. Resolução nº 357, de 17 de março de 2005. *Classificação dos corpos de água e diretrizes ambientais para o seu enquadramento*. Ministério do Meio Ambiente.

Ebeling, J. M., Timmons, M. B., & Bisogni, J. J. (2006). Engineering analysis of the stoichiometry of photoautotrophic, autotrophic, and heterotrophic removal of ammonia–nitrogen in aquaculture systems. *Aquaculture*, 257(1-4), 346-358.

Ebeling, J. M., & Timmons, M. B. (2008). Carbon-nitrogen balance impacts nitrogen removal processes in microbial-based aquaculture systems. *Global Aquaculture Advocate*, 38-40.

Esteves, F. A. (2011). *Fundamentos de limnologia* (3a ed.). Editora Interciência.

Falcade, D. R., Mannich, M., & Colombo, G. T. (2017). Tubo de turbidez para determinação de baixo custo da turbidez em corpos d'água superficiais. *Rega*, *14*(e5).

Food and Agriculture Organization. (2020). *The state of world fisheries and aquaculture 2020*. FAO. https://www.fao.org/3/ca9229en/online/ca9229en.html

Food and Agriculture Organization (2022). *The state of world fisheries and aquaculture 2022 – Towards blue transformation.* FAO. https://digitallibrary.un.org/record/3978694

Furtado, P. S., Valenzuela, M. A. J., Rodriguez-Fuentes, G., Campos, B. R., Wasielesky Jr,. W. & Gaxiola, G. (2016). Chronic effect of nitrite on the rearing of the white shrimp *Litopenaeus vannamei* in two salinities. *Marine and Freshwater Behaviour and Physiology, 49*(3), 201-211.

Furtado, P. S., Gaona, C. A., Serra, F. P., Poersch, L. H. & Wasielesky Jr., W. (2017). Acute toxicity of carbon dioxide to juvenile marine shrimp *Litopenaeus vannamei* (Boone 1931). *Marine and Freshwater Behaviour and Physiology, 50*(4), 293–301.

Gross, A., Abutbul, S., & Zilberg, D. (2004). Acute and chronic effects of nitrite on white shrimp, *Litopenaeus vannamei*, cultured in low-salinity brackish water. *Journal of the World Aquaculture Society, 35*(3), 315-321.

Hargreaves, J., & Brunson, M. (1996). Carbon dioxide in fish ponds. *Southern Regional Aquaculture Center*, 468.

Hayd, L. A., Lemos, D., & Valenti, W. C. (2014). Effects of ambient nitrite on Amazon river prawn, *Macrobrachium amazonicum*, larvae. *Journal of the World Aquaculture Society, 45*(1), 55-64.

Instituto Brasileiro de Geografia e Estatística. (2021). *Produção da pecuária municipal.* IBGE.

Jiang, D. H., Lawrence, A.L., Neill, W.H., & Gong, H. (2000). Effects of temperature and salinity on nitrogenous excretion by *Litopenaeus vannamei* juveniles. *Journal of Experimental Marine Biology and Ecology, 253*(2), 193-209.

Kir, M., Topuz, H., Sunar, M. C., & Topuz, M. (2015). Effect of temperature on acute toxicity of nitrite to meagre, *Argyrosomus regius* (Asso, 1801). *Journal of the World Aquaculture Society, 46*(5), 564-568.

Kopot, R., & Taw, N. (2004). Efficiency of Pacific white shrimp culture, current issues in Indonesia. *Global Aquaculture Advocate*, 40-41.

Kuhn, D. D., Smith, S. A., Boardman, G. D., Angier, M. W., Marsh, L., & Flick Jr., G. J. (2010). Chronic toxicity of nitrate to Pacific white shrimp, *Litopenaeus vannamei*: Impacts on survival, growth, antennae length, and pathology. *Aquaculture, 309*, 109-114.

Kuhn, D. D., Smith, S. A., & Flick Jr., G. J. (2011). High nitrate levels toxic to shrimp. *Global Aquaculture Advocate*, 36-37.

Li, E., Wang, X., Chen, K., Chang, X., Qin, J. G., & Chen, L. (2017). Physiological change and nutritional requirement of Pacific white shrimp *Litopenaeus vannamei* at low salinity. *Reviews in Aquaculture, 9*(1), 57-75.

Li, Y., & Boyd, C. E. (2016). Laboratory tests of bacterial amendments for accelerating oxidation rates of ammonia, nitrite and organic matter in aquaculture pond water. *Aquaculture, 460*, 45-58.

Likongwe, J. S., Stecko, T. D., Stauffer, J. R., & Carline, R. F. (1996). Combined effects of water temperature and salinity on growth and feed utilization of juvenile Nile tilapia *Oreochromis niloticus* (Linneaus). *Aquaculture, 146*(1-2), 37-46.

Lund, J. W. G. (1950). Studies on *Asterionella formosa* Hass. II. Nutrient depletion and the spring maximum. *Journal of Ecology, 38*(1), 15-35.

Maicá, P. F., Borba, M. R., Martins, T. G., & Wasielesky Jr., W. (2014). Effect of salinity on performance and body composition of Pacific white shrimp juveniles reared in a super-intensive system. *Revista Brasileira de Zootecnia, 43*(7), 343-350.

Monsees, H., Klatt, L., Kloas, W., & Wuertz, S. (2017). Chronic exposure to nitrate significantly reduces growth and affects the health status of juvenile Nile tilapia (*Oreochromis niloticus* L.) in recirculating aquaculture systems. *Aquaculture Research, 48*(7), 3482-3492.

Ministério da Pesca e Aquicultura. (2010). Boletim Estatístico da Pesca e Aquicultura: Brasil 2008-2009. MPA. https://www.icmbio.gov.br/cepsul/images/stories/biblioteca/download/estatistica/est_2008_2009_nac_pesca.pdf.

Moretti, A., Fernandez-Criado, M. P., & Vetillart, R. (2005). *Manual of hatchery production of seabass and gilthead seabream*, (Vol. 2). FAO.

Moss, B. (1980). *Ecology of Freshwaters*. Wiley-Blackwell.

Nootong, K., Pavasant, P., & Powtongsook, S. (2011). Effects of organic carbon addition in controlling inorganic nitrogen concentrations in a biofloc system. *Journal of the World Aquaculture Society, 42*(3), 339-346.

Otoshi, C. A., Rodriguez, N., & Moss, S. M. (2011). Establishing nitrifying bacteria in super-intensive biofloc shrimp production. *Global Aquaculture Advocate*, 24-26.

Park, J., Daniels, H. V., & Cho, S. H. (2013). Nitrite toxicity and methemoglobin changes in Southern flounder, *Paralichthys lethostigma*, in brackish water. *Journal of the World Aquaculture Society, 44*(5), 726-734.

Parker, R. (1995). *Aquaculture Science*. Delmar Publishers.

Queiroz, J. F., Nicolella, G., Wood, C. W., & Boyd, C. E. (2004). Lime application methods, water and bottom soil acidity in fresh water fish ponds. *Scientia Agricola, 61*(5), 469-475.

Rodrigues, R. V., Schwarz, M. H., Delbos, B. C., Carvalho, E. L., Romano, L. A., & Sampaio, L. A. (2011). Acute exposure of juvenile cobia *Rachycentron canadum* to nitrate induces gill, esophageal and brain damage. *Aquaculture*, (322-323) 223-226.

Rogers, G. (2010). Low-space bioreactors remove ammonia in recirculating systems. *Global Aquaculture Advocate*, 36–37.

Rostagno, H. S., Albino, L. F. T., Hannas, M. I., Donzele, J. L., Sakomura, N. K., Perazzo, F. G., Saraiva, A., Teixeira, M. C., Rodrigues, P. B., Oliveira, R. F., Barreto, S. L, T. & Brito C. O. (2017). *Tabelas brasileiras para aves e suínos*. (4a ed.). UFV.

Roy, L. A., Davis, D. A., Saoud, I. P., Boyd, C. A., Pine, H. J., & Boyd, C. E. (2010). Shrimp culture in inland low salinity waters. *Reviews in Aquaculture, 2*(4), 191-208.

Sá, M. V. C., & Boyd, C. E. (2017). Dissolution rate of calcium carbonate and calcium hydroxide in saline waters and its relevance for aquaculture. *Aquaculture, 469*, 102-105.

Samocha, T. M., Lawrence, A. L., & Pooser, D. (1998). Growth and survival of juvenile *Penaeus vannamei* in low salinity water in a semi-closed recirculating system. *Israeli Journal of Aquaculture, 50*(2), 55–59.

Saroglia, M. G., Scarano, G., & Tibaldi, E. (1981). Acute toxicity of nitrite to Sea bass (*Dicentrarchus labrax*) and European eel (*Anguilla anguilla*). *Journal of the World Mariculture Society, 12*(2), 121-126.

Schram, E., Roques, J. A. C., Abbink, W., Yokohama, Y., Spanings, T., De Vries, P., Bierman, S., van de Vis, H. & lik, G. (2012). The impact of elevated water nitrate concentration on physiology, growth and feed intake of African catfish *Clarias gariepinus* (Burchell 1822). *Aquaculture Research, 45*(9), 1499-1511.

Schwartz, M., & Boyd, C. E. (1994). Effluent quality during harvest of channel catfish from watershed ponds. *Progressive Fish-Culturist, 56*(1), 25–32.

Shepherd, C. J., & Bromage, N. R. (1992). *Intensive fish farming.* Blackwell Science.

Sibrell, P. L., & Kehler, T. (2016). Phosphorus removal from aquaculture effluents at the Northeast Fishery Center in Lamar, Pennsylvania using iron oxide sorption media. *Aquacultural Engineering, 72-73*, 45-52.

Sowers, A., Young, S. P., Browdy, C. L., & Tomasso Jr., J. R. (2004). Nitrite toxicity to *Litopenaeus vannamei* in water containing low concentrations of sea salt or mixed salts. *Journal of the World Aquaculture Society, 35*(4), 445-451.

Stickney, R. R. (1994). *Principles of aquaculture.* John Wiley & Sons.

Taw, N. (2005). Shrimp farming in Indonesia: Evolving industry responds to varied issues. *Global Aquaculture Advocate*, 65-67.

Taw, N., Fuat, H., Tarigan, N., & Sidabutar, K. (2008). Partial harvest/biofloc system promising for Pacific white shrimp. *Global Aquaculture Advocate*, 84-86.

Taw, N. (2011). Strategies for managing large integrated shrimp farms. *Global Aquaculture Advocate*, 32-35.

Toledo Jr., A. P., Talarico, M., Chinez, S. J., & Agudo, E.G. (1983). A aplicação de modelos simplificados para a avaliação de processo de eutrofização em lagos e reservatórios tropicais. In *Anais do 12º Congresso de Engenharia Sanitária e Ambiental.*

Tomasso, J. R. (2012). Environmental nitrite and aquaculture: a perspective. *Aquaculture International*, 20(6), 1107-1116.

Tsai, S. J., & Chen, J. C. (2002). Acute toxicity of nitrate on *Penaeus monodon* juveniles at different salinity levels. *Aquaculture*, 213(1-4), 163–170.

Urrutia, M. L., & Tomasso, J. R. (1987). Acclimation of Channel catfish to environmental nitrite. *Journal of the World Aquaculture Society*, 18(3), 175-179.

Westin, D. T. (1974). Nitrate and nitrite toxicity to salmonoid fishes. *Prog Fish-Cult.*, 36, 86-89.

Wheaton, F. W. (1993). *Aquacultural engineering*. Malabar: Krieger Publishing Company.

Wurts, W. A., & Durborow, R. M. (1992). Interactions of pH, carbon dioxide, alkalinity and hardness in fish ponds. *Southern Regional Aquaculture Center Publication*. 464.

Yanbo, W., Wenju, Z., Weifen, L., & Zirong, X. (2006). Acute toxicity of nitrite on tilapia (*Oreochromis niloticus*) at different external chloride concentrations. *Fish Physiology and Biochemistry*, 32(1), 49-54.

Zapata-Lovera, K. P., Brito, L. O., Lima, P. C. M., Vinatea-Arana, L. A., Galvez, A. O., & Cárdenas, J. M. V. (2017). Cultivo de alevines de tilapia en sistema biofloc bajo diferentes relaciones carbono/nitrógeno. *Boletim do Instituto de Pesca*, 43(3), 399-407.

GRÁFICA PAYM
Tel. [11] 4392-3344
paym@graficapaym.com.br